电气照明

郭福雁　黄民德　编

天津大学出版社
TIANJIN UNIVERSITY PRESS

内容简介

随着电气技术的不断发展，有关建筑照明技术标准均已修订，本教材主要以新的设计标准为依据，系统地介绍了照明设计的内容及设计方法。全书共10章，分为第1章照明设计基本概念，第2章照明电光源，第3章照明灯具及室内灯具布置，第4章照度计算，第5章室内照明设计，第6章室外照明设计，第7章应急照明，第8章照明电气设计，第9章照明节能，第10章照明测量简述。

本书是建筑电气系列教材之一，主要供电气工程专业和建筑电气与智能化专业的本科学生使用，也可作为从事工业与民用建筑电气照明设计工作的工具书，还可作为照明施工、安装、运行维护等相关专业的培训教材或参考用书。

图书在版编目(CIP)数据

电气照明/郭福雁，黄民德主编.—天津：天津大学出版社，2010.11

ISBN 978-7-5618-3761-0

Ⅰ.①电… Ⅱ.①郭… ②黄… Ⅲ.①电气照明 Ⅳ.①TM923

中国版本图书馆CIP数据核字(2010)第211626号

出版发行 天津大学出版社
出 版 人 杨欢
地　　址 天津市卫津路92号天津大学内(邮编:300072)
电　　话 发行部:022-27403647　邮购部:022-27402742
网　　址 www.tjup.com
印　　刷 河北省迁安万隆印刷有限责任公司
经　　销 全国各地新华书店
开　　本 185mm×260mm
印　　张 20.5
字　　数 512千
版　　次 2011年1月第1版
印　　次 2011年1月第1次
印　　数 1-4 000
定　　价 35.00元

前　言

随着我国经济迅速发展，技术显著进步。照明技术得到了迅速发展，照明设计也已成为建筑设计的重要组成部分。而且随着电气技术的不断发展，《建筑照明设计标准》(GB 50034—2004)、《城市道路照明设计标准》(CJJ 45—2006)和《民用建筑电气设计规范》(JGJ 16—2008)等相关标准进行了修订，新型光源、新型灯具等照明器材也不断面市。因此，本书在编写过程中，引入了新技术、新光源和新灯具等内容，并突出了照明节能的有关标准、计算、措施和产品，力求内容全面，技术数据准确、完善，简单实用。

本书作为智能建筑系列教材之一，主要供电气工程专业和建筑电气与智能化专业的本科学生使用，也可供相关专业的学生和工程技术人员参考。

全书系统地介绍了照明设计的内容及设计方法。第1章～第3章、第9章和第10章由天津城市建设学院黄民德编写，第4章～第8章及附录由天津城市建设学院郭福雁编写。全书由黄民德统稿。

天津大学建筑设计研究院孙绍国高级工程师、电气总工程师及天津华汇工程建筑设计有限公司曾永捷高级工程师、电气总工程师对本书的内容进行了审阅，并提出了许多宝贵意见。在书稿编写过程中还得到了李江、姬宁、刘阳、胡晓东、薛清峰、刘学等同志的具体帮助。此外，还得到了许多单位的大力支持，在此一并表示衷心的感谢。

由于编者水平有限，错误和不足之处在所难免，希望读者指正。

编者

2010年7月

目 录

第 1 章　照明设计基本概念

1.1　照明系统的概念

电气照明是建筑物的重要组成部分。照明设计的优劣除了影响建筑物的功能外，还影响建筑艺术的效果。因此，我们必须熟悉照明系统的基本概念和掌握基本的照明技术。

室内照明系统由照明装置及其电气部分组成。照明装置主要是灯具，照明装置的电气部分包括照明开关、照明线路及照明配电等。

照明装置的基本功能是创造一个良好的人工视觉环境。在一般情况下是以“明视条件”为主的功能性照明，这是本章重点介绍的内容。

1.1.1　光的基本概念

光一般是指能引起视觉的电磁波，这部分的波长范围约在红光的 0.78 μm 到紫光的 0.38 μm 之间。它在电磁波中的位置如图 1-1 所示。

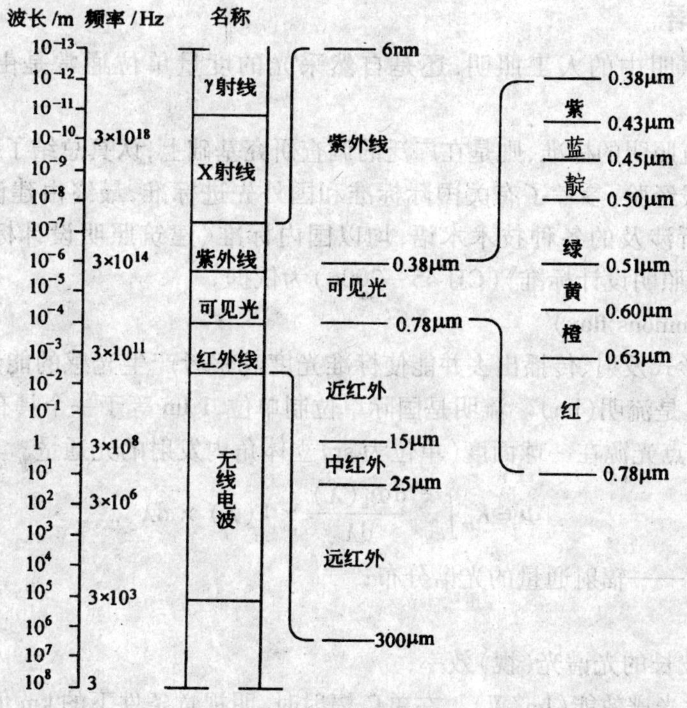

图 1-1　电磁波谱

图 1-1 光的电磁波谱图描述了光的波动性。波长在 0.78 μm 以上到 3 300 μm 左右的电磁波称“红外线”，在 0.38 μm ~ 6 nm 称“紫外线”。红外线和紫外线不能引起视觉，但可以用光学仪器或摄影来察觉发现这种光线的物体，所以在光学上光也包括红外线和紫外线。

不同波长的可见光,引起人眼不同的颜色感觉,将可见光波长 380 ~ 780 nm 依次展开,可分别呈现红、橙、黄、绿、靛、蓝、紫各色。其划分如表 1-1 所示。

表 1-1 可见光颜色的波长范围

颜色	波长范围/nm	颜色	波长范围/nm
红	622 ~ 780	绿	492 ~ 577
橙	597 ~ 622	蓝、靛	455 ~ 492
黄	577 ~ 597	紫	380 ~ 455

各种颜色之间是连续变化的。发光物体的颜色,由它所发的光内所含波长而定。单一波长的光,表现为一种颜色,称为单色光;多种波长的光组合在一起,在人眼中引起色光复合而成的复色光的感觉;全部可见光混合在一起,就形成了日光。非发光物体的颜色,主要取决于它对外来照射光的吸收(光的粒子性)和反射(光的波动性)情况,因此它的颜色与照射光有关。通常所谓物体的颜色,是指它们在太阳光照射下所显示的颜色。

在太阳辐射的电磁波中,大于可见光波长的部分被大气层中的水蒸气和二氧化碳强烈吸收,小于可见光波长的部分被大气层中的臭氧吸收,到达地面的太阳光,其波长正好与可见光相同。

1.1.2 基本术语

无论是建筑照明中的人工照明,还是自然采光的度量单位通常是由国际照明委员会(CIE)通过和确定。

国内有关建筑照明的标准,则是在广泛的调查研究基础上,认真总结了我国工业与民用建筑照明设计的实践经验,参考了有关国际标准和国外先进标准,最终由建设部会同各部门确定。因此本书中所涉及的各种技术术语,均以国内标准《建筑照明设计标准》(GB 50034—2004)、《城市道路照明设计标准》(CJJ 45—2006)为依据。

1. 光通量(luminous flux)

光源以辐射形式发射、传播出去并能使标准光度观察者产生光感的能量,称为光通量,用符号 Φ 表示,单位是流明(lm)。流明是国际单位制单位,1 lm 等于一个具有均匀分布 1 cd(坎德拉)发光强度的点光源在一球面度(单位为 sr)立体角内发射的光通量。其公式为

$$\Phi = K_m \int_0^{+\infty} \frac{d\Phi_e(\lambda)}{d\lambda} \times V(\lambda) \times d\lambda \tag{1-1}$$

式中:$d\Phi_e(\lambda)/d\lambda$——辐射通量的光谱分布;

λ——波长;

$V(\lambda)$——波长的光谱光(视)效率;

K_m——最大光谱效能(lm/W)。在单色辐射时,明视觉条件下的 km 值为 683 lm/W(λ = 555 nm 时)。

光通量是光源的一个基本参数,是说明光源发光能力的基本量。例如 220 V/40 W 普通白炽灯的光通量为 350 lm;而 220 V/36 W 荧光灯的光通量大于 3 000 lm,是白炽灯的几倍。简单说光源光通量越大,人们对周围环境的感觉越亮。

2. 光谱光(视)效率(spectral luminous efficiency)

光谱光(视)效率是指标准光度观察者对不同波长单色辐射的相对灵敏度，是用来评价人眼对不同波长光的灵敏度的一项指标。人眼对不同波长的可见光有不同的光感受，这种光感受主要表现在明暗、色彩方面，光谱光(视)效率则是针对标准光度观察者对光的明暗感受、颜色感受而建立的指标。如下面框图。

通常把这种对光的明暗、颜色的感受分为两种情况，一种是在明视觉条件下(白天或亮度为几个坎德拉每平方米以上的地方)，另一种是在暗视觉条件下(黄昏或亮度小于 10^{-3} cd/m^2 的地方)。国际照明委员会提出了 CIE 光度标准观察者光谱光(视)效率曲线，见图 1-2。图中虚线为暗视觉曲线，实线为明视觉曲线。在明视觉条件下，人眼对波长 555 nm 的黄绿色最敏感，其相对光谱光(视)效率为 1，波长偏离 555 nm 越远，人眼感光的灵敏度就越低，相对光谱光(视)效率也逐渐变小。在暗视觉条件下，人眼对波长为 510 nm 的绿色光最敏感。

光谱光(视)效率也可以用下式描述，即任一波长可见光的光谱光效能 $K(\lambda)$ 与最大光谱光效能 K_m 之比，称为该波长的光谱光(视)效率 $V(\lambda)$：

$$V(\lambda)=\frac{K(\lambda)}{K_m} \tag{1-2}$$

式中：$K(\lambda)$——任一波长可见光所引起视觉能力的量，称为光谱光效能，lm/W；

K_m——最大光谱光效能，lm/W，在单色辐射时，明视觉条件下的 K_m 值为 683 lm/W(λ = 555 nm 时)，见图 1-2。

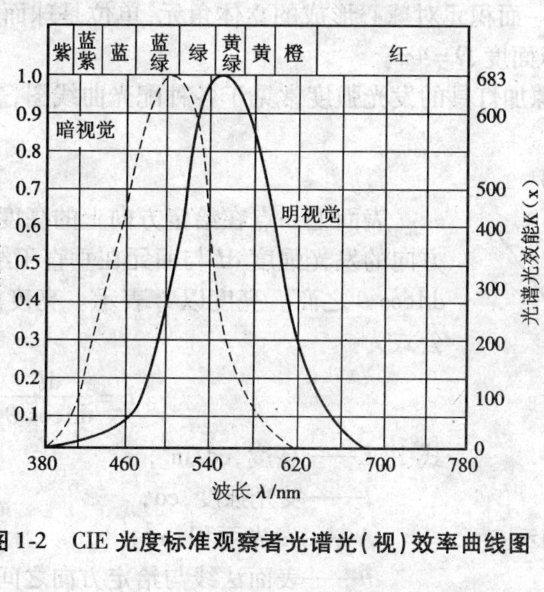

图 1-2　CIE 光度标准观察者光谱光(视)效率曲线图

3. 照度(illuminance)

表面上一点的照度等于入射到包含该点的面元上的光通量与面元的面积之商。照度的符号以 E 表示，单位是勒克斯(lx)。勒克斯也是国际单位制单位，1 lm 光通量均匀分布在 1 m^2 面积上所产生的照度为 1 lx，即 1 lx = 1 lm/m^2。计算公式为

$$E=\frac{d\Phi}{dA} \tag{1-3}$$

式中：E——照度，lx；

Φ——光通量，lm；

A——面积，m^2。

照度是工程设计中的常见量，说明了被照面或工作面上被照射的程度，即单位面积上的光通量的大小。对照度的感性认识可参见表1-2的照度对比。在照明工程的设计中，常常要根据技术参数中的光通量，以及国家标准给定的各种照度标准值进行各种灯具样式、位置、数量的选择。

表1-2 照度对比

各种情况照度对比	照度/lx
夏季阴天中午室外	8 000 ~ 20 000
晴天中午阳光下室外	80 000 ~ 120 000
40 W白炽灯1 m处	30

4. 发光强度（luminous intensity）

一个光源在给定方向上立体角元内发射的光通量 $d\Phi$ 与该立体角元 $d\Omega$ 之商，称为光源在这一方向上的发光强度，以 I 表示。发光强度的计算公式为

$$I=\frac{d\Phi}{d\Omega} \tag{1-4}$$

式中：I——发光强度，cd（1 cd = 1 lm/1 sr）；

$d\Omega$——球面上某一面积元对球心形成的立体角元，单位是球面度（sr），对于整个球体而言，它的球面度 $\Omega=4\pi$。

工程上，光源或光源加灯具的发光强度常见于各种配光曲线图，表示了空间各个方向上光强的分布情况。

5. 亮度（luminance）

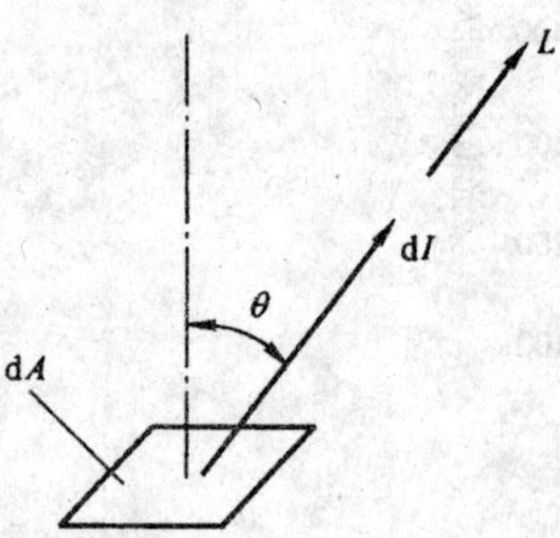

图1-3 亮度定义图示

表面上一点在给定方向上的亮度，是包含这点的面元在该方向的发光强度 dI 与面元在垂直于给定方向上的正投影面积 $dA\cos\theta$ 之商。亮度以 L 表示。亮度定义图示见图1-3。计算公式为

$$L=\frac{dI}{dA\cos\theta} \tag{1-5}$$

式中：L——亮度，cd/m^2；

I——发光强度，cd；

A——发光面积，m^2；

θ——表面法线与给定方向之间的夹角，单位为°。

对于均匀漫反射表面，其表面亮度 L 与表面照度 E 有以下关系：

$$L=\frac{\rho E}{\pi} \tag{1-6}$$

对于均匀漫透射表面，其表面亮度与表面照度则有

$$L=\frac{\tau E}{\pi} \tag{1-7}$$

式中：L——表面亮度，cd/m^2；

ρ——表面反射比；

τ——表面透射比；

E——表面照度，lx；

π——常数，3.1416。

一个物体的明亮程度不能用照度来描述，因为被照物体表面的照度，不能直接表达人眼的视觉感觉。只有眼睛的视网膜上形成的照度，才能感觉出物体的亮度，公式(1-5)说明发光面积上直接射入人眼的光强部分才能反应物体的明亮程度，公式(1-6)和公式(1-7)则反映被照物体经过对光的折射、反射、透射等作用后，进入人眼部分的照度，令人感觉出物体的明亮程度。目前有些国家将亮度作为照明设计的内容之一。

6. 发光效率(luminous efficiency)

光源的发光效率通常简称为光效，或光谱光效能，即前面讨论光谱光(视)效率和光通量两个参数中出现的光谱光效能 $K(\lambda)$ 和最大光谱光效能 K_m，若针对照明灯而言，它是指光源发出的总光通量与灯具消耗电功率的比值，也就是单位功率的光通量。例如一般白炽灯的发光效率为7.3～18.6 lm/W，荧光灯的发光效率为85～95 lm/W，荧光灯的发光效率比白炽灯高。发光效率越高，说明在同样的亮度下，可以使用功率小的光源，即可以节约电能。

以上介绍了6个常用的光度单位，它们从不同的侧面表达了物体的光学特征。光谱光(视)效率用来评价人眼对不同波长光的灵敏度，即不同生物对不同波长的光具有不同的灵敏度；光通量是针对光源而言，是表征发光体辐射光能的多少，不同的发光体具有不同的能量；发光效率也是针对光源而言，表示光源发光的质量和效率，根据这个参数可以判别光源是否节能；发光强度也是针对光源而言，表明光通量在空间的分布状况，工程上用配光曲线图加以描述；照度是针对被照物而言，表示被照面接受光通量的面密度，用来鉴定被照面的照明情况；亮度则表示发光体在视线方向上单位面积的发光强度，它表明物体的明亮程度。

1.1.3　照明设计程序

1. 概述

照明设计包括室内照明(建筑照明)设计、室外照明设计以及特殊场所的照明设计。室外照明包括城市功能照明、城市夜景照(两者合称城市照明)以及露天作业场地照明等。照明设计范围如图1-4所示。

工程设计通常包括初步设计和施工图设计两个阶段，有的还增加技术设计阶段。本节所描述的照明设计程序是综合以上各阶段说明的。

照明设计程序主要包括以下3个方面的内容：

(1)收集照明设计所必要的资料和技术条件，包括工艺性质和生产、使用要求，建筑和结构状况，建筑装饰状况，建筑设备和管道布置情况；

(2)提出照明设计方案，进行各项计算，确定各项光学和电气参数，编写设计说明书；

(3)绘制施工图，编制材料明细表和工程概算，必要时，按建设单位委托，编制工程预算。

下面以建筑照明为主进行具体描述。

2. 收集资料，了解工艺生产、使用要求和建筑、结构情况

收集资料的主要内容列于表1-3。

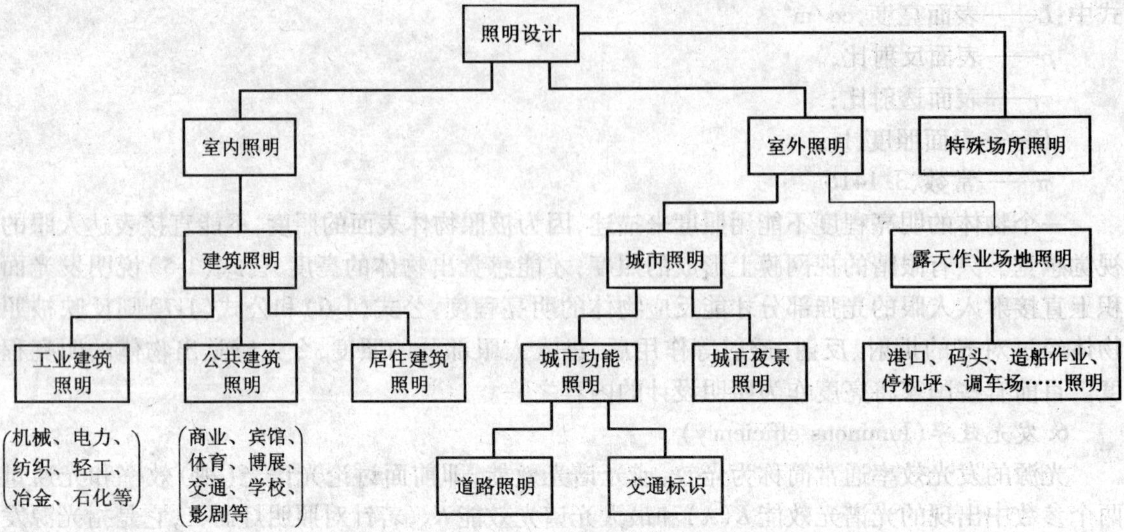

图 1-4　照明设计的范围

表 1-3　收集资料的主要内容

专业	收集资料的主要内容	用　途
工艺生产使用要求	生产、工作性质,视觉作业精细程度,连续作业状况,作业面分布,工种分布情况,通道位置	确定一般照明或分区一般照明,确定照度标准值,是否要局部照明
	特殊作业或被照面的视觉要求	是否要重点照明(如商场)
	作业性质及对颜色分辨要求	定显色指数(R_a)、光源色温
	作业性质及对限制眩光的要求	定眩光指数(*UGR* 或 *GR*)标准
	作业对视觉的其他要求	如空间亮度、立体感等
	作业的重要性和不间断要求,作业对人的可能危险,建筑类型、使用性质、规模大小对灾害时疏散人员要求	确定是否要应急照明(分别确定疏散照明、备用照明、安全照明)
	场所环境污染特征	确定维护系数
	场所环境条件,包括是否有多尘、潮湿、腐蚀性气体、高温、振动、火灾危险、爆炸危险等	灯具等的防护等级(IP××)及防爆类型
	其他特殊要求,如体育场馆的彩电转播,博物馆、美术馆的展示品,商场的模特,演播室,舞台等	确定特殊照明要求,如垂直照度、立体感、阴影等
建筑结构状况	建筑平面、剖面、分隔、尺寸、主体结构、柱网、跨度、屋架、梁、柱布置,高度,屋面及吊顶情况	安排灯具布置方案,布灯形式及间距,灯具安装方式等
	室内通道状况,楼梯、电梯位置	设计通道照明、疏散照明(含疏散标志位置)
	墙、柱、窗、门、通道布置,门的开向	照明开关、配电箱布置
	建筑内装饰情况,顶、墙、地、窗帘颜色及反射比	按各表面反射比求利用系数
	吊顶、屋面、墙的材质和防火状况	灯具及配线的防火要求
	建筑装饰特殊要求(高档次公共建筑),如灯具的美观、装设方式、协调配合、光的颜色等	协调确定间接照明方式或灯具造型、光色等
	高耸建筑的总高度及建筑周围建、构筑物情况	是否要障碍照明
	建筑立面状况及建筑周围状况(需要建筑夜景照明时)	确定夜景照明方式及安装
建筑设备状况	建筑设备及管道状况,包括空调设施、通风、暖气、消防设施、热水蒸气及其他气体设施及其管道布置、尺寸、高度等	协调顶部灯的位置、高度,防止挡光,协调顶、墙的灯具、开关和配线的位置

3. 设计方案的提出、优化和确定

设计方案主要在初步设计阶段进行。下面按照明光学和电气两部分介绍设计步骤。

1)照明光学部分设计步骤

(1)确定照明标准。这部分包括照度标准值、照度均匀度和统一眩光值(*UGR*)或眩光值(*GR*)、显色指数 R_a。设计中要依据作业精细程度、识别对象和背景度的对比,以及识别速度、连续紧张工作程度等因素,按相关标准确定照度。

(2)确定照明方式。室内应设一般照明或分区一般照明;对于精细作业场所,按需要增设局部照明。

(3)确定照明种类。当正常照明熄灭后,如需继续工作可设置备用照明;个别情况还要考虑安全照明。此外,根据建筑高度确定是否设障碍照明,大面积作业场所应设值班照明。

(4)选择光源。按以下原则选择光源:

①为了节能,选用高光效光源,如稀土三基色荧光灯(低矮房间)、金卤灯、高压钠灯(高大场所);

②符合使用场所对显色性要求,一般应选 $R_a \geqslant 80$ 的光源,同时应选取与照度高低和环境相宜的色温;

③考虑启点条件、开关频繁程度等因素;

④性能价格比优。

(5)选择镇流器。应按照安全、可靠、系统能效高的原则选取,同时应考虑谐波含量低、功率因数高、性能价格比优等因素,另外还要与光源配套。

(6)选择灯具类型。按以下原则选择灯具:

①安全、与光源配套;

②灯具效率高,无特殊要求的场所,应选用直接型灯具;

③按房间的室形指数(灯具安装高度和房间大小)选择配光适宜的灯具;

④考虑限制眩光的要求;

⑤按环境条件选用相适宜的防护等级的灯具;

⑥对于高等级公共建筑的公共场所,按建筑装饰要求选用适宜的灯具。

(7)灯具布置方案。应按下列原则设计布灯方案:

①一个场所或一定区域内应相对均匀对称,按一定规律布灯;

②在满足眩光限制和照度均匀度条件下,单灯功率宜选得大些,以提高照明能效,降低投资;

③布灯间距 s 与安装离地高度 h 合理协调,使 s/h 值不大于该灯具允许的 s/h 值;

④工业建筑的布灯应和建筑结构(如柱网、屋架、梁、屋面等)相协调,并与吊车、各种管道和高大设备位置相协调,避免碰撞和挡光;

⑤多层建筑、公共建筑应注意整体美观,与建筑装饰协调;

⑥装灯位置和高度应便于安装和维修。

(8)照度计算。按照以上选择的光源、灯具及布置方案,进行作业面的平均维持照度计算。通常是计算工作面或地面的水平照度,按不同使用条件,还要计算垂直照度或倾斜面照度;将计算结果与选取的照度标准值对比,其值应不超过标准值的±10%,如偏差过大,应重新调整布灯，再做计算,直到符合要求。

(9)眩光计算。对于图标中规定有 *UGR* 或 *GR* 值要求的场所,应进行 *UGR* 或 *GR* 值计算，计算结果不应超过 GB 50034—2004 规定的值。

(10)校验节能指标。按确定的照明方案,计算实际的照明功率密度 *LPD*,计算值不超过国标规定的 *LPD* 值为合格,如超过,应重新调整方案 ,重新计算,直到符合要求。

(11)优化方案。对于重要项目,应做两个或多个设计方案,按(4) ~(10)的步骤进行,并进行技术经济(包括运行费)综合比较后选定最优方案。

2)电气部分设计步骤

(1)确定供电电源。包括配电变压器是合用(与电力),还是照明专用,需要疏散照明、备用照明等场所,还要确定应急电源方式(如独立电网电源、应急发电机或蓄电池组等),通常应同该项目的电力用电统一考虑确定,以满足使用要求,安全、可靠、经济、合理。

(2)确定配电系统。包括配电分区划分(注意不同用户、不同核算单位、不同楼层的分区)、配电箱设置、灯光开关控制要求、配电线路连接。

(3)配电系统接地方式。通常应与该建筑的电力用电统一确定,并注意采用Ⅰ类灯具时,其外露导电部分应接地(接 PE 线)的要求。

(4)功率统计和负荷计算。按分级干线、分支线统计照明安装功率(包括镇流器和变压器功耗),计算出需求功率、功率因数和计算电流,同时确定无功补偿方式和设置方案。

(5)配电线路设计。包括各级配电线路导线(或电缆)的选型以及截面的确定。根据场所环境条件和防火、防爆要求,选择电线(电缆)的类型、敷设方式,并按照允许载流量和机械强度初步选择导体截面积。

(6)计算电压损失。按初选的导线和截面计算各段线路的电压损失,求出末端灯的电压损失值,要求不超过标准规定。如超过,应加大截面,再进行计算。

(7)配电线路保护电器的选型和参数的确定。应计算短路电流和接地故障电流,按短路保护、过负载保护和接地故障保护的要求,选择各级线路首端的保护电器类型(熔断器或断路器)及其额定电流和整定电流值,并应使上下级保护电器间有选择性动作。如达不到规范要求,应调整整定电流或加大导线截面积,甚至改变保护电器类型。

(8)开关和控制方式的设计。一般工作房间,按要求设置集中的或分散的手动开关;对于大面积场所、公共场所,要考虑集中的或自动控制方式,包括各种节能的、利用天然光或无人时自动关灯等控制方式。

(9)确定电能计量方式。考虑付费和节能的需要,分用户、分单位装设电能表。

(10)确定灯具和配电箱、开关、控制装置的安装方式,线路敷设方案。

4. 绘制施工图、编制材料表和工程概预算

这部分程序主要是在施工图阶段进行,分述如下。

(1)绘制平面图。平面施工图至少应包括以下内容。

①灯具类型及位置。绘制灯具的位置,必要时标注尺寸,注明灯具类型或符号、代号(最好用标准的图形、符号表示),标注灯具的安装形式(吸顶式、嵌入式、管吊式),灯具离地高度;非垂直下射的灯具,应注明仰角或俯角、倾斜角等。

②注明光源的类型、额定功率、数量(包括单个灯具内光源数)。

③各房间、场所要求的照度标准值。

④局部照明、重点照明的装设要求,包括光源、灯具及位置等。

⑤应急照明装设。分别标明疏散照明灯、疏散用出口标志灯、指向标志灯的装设位置和类型、光源等,还有备用照明、安全照明的装设位置等要求。

⑥移动照明、检修照明用的插座和其他插座,应注明型式(极数、孔数)、额定电流值、安装位置、高度和安装方式。

⑦配电箱的型号、编号、出线回路。

⑧开关形式、位置、安装高度和安装方式(嵌入式或明装),控制装置的类型、设置位置和控制范围。

⑨配电干线和分支线路的导线型号、根数、截面,如为套管,应注明管材、管径、敷设方式、安装部位和高度等。

(2)绘制剖面图和立面图。对于较复杂的建筑,生产设备、平台、栈道、操作或维护通道复杂,生产管道、动力管道很大者,需要增加剖面图,以表明灯具与这些设备、平台、管道的位置关系、高度关系,避免灯光被遮挡。对于高等级公共建筑,装设有夜景照明的可增加立面图。

(3)绘制场所照度分布图或(和)等照度曲线。对于照度和照度均匀度要求很高的场所,如体育场馆等,可绘制照度分布图或(和)等照度曲线,以考核其各点照度值和照度变化梯度。此图宜在初步设计阶段完成。

(4)绘制配电系统图。对于较大项目,有多台配电箱时,应绘制配电系统图,其内容包括:

①照明配电系统、干线和配电箱的接线方式;

②干线的导线型号、根数(包括N线、PE线)、截面,安装功率、计算功率、功率因数、计算电流;

③分支线的导线型号、根数、截面及安装功率;

④干线末端及代表分支线末端的电压损失值;

⑤配电箱及开关箱的型号、出线回路数,安装功率;

⑥配电箱、开关箱内保护电器的类型,熔断器及其熔断体的额定电流,或断路器的反时限(长延时)脱扣器和瞬时脱扣器的整定电流值。

对于较小项目,可不绘制配电系统图,但以上各项参数应标注在平面图上。

(5)绘制必要的安装图和线路敷设图。这部分施工图纸,通常选用国家或省市编制的通用图,有特殊安装需要的,应补充必要的安装大样图。

(6)编制材料明细表。材料表应有明确的型号、技术规格和参数,能满足订货、采购或招标的需要,内容应包括灯具、光源和镇流器、触发器、补偿电容器、配电箱、控制装置、开关、插座及其他附件,还有导线、套管等材料的名称、型号、技术规格、技术参数以及单位、数量。

以直管荧光灯及其镇流器为例,材料表示例见表1-4。

表 1-4 材料表示例

序号	名称	技术规格	单位	数量	备注
1	三基色直管荧光灯	220 V,36 V $R_a \geqslant 80$ $T_{cp} \approx 4\ 000$ K $\phi \geqslant 3\ 250$ lm	支	1 000	
2	电子镇流器	1×36 W 总谐波≤30%	只	500	与 T8(36 W)荧光灯配套装在序号 4 灯具内
3	节能电感镇流器	36 W 功耗≤6 W	只	500	
4	双管格栅荧光灯具	2×36 W 宽配光	台	500	

(7)编制概算、预算。初步设计阶段应同时编制概算。施工图完成后,根据建设单位要求和委托,编制工程预算。

1.2 照明质量

优良的室内照明质量主要由以下 5 个要素构成:

(1)适当的照度水平;

(2)舒适的亮度分布;

(3)宜人的光色和良好的显色性;

(4)没有眩光干扰;

(5)正确的投光方向与完美的造型立体感。

不同的应用场合对质量要求的重点可能不同,现分别说明如下。

1.2.1 照度水平

1. 照度

在为特定的用途选择照度水平时,要考虑的主要因素有以下几点:

①视觉功效;

②视觉满意程度;

③经济水平和能源的有效利用。

视觉功效是人借助视觉器官完成作业的效能,通常用工作的速度和精度来表示。增加作业照度(或亮度),视觉功效随之提高,但达到一定的亮度以后,视觉功效的改善就不明显了。图 1-5 为在标准作业的视觉功效 ρ(相对单位)一定值情况下,照度 E、作业的实际亮度对比 C 和分辨视角 α 的关系曲线。

对于非工作区,如交通区和休息空间,不能用视觉功效来确定照度水平,而应考虑定向和视觉舒适的要求,采用视觉满意程度,以创造愉悦和舒适的视觉环境。无论根据视觉功效还是视觉满意程度来选择照度,都要受经济条件和能源供应的制约,所以要综合考虑,选择适当的标准。

2. 照度均匀度(uniformity ratio of illuminance)

照度均匀度表示给定平面上照度变化的量。通常用最小照度与平均照度之比表示;有时

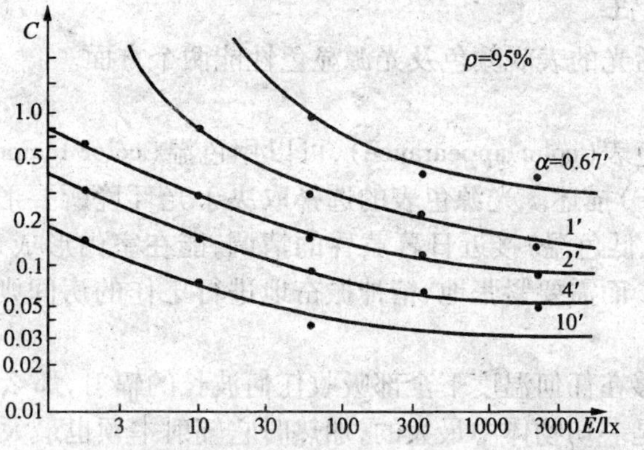

图 1-5　照度、亮度对比、分辨视角和视觉功效关系曲线

指最小照度与最大照度之比。照度均匀度应满足以下要求。

(1)公共建筑的工作房间和工业建筑作业区域内的一般照明照度的均匀度,按最低照度与平均照度之比确定,其数值不应小于 0.7,而作业面邻近周围的照度均匀度不应小于 0.5。

(2)采用分区一般照明时,房间或场所内的通道和其他非工作区域,一般照明的照度值不宜低于作业区域一般照明照度值的 1/3。

(3)对于交通道路,主干道、次干道和支路照度均匀度分别为 0.4、0.35 和 0.3。

1.2.2　亮度分布

室内的亮度分布是由照度分布和表面反射比决定的。视野内的亮度分布不适当会损害视觉功效,过大的亮度差别会产生不舒适眩光。

(1)作业区内的亮度比。与作业贴邻的环境亮度可以低于作业亮度,但不应小于作业亮度的 2/3。此外,为作业区提供良好的颜色对比也有助于改善视觉功效,但应避免作业区的反射眩光。

(2)顶棚、墙和地面的亮度范围。应统筹策划反射比和照度比,因为亮度与两者的乘积成正比,所以它们的数值可以调整互补。工作房间环境亮度的控制范围参见表 1-5。

表 1-5　工作房间的表面反射比与照度比

工作房间的表面	反射比/%	照度比①/%
顶棚	60 ~ 90	20 ~ 90
墙	30 ~ 80	40 ~ 80
地面	10 ~ 50	70 ~ 100
工作面	20 ~ 60	100

①给定表面照度与工作面照度之比。

非工作房间,特别是装修标准高的公共建筑厅堂的亮度分布,往往根据室内环境创意决定,其目的是突出空间或结构的形象特征,渲染环境气氛或是强调某种装饰效果。这类光环境亮度水平的选择和亮度图式设计也要考虑视觉舒适感,但不受上述亮度比的限制。

1.2.3 光色和显色性

光源颜色质量包括光的表观颜色及光源显色性能两个方面。

1. 光的表观颜色

光为表观颜色即色表(color appearance),可以用色温(color temperature)或相关色温(correlated color temperature)描述。光源色表的选择取决于光环境所要形成的氛围,例如,含红光成分多的"暖"色灯光(低色温)接近日暮黄昏的情调,能在室内形成亲切轻松的气氛,适于休息和娱乐场所的照明。而需要紧张地、精神振奋地进行工作的房间则采用较高色温的灯光为好。

如果一个物体能够在任何温度下全部吸收任何波长的辐射,那么这个物体称为绝对黑体。绝对黑体的吸收本领是一切物体中最大的,加热时它辐射本领也最大。因此,色温是以温度的数值来表示光源颜色的特征。色温用绝对温度"K"表示,绝对温度等于摄氏温度加273。例如温度为2 000 K的光源发出的光呈橙色,3 000 K左右呈橙白色,4 500~7 000 K近似白色。

在人工光源中,只有白炽灯灯丝通电加热与黑体加热的情况相似。对白炽灯以外的其他人工光源的光色,其色度不一定准确地与黑体加热时的色度相同。所以只能用光源的色度与最相接近的黑体的色度的色温来确定光源的色温,这样确定的色温叫相对色温。

色温用于表征热辐射光源(白炽灯、卤钨灯等)的色表,而相关色温用于表征气体放电光源的色表。表1-6列出了一些常见的光源色温,包括天然光源色温和常见的人工光源色温。如表1-6中全阴天室外光具有色温为6 500 K,就是说黑体加热到6 500 K时发出的光的颜色与全阴天室外光的颜色相同。

表1-6 各种光源的色温

天然光源色温表		常见人工光源色温表	
光源	色温/K	光源	色温/K
晴天室外光	13 000	蜡烛	1 900~1 950
白天直射日光	5 550	白炽灯(40 W)	2 700
昼光色	6 500	炭弧灯	3 700~3 800
全阴天室外光	6 500	炭精灯	5 500~6 500
45°斜射日光	4 800	高压钠灯	2 000
月光	4 100	荧光灯	3 000~7 500
		氙灯	5 600

根据不同的应用场所,选择适当的色温和显色性的光源,以适应不同场所的要求。我国按照CIE的建议,就光源的光色给出了典型的应用场所,见表1-7。

表1-7 光源的色表类别

色表分组	色表特征	相关色温/K	适用场所举例
Ⅰ	暖	<3 300	客房、卧室、病房、酒吧、餐厅
Ⅱ	中间	3 300~5 300	办公室、教室、阅览室、诊室、检验室、机加工车间、仪表装配
Ⅲ	冷	>5300	热加工车间、高照度场所

人对光色的爱好还同照度水平有相应的关系。表 1-8 给出了各种照度水平下,不同色表的荧光灯照明所产生的一般印象。

表 1-8　各种照度下灯光色表给人的不同印象

照度/lx	灯光色表		
	暖	中间	冷
<500	舒适	中性	冷
500 ~ 1 000	↑	↑	↑
1 000 ~ 2 000	刺激	舒适	中性
2 000 ~ 3 000	↑	↑	↑
>3 000	不自然	刺激	舒适

2. 光源的显色性

光源的显色性由光源的光谱能量分布决定。日光、白炽灯具有连续光谱,连续光谱的光源均有较好的显色性。通过对新光源的研究发现,除连续光谱的光源具有较好的显色性外,由几个特定波长色光组成的混合光源也有很好的显色效果。如 450 nm 的蓝光、540 nm 的绿光、610 nm 的橘红光以适当比例混合所产生的白光(见图 1-6(b)),虽然为高度不连续光谱,但却具有良好的显色性。用这样的白光去照明各色物体,都能得到很好的显色效果。

(1)光谱能量分布(spectral energy distribution)。一个光源发出的光是由许多不同波长的辐射组成,其中各个波长的辐射能量 P(功率)也不同。光源的光谱辐射能量(功率)按波长的分布称为光谱能量(功率)分布。用任意值表示的光谱能量分布称为相对光谱能量分布。几种不同光源的光谱能量分布如图 1-6 所示。

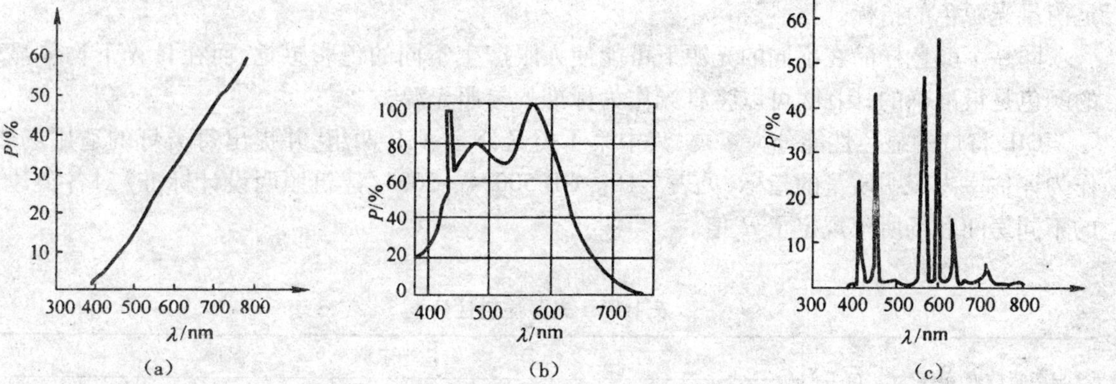

(a)　(b)　(c)

图 1-6　不同光源光谱能量分布图

(a)白炽灯;(b)荧光灯(白光色);(c)荧光高压汞灯

(2)显色指数(color rendering index)。显色指数是指在被测光源和标准光源照明下,在适当考虑色温适应状态下,物体的心理物理色符合程度的度量。

显色指数分为一般显色指数(R_a)与特殊显色指数(R_i)两种。特殊显色指数 R_i(special color rendering index)是指在被测光源下某一选定的标准样品颜色与参照光源下该样品颜色的相符合程度的度量。两者完全一致时,被测光源的显色指数为 100。一般显色指数 R_a(general color rendering index)是光源对 CIE 规定的 8 种色样的特殊显色指数的平均值。

我们将人工待测光源的颜色同参照光源下的颜色相比较,显示同色能力的强弱定义为该人工光源的显色性。一般人工照明光源用 R_a 作为评价显色性的指标。

光源的显色性一般以显色性指数 R_a 值区分。显色性指数的高低表示物体在待测光源下变色和失真的程度。R_a = 100 ~ 80 时,显色优良;R_a = 79 ~ 50,显色一般;R_a < 50,显色性较差。长期工作或停留的房间或场所,照明光源的显色指数(R_a)不宜小于 80。在灯具安装高度大于 6 m 的工业建筑场所,R_a 可低于 80,但必须能够辨别安全色。常用各种光源的显色指数见表 1-9。

表 1-9 各种光源的显色指数

光源种类	显色指数(R_a)	光源种类	显色指数(R_a)
普通照明用白炽灯	95 ~ 100	高压汞灯	35 ~ 40
普通荧光灯	60 ~ 70	金属卤化物灯	65 ~ 92
稀土三基色荧光灯	80 ~ 98	普通高压钠灯	23 ~ 25

可见,在经常有人工作或停留的房间或场所,不应采用卤粉制成的荧光灯,而应采用稀土三基色荧光灯才能满足《建筑照明设计标准》(GB 50034—2004)的规定,也就是该标准在本质上提高了照明的质量,同时大大提高了光效,有利于节约能源、降低成本和维护费用。

(3)显色性(color rendering)。人们发现在不同的灯光下,物体的颜色会发生不同的变化,或在某些光源下观察到的颜色与日光下看到的颜色是不同的,这就涉及光源的显色性问题。光源显色性和色温是光源的两个重要的颜色指标,显色性是衡量光源视觉质量的指标,而色温是衡量光源色的指标。

同一个颜色样品在不同的光源下可能使人眼产生不同的色彩感觉,而在日光下物体显现的颜色是最准确的,因此,可以将日光作为标准的参照光源。

CIE 将灯的显色性能分为 4 类,其中第 I 类又分为 A、B 两组,并提出每类灯的适用场所,作为评估室内照明质量的指标,见表 1-10。GB 50034—2004《建筑照明设计标准》对各类建筑的不同房间和场所都规定了 R_a 值。

表 1-10 光源显色性分类

显色指数 R_a 范围	色表	应用示例	
		优先采用	容许采用
$R_a \geq 90$	暖	颜色匹配	
	中间	医疗诊断	
	冷		
$90 > R_a \geq 80$	暖	住宅、旅馆、餐馆	
	中间	商店、办公室、学校、医院、印刷、油漆和纺织工业	
	冷	视觉费力的工业生产	

续表

显色指数 R_a 范围	色表	应用示例	
		优先采用	容许采用
$80 > R_a \geq 60$	暖	工业生产	办公室、学校
	中间		
	冷		
$60 > R_a \geq 40$		粗加工工业	工业生产
$40 > R_a \geq 20$			粗加工工业，显色性要求低的工业生产、库房

1.2.4　眩光限制

眩光是由于视野中的亮度分布或亮度范围不适宜，或存在极端的对比，以致引起不舒适感觉或降低观察细部或目标能力的视觉现象。眩光分为直接眩光（由高亮度光源直接引起的）、反射眩光（由高反射系数表面（如境面）反射亮度引起）和光幕眩光（反射直接进入眼睛产生视觉困难）。眩光效应的严重程度取决于光源的亮度和大小、光源在视野内的位置、观察者的视线方向、照度水平和房间表面的反射比等诸多因素，其中光源的亮度是最主要的。眩光会产生不舒适感，严重的还会损害视觉功效，所以工作场所应避免眩光干扰。

（1）眩光首先应从直接型灯具的遮光角来加以限制。一般灯的平均亮度在 1 ~ 20 kcd/m² 范围，需要 10°的遮光角；20 ~ 50 kcd/m² 范围，需要 15°的遮光角；在 50 ~ 500 kcd/m² 范围，需要 20°的遮光角；在大于等于 500 kcd/m² 时，遮光角为 30°。表 1-11 是适用于长时间有人工作的房间或场所内各种灯的平均亮度值。

表 1-11　各种灯的亮度值

灯种类	亮度值/(cd/m²)	灯种类	亮度值/(cd/m²)
普通照明用白炽灯	$10^7 \sim 10^8$	紧凑型荧光灯	$(5 \sim 10) \times 10^4$
管型卤钨灯	$10^7 \sim 10^8$	荧光高压汞灯	$\approx 10^5$
低压卤钨灯	$10^7 \sim 10^8$	高压钠灯	$(6 \sim 8) \times 10^6$
直管形荧光灯	$\approx 10^4$	金属卤化物灯	$(5 \sim 7) \times 10^6$

（2）由特定表面产生的反射光，如从光泽的表面产生的反射光，会引起眩光，通常称为光幕反射或反射眩光。它将会改变作业面的可见度，使可见度降低，往往不易识别物体，甚至是有害的。通常可以采取以下措施来减少光幕反射和反射眩光。

①避免将灯具安装在干扰区内，这主要从灯具和作业位置布置来考虑。如灯布置在工作位置的正前上方 40°角以外区域（见图 1-7），可避免光幕反射。又例如灯具布置在阅读者的两侧（图 1-8）。仅在左侧，可避免光幕反射。

②房间各表面，应采用低光泽度的装饰材料，如采用无光漆、无光泽涂料、麻面墙纸等漫反射材料。

③限制灯具本身的亮度，如采用格片、漫反射罩等，以使灯具表面亮度不致过高。

④照亮顶棚和墙表面，以降低亮度对比，减弱眩光，但要注意不要在表面出现光斑。

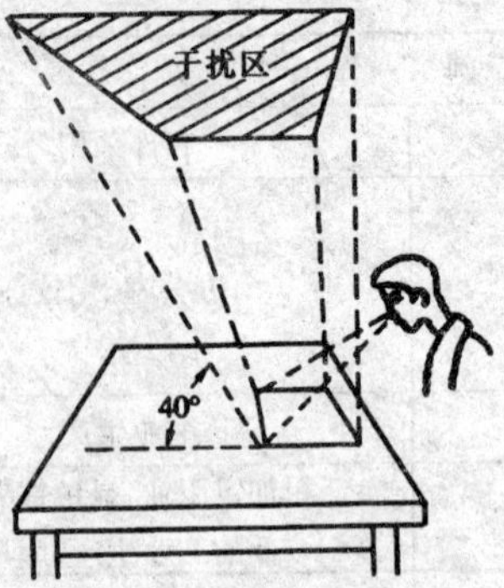

图 1-7 为避免光幕反射不应装灯的区域

图 1-8 灯具避开干扰区布置在阅读者两侧

(3)公共建筑和工业建筑房间或场所的不舒适眩光,应采用统一眩光值(*UGR*)评价。其最大允许值应符合《建筑照明设计标准》(GB 50034—2004)的规定。

(4)室外体育场所的不舒适眩光应采用眩光值(*GR*)评价,按《建筑照明设计标准》(GB 50034—2004),其最大允许值应符合表1-12 的规定。

表 1-12 体育建筑照明质量标准值

类别	*GR*	R_a
无彩电转播	50	65
有彩电转播	50	80

注:*GR* 值仅适用于室外体育场地。

但有时为了使照明环境具有某种气氛,也利用一些眩光效果,以提高环境的魅力。

1.2.5 阴影和造型立体感

一个房间的照明能使它的结构特征及室内的人和物清晰,而且令人赏心悦目地呈现出来,这个房间的整体面貌就能美化。为此,照明光线的指向性不宜太强,以免阴影浓重,造型生硬;灯光也不能过于漫射和均匀,以免缺乏亮度变化,致使造型立体感平淡无奇,室内显得索然无味。

造型立体感是说明三维物体被照明表现的状态,它主要由光的主投射方向及直射光与漫射光的比例决定的。选择合适的造型效果,既使人赏心悦目,又美化环境。

1.3 照度标准

照度的正确选择与计算是电气照明设计的重要任务。根据《建筑照明设计标准》(GB 50034—2004)和《城市道路照明设计标准》(CJJ 45—2006),对照度和照明质量(*UGR* 和 R_a)的标准说明如下。

1.3.1 照度分级

建筑照明照度标准值均按以下系列分级:0.5 lx、1 lx、3 lx、5 lx、10 lx、15 lx、20 lx、30 lx、

50 lx、75 lx、100 lx、150 lx、200 lx、300 lx、500 lx、750 lx、1 000 lx、1 500 lx、2 000 lx、3 000 lx 和 5 000 lx。

1.3.2　照度标准

本标准规定的照度值均为作业面或参考平面上的维持平均照度值。以下给出工业建筑、公共场所、居住建筑、公共建筑等的照明标准值。

1. 工业建筑

工业建筑一般照明标准值应符合表 1-13 的规定。

表 1-13　工业建筑一般照明标准值

房间或场所		参考平面及其高度	照度标准值/lx	*UGR*	R_a	备注
1　通用房间或场所						
试验室	一般	0.75 m 水平面	300	22	80	可另加局部照明
	精细	0.75 m 水平面	500	19	80	可另加局部照明
检验	一般	0.75 m 水平面	300	22	80	可另加局部照明
	精细,有颜色要求	0.75 m 水平面	750	19	80	可另加局部照明
计量室、测量室		0.75 m 水平面	500	19	80	可另加局部照明
变配电站	配电装置室	0.75 m 水平面	200	—	60	
	变压器室	地面	100	—	20	
电源设备室,发电机室		地面	200	25	60	
控制室	一般控制室	0.75 m 水平面	300	22	80	
	主控制室	0.75 m 水平面	500	19	80	
电话站、网络中心		0.75 m 水平面	500	19	80	
计算机站		0.75 m 水平面	500	19	80	防光幕反射
动力站	风机房、空调机房	地面	100	—	60	
	泵房	地面	100	—	60	
	冷冻站	地面	150	—	60	
	压缩空气站	地面	150	—	60	
	锅炉房、煤气站的操作层	地面	100	—	60	锅炉水位表照度不小于 50 lx
仓库	大件库(如钢坯、钢材、大成品、气瓶)	1.0 m 水平面	50	—	20	
	一般件库	1.0 m 水平面	100	—	60	货架垂直照度不小于 50 lx
	精细件库(如工具、小零件)	1.0 m 水平面	100	—	60	油表照度不小于 50 lx
2　机、电工业						
机械加工	粗加工	0.75 m 水平面	200	22	60	可另加局部照明
	一般加工(公差≥0.1 mm)	0.75 m 水平面	300	22	60	应另加局部照明
	精密加工(公差<0.1 mm)	0.75 m 水平面	500	19	60	应另加局部照明

续表

房间或场所		参考平面及其高度	照度标准值/lx	UGR	R_a	备注
机电仪表装配	大件	0.75 m水平面	200	25	80	可另加局部照明
	一般件	0.75 m水平面	300	25	80	可另加局部照明
	精密	0.75 m水平面	500	22	80	应另加局部照明
	特精密	0.75 m水平面	750	19	80	应另加局部照明
电线、电缆制造		0.75 m水平面	300	25	60	
线圈绕制	大线圈	0.75 m水平面	300	25	80	
	中等线圈	0.75 m水平面	500	22	80	可另加局部照明
	精细线圈	0.75 m水平面	750	19	80	应另加局部照明
线圈浇注		0.75 m水平面	300	25	80	
焊接	一般	0.75 m水平面	200	—	60	
	精密	0.75 m水平面	300	—	60	
钣金		0.75 m水平面	300	—	60	
冲压、剪切		0.75 m水平面	300	—	60	
热处理		地面至0.5 m水平面	200	—	20	
铸造	熔化、浇铸	地面至0.5 m水平面	200	—	20	
	造型	地面至0.5 m水平面	300	25	60	
精密铸造的制模、脱壳		地面至0.5 m水平面	500	25	60	
锻工		地面至0.5 m水平面	200	—	20	
电镀		0.75 m水平面	300	—	80	
喷漆	一般	0.75 m水平面	300	—	80	
	精细	0.75 m水平面	500	22	80	
酸洗、腐蚀、清洗		0.75 m水平面	300	—	80	
抛光	一般性装饰	0.75 m水平面	300	22	80	防频闪
	精细	0.75 m水平面	500	22	80	防频闪
复合材料加工、铺叠、装饰		0.75 m水平面	500	22	80	
机电修理	一般	0.75 m水平面	200	—	60	可另加局部照明
	精细	0.75 m水平面	300	22	60	可另加局部照明

2. 公用场所

(1)公用场所照明标准值应符合表1-14。

表1-14 公用场所照明标准值

房间或场所		参考平面及其高度	照度标准值/lx	UGR	R_a
门厅	普通	地面	100	—	60
	高档	地面	200	—	80

续表

房间或场所		参考平面及其高度	照度标准值/lx	UGR	R_a
走廊、流动区域	普通	地面	50	—	60
	高档	地面	100	—	80
楼梯、平台	普通	地面	30	—	60
	高档	地面	75	—	80
自动扶梯		地面	150	—	60
厕所、盥洗室、浴室	普通	地面	75	—	60
	高档	地面	150	—	80
电梯前厅	普通	地面	75	—	60
	高档	地面	150	—	80
休息室		地面	100	22	80
储藏室、仓库		地面	100	—	60
车库	地面	地面	75	29	60
	地面	地面	200	25	60

注：居住、公共建筑的动力站、变电站的照度标准值按表 1-13 选取。

(2)应急照明的照明标准值应符合下列规定：

①备用照明的照度值除另有规定外，不低于该场所一般照明照度值的 10%；

②安全照明的照度值不低于该场所一般照明照度值的 5%；

③疏散通道的疏散照明的照度值不低于 0.5 lx。

3. 居住建筑

居住建筑照明标准宜符合表 1-15 的规定。

表 1-15　居住建筑照明标准值

房间或场所		参考平面及其高度	照度标准值/lx	R_a
起居室	一般活动	0.75 m 水平面	100	80
	书写、阅读		300 *	
卧室	一般活动	0.75 m 水平面	75	80
	床头、阅读		150 *	
餐厅		0.75 m 餐桌面	150	80
厨房	一般活动	0.75 m 水平面	100	80
	操作台	台面	150 *	
卫生间		0.75 m 水平面	100	80

注：* 宜用混合照明。

4. 公共建筑

这部分包括 11 类建筑的照明设计照度标准值，现分别列于下列各表中。

(1)图书馆建筑照明标准值如表1-16所示。

表1-16 图书馆建筑照明标准值

房间或场所	参考平面及其高度	照度标准值/lx	UGR	R_a
一般阅览室	0.75 m水平面	300	19	80
国家、省市及其他重要图书馆的阅览室	0.75 m水平面	500	19	80
老年阅览室	0.75 m水平面	500	19	80
珍善本、舆图阅览室	0.75 m水平面	500	19	80
陈列室、目录厅(室)、出纳厅	0.75 m水平面	300	19	80
书库	0.25 m垂直面	50	—	80
工作间	0.75 m水平面	300	19	80

(2)办公建筑照明标准值如表1-17所示。

表1-17 办公建筑照明标准值

房间或场所	参考平面及其高度	照度标准值/lx	UGR	R_a
普通办公室	0.75 m水平面	300	19	80
高档办公室	0.75 m水平面	500	19	80
会议室	0.75 m水平面	300	19	80
接待室、前台	0.75 m水平面	300	—	80
营业厅	0.75 m水平面	300	22	80
设计室	实际工作面	500	19	80
文件整理、复印、发行室	0.75 m水平面	300	—	80
资料、档案室	0.75 m水平面	200	—	80

(3)商业建筑照明标准值如表1-18所示。

表1-18 商业建筑照明标准值

房间或场所	参考平面及其高度	照度标准值/lx	UGR	R_a
一般商业营业厅	0.75 m水平面	300	22	80
高档商业营业厅	0.75 m水平面	500	22	80
一般超市营业厅	0.75 m水平面	300	22	80
高档超市营业厅	0.75 m水平面	500	22	80
收款台	台面	500	—	80

(4)影剧院建筑照明标准值如表 1-19 所示。

表 1-19　影剧院建筑照明标准值

房间或场所		参考平面及其高度	照度标准值/lx	UGR	R_a
门厅		地面	200	—	80
观众厅	影院	0.75 m 水平面	100	22	80
	剧场	0.75 m 水平面	200	22	80
观众休息厅	影院	地面	150	22	80
	剧场	地面	200	22	80
排演厅		地面	300	22	80
化妆室	一般活动区	0.75 m 水平面	150	22	80
	化妆台	1.1 m 高处垂直面	500	—	80

(5)旅馆建筑照明标准值如表 1-20 所示。

表 1-20　旅馆建筑照明标准值

房间或场所		参考平面及其高度	照度标准值/lx	UGR	R_a
客房	一般活动区	0.75 m 水平面	75	—	80
	床头	0.75 m 水平面	150	—	80
	写字台	台面	300	—	80
	卫生间	0.75 m 水平面	150	—	80
中餐厅		0.75 m 水平面	200	22	80
西餐厅、酒吧间、咖啡厅		0.75 m 水平面	100	—	80
多功能厅		0.75 m 水平面	300	22	80
门厅、总服务台		地面	300	—	80
休息厅		地面	200	22	80
客房层走廊		地面	50	—	80
厨房		台面	200	—	80
洗衣房		0.75 m 水平面	200	—	80

(6)医院建筑照明标准值如表 1-21 所示。

表 1-21　医院建筑照明标准值

房间或场所	参考平面及其高度	照度标准值/lx	UGR	R_a
治疗室	0.75 m 水平面	300	19	80
化验室	0.75 m 水平面	500	19	80
手术室	0.75 m 水平面	750	19	80

续表

房间或场所	参考平面及其高度	照度标准值/lx	UGR	R_a
诊室	0.75 m 水平面	300	19	80
候诊室、挂号厅	0.75 m 水平面	200	22	80
病房	地面	100	19	80
护士站	0.75 m 水平面	300	—	80
药房	0.75 m 水平面	500	19	80
重症监护室	0.75 m 水平面	300	19	80

(7)学校建筑照明标准值如表 1-22 所示。

表 1-22　学校建筑照明标准值

房间或场所	参考平面及其高度	照度标准值/lx	UGR	R_a
教室	课桌面	300	19	80
实验室	实验桌面	300	19	80
美术教室	桌面	500	19	90
多媒体教室	0.75 m 水平面	300	19	80
教室黑板	黑板面	500	—	80

(8)博物馆建筑陈列室展品照明标准值如表 1-23 所示。

表 1-23　博物馆建筑陈列室展品照明标准值

类　别	参考平面及其高度	照度标准/lx
对光特别敏感的展品:纺织品、织绣品、绘画、纸制物品、彩绘、陶(石)器、染色皮革、动物标本等	展品面	50
对光敏感的展品:油画、蛋清画、不染色皮革、角制品、骨制品、象牙制品、竹木制品和漆器等	展品面	150
对光不敏感的展品:金属制品、石质器物、陶瓷器、宝石玉器、岩矿标本、玻璃制品、搪瓷制品、珐琅器等	展品面	300

注:1. 陈列室一般照明应按展品照度值的 20% ~30% 选取;
2. 陈列室一般照明 UGR 不宜大于 19;
3. 辨色要求一般的场所 R_a 不应低于 80,辨色要求高的场所 R_a 不应低于 90。

(9)展览馆展厅照明标准值如表 1-24 所示。

表 1-24　展览馆展厅照明标准值

房间或场所	参考平面及其高度	照度标准值/lx	UGR	R_a
一般展厅	地面	200	22	80
高档展厅	地面	300	22	80

注:高于 6 m 的展厅 R_a 可降低到 60。

(10)交通建筑照明标准值如表 1-25 所示。

表 1-25　交通建筑照明标准值

房间或场所		参考平面及其高度	照度标准值/lx	UGR	R_a
售票台		台面	500	—	80
问讯处		0.75 m 水平面	200	—	80
候车(机、船)室	普通	地面	150	22	80
	高档	地面	200	22	80
中央大厅、售票大厅		工作面	200	22	80
海关、护照检查		工作面	500	—	80
安全检查		地面	300	—	80
换票、行李托运		0.75 m 水平面	300	19	80
行李认领、到达大厅、出发大厅		地面	200	22	80
通道、连接区、扶梯		地面	150	—	80
有棚站台		地面	75	—	20
无棚站台		地面	50	—	20

(11)体育建筑照明标准值应符合下列规定：

①无彩电转播的体育建筑照度标准值应符合表 1-26(a)的规定；

表 1-26(a)　无彩电转播的体育建筑照度标准值

运动项目		参考平面及其高度	照度标准值/lx	
			训练	比赛
篮球、排球、羽毛球、网球、手球、田径(室内)、体操、艺术体操、技巧、武术		地面	300	750
棒球、垒球		地面	—	750
保龄球		置瓶区	300	500
举重		台面	200	750
击剑		台面	500	750
柔道、中国摔跤、国际摔跤		地面	500	1 000
拳击		台面	500	2 000
乒乓球		台面	750	1 000
游泳、蹼泳、跳水、水球		水面	300	750
花样游泳		水面	500	750
冰球、速度滑冰、花样滑冰		冰面	300	1 500
围棋、中国象棋、国际象棋		台面	300	750
桥牌		桌面	300	500
射击	靶心	靶心垂直面	1 000	1 500
	射击位	地面	300	500

续表

运动项目			参考平面及其高度	照度标准值/lx	
				训练	比赛
足球、曲棍球	观看距离	120 m	地面	—	300
		160 m		—	500
		200 m		—	750
观众席			座位面	—	100
健身房			地面	200	—

注:足球和曲棍球的观看距离是指观众席最后一排到场地边线的距离。

②有彩电转播的体育建筑照度标准值应符合表1-26(b)的规定;

表1-26(b) 有彩电转播的体育建筑照度标准值

运动项目	参考平面及其高度	照度标准值/lx		
		最大摄影距离		
		25 m	75 m	150 m
A组:田径、柔道、游泳、摔跤等项目	1.0 m垂直面	500	750	1 000
B组:篮球、排球、羽毛球、网球、手球、体操、花样滑冰、速滑、垒球、足球等项目	1.0 m垂直面	750	1 000	1 500
C组:拳击、击剑、跳水、乒乓球、冰球等项目	1.0 m垂直面	1 000	1 500	—

③体育建筑照明质量标准值应符合表1-12的规定。

5. 照度值的有关说明

本标准规定的照度值均为作业面或参考平面上的维持平均照度值。

6. 作业面或参考面的照度值

符合下列条件之一及以上时,作业面或参考平面的照度,可按照度标准值分级提高一级。

①视觉要求高的精细作业场所,眼睛至识别对象的距离大于500 mm时。

②连续长时间紧张的视觉作业,对视觉器官有不良影响时。

③识别移动对象,要求识别时间短促而辨认困难时。

④视觉作业对操作安全有重要影响时。

⑤识别对象亮度对比小于0.3时。

⑥作业精度要求较高,且产生差错会造成很大损失时。

⑦视觉能力低于正常能力时。

⑧建筑等级和功能要求高时。

符合下列条件之一及以上时,作业面或参考平面的照度,可按照度标准值分级降低一级。

①进行很短时间的作业时。

②作业精度或速度无关紧要时。

③建筑等级和功能要求较低时。

作业面邻近周围的照度可低于作业面照度,但不宜低于表1-27的数值。

表 1-27　作业面邻近周围照度

作业面照度/lx	作业面邻近周围照度值/lx
≥750	500
500	300
300	200
≤200	与作业面照度相同

注：邻近周围指作业面外 0.5 m 范围之内。

7. 维护系数标准值

本标准中的照度标准值是维护照度值，即维护周期末的照度。维护照度等于设计的初始照度乘以维护系数。维护系数可根据光源的光通衰减、灯具积尘和房间表面污染引起照度值降低的程度来确定，如表 1-28 所示。

表 1-28　维护系数

环境污染特征		房间或场所举例	灯具最少擦拭次数/(次/年)	维护系数值
室内	清洁	卧室、办公室、餐厅、阅览室、教室、病房、客房、仪器仪表装配间、电子元器件装配间、检验室等	2	0.80
	一般	商店营业厅、候车室、影剧院、机械加工车间、机械装配车间、体育馆等	2	0.70
	污染严重	厨房、锻工车间、铸工车间、水泥车间等	3	0.60
室外		雨篷、站台	2	0.65

8. 设计照度值的偏差

在一般情况下，设计照度值与照度标准值相比较，可有 $-10\% \sim +10\%$ 的偏差。此偏差值只适用于装 10 个灯具以上的照明场所；当小于 10 个灯具时，允许适当超过此偏差。

思考题

1. 光的本质是什么？人眼可见光的波长范围是多少？
2. 说明以下常用照明术语的定义。
(1) 光谱光效率
(2) 光通量
(3) 发光效率
(4) 发光强度
(5) 照度
(6) 亮度
3. 照明设计程序的主要内容有哪些？
4. 照明电气设计的主要步骤有哪些？
5. 何谓光源的显色性和光源的色温，并指出两者的区别。

6. 为什么要了解光源的色温与照度的关系?

7. 照明质量的好坏,主要从哪几方面来衡量?

8. 什么是眩光? 什么是直接眩光、反射眩光和光幕眩光? 为什么要限制直接眩光、反射眩光和光幕眩光?

9. 民用建筑照度标准所规定的照度是什么?

10. 建筑照明照度标准值可分为多少级?

11. 符合什么条件,作业面或参考面的照度,可按照度标准分级提高一级处理?

12. 符合什么条件,作业面或参考面的照度,可按照度标准分级降低一级处理?

13. 试说明维护系数的功用?

14. 设计照度值与标准照度值的偏差如何处理?

第 2 章　照明电光源

2.1　电光源分类及光源型号命名

人类最早发明的电光源是弧光灯和白炽灯。1807 年英国的戴维制成了炭极弧光灯。1878 年美国的布拉许利用弧光灯在街道和广场照明中取得了成功。1879 年 10 月 22 日,美国著名电学家和发明家爱迪生点燃了第一盏真正有广泛实用价值的电灯,揭开了电应用于日常生活的序幕。随着科学技术突飞猛进的发展,各种新光源产品不仅在数量上,而且在质量上也产生了质的飞跃,发光效率高、显色性好、使用寿命长的新型电光源产品不断应用于建筑照明中。本节主要介绍热辐射电光源、气体放电光源等电光源的工作原理、技术参数以及相互比较和应用。

2.1.1　电光源的分类

电光源按照其发光物质分类,可分为固体发光光源和气体放电光源两大类。电光源分类见表 2-1。

表 2-1　电光源分类表

<table>
<tr><td rowspan="12">电光源</td><td rowspan="4">固体发光光源</td><td rowspan="2">热辐射光源</td><td colspan="2">白炽灯</td></tr>
<tr><td colspan="2">卤钨灯</td></tr>
<tr><td rowspan="2">电致发光光源</td><td colspan="2">场致发光灯(EL)</td></tr>
<tr><td colspan="2">半导体发光二极管(LED)</td></tr>
<tr><td rowspan="8">气体放电光源</td><td rowspan="2">辉光放电灯</td><td colspan="2">氖灯</td></tr>
<tr><td colspan="2">霓虹灯</td></tr>
<tr><td rowspan="6">弧光放电灯</td><td rowspan="2">低气压灯</td><td>荧光灯</td></tr>
<tr><td>低压钠灯</td></tr>
<tr><td rowspan="4">高气压灯</td><td>高压汞灯</td></tr>
<tr><td>高压钠灯</td></tr>
<tr><td>金属卤化物灯</td></tr>
<tr><td>氙灯</td></tr>
</table>

1. 固体发光光源

固体发光光源也可称为热辐射发光光源,是利用灯丝通过电流时被加热而发光的一种光源。白炽灯和卤钨灯都是以钨丝作为辐射体,钨丝被电流加热到白炽程度时产生热辐射。

场致发光灯(屏)是利用场致发光现象制成的发光灯(屏),可用于指示照明、广告等。LED 发光二极管是一种能够将电能转化为可见光的半导体,其发光原理是电场发光。足够多的带电子和价带空穴在电场作用下复合而产生光子。LED 的特点非常明显，寿命长、光效高、无辐射与低功耗。LED 的光谱几乎全部集中于可见光频段，其发光效率可达 80% ~90%，是国家倡导的绿色光源，具有广阔的发展前景，尤其当大功率的 LED 研制出来而成为照明光源时，它将大面积取代现有的白炽灯与节能灯而占领整个市场。

2. 气体放电光源

气体放电光源的发光原理完全不同于普通的白炽灯类热辐射光源。它主要是利用电流通过气体而发射光的光源。如通过灯管中的水银蒸气放电，辐射出肉眼看不到的波长 254 nm 为主的紫外线，然后照射到管内壁的荧光物质上，再转换为某个波长段的可见光。

气体放电光源又可按放电的形式分为弧光放电灯和辉光放电灯，常用的弧光放电灯有荧光灯、钠灯、氙灯、汞灯和金属卤化物灯，辉光放电灯有氖灯、霓虹灯。气体放电光源工作时需要很高的电压，其特点是具有发光效率高、表面亮度低、亮度分布均匀、热辐射小、寿命长等诸多优点，目前已成为市场销售量最大的光源之一。

2.1.2 电光源型号命名

电光源的型号命名由五部分组成：自左至右，第一部分为字母，由表示光源名称主要特征的 3 个以内汉语拼音词头字母组成；第二部分和第三部分一般为数字，主要表示光源的电参数；第四部分和第五部分为字母或数字，由表示灯结构特征的 1 ~2 个汉语拼音、字母或有关数字组成。第四部分和第五部分作为补充部分，可在生产或流通领域中使用时灵活取舍。

表 2-2 和表 2-3 列出了部分常用白炽灯光源和常用气体放电光源型号的命名。

表 2-2　部分常用白炽灯光源型号命名表

<table>
<tr><th colspan="2" rowspan="2">光源名称</th><th colspan="7">型号的组成</th></tr>
<tr><th>第一部分</th><th>第二部分</th><th>第三部分</th><th colspan="2">第四部分</th><th colspan="2">第五部分</th></tr>
<tr><td rowspan="5">普通照明灯泡</td><td>普通照明灯泡</td><td>PZ</td><td rowspan="10">额定电压/V</td><td rowspan="10">额定功率/W</td><td rowspan="3">S</td><td rowspan="3">磨砂</td><td rowspan="3">B
E</td><td rowspan="3">卡口
螺口</td></tr>
<tr><td>普通照明双螺旋形灯泡</td><td>PZS</td></tr>
<tr><td>普通照明蘑菇形灯泡</td><td>PZM</td></tr>
<tr><td>普通照明反射形灯泡</td><td>PZF</td><td rowspan="2">N</td><td rowspan="2">内涂白</td><td>M
P
G</td><td>蘑菇形玻壳
P形玻壳
球形玻壳</td></tr>
<tr><td>普通照明球形灯泡</td><td>PZQ</td><td>毫米数</td><td>玻壳直径</td></tr>
<tr><td colspan="2">装饰灯泡</td><td>ZS</td><td>P
G
B</td><td>P形玻壳
球形玻壳
烛形玻壳</td><td colspan="2" rowspan="4">—</td></tr>
<tr><td colspan="2">局部照明灯泡</td><td>JZ</td><td>—</td><td>—</td></tr>
<tr><td colspan="2">红外线灯泡</td><td>HW</td><td>H</td><td>端面红色</td></tr>
<tr><td colspan="2">无影灯泡</td><td>WY</td><td>—</td><td>—</td></tr>
<tr><td colspan="2">仪器灯泡</td><td>YQ</td><td>G
T
R
A</td><td>球形玻壳
管形玻壳
反射形玻壳
A形玻壳</td><td>E
B
SY
A</td><td>螺口灯具
卡口灯具
圆筒式灯具
预聚焦灯具</td></tr>
</table>

续表

光源名称		型号的组成						
		第一部分	第二部分	第三部分	第四部分		第五部分	
水下灯泡		SX	额定电压/V	额定功率/W	L S	卤钨灯内管 深水用	—	
电源指示灯泡		DZ			A G T C	A 形玻壳 球形玻壳 管理玻壳 圆锥形玻壳	—	
聚光灯泡	聚光灯泡	JG			Fa	单插脚灯头	—	
	反射形聚光灯泡	JGF						
卤钨灯	照明管形卤钨灯	LZG						
	卤钨航标灯泡	LHB						
	卤钨跑道灯泡	LPD			B	背景照明	YZ	硬质玻璃
	照明单端卤钨灯	LZD						
	照明反射型卤钨灯	LFS			FB	封闭式		

表 2-3　常用气体放电光源型号命名表

光源名称		型号的组成						
		第一部分	第二部分	第三部分	第四部分		第五部分	
低气压荧光灯	直管型荧光灯	YZ	额定电压(V)	—	RZ RB RD RR RN RL HO LV LA HU	中性白色 白色 白炽灯色 日光色 暖白色 冷白色 红色 绿色 蓝色 黄色	毫米数	管径
	快速启动荧光灯	YK						
	瞬时启动荧光灯	YS						
	U 型荧光灯	YU						
	环型荧光灯管	YH						
低气压紫外灯	紫外杀菌灯	ZW	—	额定功率(W)	—		—	
	紫外保健灯	ZWJ						
	黑光荧光灯	ZY					TZ	透紫玻璃
	直管形石英紫外灯	ZSZ					—	
	U 形石英紫外灯	ZSU						
高压汞灯	高压汞灯	GGY	—	额定功率(W)	—		—	
	自镇流荧光高压汞灯	GYZ	额定电压(V)					
	专用高压汞灯	GGX	—					

续表

<table>
<tr><th colspan="2" rowspan="2">光源名称</th><th colspan="7">型号的组成</th></tr>
<tr><th>第一部分</th><th>第二部分</th><th>第三部分</th><th colspan="2">第四部分</th><th colspan="2">第五部分</th></tr>
<tr><td rowspan="6">钠灯</td><td>透明型高压钠灯</td><td>NG</td><td rowspan="6">—</td><td rowspan="6">额定功率/W</td><td rowspan="5">—
N
SD
SX
K</td><td rowspan="5">外触发
内触发
双端引长
双芯
快速启动</td><td rowspan="5">—
R
BT
ED</td><td rowspan="5">管形玻壳
反射形玻壳
BT 形玻壳
ED 形玻壳</td></tr>
<tr><td>漫射形高压钠灯</td><td>NGM</td></tr>
<tr><td>反射形高压钠灯</td><td>NGF</td></tr>
<tr><td>中显色高压钠灯</td><td>NGZ</td></tr>
<tr><td>高显色高压钠灯</td><td>NGG</td></tr>
<tr><td>低压钠灯</td><td>ND</td><td>LC
ZL</td><td>漏磁变压器
镇流器</td><td colspan="2">—</td></tr>
<tr><td rowspan="3">金属卤化物灯</td><td>照明金属卤化物灯</td><td>JLZ</td><td rowspan="3">—</td><td rowspan="3">额定功率/W</td><td>KN
D
NTY</td><td>钪钠灯
镝灯
钠铊铟灯</td><td rowspan="3">T
P
D</td><td rowspan="3">管形
梨形
球形</td></tr>
<tr><td>双石英金属卤化物灯</td><td>JLS</td><td>—</td><td>—</td></tr>
<tr><td>高色温金属卤化物灯</td><td>JGS</td><td>—</td><td>—</td></tr>
</table>

2.2 荧光灯

2.2.1 荧光灯的工作原理及分类

1. 荧光灯的结构

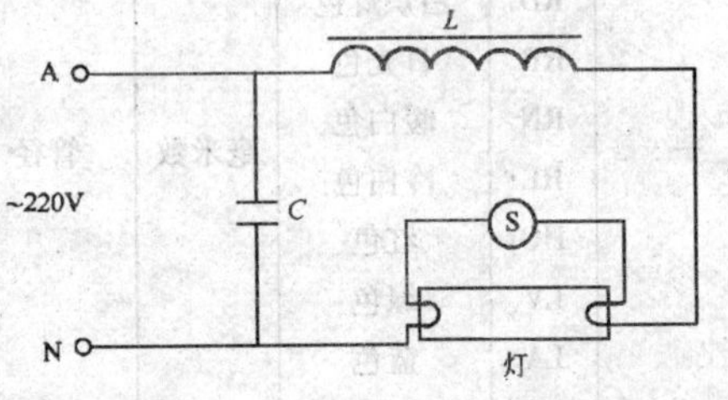

图 2-1 荧光灯电路接线图

荧光灯是低压汞蒸气放电灯，其大部分光是由放电产生的紫外线激活管壁上的荧光粉涂层而发射出来。荧光灯电路接线图如图 2-1 所示，其中 S 表示启辉器，L 表示镇流器，电容器 C 是为补偿功率因数而接入的。

(1)启辉器。图 2-2(a)(b)为启辉器的外观结构图。启辉器的作用是使电路接通和自动断开。它是一个充有氖气的玻璃泡，里面装有一个固定的静触片和用双金属片制成 U 形的动触片。图 2-2(c)是启辉器的电路图。为避免启辉器两触片断开时产生火花将触片烧坏，在氖气管旁有一只纸质电容器与触片并联。启辉器的外壳是铝质圆筒，起保护作用。

(2)镇流器。镇流器是一只绕在硅钢片铁芯上的电感线圈，它有两个作用，一是在启动时由于启辉器的配合产生瞬时高电压，促使灯管放电；另外在工作时起限制灯管电流的作用。

2. 荧光灯的工作原理

电路接通电源，灯管尚未放电时，启辉器的触片处在断开位置。此时，电路中没有电流，电源电压全部加在启辉器的两个触片上，使氖管中产生辉光放电而发热。温度上升使启辉器动、静触片接触，将电路接通。

启辉器接通后，电流流过镇流器和灯管两端的灯丝，使灯丝加热并发射电子。这时启辉器

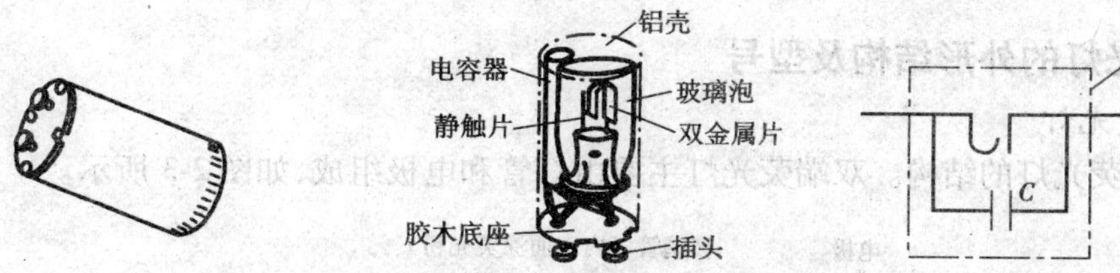

(a)　　(b)　　(c)

图 2-2　启辉器外形及电路图

(a)外形;(b)构造;(c)电路图

内辉光放电已停止,双金属片冷却缩回,两触片分开,使流过镇流器和灯丝的电流中断。在此瞬间,镇流器产生了相当高的自感电动势,它和电源电压串联后加在灯管两端引起弧光放电,灯管点燃。

灯管在弧光放电点燃灯管后,汞蒸气辐射出紫外线。在紫外线的照射下,灯管内壁的荧光粉被激发而发出可见光。同时,管内汞蒸气游离并辐射紫外线照射到灯管内壁荧光粉而发射荧光。荧光粉的化学成分可决定其发光颜色,有日光色、暖白色、白色、蓝色、黄色、绿色、粉红色等。

灯管发光后进入正常工作状态,此时一半以上的电压降落在镇流器上,灯管两端的电压即启辉器两触片之间的电压较低,不足以引起启辉器氖管的辉光放电,因此它的两个触片仍保持断开状态。

3. 荧光灯的分类

荧光灯按其阴极工作形式可分为热阴极和冷阴极两类。绝大多数普通照明荧光灯是热阴极型;冷阴极型荧光灯多为装饰照明用,如霓虹灯、液晶背光显示等。

荧光灯按其外形不同可分为单端荧光灯和双端荧光灯。双端荧光灯绝大多数是直管形,两端各有一个灯头。单端荧光灯外形众多,如 H 形、U 形、双 U 形、环形、球形、螺旋形等,灯头均在一端。

带有镇流器和标准灯头并使之为一体的荧光灯称为自镇流荧光灯,这种灯在不损坏其结构时是可拆卸的。按启动方式分为预热启动、快速启动和瞬时启动等类型。

(1)预热启动式。它是荧光灯中用量最大的一种。这种荧光灯在工作时,需要有镇流器、启辉器附件组成的工作电路。预热启动式直管荧光灯有 ϕ38 mm(T12)、ϕ26 mm(T8)和 ϕ16 mm(T5)等几种。T12 灯功率范围为 20 ~ 125 W。有的 25 mm 管径的 T8 灯使用电感镇流器,功率范围为 15 ~ 70 W;有的使用高频电子镇流器,功率范围为 16 ~ 50 W。管径 15 mm 的 T5 灯使用电子镇流器,功率范围为 8 ~ 35W。管径 13 mm 的 T4 灯使用电子镇流器,功率范围为 8 ~ 28 W。(每一个"T"数表示 1/8 英寸即 3. 175 mm。)

(2)快速启动式。快速启动式荧光灯是在灯管的内壁涂敷透明的导电薄膜,以提高极间电场;在镇流器内附加灯丝预热回路,且镇流器的工作电压比启动电压高,所以在电源电压施加后的 1s 就可启动。

(3)瞬时启动荧光灯。这种荧光灯不需要预热,可以采用漏磁变压器产生的高压瞬时启动灯管。

为使荧光灯能正常工作,选用与灯管配套的镇流器是非常重要的。镇流器要消耗一定的功率,若用电感镇流器,其损耗≤9 W;节能电感式镇流器,其损耗≤5. 5 W;电子式镇流器,其损耗≤4 W。

2.2.2 荧光灯的外形结构及型号

1. 双端荧光灯

(1)双端荧光灯的结构。双端荧光灯主要由灯管和电极组成,如图2-3所示。

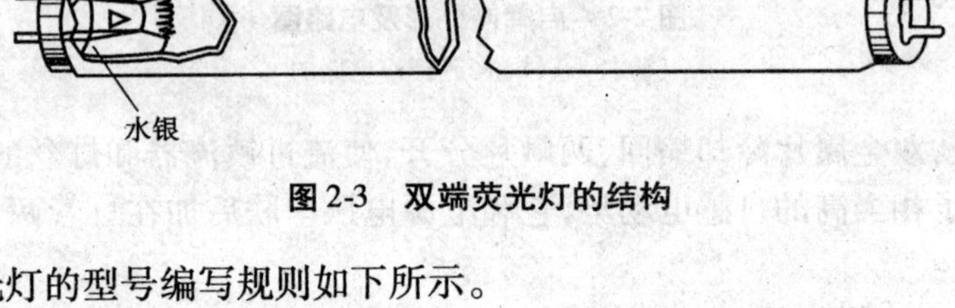

图2-3 双端荧光灯的结构

(2)双端荧光灯的型号编写规则如下所示。

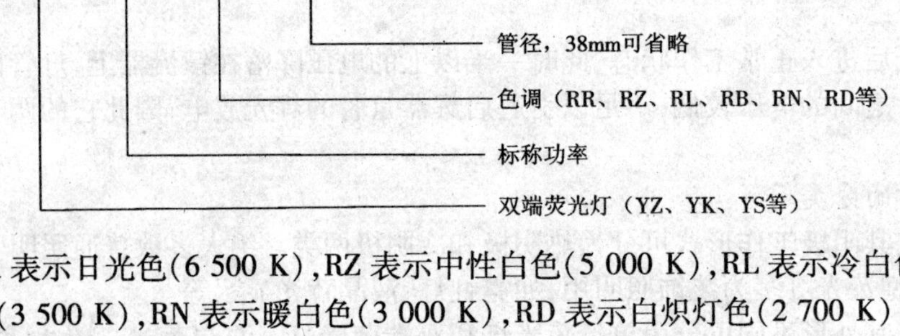

其中,RR表示日光色(6 500 K),RZ表示中性白色(5 000 K),RL表示冷白色(4 000 K),RB表示白色(3 500 K),RN表示暖白色(3 000 K),RD表示白炽灯色(2 700 K);YZ表示普通直管型,YK表示快速启动型,YS表示瞬时启动型;G表示高频荧光灯。

例如:YZ36RR26表示管径26 mm,功率36 W,日光色普通直管形荧光灯;YK20RN32表示管径32 mm,功率20 W,暖白色快速启动荧光灯。

2. 单端荧光灯

(1)单端荧光灯的结构。根据单端荧光灯的放电管数量及形状分为单管、双管、四管、多管、方形、环形荧光灯等类型。常见的单端荧光灯如图2-4所示。

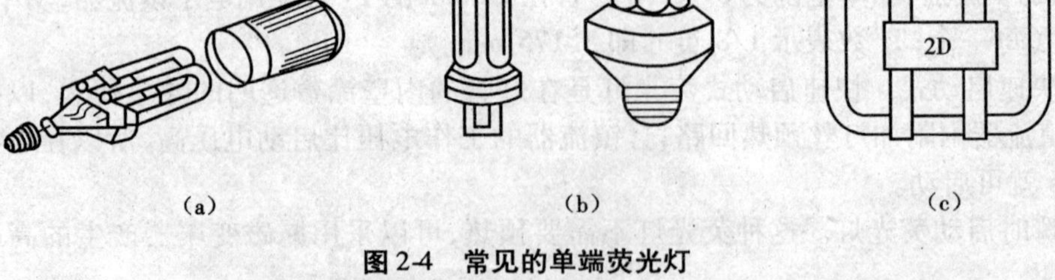

(a) (b) (c)

图2-4 常见的单端荧光灯

(a)双曲灯;(b)H灯;(c)双D灯

(2)单端荧光灯的型号编写规则。

①单端管形荧光灯的型号编写规则如下。

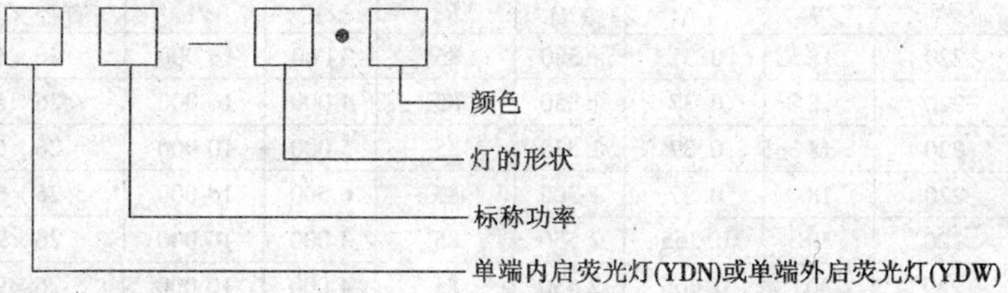

例如:YDN9-2U · RR　表示 9W 的 2U 型日光色单端内启动荧光灯;YDW16-2D · RN　表示 16W 的 2D 型暖白色单端外启动荧光灯。

②环型荧光灯的型号编写规则如下。

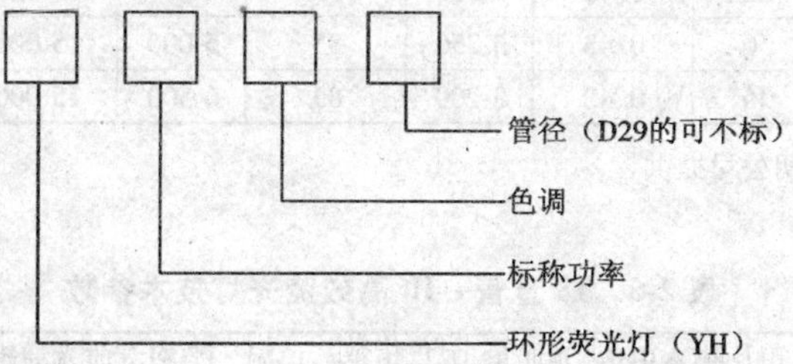

例如:YH32RR　表示管径为 29 mm 的 32 W 日光色环形荧光灯;YH55RZ16　表示管径为 16 mm 的 55 W 中性白色环形荧光灯。

2.2.3　荧光灯的主要技术参数

1. 双端荧光灯主要技术参数

部分直管形荧光灯技术参数见表 2-4 ~ 表 2-9。

表 2-4　T8 直管荧光灯技术参数

型号	额定电压 /V	功率 /W	光通量 /lm	显色指数 R_a	色温 /K	平均寿命 /h	外形尺寸 /(直径×长度,mm)	灯头型号
TLD18W/827	220 ~ 240	18	1 350	85	2 700	15 000	26 × 604.0	G13
TLD18W/830	220 ~ 240	18	1 350	85	3 000	15 000	26 × 604.0	G13
TLD18W/840	220 ~ 240	18	1 350	85	4 000	15 000	26 × 604.0	G13
TLD18W/865	220 ~ 240	18	1 300	85	6 500	15 000	26 × 604.0	G13
TLD30W/827	220 ~ 240	30	2 400	85	2 700	15 000	26 × 908.8	G13
TLD30W/830	220 ~ 240	30	2 400	85	3 000	15 000	26 × 908.8	G13
TLD30W/840	220 ~ 240	30	2 400	85	4 000	15 000	26 × 908.8	G13
TLD30W/865	220 ~ 240	30	2 300	85	6 500	15 000	26 × 908.8	G13
TLD36W/827	220 ~ 240	36	3 350	85	2 700	15 000	26 × 1 213.6	G13
TLD36W/830	220 ~ 240	36	3 350	85	3 000	15 000	26 × 1 213.6	G13
TLD36W/840	220 ~ 240	36	3 350	85	4 000	15 000	26 × 1 213.6	G13
TLD36W/865	220 ~ 240	36	3 250	85	6 500	5 000	26 × 1 213.6	G13
TLD58W/830	220 ~ 240	58	5 200	85	3 000	15 000	26 × 1 514.2	G13
TLD58W/840	220 ~ 240	58	5 200	85	4 000	15 000	26 × 1 514.2	G13
TLD58W/865	220 ~ 240	58	5 000	85	6 500	15 000	26 × 1 514.2	G13

注:以上数据由飞利浦公司提供。

表 2-5 T8 直管荧光灯技术数据

型号	额定电压 /V	功率 /W	工作电流 /A	光通量 /lm	显色指数 R_a	色温 /K	平均寿命 /h	外形尺寸 /(直径×长度,mm)	灯头型号
YZ18RN(三基色)	220	18	0.37	1 380	85	3 000	10 000	26×604.0	G13
YZ18RL(三基色)	220	18	0.37	1 350	85	4 000	10 000	26×604.0	G13
YZ18RZ(三基色)	220	18	0.37	1 330	85	5 000	10 000	26×604.0	G13
YZ18RR(三基色)	220	18	0.37	1 300	85	6 500	10 000	26×604.0	G13
YZ30RN(三基色)	220	30	0.365	2 550	85	3 000	10 000	26×908.8	G13
YZ30RL(三基色)	220	30	0.365	2 550	85	4 000	10 000	26×908.8	G13
YZ30RZ(三基色)	220	30	0.365	2 520	85	5 000	10 000	26×908.8	G13
YZ30RR(三基色)	220	30	0.365	2 300	85	6 500	10 000	26×908.8	G13
YZ36RN(三基色)	220	36	0.43	3 350	85	3 000	15 000	26×1 213.6	G13
YZ36RL(三基色)	220	36	0.43	3 350	85	4 000	15 000	26×1 213.6	G13
YZ36RZ(三基色)	220	36	0.43	3 250	85	5 000	15 000	26×1 213.6	G13
YZ36RR(三基色)	220	36	0.43	3 200	85	6 500	15 000	26×1 213.6	G13

注:以上数据为北京松下照明公司提供。

表 2-6 T8 直管 e-Hf 高效荧光灯技术参数

型号	输入电压 /V	输入电流 /A	光通量 /lm	显色指数 R_a	色温 /K	平均寿命 /h	光通维持率/%	最大外形尺寸 /(直径×长度,mm)	灯头型号
YZ32RN/e-Hf(三基色)	220	0.213	4 700	>80	3000	18 000	>80	26×1213.6	G13
YZ32RZ/e-Hf(三基色)			4 700		5 000				
YZ32(6700K)/e-Hf(三基色)			4 700		6 700				

注:(1)以上数据为北京松下照明光源有限公司提供。

(2)此荧光灯必须配套松下公司 e-Hf 电子镇流器使用。

表 2-7 T8 直管荧光灯技术参数

型号	额定电压 /V	功率 /W	工作电流 /A	光通量 /lm	显色指数 R_a	色温 /K	平均寿命* /h	外形尺寸 /(直径×长度,mm)	灯头型号
L18W/880	220	18	0.29	1 200	>80	8 000	20 000	26×590	G13
L18W/865	220	18	0.29	1 300	>80	6 500	20 000	26×590	G13
L18W/840	220	18	0.29	1 350	>80	4 000	20 000	26×590	G13
L18W/830	220	18	0.29	1 350	>80	3 000	20 000	26×590	G13
L18W/827	220	18	0.29	1 350	>80	2 700	20 000	26×590	G13
L30W/880	220	30	0.26	2 150	>80	8 000	20 000	26×895	G13
L30W/865	220	30	0.26	2 300	>80	6 500	20 000	26×895	G13
L30W/840	220	30	0.26	2 400	>80	4 000	20 000	26×895	G13
L30W/830	220	30	0.26	2 400	>80	3 000	20 000	26×895	G13
L30W/827	220	30	0.26	2 400	>80	2 700	20 000	26×895	G13
L36W/880	220	36	0.32	3 000	>80	8 000	20 000	26×1 200	G13
L36W/865	220	36	0.32	3 250	>80	6 500	20 000	26×1 200	G13
L36W/840	220	36	0.32	3 350	>80	4 000	20 000	26×1 200	G13
L36W/830	220	36	0.32	3 350	>80	3 000	20 000	26×1 200	G13

续表

型号	额定电压 /V	功率 /W	工作电流 /A	光通量 /lm	显色指数 R_a	色温 /K	平均寿命* /h	外形尺寸 /(直径×长度,mm)	灯头型号
L36W/827	220	36	0.32	3 350	>80	2 700	20 000	26×1 200	G13
L58W/880	220	58	0.455	4 900	>80	8 000	20 000	26×1 500	G13
L58W/865	220	58	0.455	5 000	>80	6 500	20 000	26×1 500	G13
L58W/840	220	58	0.455	5 200	>80	4 000	20 000	26×1 500	G13
L58W/830	220	58	0.455	5 200	>80	3 000	20 000	26×1 500	G13
L58W/827	220	58	0.455	5 200	>80	2 700	20 000	26×1 500	G13

注:(1)以上数据为欧司朗公司提供。

(2)*为配电子镇流器的寿命值。

表 2-8 TL5 HE 系列 T5 直管荧光灯技术参数

<table>
<tr><th>型号</th><th>额定电压 /V</th><th>功率 /W</th><th>光通量 /lm</th><th>显色指数 R_a</th><th>色温 /K</th><th>平均寿命 /h</th><th>外形尺寸 /(直径×长度,mm)</th><th>灯头型号</th></tr>
<tr><td>TL5 HE14W/827</td><td>220~240</td><td>14</td><td>1 200</td><td>85</td><td>2 700</td><td rowspan="16">20 000</td><td rowspan="4">16×563.2</td><td rowspan="16">G5</td></tr>
<tr><td>TL5 HE14W/830</td><td>220~240</td><td>14</td><td>1 200</td><td>85</td><td>3 000</td></tr>
<tr><td>TL5 HE14W/840</td><td>220~240</td><td>14</td><td>1 200</td><td>85</td><td>4 000</td></tr>
<tr><td>TL5 HE14W/865</td><td>220~240</td><td>14</td><td>1 100</td><td>85</td><td>6 500</td></tr>
<tr><td>TL5 HE21W/827</td><td>220~240</td><td>21</td><td>1 900</td><td>85</td><td>2 700</td><td rowspan="4">16×863.2</td></tr>
<tr><td>TL5 HE21W/830</td><td>220~240</td><td>21</td><td>1 900</td><td>85</td><td>3 000</td></tr>
<tr><td>TL5 HE21W/840</td><td>220~240</td><td>21</td><td>1 900</td><td>85</td><td>4 000</td></tr>
<tr><td>TL5 HE21W/865</td><td>220~240</td><td>21</td><td>1 750</td><td>85</td><td>6 500</td></tr>
<tr><td>TL5 HE28W/827</td><td>220~240</td><td>28</td><td>2 600</td><td>85</td><td>2 700</td><td rowspan="4">16×1 163.2</td></tr>
<tr><td>TL5 HE28W/830</td><td>220~240</td><td>28</td><td>2 600</td><td>85</td><td>3 000</td></tr>
<tr><td>TL5 HE28W/840</td><td>220~240</td><td>28</td><td>2 600</td><td>85</td><td>4 000</td></tr>
<tr><td>TL5 HE28W/865</td><td>220~240</td><td>28</td><td>2 400</td><td>85</td><td>6 500</td></tr>
<tr><td>TL5 HE35W/827</td><td>220~240</td><td>35</td><td>3 300</td><td>85</td><td>2 700</td><td rowspan="4">16×1 463.2</td></tr>
<tr><td>TL5 HE35W/830</td><td>220~240</td><td>35</td><td>3 300</td><td>85</td><td>3 000</td></tr>
<tr><td>TL5 HE35W/840</td><td>220~240</td><td>35</td><td>3 300</td><td>85</td><td>4 000</td></tr>
<tr><td>TL5 HE35W/865</td><td>220~240</td><td>35</td><td>3 100</td><td>85</td><td>6 500</td></tr>
</table>

注:以上数据为飞利浦公司提供。

表 2-9 T5 直管荧光灯技术数据

型号	额定电压 /V	功率 /W	光通量 /lm	显色指数 R_a	色温 /K	平均寿命 /h	外形尺寸 /(直径×长度,mm)	灯头型号
FH 14W/827 HE	220	14	1 200	≥80	2 700	20 000	16×549	G5
FH 14W/830 HE	220	14	1 200	≥80	3 000	20 000	16×549	G5
FH 14W/840 HE	220	14	1 200	≥80	4 000	20 000	16×549	G5
FH 14W/865 HE	220	14	1 100	≥80	6 500	20 000	16×549	G5
FH 21W/827 HE	220	21	1 900	≥80	2 700	20 000	16×849	G5

续表

型号	额定电压/V	功率/W	光通量/lm	显色指数 R_a	色温/K	平均寿命/h	外形尺寸/(直径×长度,mm)	灯头型号
FH 21W/830 HE	220	21	1 900	≥80	3 000	20 000	16×849	G5
FH 21W/840 HE	220	21	1 900	≥80	4 000	20 000	16×849	G5
FH 21W/865 HE	220	21	1 750	≥80	6 500	20 000	16×849	G5
FH 28W/827 HE	220	28	2 600	≥80	2 700	20 000	16×1 149	G5
FH 28W/830 HE	220	28	2 600	≥80	3 000	20 000	16×1 149	G5
FH 28W/840 HE	220	28	2 600	≥80	4 000	20 000	16×1 149	G5
FH 28W/865 HE	220	28	2 400	≥80	6 500	20 000	16×1 149	G5
FH 35W/827 HE	220	35	3 300	≥80	2 700	20 000	16×1 449	G5
FH 35W/830 HE	220	35	3 300	≥80	3 000	20 000	16×1 449	G5
FH 35W/840 HE	220	35	3 300	≥80	4 000	20 000	16×1 449	G5
FH 35W/865 HE	220	35	3 050	≥80	6 500	20 000	16×1 449	G5
FQ 24W/827 HO	220	24	1 750	≥80	2 700	20 000	16×549	G5
FQ 24W/830 HO	220	24	1 750	≥80	3 000	20 000	16×549	G5
FQ 24W/840 HO	220	24	1 750	≥80	4 000	20 000	16×549	G5
FQ 24W/865 HO	220	24	1 600	≥80	6 500	20 000	16×549	G5
FQ 39W/827 HO	220	39	3 100	≥80	2 700	20 000	16×849	G5
FQ 39W/830 HO	220	39	3 100	≥80	3 000	20 000	16×849	G5
FQ 39W/840 HO	220	39	3 100	≥80	4 000	20 000	16×849	G5
FQ 39W/865 HO	220	39	2 850	≥80	6 500	20 000	16×849	G5
FQ 49W/827 HO	220	49	4 300	≥80	2 700	20 000	16×1 449	G5
FQ 49W/830 HO	220	49	4 300	≥80	3 000	20 000	16×1 449	G5
FQ 49W/840 HO	220	49	4 300	≥80	4 000	20 000	16×1 449	G5
FQ 54W/827 HO	220	54	4 450	≥80	2 700	20 000	16×1 149	G5
FQ 54W/830 HO	220	54	4 450	≥80	3 000	20 000	16×1 149	G5
FQ 54W/840 HO	220	54	4 450	≥80	4 000	20 000	16×1 149	G5
FQ 54W/865 HO	220	54	4 050	≥80	6 500	20 000	16×1 149	G5
FQ 80W/827 HO	220	80	6 150	≥80	2 700	20 000	16×1 449	G5
FQ 80W/830 HO	220	80	6 150	≥80	3 000	20 000	16×1 449	G5
FQ 80W/840 HO	220	80	6 150	≥80	4 000	20 000	16×1 449	G5
FQ 80W/865 HO	220	80	5 700	≥80	6 500	20 000	16×1 449	G5

注:(1)以上数据为35 ℃环境温度下的标称值。

(2)以上数据为欧司朗公司提供。

2. 单端荧光灯主要技术参数

单端荧光灯按放电管数量及形状分为双管、四管、多管、环形、方形荧光灯。国家标准GB/T17262—2002给出了单端荧光灯的主要技术参数,适用于具有预热式阴极的装有内启动装置或适用外启动装置的单端荧光灯。表2-10~表2-16给出了单端荧光灯的技术参数。

表 2-10　单端(紧凑型)荧光灯技术参数

型号	额定电压 /V	功率 /W	光通量 /lm	显色指数 R_a	色温 /K	平均寿命 /h	灯头型号
PL-T 18W/827/4P	220	18	1 200	80	2 700	20 000	G24d－2
PL-T 26W/827/4P		26	1 800		2 700		G24d－3
PL-T 18W/830/4P		18	1 200		3 000		G24d－2
PL-T 26W/830/4P		26	1 800		3 000		G24d－3
PL-T 18W/840/4P		18	1 200		4 000		G24d－2
PL-T 26W/840/4P		26	1 800		4 000		G24d－3

注:(1)以上数据为飞利浦公司提供。

(2)该荧光灯需与飞利浦镇流器配合使用。

表 2-11　单端(紧凑型)节能荧光灯技术参数

型号	额定电压 /V	功率 /W	光通量 /lm	显色指数 R_a	色温 /K	平均寿命 /h	长度/mm	灯头型号
PL-L 18W/827 /4P	220	18	1 200	82	2 700	12 000	227	2G11
PL-L 24W/827 /4P	220	24	1 800	82	2 700	12 000	322	2G11
PL-L 36W/827 /4P	220	36	2 900	82	2 700	12 000	417	2G11
PL-L 80W/827 /4P	220	80	6 000	82	2 700	12 000	542	2G11
PL-L 18W/830 /4P	220	18	1 200	82	3 000	12 000	227	2G11
PL-L 24W/830 /4P	220	24	1 800	82	3 000	12 000	322	2G11
PL-L 36W/830 /4P	220	36	2 900	82	3 000	12 000	417	2G11
PL-L 40W/830 /4P	220	40	3 500	82	3 000	12 000	542	2G11
PL-L 55W/830 /4P	220	55	4 800	82	3 000	12 000	542	2G11
PL-L 18W/835 /4P	220	18	1 200	82	3 500	12 000	227	2G11
PL-L 24W/835 /4P	220	24	1 800	82	3 500	12 000	322	2G11
PL-L 36W/835 /4P	220	36	2 900	82	3 500	12 000	417	2G11
PL-L 40W/835 /4P	220	40	3 500	82	3 500	12 000	542	2G11
PL-L 55W/835 /4P	220	55	4 800	82	3 500	12 000	542	2G11
PL-L 18W/840 /4P	220	18	1 200	82	4 000	12 000	227	2G11
PL-L 24W/840 /4P	220	24	1 800	82	4 000	12 000	322	2G11
PL-L 36W/840 /4P	220	36	2 900	82	4 000	12 000	417	2G11
PL-L 40W/840 /4P	220	40	3 500	82	4 000	12 000	542	2G11
PL-L 55W/840 /4P	220	55	4 800	82	4 000	12 000	542	2G11
PL-L 18W/865 /4P	220	18	1 200	82	6 500	12 000	227	2G11
PL-L 24W/865 /4P	220	24	1 800	82	6 500	12 000	322	2G11
PL-L 36W/865 /4P	220	36	2 900	82	6 500	12 000	417	2G11

注:(1)以上数据为飞利浦公司提供。

(2)该荧光灯需与飞利浦镇流器配合使用。

表 2-12 单端(紧凑型)节能荧光灯技术参数

型号	额定电压/V	功率/W	光通量/lm	显色指数 R_a	色温/K	平均寿命/h	外形尺寸/(直径×长度,mm)	灯头型号
PL-C 10W/827/2P /4P	220	10	600	80	2 700	10 000	28×118	G24d-1
PL-C 13W/827/2P /4P		13	900	80	2 700	10 000	28×140	G24d-1
PL-C 18W/827/2P /4P		18	1200	80	2 700	10 000	28×154	G24d-2
PL-C 26W/827/2P /4P		26	1800	80	2 700	10 000	28×173	G24d-3
PL-C 10W/830/2P /4P		10	600	80	3 000	10 000	28×118	G24d-1
PL-C 13W/830/2P /4P		13	900	80	3 000	10 000	28×140	G24d-1
PL-C 18W/830/2P /4P		18	1200	80	3 000	10 000	28×154	G24d-2
PL-C 26W/830/2P /4P		26	1800	80	3 000	10 000	28×173	G24d-3
PL-C 10W/840/2P /4P		10	600	80	4 000	10 000	28×118	G24d-1
PL-C 13W/840/2P /4P		13	900	80	4 000	10 000	28×140	G24d-1
PL-C 18W/840/2P /4P		18	1200	80	4 000	10 000	28×154	G24d-2
PL-C 26W/840/2P /4P		26	1800	80	4 000	10 000	28×173	G24d-3
PL-C 13W/865/2P /4P		13	900	80	6 500	10 000	28×154	G24d-1
PL-C 18W/865/2P /4P		18	1200	80	6 500	10 000	28×173	G24d-2

注:(1)以上数据为飞利浦公司提供。

(2)该荧光灯需与飞利浦镇流器配合使用。

表 2-13 单端(紧凑型)节能荧光灯技术参数

系列	型号	灯管形式	工作频率/Hz	额定电压/V	光通量*/lm	色温/K	显色指数 R_a	最大宽度/mm	最大长度/mm	灯头型号	平均寿命/h
单管	DULUX S 5W	1U	50/60	220	250	2 700 4 000 6 500	≥80	28	85	G23	8 000
	DULUX S 7W	1U	50/60		400			28	114	G23	
	DULUX S 9W	1U	50/60		600			28	144	G23	
	DULUX S 11W	1U	50/—		900			28	214	G23	
	DULUX S 13W	1U	—/60		820			28	157	GX23	
双管	DULUX D 10W	2U	50		600	2 700 4 000 6 500	≥80	28	87	G24d-1	8 000
	DULUX D 13W	2U	50		900			28	114.5	G24d-1	
	DULUX D 18W	2U	50		1 200			28	130	G24d-2	
	DULUX D 26W	2U	50		1 800			28	149	G24d-3	
三管	DULUX T 13W	3U	50/60		900	2 700 4 000 6 500	≥80	46	90	G24d-1	8 000
	DULUX T 18W(IN)	3U	50/60		1 200			46	100	G24d-2	
	DULUX T 26W(IN)	3U	50/60		1 800			46	115	G24d-3	

注:(1)表中所列荧光灯只能与 0.22 A 的镇流器配套使用。

(2)*仅代表色温 2 700/4 000 K 所具有的光通量,6 500 K 的光通量约减少 5%。

(3)型号中 IN 采用汞齐技术。

(4)以上数据为欧司朗公司提供。

表 2-14 单端(紧凑型)荧光灯技术参数

系列	型号	灯管形式	工作频率 /Hz	光通量 * /lm	色温 /K	显色指数 R_a	最大宽度 /mm	最大长度 /mm	灯头型号	平均寿命 /h
单管	DULUX S/E 5W	1U	高频	250			28	85	2G7	
	DULUX S/E 7W	1U	高频	400			28	114	2G7	
	DULUX S/E 9W	1U	高频	600	2 700 4 000 6 500	≥80	28	144	2G7	10 000
	DULUX S/E 11W	1U	高频	900			28	214	2G7	
	DULUX S/E 13W	1U	高频	820			28	157	2GX7	
双管	DULUX D/E 10W	2U	高频	600			28	87	G24q-1	
	DULUX D/E 13W	2U	高频	900	2 700 4 000 6 500	≥80	28	114.5	G24q-1	10 000
	DULUX D/E 18W	2U	高频	1 200			28	130	G24q-2	
	DULUX D/E 26W	2U	高频	1 800			28	149	G24q-3	
三管	DULUX T/E 13W	3U	高频	900			46	90	G24q-1	
	DULUX T/E 18W(IN)	3U	高频	1 200			46	100(95)	G24q-2	
	DULUX T/E 26W(IN)	3U	高频	1 800	2 700 4 000 6 500	≥80	46	115(110)	G24q-3	
	DULUX T/E 32W(IN)	3U	高频	2 400			46	131(126)	G24q-3	
	DULUX T/E 42W(IN)	3U	高频	3 200			46	152(147)	G24q-4	
	DULUX T/E 57W(IN)	3U	高频	4 300			46	197	G24q-5	
长管	DULUX 18W	1U	高频	1 200			17.5	217	2G11	
	DULUX L 24W	1U	高频	1800			17.5	317	2G11	
	DULUX L 36W	1U	高频	2 900	2 700 4 000 6 500	≥80	17.5	411	2G11	10 000
	DULUX L 40 W	1U	高频	3 500			17.5	533	2G11	
	DULUX L 55 W	1U	高频	4 800			17.5	533	2G11	

注:(1) 表中所列荧光灯额定电压均为 220 V。
(2)表中所列荧光灯需与电子镇流器配套使用。
(3) * 仅代表色温 2 700/4 000 K 所具有的光通量,6 500 K 的光通量约减少 5%。
(4)型号中 IN 采用汞齐技术。
(5)以上数据为欧司朗公司提供。

表 2-15 环形荧光灯技术参数

型号	额定电压 /V	功率 /W	光通量 /lm	工作电压 /V	工作电流 /A	显色指数 R_a	色温 /K	平均寿命 /h	光通维持率/%	直径 /mm	灯头型号
YH22 RN(三基色)			1 240				3 000				
YH22 RL(三基色)		22	1 240	62	0.400		4 000			215.9	
YH22(6 700 K)(三基色)			1 240				6 700				
YH22(7 200 K)(三基色)			1 150				7 200				
YH32 RN(三基色)			2 120				3 000				
YH32 RL(三基色)			2 120				4 000				
YH32(6 700 K)(三基色)	220	32	2 120	84	0.450	>80	6 700	8 000	>80	304.8	G10q
YH32(7 200 K)(三基色)			2 000				7 200				
YH40 RN(三基色)			3 070				3 000				
YH40 RL(三基色)			3 070				4 000				
YH40(6 700 K)(三基色)		40	3 070	110	0.410		6 700			406.4	
YH40(7 200 K)(三基色)			2 800				7 200				

注:以上数据为松下公司提供。

表 2-16 单端(紧凑型)荧光灯技术参数

型号	额定电压/V	功率/W	光通量/lm	工作电流/A	显色指数 R_a	色温/K	平均寿命/h	光通维持率/%	最大外形尺寸/(长×宽×厚,mm)	灯头型号
YDN10-2H.RD			600			2 700				
YDN10-2H.RL		10	600	0.190		4 000			117×33×33	G24d-1/G24q-1
YDN10-2H.RR			560			6 700				
YDN13-2H.RD			890			2 700				
YDN13-2H.RL		13	890	0.175		4 000			140×33×33	G24d-2/G24q-2
YDN13-2H.RR			840			6 700				
YDN18-2H.RD	220		1 200		>80	2 700	10 000	>80		
YDN18-2H.RL		18	1 200	0.220		4 000			153×33×33	G24d-2/G24q-2
YDN18-2H.RR			1 120			6 700				
YDN26-2H.RD			1 780			2 700				
YDN26-2H.RL		26	1 780	0.325		4 000			171×33×33	G24d-3/G24q-3
YDN26-2H.RR			1 680			6 700				

注:(1)以上数据为松下公司提供。

(2)灯头型号为 G24d-1 的是内启动单端紧凑型节能荧光灯;灯头型号为 G24q-1 的是外启动单端紧凑型节能荧光灯。

3. 自镇流(紧凑型)荧光灯

自镇流荧光灯集白炽灯和荧光灯的优点,具有光效高、寿命长、显色性好、使用方便等特点,它与各种类型的灯具配套,可制成台灯、壁灯、吊灯、装饰灯等,适用于家庭、宾馆等照明,其技术参数见表 2-17。

表 2-17 自镇流(紧凑型)荧光灯技术参数

系列	型号	灯管形式	工作频率/Hz	额定电压/V	灯电流/mA	光通量/lm	色温/K	最大宽度/mm	最大长度/mm	灯头型号	平均寿命/h
	DULUX EL 16W	2U	50~60	220~240	140	900	2 700	45	125	E27	
长寿型	DULUX EL 20W	2U	50~60	220~240	170	3 000	4 000	45	143	E27	10 000
	DULUX EL 23W	2U	50~60	220~240	200	1 500	6 500	52	176	E27	
超值星标准型(T4)	DULUXSTAR 12W	2U	50~60	220~240	100	650		45	141	E27	
	DULUXSTAR 16W	3U	50~60	220~240	145	850	2 700	52	143	E27	
	DULUXSTAR 20W	3U	50~60	220~240	175	1 100	4 000	52	157	E27	6 000
	DULUXSTAR 23W	3U	50~60	220~240	185	1 400	6 500	52	176	E27	
超值星迷你型(T3)	DULUXSTAR T35W	2U	50~60	220~240	42	240		36	105	E14/E27	
	DULUXSTAR T38W	3U	50~60	220~240	71	420	2 700	43	108	E27	
	DULUXSTAR T311W	3U	50~60	220~240	87	600	4 000	43	117	E27	6 000
	DULUXSTAR T314W	3U	50~60	220~240	116	750	6 500	43	130	E27	

续表

系列	型号	灯管形式	工作频率/Hz	额定电压/V	灯电流/mA	光通量/lm	色温/K	最大宽度/mm	最大长度/mm	灯头型号	平均寿命/h
超值星经典型	DULUXSTAR CL5W	烛形	50～60	220～240	43	180	2700	37	99	E27	6 000
	DULUXSTAR CL7W	球形	50～60	220～240	61	286		45	97	E27	
	DULUXSTAR CL10W	普泡形	50～60	220～240	72	500		60	126.5	E27	
	DULUXSTAR CL15W	普泡形	50～60	220～240	109	800	4000	65	143	E27	
	DULUXSTAR CL15W	球形	50～60	220～240	130	800		98	148.5	E27	
	DULUXSTAR CL20W	球形	50～60	220～240	174	1 000		98	148.5	E27	
超值星螺旋型（T3）	DULUXSTARTwist13W	螺旋形	50～60	220～240	115	850	2700	52	118	E27	6 000
	DULUXSTARTwist18W	螺旋形	50～60	220～240	160	1 200		56	125	E27	
	DULUXSTARTwist23W	螺旋形	50～60	220～240	200	1 550	6500	56	134	E27	
迷你螺旋型（T4）	DULUXSTARTMiniTist15W	螺旋形	50～60	220～240	60	275	2 700	35/40	92/75	E14/E27	6 000
	DULUXSTARMiniTwist8W	螺旋形	50～60	220～240	80	470		35/46	101/83	E14/E27	
	DULUXSTARMiniTwist11W	螺旋形	50～60	220～240	100	680	6 500	40/46	107/91	E14/E27	

注：以上数据为欧司朗公司提供。

2.2.4　荧光灯的特点及应用

荧光灯具有发光效率高、显色性较好、寿命长、眩光影响小，光谱接近日光等特点，广泛用于家庭、学校、研究所、工业、商业、办公室、控制室、设计室、医院、图书馆等处的照明。近年推出的直管 T5 型荧光灯，较 T8、T12 型荧光灯光效高、省材料，更具有环保、节能效果。环形荧光灯具有光源集中、照度均匀及造型美观等优点，可用于民用建筑家庭居室照明。紧凑型节能荧光灯是 20 世纪 80 年代起国际上流行的最新节能产品，该灯采用三基色荧光粉，集中了白炽灯和荧光灯的优点，具有光效高、耗能低、寿命长、显色性好、使用方便等特点，它与各种类型的灯具配套，可制成造型新颖别致的台灯、壁灯、吊灯、吸顶灯和装饰灯，适用于家庭、宾馆、办公室等照明之用。

荧光灯的缺点是功率因数低，发光效率与电源电压、频率及环境温度有关，有频闪效应，附件多，噪声大，不宜频繁开、关。

2.3　高压钠灯与低压钠灯

钠灯是利用钠蒸气放电发光的光源，按钠蒸气工作压力的高低分为高压钠灯和低压钠灯两大类。低压钠灯发出的是单色黄光，各种有色物体进入低压钠灯照明的灯光下都会变色，照到人的脸上便会变成灰黄色。高压钠灯的光色比低压钠灯好，观看各种有色物体的颜色比较自然。

2.3.1　高压钠灯

高压钠灯是一种高压钠蒸气放电灯泡，其放电管采用抗钠腐蚀的半透明多晶氧化铝陶瓷管制成，工作时发出金白色光。它具有发光效率高、寿命长、透雾性能好等优点。是一种理想的节能光源，缺点是显色指数低。

1. 高压钠灯的结构

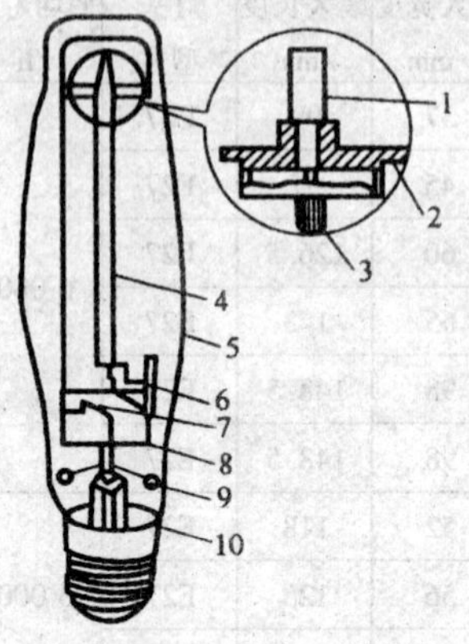

图 2-5 高压钠灯结构

1—金属排气管；2—银帽；3—电极；4—放电管；5—玻璃外壳；6—脚；7—双金属片；8—金属支架；9—钡消气剂；10—焊锡

高压钠灯由放电管、玻璃外壳、灯头、电极、金属支架等构成，见图 2-5。

放电管采用半透明多晶氧化铝制成。氧化铝能耐受高温，抗钠腐蚀。氧化铝管的两端用氧化铝陶瓷帽封接，老产品用铌帽封接。在氧化铝管内除充钠以外，还充入一定量的汞和氙气。

放电管是高压钠灯的关键部件。放电管工作时，高温高压的钠蒸气腐蚀性极强，故一般的抗钠玻璃和石英玻璃均不能作为放电管管体的制作材料，而采用半透明多晶氧化铝和陶瓷管则较为理想。它不仅具有良好的耐高温和抗钠蒸气腐蚀性能，还有良好的可见光穿越能力。

玻璃壳是选用耐高温的硬料玻璃制造。玻璃壳与灯芯的喇叭口经高温火焰熔融封口，然后抽真空或充入惰性气体后装上灯头，这样整个灯泡就基本成形了。由于放电管在高温状态下工作，其外裸的金属极易氧化、变脆，故必须将放电管置于真空或惰性气体的外壳内。这样做还可减少放电管热量损失，提高冷端温度和发光效率。

灯头的作用是方便灯泡与灯座、电路相连接。长寿命灯泡要求灯头与玻璃壳连接牢固，不能有松动和脱落现象。

玻璃壳内抽成真空后，其真空度仅为 6.6×10^{-2} Pa，但仍可使金属零件氧化，影响灯泡稳定地工作，所以要在玻璃壳内放置适量消气剂，将灯泡内真空度提高到 1.4×10^{-4} Pa 更高真空状态。目前，一般采用钡消气剂，即将钡钛合金置于金属环内，再将其固定在待自身蒸散后不影响光输出的位置。

高压钠灯的放电管内除钠外，还必须充入汞，提高灯管工作电压，降低工作电流，减小镇流器体积，改善电网的功率因数，增高电弧温度，提高辐射功率。

此外，高压钠灯放电管中还充入帮助启动的惰性气体——氩或氙。氙气的作用是帮助启动和降低启动电压，其压力的高低还将影响灯泡的发光效率。

2. 工作原理

与荧光灯工作原理相类似，钠灯也必须有与之相应的专用镇流器、触发器，其接线原理图如图 2-6 所示。

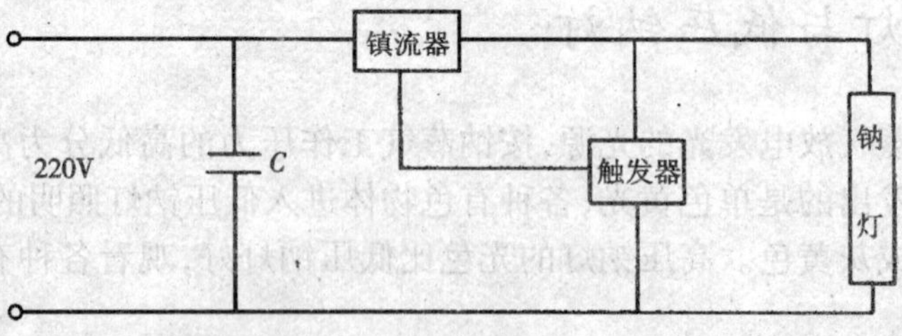

图 2-6 高压钠灯接线原理图

(1) 触发器的工作方式。高压钠灯可分为内触发高压钠灯及外触发高压钠灯，并分别选用相应的工作电路（如灯泡加镇流器，或者灯泡加镇流器加触发器的工作电路），方可达到高压钠灯正常工作的要求。

内触发高压钠灯是在灯泡壳内安装一双金属片开关和加热电阻丝。其工作原理是:接通电源时,电流经过加热电阻丝和双金属片开关使之温度升高,导致触点分离;在分离的瞬间,镇流器电感线圈上产生数千伏自感电动势并加在灯的两端,将钠灯点亮。灯工作后,由于电弧管的热辐射,外壳内温度升高,使开关触点维持在断开状态。

外触发高压钠灯泡是采用电子触发器在电源接通瞬间使灯管两端获得高压脉冲,将灯管点燃。目前常用的触发器有两端倍压式电子触发器、双向晶闸管触发器和三端电子触发器。与灯泡配套使用的镇流器有电感式镇流器和电子式镇流器两种。触发器的最低开始工作电压控制在 145 V 以上;而照明低压线路的末端电压应不低于 180 V。

(2)放电管工作过程。在放电管内充有氙气的高压钠灯在触发器触发时,附件和镇流器在放电管两端产生 2 500 V 左右的高电压,使两电极通过氙气和汞气放电。此时灯的光色由很暗的白色辉光很快变为蓝色光,这表明放电管内的汞蒸发已有足够的压力。激发和电离主要在汞蒸气中发生。随后灯发出单一的黄色光,说明在较低的钠蒸气压力下钠产生了共振辐射。随着钠蒸气压力的提高,灯发出金白色光,启动过程结束。此启动过程中电参数上的变化过程是:电流值从较大的启动电流逐步降低到接近工作电流;灯泡的工作电压从零逐步升高到接近工作电压。当工作电流、工作电压均稳定在额定值附近时,启动过程结束。

高压钠灯按泡壳分为普通型和漫射椭圆形两种,漫射椭圆形灯泡壳体上涂以白色漫射层,以使光线柔和。按触发方式可分为内启动和外触发两种,内启动型不需要触发器,目前大部分采用外触发方式。

3. 高压钠灯主要技术参数

高压钠灯启动后的初始阶段是汞蒸气和氙气的低气压放电。这时候,灯泡工作电压很低,电流很大。随着放电过程的继续进行,电弧温度渐渐上升。汞、钠蒸气压由放电管最冷端温度所决定,当放电管冷端温度达到稳定,放电便趋向稳定,灯泡的光通量、工作电压、工作电流和功率也处于正常工作状态。

高压钠灯的主要技术参数见表 2-18。其他各种类型的高压钠灯技术数据见附录 1。

表 2-18　普通高压钠灯技术参数

型号	额定电压/V	功率/W	工作电压/V	工作电流/A	启动电压/V	光通量/lm	启动时间/min	显色指数 R_a	色温/K	平均寿命/h	外形尺寸/(直径×长度,mm)	灯头型号
NG70T	220	70	90	0.98	≯198	2 250	≯5	35	1 900	16 000	39×155	E27
NG100T1		100	95	1.20		8 500		35	1 900	18 000	39×180	E27
NG100T2		100	95	1.20		8 500		35	1 900	18 000	49×210	E40
NG110T		110	105	1.30		10 000		25	2 000	16 000	39×180	E27
NG150T1		150	100	1.80		16 000		25	2 000	18 000	49×210	E40
NG150T2		150	100	1.80		16 000		25	2 000	18 000	39×180	E27
NG215T		215	115	2.25		23 000		25	2 000	16 000	49×259	E40
NG250T		250	100	3.00		28 000		25	2 000	18 000	49×259	E40
NG360T		360	125	3.40		40 000		25	2 000	16 000	49×287	E40
NG400T		400	100	4.60		48 000		25	2 000	18 000	49×287	E40
NG1000T		1 000	100	10.30		130 000		25	2 000	18 000	67×385	E40

从技术参数表中可知,高压钠灯的光效高,光通量大,可为 2 250 ~ 130 000 lm,平均寿命远

大于荧光灯，但是色温较低，且显色性较差。

4. 高压钠灯的主要特点及应用

高压钠灯在工作时发出金白色光，具有发光效率高、寿命长、透雾性能好等优点，被广泛用于道路、机场、码头、车站、广场、体育场及工矿企业等场所的照明。

高压钠灯的缺点是受电源电压影响较大。电压波动在 -8% ~ +6% 范围内可正常工作，电源电压过高或过低，将会影响灯泡的正常燃点及寿命。高压钠灯的光电特性与电源电压的关系见图 2-7。

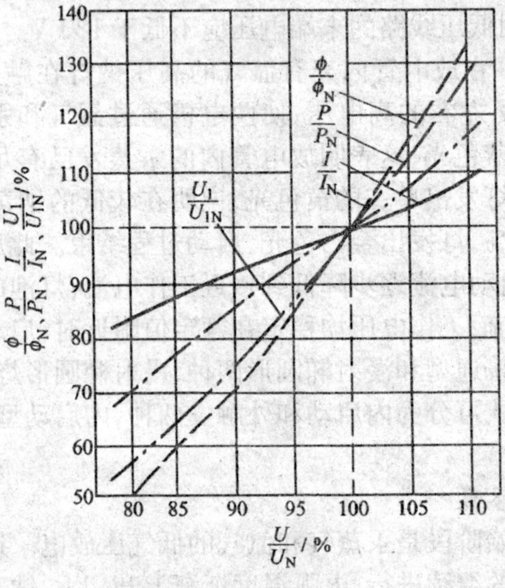

图 2-7 高压钠灯光电特性与电源电压的关系

ϕ、P、U、I——高压钠灯的光通、功率、电压、电流；

ϕ_N、P_N、U_{1N}、I_N——高压钠灯的额定光通、额定功率、额定电压、额定电流；

U—光源输入端实际电压；U_N——光源输入端额定电压

5. 高压钠灯在使用时应注意的问题

①灯泡必须按线路图正确接线，方能正常使用。

②灯泡必须与相应的专用镇流器、触发器配套使用。

③在点灯线路图中，电源线上端应接相线，若接错成中线，将会降低触发器所产生的脉冲电压，可能导致灯难以启动。

④灯泡均采用螺旋式灯头，工作时带电，在维修调换灯泡时，应切断电源，注意安全。

⑤灯泡需要配用适合的灯具。在燃点时，经灯具反射的光不应集中到灯泡上，以免影响灯泡的正常燃点及寿命；同时，不应使灯头温度高于 250 ℃。在重要场合及安全性要求高的场合使用时，应选用密封型、防爆型或其他专用工具。

⑥点燃的灯泡关闭或熄灭后，必须冷却 15 min 分钟待灯泡温度降下来，才能接通电源再次启动。热态启动容易使灯泡损坏或烧毁。

⑦灯泡在使用过程中如自行熄灭，应检查电路各接点和灯座内接触片是否良好，电源电压是否波动大，镇流器、触发器有无损坏。如正常，可再次启动；如仍熄灭，说明灯泡已不能继续工作，必须调换灯泡。

⑧点燃时应避免与水或冷物接触，否则会引起破壳爆裂。不同规格的高压钠灯必须配用相应规格的镇流器，灯泡与镇流器不能任意配用。尤其小功率灯泡配用大功率镇流器后，将导致灯泡工作电流过大，使用寿命缩短，甚至会使灯泡烧毁。

2.3.2 低压钠灯

1. 低压钠灯的结构

低压钠灯由玻璃壳、放电管、电极和灯头构成，如图2-8所示。

图2-8 低压钠灯的结构

1—固定弹簧；2—玻璃壳；3—放电管；4—电极；5—灯头

为了缩小灯管尺寸，并且减少放电管的散热，而放电管弯曲成U形。U形放电管两端各封接一只三螺旋钨丝氧化物电极，U形管的弯曲处接排气管，用以抽真空与充入钠和惰性气体。低压钠灯充入的气体为氖气和氩气。在纯氖气中加入1%氩气，两种气体混合可以降低灯管启动电压。

2. 低压钠灯的工作原理

低压钠灯是一种钠蒸气放电管，钠原子在低压蒸气放电中被激发而发光，辐射出波长为589 nm和589.6 nm的接近于黄色的单色光，与人眼视觉最灵敏的辐射波长非常接近。放电时大部分辐射能量都集中在共振线上，所以光效极高，可达450 lm/W。低压钠灯一般采用高阻抗的漏磁变压器提供触发所需的电压，启动电压在400 V以上。漏磁变压器的体积大，其自身功耗也大，使全电路的效率降低。低压钠灯从启动到稳定需要8～10 min才能达到全部光输出。

3. 低压钠灯的主要技术参数

低压钠灯的主要技术数据见表2-19。

表2-19 常用低压钠灯典型数据

功率(W)	启动电压(V)	灯电压(V)	灯电流(A)	光通量(lm)	外形尺寸(最大直径×最大全长，mm)	灯头型号
35	390	70	0.6	4 800	54×311	BY 22d
55	410	109	0.59	8 000	54×425	
90	420	112	0.94	12 500	68×528	
135	540	164	0.95	12 500	68×775	
180	575	240	0.91	31 500	68×1120	

注：额定电压为220 V。启动电压较高，多采用漏磁变压器或电子镇流器。

4. 低压钠灯的特点及应用

低压钠灯具有发光效率高、视觉敏感度高、寿命长、耗电少、穿透云雾能力强等优点，常用于海岸、码头、公路、隧道以及广场、景观等场所的照明。同时低压钠灯也是一种用于科学仪器的光源。低压钠灯的缺点是显色性差，几乎不能分辨颜色，不宜用于繁华的市区街道和室内照明。低压钠灯应水平方向安装，如果灯管垂直或倾斜太大，会使光色变红，光效下降。

2.4 金属卤化物灯

20世纪60年代后期开发成功的金属卤化物灯逐步替代了高压汞灯，扩大了高强度气体放电灯的使用范围。光谱学原理证明，不同金属蒸气放电时产生波长不同的特征光谱谱线。因此人们在高压汞灯放电管中加入某些金属元素，利用它们的蒸气放电时产生的谱线填补汞谱线的空白区域，使显色指数大大提高，从而改善高压汞灯的光色。与高压汞灯类似，金属卤化物灯的放电管中除充有汞和氩气以外还充有金属卤化物，如碘化钠、碘化铊、碘化铟、碘化钪和碘化镝等。

2.4.1 金属卤化物灯工作原理与分类

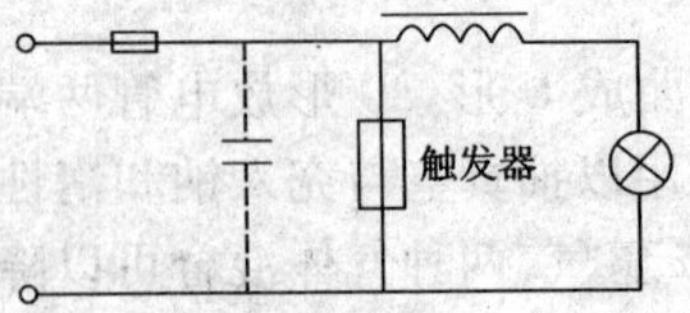

图2-9 金属卤化物灯工作线路图

金属卤化物灯的工作原理与高压汞灯相同，电路中需要有镇流器和触发器，工作线路图如图2-9所示。

当放电管工作时，管壁温度可达700～1 000 ℃，管内金属卤化物被气化，并向电弧中心扩散，在接近电弧中心高温处被分解成金属和卤素原子。因金属原子的激发电位和电离电位比汞原子的激发电位低得多，所以，金属原子被激发并辐射出特征谱线远远大于汞的谱线，因此，可大大提高光效，光谱能量分布也大为改进。金属原子和卤素原子向温度较低的管壁扩散时，又重新化合成金属卤化物。在这种光源内，虽然汞也提供部分光，但光主要是由这些添加的金属卤化物产生。金属卤化物灯的工作原理与前面提到的卤钨灯的卤钨循环过程有着本质区别，卤钨灯中发光的是白炽化的钨丝，而在金属卤化物灯中，则是金属原子放电发光。

使用不同金属卤化物和利用金属共振辐射谱线，还可以获得纯度很高的各种颜色灯，以在某些特殊场所使用。如碘化铊汞灯发出的光为绿色，钠铊铟灯发出的光为白色，镝灯为日光型光源，铟灯发出蓝色光等。

金属卤化物灯按结构可分为带外壳和不带外壳两类；按充填物质可分为钪钠系列、钠铊铟系列、镝铊系列、锡系列等。

2.4.2 金属卤化物灯结构

金属卤化物灯结构同高压汞灯，主要由石英放电管、电极、外玻璃壳和灯头组成，如图2-10所示。

(1)石英放电管。金属卤化物灯的放电管用熔融石英管制成，与相同功率的高压汞灯放电管相似，但几何尺寸略小。放电管内充入氩、汞和金属卤化物(一般为金属碘化物)。为了减少放电管端头部位的热损失，维持端部温度，两端涂覆白色保温涂层。

(2)电极。与高压汞灯一样，放电管两端封接有工作电极和启动电极。金属卤化物灯的电极处在化学性质活泼的金属和碘蒸气之中，常采用钍-钨或氧化钍-钨阴极。

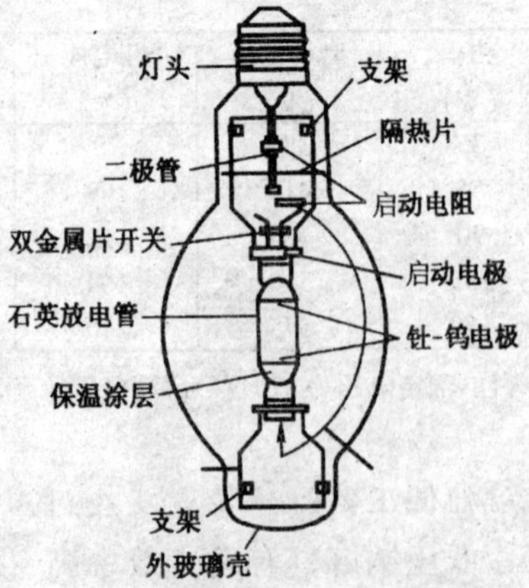

图2-10 金属卤化物灯结构图

(3)外玻璃壳。金属卤化物灯外玻璃壳由硼硅硬质玻璃吹制而成。为进一步改善灯管的显色性可以在外玻璃壳内壁涂覆适当荧光粉。

(4)灯头。照明用金属卤化物灯配用标准螺口灯头。因为金属卤化物灯工作温度高,寿命长,灯头与外玻璃壳连接不能采用胶黏剂而使用机械紧固式灯头。

2.4.3　金属卤化物灯主要技术参数

金属卤化物灯主要技术参数见表2-20。

表2-20　金属卤化物灯主要技术参数

型号	额定功率/W	管径/mm	管长/mm	电源电压/V	工作电压/V	工作电流/A	色温/K	光通量/lm	寿命/h	灯头型号
ZJD150	150	80	90	220	115	1.50	4 300	11 500	10 000	E27
ZJD175	175	90	222		130	1.50	4 300	205 000	10 000	E40
ZJD250	250	90	222		135	2.15	4 300	14 000	10 000	E40
ZJD400	400	120	290		135	3.25	4 000	30 000	10 000	E40
ZJD1000	1 000	180	296		265	4.10	3 900	110 000	10 000	E40
ZJD1500	1 500	180	296		270	6.20	3 600	155 000	3 000	E40

2.4.4　金属卤化物灯的特点及应用

(1)金属卤化物灯尺寸小、功率大,发光效率高,光色好。这种灯的发光效率为65～106 lm/W。

(2)金属卤化物灯是弧光灯,需要镇流器才能稳定工作,它的启动电压比较高,启动电流较低,启动时间长。如国产400 W钠铊铟灯启动电流仅为额定电流的1.7倍,1 000 W的约为1.4倍。较高的启动电压可以借助变压器或谐振电路取得,也可用能产生高频高压脉冲的电路取得,在4～8 min启动时间过程中,灯的各个光电参数均发生变化,完全达到稳定需15 min。金属卤化物灯在关闭或熄灭后,须等待10 min左右才能再次启动。这是由于灯管的工作温度很高,放电管气压很高,启动电压升高,只有待灯管冷却到一定程度后才能再启动。采用特殊的高频引燃设备可以使灯管迅速再启动,但灯的接入电路却因此而复杂。

(3)环境温度降低,使金属卤化物灯的启动电压升高,灯管启动困难。

(4)灯管工作时外壳温度不应超过400 ℃,灯头温度不应超过210 ℃。无玻璃外壳的金属卤化物灯,由于紫外线辐射较强,灯具应加玻璃罩。无玻璃罩时,悬挂高度不宜低于14 m。

(5)金属卤化物灯的寿命与启动频繁程度关系密切,频繁启动将显著缩短灯泡寿命。

金属卤化物灯由于尺寸小、功率大、光效高、光色好、所需启动电流小、抗电压波动稳定性比较高,因而是一种比较理想的光源,常用于体育馆、高大厂房、繁华街道及车站、码头、立交桥的高杆照明。要求高照度、显色性好的室内照明,如美术馆、展览馆、饭店等也常采用金属卤化物灯。该灯还可以满足拍摄彩色电视的要求。

在使用金属卤化物灯时应注意将电源电压波动限制在±5%;在安装或设计造型时应注意该灯有向上、向下和水平安装方式,要参考使用说明书的要求;应注意这类灯的安装高度一般都比较高,如NTY型灯的安装高度最低要求为10 m,最高要求为25 m。

2.5 霓虹灯

2.5.1 霓虹灯的工作原理

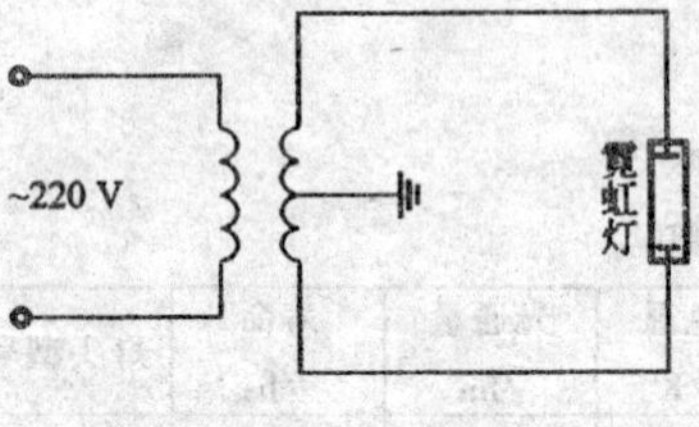

图 2-11 霓虹灯工作电路

霓虹灯是一种冷阴极辉光放电灯，由电极、引入线以及灯管组成。霓虹灯工作电路如图 2-11 所示。

霓虹灯工作在高电压、小电流状态，一般通过特殊设计的漏磁式变压器给霓虹灯供电。接通电源后，变压器次级产生的高电压使灯管内气体电离，发出彩色的辉光。灯的启动电压与灯管长度成正比，与管径大小成反比，并与所充气体的种类和气压有关。

正常工作时由霓虹灯变压器来限制灯管回路中通过的最大电流。根据安全要求，一般霓虹灯变压器的次级空载电压不大于 15 000 V，次级短路电流比正常运行电流高 15% ~25%。常用霓虹灯变压器的容量为 450 VA，初级电压 220 V，电流 2 A；次级电压 15 000 V，电流 24 mA，次级短路电流 30 mA。它能点亮管径 ϕ12 mm、展开长度为 12 m 的灯管。

2.5.2 霓虹灯的特点

(1)霓虹灯发光效率与管径有关，灯管直径小，发光效率高；灯管直径大，发光效率低，其关系见表 2-21。

表 2-21 灯管直径与发光效率的关系

色彩	灯管直径/mm	电流/mA	每米灯管光通量/lm	每米灯管消耗功率/W	发光效率/(lm/W)
红	11	25	70	5.7	12.3
	45		36	4.0	9.0
蓝	11	25	36	4.6	7.8
	45		18	3.8	4.7
绿	11	25	20	4.6	4.3
	45		8	3.8	2.1

(2)霓虹灯管径通常较小，一般为 6 ~20 mm 不等，灯管通常很长，其作用是为了获得较大的电压降，以增加灯的光效。较长的灯管和较大的压降，使得霓虹灯通常要配备高压变压器(次级电压 6 kV ~15 kV)。

(3)霓虹灯能发出各种鲜艳的色彩主要是由于灯管抽成真空后充入氖气或少量氩、氦、氙等惰性气体或少量汞，有时还在灯管内壁涂以各种颜色的荧光粉或各种透明颜色。霓虹灯的色彩与管内所充气体、玻璃管颜色及荧光粉颜色的关系见表 2-22。

表 2-22　霓虹灯的色彩与管内所充气体及荧光粉颜色的关系

灯管色彩	管内气体	荧光粉颜色	灯管色彩	管内气体	荧光粉颜色
红色	氖	无色	白色	氩、少量汞	白色
橘黄色	氖	奶黄色	奶黄色	氩、少量汞	奶色
橘红色	氖	绿色	玉色	氩、少量汞	玉色
玫瑰色	氖	蓝色	淡玫瑰红	氩、少量汞	淡玫瑰红
蓝色	氩、少量汞	蓝色	金黄色	氩、少量汞	金黄色加奶黄粉
绿色	氩、少量汞	绿色	淡绿色	氩、少量汞	绿白混合粉

(4)霓虹灯的图案变化、闪光效果可用霓虹高压转机或霓虹低压滚筒而实现。这种方法主要是借助通断式触点或电触点滑动导致高压电通断，使得点燃灯管的次序发生变化，造成灯光闪烁的效果。这种方法控制简单，成本低廉，缺点是易产生电火花，造成对无线电的高频干扰，通断电工作方式影响使用寿命，可靠性也比较差。若使用电子程序控制器或微处理器控制器，并采用晶闸管无触点开关，可使霓虹灯根据不同的需要，构成各种复杂的引人注目的图案，而且变化形式无穷。

2.5.3　霓虹灯的应用及注意事项

霓虹灯的灯管细而长，可以根据装饰的需要弯成各种图案或文字，用作装饰性的营业广告或作为指示标记牌最为适宜。在霓虹灯电路中接入必要的电子控制装置，产生多种循环变化的灯光彩色图案，可以增加城市的动感气氛，加强广告的效果。目前在城市中霓虹灯的使用日趋广泛。在安装和使用霓虹灯时应注意以下事项。

①霓虹灯变压器的次级电压较高，故二次回路与所有金属构架、建筑物等必须完全绝缘。

②霓虹变压器应尽量靠近霓虹灯安装，一般安放在支撑霓虹灯的构架上，并用密封箱进行防水保护；变压器中性点及外壳必须可靠接地；霓虹灯管和高压线路不能直接敷设在建筑物或构架上，与它们至少需保持 50 mm 的距离，这可用专用的玻璃支持头支撑来获得；两根高压线之间距不宜小于 50 mm。

③高压线路离地应有一定高度，以防人体触及。

④霓虹灯变压器电抗大，线路功率因数低（为 0.2 ~0.5）。为改善功率因数，需配备相应的电容器进行补偿。

⑤因灯管内充有少量汞，破碎的灯管应妥善处理，防止污染。

2.6　白炽灯

2.6.1　白炽灯的工作原理与分类

白炽灯泡是利用钨丝通过电流时被加热而发光的一种热辐射光源。钨丝会随着工作时间的延长而逐渐蒸发变细，细到一定程度就会损坏。为了防止钨丝氧化，抑制钨丝蒸发，常在大功率白炽灯泡的玻璃壳中充入惰性气体，以提高白炽灯的寿命。

常用灯丝结构有单螺旋和双螺旋两种，也有三螺旋形式。灯头可分为三大类：卡口灯头（B）、螺口灯头（E）和预聚焦灯头（P），灯头外形如图 2-12 所示。国家标准 GB/T 10681—2004《家庭和类似照明场合普通照明用钨丝灯性能要求》给出额定电压 220 V 和 230 V，功率为 15

~200 W,使用 E27 灯头(螺口灯头)和 B22 灯头(卡口灯头)的主要性能。同一规格的产品又给出了高光通量型和正常光通量型两类。高光通量型产品比同功率的正常光通量型的产品光通量要高出 7% ~20%。

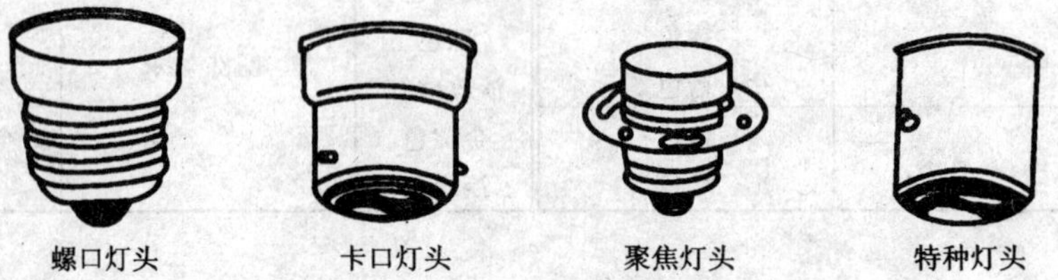

图 2-12 几种白炽灯头的外形图

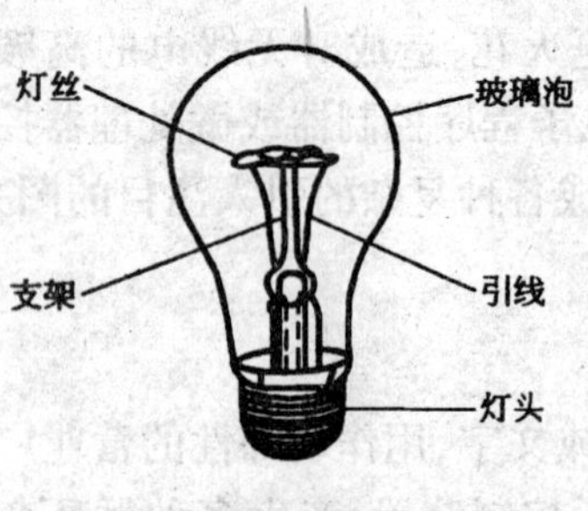

图 2-13 普通白炽灯结构图

2.6.2 白炽灯泡的结构

白炽灯是由灯头、玻璃泡、支架、钨丝及惰性气体构成。普通白炽灯结构如图 2-13 所示。

2.6.3 白炽灯的主要参数及特性

1. 白炽灯的主要参数

①额定电压。这是指光源(灯泡)及其附件所组成的回路所需电源电压的额定值。说明光源只有在额定电压下工作,才能获得各种规定的特性。

②额定功率。这是指光源自身消耗的功率,也是指所设计的灯泡在额定电压下工作时应能输出的功率。

③光通量。这是指灯泡在额定电压下工作时,光源所辐射出的光通量是额定光通量。不同型号白炽灯的光通量随着额定功率的增加而变大,但会随着使用时间的增长而衰减。

④寿命。从表 2-23、2-24 中可知,不同型号白炽灯的平均寿命都是 1 000 h,该值是在规定条件下,同批灯寿命实验所测得的寿命算术平均值。光源的平均寿命是光源有效寿命的平均值。工作时,由于使用情况比较复杂,条件不尽相同,致使每个灯泡的使用寿命是不一样的。白炽灯对电压的变化比较敏感,如果低于额定电压值,光源的寿命可延长,但发光强度不足,发光效率降低;如果高于额定电压值,发光强度变强,但寿命将缩短。白炽灯的寿命都是随电压的增加而降低,所以影响灯泡使用寿命的主要因素是电压。

光源寿命分为有效寿命和全寿命两种。有效寿命指光源光通量衰减到初始值 70% 时的寿命。全寿命是指光源从开始点亮一直到点不亮时的寿命。

⑤色温和显色指数。白炽灯的色温较低,一般为 2 400 ~2 950 K,但显色性较高,显色指数 R_a 高达 95 ~99。但白炽灯的光效和寿命将随电压的增加而降低。

2. 白炽灯的特性

白炽灯的主要特性指标与电压的关系如图 2-14 所示。

使用 E27 灯头及使用 B22 灯头的普通照明灯泡的主要技术参数见表 2-23 和表 2-24。

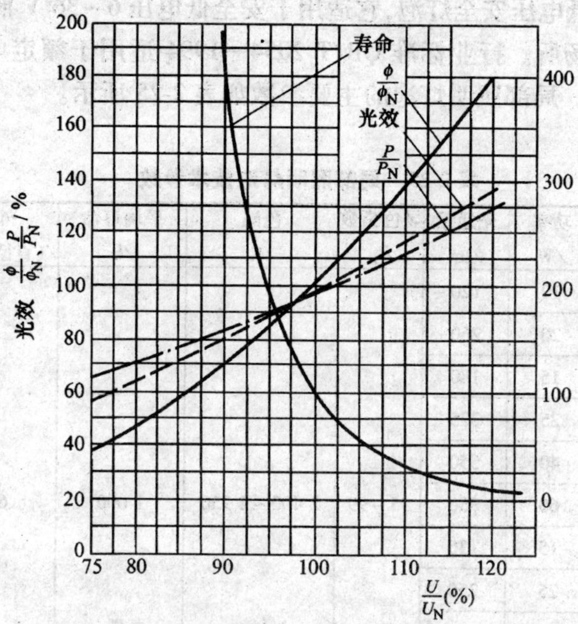

图 2-14　白炽灯的主要特性指标与电压的关系

ϕ、P、U—白炽灯的光通、功率、电压

ϕ_N、P_N、U_N—白炽灯的额定光通、额定功率、额定电压

表 2-23　普通照明灯泡技术参数(1)

型号	额定电压/V	功率/W	光通量/lm	色温/K	平均寿命/h	外形尺寸/(直径×长度,mm)	玻壳型式	灯头型号
GLS 25WC	230	25	175	2 800	1 000	60×104	透明	E27 或 B22
GLS 40WC		40	283					
GLS 60WC		60	500					
GLS 100WC		100	1 025					
GLS 25WF		25	170				磨砂	
GLS 40 WF		40	275					
GLS 60 WF		60	485					
GLS 100 WF		100	994					

注:以上数据为飞利浦公司提供。

表 2-24　普通照明灯泡技术参数(2)

型号	额定电压/V	功率/W	光通量/lm	外形尺寸/(直径×长度,mm)	灯头型号
A FR25(磨砂)	230	25	220	60×105	E27
A FR40(磨砂)		40	420		
A FR60(磨砂)		60	710		
A FR100(磨砂)		100	1 360		
A CL25(透明)		25	220		
A CL40(透明)		40	420		
A CL60(透明)		60	710		
A CL100(透明)		100	1360		

注:以上数据为欧司朗公司提供。

局部照明灯泡又称低电压安全灯泡，它适用于安全低电压6～36 V照明场合，如机床工作照明及其他类似要求的场所。行业标准QB/T 2054—1994适用于额定电压为6、12、24 V和36 V，直流或交流50 Hz。局部照明灯泡的主要参数如表2-25所示。

表2-25 局部照明灯泡技术参数

型号	额定电压/V	功率/W	光通量/lm	显色指数 R_a	色温/K	平均寿命/h	外形尺寸/(直径×长度,mm)	灯头型号
JZ6—10	6	10	120	95～99	2 400～2 950	1 000	61×110	E27/27
JZ6—20		20	260					
JZ12—15	12	15	180					
JZ12—25		25	325					
JZ12—40		40	550					
JZ12—60		60	850					
JZ36—15	36	15	135					
JZ36—25		25	250					
JZ36—40		40	500					
JZ36—60		60	800					
JZ36—100		100	1 550					

注：根据用户要求，也可配用B22型灯头。

2.6.4 白炽灯的特点及应用

白炽灯是目前应用最广泛的光源之一，它具有结构简单、成本低、显色性好、使用方便、调光性能好、无频闪现象等优点，适用于日常生活、工矿企业、剧场、宾馆、商店等场所的照明。但普通照明灯泡的发光效率很低，通常为7.3～18.6 lm/W，且寿命短。一般情况下，室外照明不应采用普通照明白炽灯；在特殊情况下需要采用时，其额定功率不应超过100 W。

装饰白炽灯是利用玻璃壳的外形和色彩的不同，起到一定的照明和装饰作用。反射型灯泡是在玻璃壳内壁上涂有部分反射层，能使光线定向反射。反射型白炽灯适用于灯光广告、橱窗、展览馆等需要集中光线的场合。

2.7 卤钨灯

2.7.1 卤钨灯的发光原理与分类

卤钨灯属于热辐射光源，工作原理基本上与普通白炽灯一样，属于卤钨循环白炽灯，是在白炽灯的基础上改进而得。与普通白炽灯的差别就是卤钨灯泡内所填充的气体含有卤族元素或卤化物。当充入卤素物质的灯泡通电工作时，从灯丝蒸发出来的钨，在灯泡壁区域内与卤素化合，形成一种挥发性的卤钨化合物。卤钨化合物在灯泡中扩散运动，当扩散到较热的灯丝周围区域时，卤钨化合物分解成卤素和钨，释放出来的钨沉积在灯丝上，而卤素再继续扩散到其温度较低的灯泡壁与钨化合，形成卤钨循环。卤钨循环有效地抑制了钨的蒸发，延长了卤钨灯的使用寿命,有效地改善了普通白炽灯的黑化现象,同时还进一步提高了灯丝温度,获得较高的光效,减小了使用过程中的光通量的衰减。

卤钨灯按充入灯泡内卤素的不同可分为碘钨灯和溴钨灯;按灯泡外壳材料的不同可分为硬质玻璃卤钨灯、石英玻璃卤钨灯;按工作电压的高低不同可分为市电型卤钨灯和低电压型卤钨灯(6 V/12 V/24 V);按灯头结构的不同可分为双端卤钨灯和单端卤钨灯;按色温的高低可分为高色温 3 000 K 以上、中色温 2 800 ~3 000 K、低色温 2 800 K 以下卤钨灯;按应用领域可分为室内照明、泛光照明、舞台照明、放映、幻灯、投影以及电影、电视、新闻摄影卤钨灯;按外形可分为管形卤钨灯和柱形卤钨灯。

2.7.2　卤钨灯的结构及型号

1. 管形卤钨灯

管形卤钨灯的典型结构及我国产品的型号如图 2-15 所示。卤钨灯由钨丝、充入卤素的玻璃泡和灯头等构成。管状卤钨灯一般功率为 100 ~2 000 W,灯管的直径为 8 ~10 mm,长 80 ~330 mm。

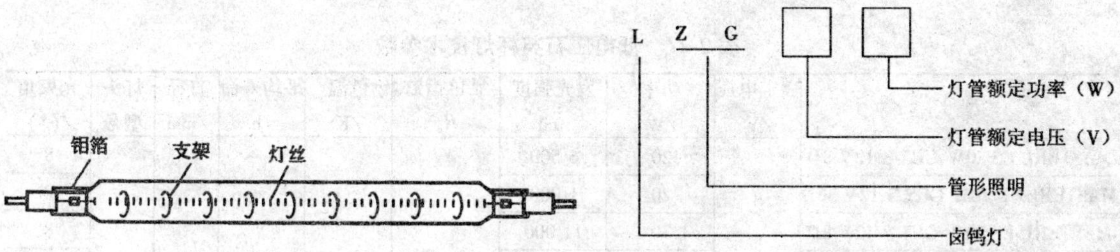

图 2-15　管形卤钨灯的外形及型号

2. 柱形卤钨灯

柱形卤钨灯的典型结构及我国产品的型号示例如图 2-16 所示。

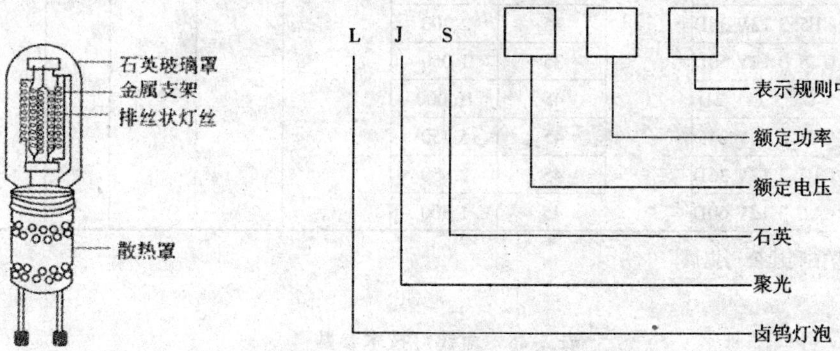

图 2-16　柱形卤钨灯的外形及型号示例

这类柱状卤钨灯的功率一般有 75 W、100 W、150 W 和 250 W 等规格,玻璃壳有磨砂和透明两类,灯头采用 E27 型。

2.7.3　卤钨灯的技术参数

卤钨灯的技术参数(国外产品)见表 2-26 ~ 表 2-29。

表 2-26 低压卤钨灯技术参数

型号	额定电压 /V	功率 /W	发光强度 /cd	显色指数 R_a	色温 /K	平均寿命 /h	直径 /mm	灯头型号	光束角 /(°)
ALU111MM 8D	12	50	23 000	100	3 000	3 000	111	GU5. 3	8
ALU111MM 8D	12	75	3 000	100	3 000	3 000	111	GU5. 3	8
ALU111MM 8D	12	100	48 000	100	3 000	3 000	111	GU5. 3	8
ALU111 18D	120	60	3 000	100	2 800	3 000	111	GU5. 3	18
ALU111 18D	220 ~240	60	3 000	100	2800	2 000	111	GU5. 3	18
ALU111 18D	240	60	3 000	100	2 800	2 000	111	GU5. 3	18
ALU111MM 24D	12	50	4 000	100	3 000	3 000	111	GU5. 3	24
ALU111MM 24D	12	75	5 300	100	3 000	3 000	111	GU5. 3	24
ALU111MM 45D	12	75	1 900	100	3 000	3 000	111	GU5. 3	45
ALU111MM 24D	12	100	8 500	100	3 000	3 000	111	GU5. 3	24
ALU111MM 45D	12	100	2 800	100	3 000	3 000	111	GU5. 3	45

注:以上数据为飞利浦公司提供。

表 2-27 低电压石英杯灯技术参数

型号	额定电压 /V	功率 /W	发光强度 /cd	显色指数 R_a	色温 /K	平均寿命 /h	直径 /mm	灯头型号	光束角 /(°)
MASTERL ES 20W GU5. 3 12V 8D	12	20	6 500	100	3 200	5 000	50	GU5. 3	8
MASTERL ES 20W GU5. 3 12V 36D		20	1 000						36
MASTERL ES 30W GU5. 3 12V 8D		30	11 000						8
MASTERL ES 30W GU5. 3 12V 24D		30	3 350						24
MASTERL ES 30W GU5. 3 12V 36D		30	1 600						36
MASTERL ES 30W GU5. 3 12V 60D		30	750						60
MASTERL ES 35W GU5. 3 12V 8D		35	14 000						8
MASTERL ES 35W GU5. 3 12V 24D		35	4 400						24
MASTERL ES 35W GU5. 3 12V 36D		35	2 200						36
MASTERL ES 35W GU5. 3 12V 60D		35	1 050						60
MASTERL ES 35W GU5. 3 12V 8D		45	16 000						8
MASTERL ES 35W GU5. 3 12V 24D		45	5 450						24
MASTERL ES 35W GU5. 3 12V 36D		45	2 850						36
MASTERL ES 35W GU5. 3 12V 60D		45	1 300						60

注:以上数据为飞利浦公司提供。

表 2-28 卤钨灯技术参数

系列	型号	功率 /W	电压 /V	光束角 /(°)	初始光强 /cd	直径 /mm	总长 /mm	平均寿命 /h	灯头型号
双色涂层反光杯									
HALOPAR 16	64826FL	50	230	40	750	50. 7	53	2 000	GZ10
HALOPAR 20	64836SP/FL	50	230	10/30	3 200/1 100	64. 5	91	2 000	E27
HALOPAR 30	64845SP/FL	75	230	10/30	7 500/2 400	97	90. 5	2 000	E27
铝质反光杯									

续表

系列	型号	功率/W	电压/V	光束角/(°)	初始光强/cd	直径/mm	总长/mm	平均寿命/h	灯头型号
HALOPAR 16	CP64824FL	50	230	40	650	50.7	57	1 500	GU10
	64824FL	50	230	40	800	50.7	53	2 000	GU10
	64820FL	35	230	35	500	50.7	53	2 000	GU10
HALOPAR 20	64832SP/FL	50	230	10/30	3 000/1 000	64.5	91	2 000	E27
HALOPAR 30	64841SP/FL	75	230	10/30	6 900/2 200	97	90.5	2 000	E27

注：以上数据为欧司朗公司提供

表 2-29　低电压卤钨灯(12 V)技术参数

系列	型号	功率/W	电压/V	光束角/(°)	初始光强/cd	直径/mm	总长/mm	平均寿命/h	灯头型号
双色涂层反光杯灯：能减少 66% 的热辐射量									
DECOSTAR 35 TITAN	46890SP/WFL	20	12	10/38	4 500/700	35.3	37	4 000	GU4
	46892SP/WFL	35	12	10/38	7 200/1 350	35.3	37	4 000	GU4
DECOSTAR 51 TITAN	46860SP/WFL	20	12	10/38	5 000/780	51	45	4 000	GU5.3
	46860VWFL	20	12	60	350	51	45	4 000	GU5.3
	46865SP/WFL	35	12	10/38	9 100/1 500	51	45	4 000	GU5.3
	46865FL/VWFL	35	12	24/60	3 100/700	51	45	4 000	GU5.3
	46870SP/WFL	50	12	10/38	12 500/2 200	51	45	4 000	GU5.3
	46870FL/VWFL	50	12	24/60	4 400/1 100	51	45	4 000	GU5.3
节能型反光杯灯									
DECOSTAR 51 IRC	48860 SP/WFL	20	12	10/38	6 000/1 000	51	45	4 000	GU5.3
	48860 FL/VWFL	20	12	24/60	2 300/450	51	45	4 000	GU5.3
	48865SP/WFL	35	12	10/38	12 500/2 200	51	45	4 000	GU5.3
	48865FL/VWFL	35	12	24/60	4 400/1 100	51	45	4 000	GU5.3
	48870SP/WFL	50	12	10/38	15 000/2 850	51	45	4 000	GU5.3
	48870FL/VWFL	50	12	24/60	5 700/1 430	51	45	4 000	GU5.3
铝质反光杯灯：比双色涂层反光杯灯能减少 80% 的热辐射量									
DECOSTAR 51 ALU	41861 WFL	20	12	38	700	51	45	3 000	GU5.3
	41866 WFL	35	12	38	1 100	51	45	3 000	GU5.3
	41871 WFL	50	12	38	1 800	51	45	3 000	GU5.3
普通反光杯灯									
DECOSTAR 35 S	44888 WFL	10	12	10/38	350	35.3	40	2 000	GU4
	44890SP/ WFL	20	12	10/38	3 200/500	35.3	40	2 000	GU4
	44892 SP/ WFL	35	12	10/38	5 400/1 000	35.3	40	2 000	GU4
DECOSTAR 51 S	44860 SP/ WFL	20	12	10/38	3 200/600	51	40	2 000	GU5.3
	44865 SP/ WFL	35	12	10/38	6 600/1 000	51	40	2 000	GU5.3
	44870SP/ WFL	50	12	10/38	9 700/1 700	51	40	2 000	GU5.3

续表

系列	型号	功率/W	电压/V	光束角/(°)	初始光强/cd	直径/mm	总长/mm	平均寿命/h	灯头型号
溴钨灯胆									
HALOPAR（透明/磨砂）	—	5	12	57/—		9.5	33	2 000	G4
	64415/F	10	12	140/130		9.5	33	2 000	G4
	64425/F	20	12	320/300		9.5	33	2 000	G4
	64432/F	35	12	600/570		12	44	2 000	GY6.35
	6441540/F	50	12	910/830		12	44	2 000	GY6.35

注:以上数据为欧司朗公司提供

冷光束卤钨灯是新型的照明光源,由卤钨灯泡和介质膜冷光镜组合而成,具有体积小、造型美观、工艺精致、发光效率高、使用寿命长、光线柔和舒适等特点。广泛应用于商业橱窗、舞厅、宾馆、展览厅、博物馆等室内照明,是最佳装饰照明光源。冷光束卤钨灯的技术参数见表2-30。

表2-30 冷光束卤钨灯技术参数

<table>
<tr><th>型号</th><th>额定电压/V</th><th>额定功率/W</th><th>光束角/(°)</th><th>光强度/cd</th><th>色温/K</th><th>平均寿命/h</th><th>外形尺寸/(直径×长度,mm)</th><th>灯头型号</th></tr>
<tr><td>LDJ12 - 20 N</td><td rowspan="18">12</td><td rowspan="3">20</td><td>12</td><td>3 300</td><td rowspan="3">2 900</td><td rowspan="3">2 000</td><td rowspan="9">50 ×45</td><td rowspan="9">GX5.3</td></tr>
<tr><td>LDJ12 - 20M</td><td>24</td><td>1 000</td></tr>
<tr><td>LDJ12 - 20W</td><td>38</td><td>460</td></tr>
<tr><td>LDJ12 - 50 N</td><td rowspan="3">50</td><td>12</td><td>9 050</td><td rowspan="6">3 000</td><td rowspan="6">3 000</td></tr>
<tr><td>LDJ12 - 50M</td><td>24</td><td>3 000</td></tr>
<tr><td>LDJ12 - 50W</td><td>38</td><td>1 500</td></tr>
<tr><td>LDJ12 - 750 N</td><td rowspan="3">75</td><td>12</td><td>11 500</td></tr>
<tr><td>LDJ12 - 75M</td><td>24</td><td>3 000</td></tr>
<tr><td>LDJ12 - 75W</td><td>38</td><td>1 500</td></tr>
<tr><td>LDJ12 - 20 NS</td><td rowspan="3">20</td><td>10</td><td>3 300</td><td rowspan="6">2 900</td><td rowspan="6">2 000</td><td rowspan="9">45 ×46</td><td rowspan="9">GZ4</td></tr>
<tr><td>LDJ12 - 20MS</td><td>20</td><td>1 000</td></tr>
<tr><td>LDJ12 - 20WS</td><td>30</td><td>460</td></tr>
<tr><td>LDJ12 - 35 NS</td><td rowspan="3">35</td><td>10</td><td>6 500</td></tr>
<tr><td>LDJ12 - 35MS</td><td>20</td><td>2 000</td></tr>
<tr><td>LDJ12 - 35WS</td><td>30</td><td>1 050</td></tr>
<tr><td>LDJ12 - 50 NS</td><td rowspan="3">50</td><td>10</td><td>10 000</td><td rowspan="3">3 000</td><td rowspan="3">3 000</td></tr>
<tr><td>LDJ12 - 50MS</td><td>20</td><td>3 000</td></tr>
<tr><td>LDJ12 - 50WS</td><td>30</td><td>1 500</td></tr>
</table>

注:(1)表中型号中,N—窄光束;M—中光束;W—宽光束;S—小型卤钨灯。

(2)以上数据为欧司朗公司提供。

2.7.4　卤钨灯的特点及应用

卤钨灯与白炽灯相比具有体积小、输出功率大、光通量稳定、光色好、光效高和寿命长的特点。特别是其发光效率比普通白炽灯高出许多倍。另外,由于卤钨灯工作时采用卤钨循环原理,较好地抑制了钨的蒸发,从而防止卤钨灯泡的发黑,使得卤钨灯在寿命期内的光维持率基本维持在 100%。在色表和显色性方面与普通白炽灯相比,其光色更白一些,色调更冷一些,但显色性较好。卤钨灯的缺点是对电压波动比较敏感,耐震性较差。

基于上述特点,卤钨灯目前在各个照明领域中都具有广泛的应用,尤其是被广泛应用在大面积照明与定向投影照明场所,如建筑工地施工照明、展厅、广场、舞台、影视照明和商店橱窗照明及较大区域的泛光照明等。

卤钨灯在使用时应注意以下几个问题:

①卤钨灯不适用于低温场合;

②双端卤钨灯工作时,灯管应水平安装,其倾斜角度不得超过 4°,否则会缩短其使用寿命;

③卤钨灯工作时产生高达 600 ℃左右的高温,因此,卤钨灯附近不准存放易燃物质,灯脚引入线应使用耐高温的导线;

④卤钨灯灯丝细长且脆,使用时,要避免震动和撞击,也不宜作为移动照明灯具。

2.8　其他照明光源

2.8.1　场致发光灯(屏)

场致发光灯(屏)是利用场致发光(又称电致发光)现象制成的发光灯(屏)。场致发光屏在电场的作用下,自由电子被加速到具有很高的能量,从而激发发光层,使之发光。场致发光屏的厚度仅几十微米,发光效率为 15 lm/W,寿命长,而且耗电少。场致发光屏可以通过分割做成各种图案与文字,可用在指示照明、广告、电脑显示屏等照度要求不高的场所。

2.8.2　发光二极管

1. 发光二极管的结构及工作原理

发光二极管 LED(Light Emintting Diode)是一种半导体光源,主要由电极、P-N 结芯片和封装树脂组成,如图 2-17 所示,P-N 结芯片安装在管座上,P 型、N 型材料分别由引线接至正、负电极,然后封装在环氧树脂帽中。环氧树脂可以是白色、红色、绿色、黄色等彩色树脂,主要取决于发光二极管的光色。环氧树脂帽的几何形状可以控制光线,类似于灯具的反射器和透镜。此外,封装环氧树脂可以保护芯片,延长其使用寿命。表 2-31 列出了几种常见发光二极管的材料和特性。

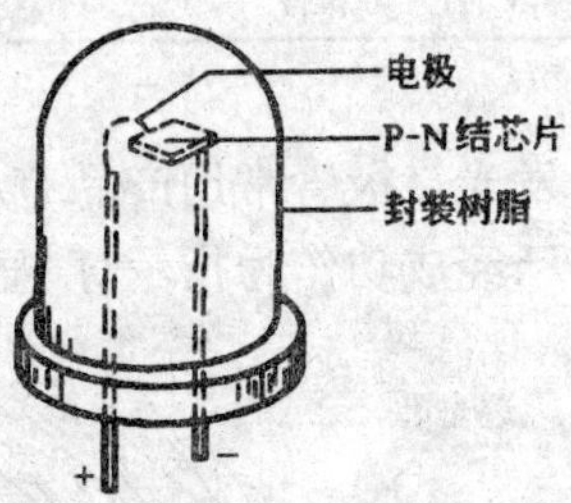

图 2-17　发光二极管的结构

发光二极管 LED 工作时,P-N 结加上正向偏压,即 P 层加正向电压,N 层加负向电压,电子和空穴将克服 P-N 结处的势垒,分别迁入 P 层和 N 层。当电子与空穴结合时其能量将以光子的形式释放出来,发出可见光。发光二极管的电性能和一般的检波二极管相似,在 10 mA 工作电流时,典型的正向偏置电压为 2 V。为防止元件在工作时温升过高,应对正向电流加以限制,通常需串限流电阻或使用电流源供电。它的寿命可超过 10^5 h。

表 2-31 常见发光二极管的材料和特性

材料	颜色	色坐标(x,y)	峰值波长/nm	半宽度/nm	光效/(lm/W)
InGaN/YAG	白(6 500 K)	0.31,0.32	460/555	—	10
InGaN	蓝	0.13,0.08	465	30	5
InGaN	蓝—绿	0.08,0.40	495	35	11
InGaN	绿	0.10,0.55	505	35	14
InGaN	绿	0.17,0.70	520	40	17
GaP-N	黄—绿	0.45,0.55	565	30	2.4
AlInGaP	黄—绿	0.46,0.54	570	12	6
AlInGaP	黄	0.57,0.43	590	15	20
AlInGaP	红	0.70,0.30	635	18	20
GaAlAs	红	0.72,0.28	655	25	6.6

白色 LED 自 1996 年 9 月日本日亚化学工业株式会社推出以来其光效不断提高，到 1999 年已达到 15 lm/W，到 2001 年美国推出的 holy grail 光效已达 40 ~ 5 015 lm/W。故可预测利用白色 LED 作为照明光源已为期不远了。

白色 LED 与白炽灯的性能比较列于表 2-32 中，从表中可看出，LED 的性能绝对优于白炽灯。

表 2-32 白色 LED 与白炽灯的性能比较

光源类型	LED	白炽灯
色温(K)	3 000 ~ 10 000	2 500 ~ 3 000
光效(lm/W)	>15	15
反应速度(μs)	0.1	100 000
冲击电流	无	额定电流的 10 倍
寿命(h)	20 000 以上	1 000 以下
耐冲击性	有很强的耐冲击性	封装玻璃和灯丝易断裂
可靠性	非常高	低

发光二极管常用产品有单个发光二极管发光器、发光二极管组合模块、发光二极管灯具，目前已经成功作为指示灯、显示器、交通信号灯、汽车灯、舞台聚光灯、红外线灯。红外线发光二极管或其组合灯具还可用于红外线保安、夜视、摄影。

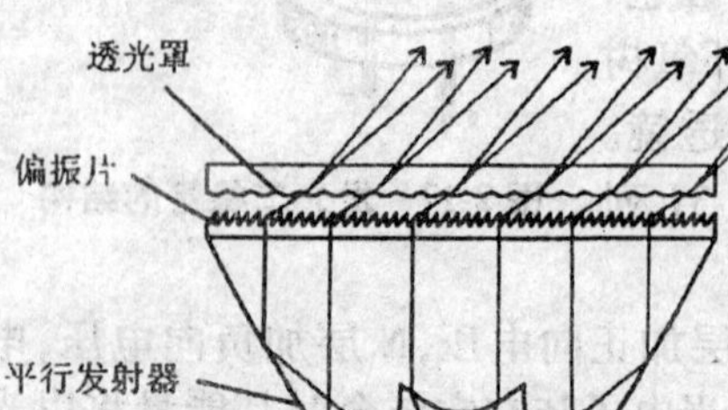

图 2-18 单个发光二极管

2. 发光二极管的应用

(1)单个二极管发光器。众所周知，单个发光二极管本身就是一个光源，但是为了保护二极管、方便安装和应用，需要配一些附件，如平行发射器、偏振片、透光罩和导线等，组成一个新的单个发光二极管发光器，如图 2-18 所示。

要改变单个发光二级管射出光线的光束角，可以通过改变封装外壳圆顶的几何形状来得到；

如果要增加功率和亮度，可以将发光二极管排列成不同的阵列组合模板来实现这个问题。

(2)二极管发光器组合单元。单个二极管发光器的不同组合可以形成不同光学性能及电气特性的二极管组合单元。图 2-19 为多个二极管的发光器组合示意图。

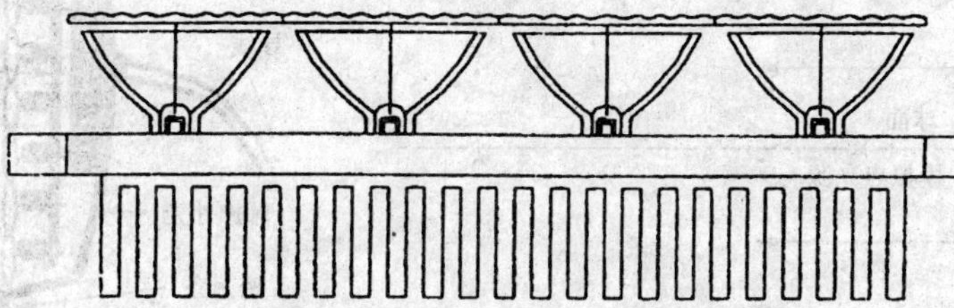

图 2-19　多个二极管发光器组合

3. 发光二极管灯具

近年来 Philips、NHK、松下、OSRAM 等公司都在开发用许多 LED 集中在一起按不同组合方式组合的附件，做成灯具，有平面发光灯、交通信号灯、舞台型聚光灯、台灯、镜灯等，品种逐渐增多。

图 2-20 所示为超小型聚光灯示意图，它是将 51 个白色 LED 布于一个凹球面内，光束先会聚后再发散，投射到一个菲涅尔透镜上，于是得到一个光束扩散角可变化的小型聚光灯。

图 2-21 为产生平行光的光路示意。

目前国内用得较多的有交通信号灯、标示灯（诱导灯）和景观照明灯。

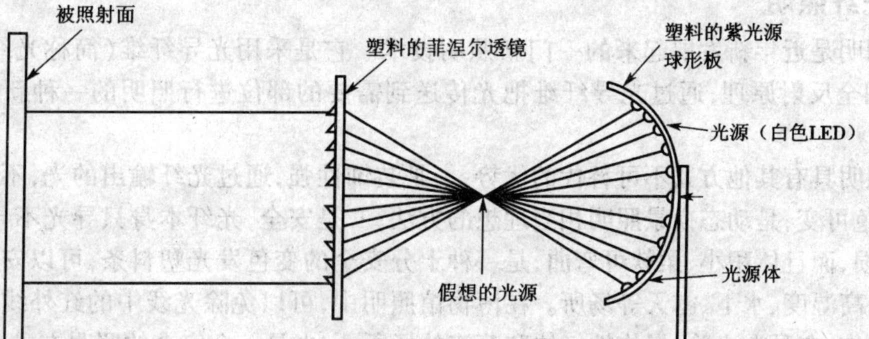

图 2-20　超小型聚光灯的光路

(1)交通信号灯。图 2-22 为飞利浦公司生产的交通信号灯，有红、黄、绿三色。

在 LED 交通信号灯中即使损害某一个 LED，也仅仅降低了一点灯的亮度，不会造成整个灯不亮，使交通失控。11 W 的 LED 信号灯相当于 150 W 普通信号灯的亮度，而且寿命长、节约电能、维护费用少，目前我国一些大城市都已采用 LED 交通信号灯。

(2)标示灯、诱导灯。

①透射型。这是将传统“灯箱”型标示灯内的白炽灯或荧光灯用 LED 代替。这种标示灯国内外都有生产。目前其亮度为 20 ~ 30 cd/m^2（我国规范规定不应低于15 cd/m^2），可作为建筑物出口标志和疏散诱导。

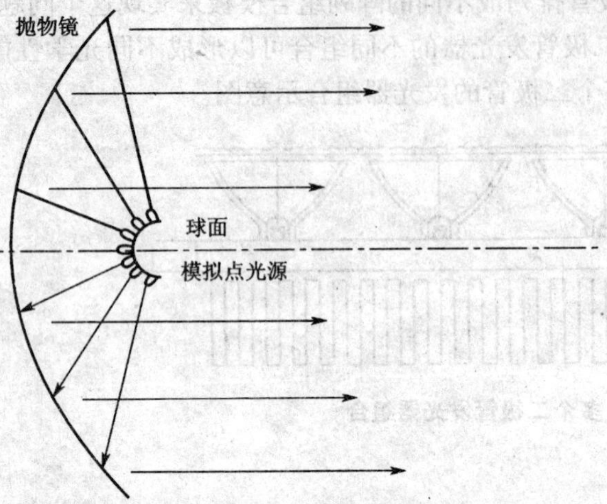

图 2-21 产生平行光的光线光路

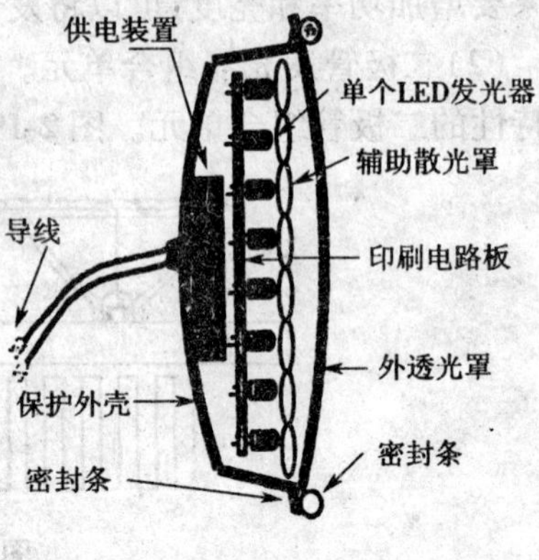

图 2-22 LED 交通信号灯剖面图

②直接型。直接用 LED 组合成标示文字或图案，其优点是亮度高，室内外都能使用。

(3)景观照明灯。做成地埋灯、墙灯、草坪灯（低柱庭院灯）等各种类型的灯具，利用不同颜色的 LED 组合，在控制器控制下形成可变色的灯光，既可照明又可美化环境，且具有寿命长、节电的优点，目前室内外环境照明中都有采用。

估计不远的将来，随着功率稍大的白色 LED 的出现，这类崭新光源的灯具就会面市。

2.8.3 光纤照明

光纤照明是近年新发展起来的一门新照明技术。它是采用光导纤维（简称光纤，又称光波导），利用全反射原理，通过光导纤维把光传送到需要的部位进行照明的一种新的照明方式。

光纤照明具有其他方式不可替代的优势：一是装饰性强，通过光纤输出的光，不仅明暗可调，而且颜色可变，是动态夜景照明相当理想的方法；二是安全，光纤本身只导光不导电，不怕水、不易破损，而且体积小、柔软可弯曲，是一种十分安全的变色发光塑料条，可以安全地用在高温、低温、高湿度、水下、露天等场所。在博物馆照明中，可以免除光线中的红外线和紫外线对展品的损伤，在具有火险、爆炸性气体和蒸汽的场所，它也是一个安全的照明方式。

2.8.4 医疗用光源

(1)无影灯泡适用于医院各类手术室，其技术参数见表 2-33。

表 2-33 无影灯泡技术参数

型号	额定电压 /V	功率 /W	光通量 /lm	平均寿命 /h	外形尺寸 /（直径×长度，mm）	灯头型号
WY6—15	6	15	185	60	34×56	E12/22×15

续表

型号	额定电压 /V	功率 /W	光通量 /lm	平均寿命 /h	外形尺寸 /(直径×长度,mm)	灯头型号
WY24—25	24	25	300	300	41×60	BA15d /19
WY110—100		100	1 420	1 000	66×118	E27/27
WY110—150	100	150	2 240			
WY220—100	220	100	1 250			
WY220—150		150	1 990			
WY220—100		100	1 250	800	81×113	E27/35×30
WY220—150		150	2 090		81×125	

(2)紫外线杀菌灯是一种强紫外线光源,对核酸蛋白质作用极强,能使细菌发生变异或死亡,被广泛应用于医疗卫生、细菌研究、制药工业和食品制造工业等场所。表 2-34 ~ 表 2-35 为各种紫外线灯技术数据。

表 2-34　双端直管形紫外线杀菌灯主要参数

型号	管径/mm	灯长 /mm	功率 /W	灯电流 /mA	1 m 处紫外线辐射照度 /(μW/mm²)	寿命 /h	灯头型号
ZW—4	15	150	4	170		8 000	G5
ZW—6	15	212	6	160	15	8 000	G5
ZW—8	15	288	8	190	22	8 000	G5
ZW—10	15	331	10	220	28	8 000	G13
ZW—15	15	437	15	300	40	8 000	G13
ZW—18	16		18	370		8 000	G13
ZW—20	16	589	20	320	70	8 000	G13
ZW—30	16	894	30	300	100	8 000	G13
ZW—40	16	1 199	40	330	120	8 000	G13

注:额定电压为 220 V。

表 2-35　紫外线灯管技术数据

参数 / 型号	额定电压 /V	功率 /W	灯电流 /A	UV 输出功率 /W	外形尺寸 /(直径×长度,mm)	灯头型号
HNS7WOFR	220	7	0.17	1.9	13×137	G23*
HNS9WOFR		9	0.15	2.5	13×167	
HNS11WOFR		11	0.34	3.6	13×237	
HNS15WOFR		15	0.37	4.6	26×438	G13
HNS30WOFR		30	0.77	11.2	26×895	
HNS55WOFR		55		16.5		

注:(1)与电子镇流器配套使用。

(2)以上数据为欧司朗公司提供。

2.9 照明光源的选择

1. 以实施绿色照明工程为基点选择光源

20 世纪 90 年代初,国际上提出了推行旨在节约电能、保护环境的“绿色照明”(Green Lights)工程。美国、日本等主要发达国家和部分发展中国家先后制订了绿色照明工程计划,取得了明显的效果。照明的质量和水平已成为衡量社会现代化程度的一个重要标志,成为人类社会可持续发展的一项重要措施,受到联合国等国际组织机构的关注。

绿色照明是指通过科学的照明设计,采用高效率、长寿命、安全和性能稳定的照明电器产品,最终建成环保、高效、舒适、安全、经济和提高人们的工作、学习和生活质量的照明系统。实施绿色照明工程就是通过采用合理的照明设计来提高能源有效利用率,达到节约能源,降低照明费用,减少火电工程建设,减少有害物质的排放和逸出,达到保护人类生存环境的目的。推进绿色照明工程实施过程中,电光源的选择应遵循以下一般原则。

(1)限制白炽灯的应用。白炽灯属于第一代光源,光效低,寿命一般只有 1 000 h,应予限制。但是也不能完全取消,因为白炽灯没有电磁干扰,便于调节,适合需要频繁开、关的场合。对于局部照明、事故照明、投光照明、信号指示以及水电丰富的山区和边远农村是不可缺少的光源。

(2)采用卤钨灯取代普通白炽灯。卤钨灯和普通照明的白炽灯同属白炽灯类产品,也属于电流通过灯丝白炽发光,是普通白炽灯的升级换代产品。卤钨灯光效和寿命比普通白炽灯高一倍以上。因此,在许多照明场所,如商业橱窗、展览展示厅以及摄影照明等要求高显色性、高档冷光或聚光的场合,可以各种结构形式不同的卤钨灯取代普通白炽灯,来达到节约能源、提高照明质量的目的。

在卤钨灯类产品中,带反射器的组合式紧凑型卤钨灯是应用最广、发展最快的灯种之一。我国在 20 世纪 70 年代初期就开始在 8.75 mm 和 16 mm 的放映机中采用这种带反射器的组合式紧凑型卤钨灯作为放映光源。这种放映灯是采用石英卤钨灯和以玻璃材料热压成型的、具有椭球反射面并镀多层介质膜的反射器组合形成的紧凑型卤钨灯,一般为敞开式,以其取代椭球和球面组成的镀铝普通白炽放映灯(称全反射放映灯)。目前,这种敞开式结构的卤钨灯已广泛应用于商场、展览展示中心以及会议室等场所,并作为取代普通白炽灯的新一代光源。

(3)推荐采用紧凑型荧光灯取代白炽灯。与白炽灯相比,紧凑型荧光灯每瓦产生的光通量是普通照明白炽灯的 3 ~4 倍以上,其额定寿命是白炽灯的 10 倍。由于荧光粉质量的不断提高和改进,紧凑型荧光灯的显色指数可以达到 80 左右,完全能满足一般照明的要求。紧凑型荧光灯可以和镇流器(电感式或电子式)连接在一起,组合成一体化的整体型灯,采用 E27 灯头,直接替换与普通白炽灯,十分方便。同时也可做成分离的组合式灯,灯管更换三次或四次而不必更换镇流器。

根据紧凑型荧光灯结构形式的不同,其应用场所也各不相同。一般,在对灯管长度没有特殊要求的情况下,可采用双管紧凑型荧光灯,单 U 单 π 型灯可作为建筑物出入口的标志或作为顶栅灯具的光源。小型环型和双 D 型紧凑型荧光灯适合于类似台灯的应用场合,同时也适合作为侧面屏灯和低顶棚照明灯的光源。在家庭照明方面,如台灯、壁灯、吸顶装饰灯、嵌入式下照灯、悬吊式灯等应用普通照明白炽灯的场合均可用紧凑型荧光灯替代。这种荧光灯,光的颜色包括冷白、暖白或日光色,可供用户选择。

虽然紧凑型荧光灯的发展很快,推广应用也比较成功,但也存在一些实际问题,使其应用受到一定的局限性。

①采用高显色性的荧光粉虽然可以使紧凑型荧光灯的显色指数达到 80 以上,但目前技术仍达不到与白炽灯完全相同的显色指数。

②带螺口灯头的一体化紧凑型荧光灯不能像白炽灯一样进行明暗度的连续调光,现在虽然有了可调光的紧凑型荧光灯系统,但需要通过采用包括可调光的镇流器、四插头紧凑型荧光灯和专用的调光控制器在内的新型照明装置来实现,比较复杂,且成本较高。

③由于紧凑型灯基本仍属线型光源(单 U、单 π)或发光体仍相对较大,因此,一般不能与白炽灯或高强度气体放电灯所使用的光学控制器(通常为反射器)通用。经过改型设计的与紧凑型荧光灯配套的反射式灯具一般都达不到与大多数白炽灯相同照度的投射距离。因此,在要求光束具有较大投射距离的应用场所,仍然只能采用反射卤钨灯或短弧高强度气体放电灯。

④灯座向上或水平装置,环境温度在 25 ℃时,紧凑型荧光灯工作时的光效最高。如密封在室内灯具中的紧凑型荧光灯,往往会由于灯具内的环境温度较高而降低光效。紧凑型荧光灯在室外较低的环境温度下工作,光效较低,并且还可能出现不能启动的现象。

⑤一体化的紧凑型荧光灯多配用电子镇流器。当紧凑型荧光灯只占有小部分电力负荷时,不会对电网质量构成影响,而一旦占有很大比例的电力负荷时,电子镇流器的谐波将产生失真,需要加以限制,以免影响电网的正常供电。

毋庸置疑,紧凑型荧光灯光效高、颜色好、寿命长、安装方便,是取代普通白炽灯的最佳光源之一,但也不是任何场合的白炽灯都能用紧凑型荧光灯代替。

(4)推荐采用 ϕ26 mm、ϕ16 mm 细管荧光灯。直管型荧光灯的光效和寿命均为普通白炽灯的 5 倍以上,是取代普通白炽灯的最佳灯种之一。随着科学技术的发展,荧光灯的光效不断得到提高,管径不断缩小,这对节约照明用电以及节约能源和资源都具有十分重要的意义。

(5)推荐采用钠灯和金属卤化物灯。高压钠灯和金属卤化物灯同属高强度气体放电灯。各种规格的高压钠灯和金属卤化物灯由于具备高光效和长寿命的特点,可广泛应用于各种环境条件的照明,如机场、港口、码头、道路、城市街道、体育场馆、大型工业车间、庭院、展览展示大厅、地铁等场所的照明。

高压钠灯和金属卤化物灯是取代荧光高压汞灯的最佳选择。

低压钠灯的光效属各灯种之首。但其显色性极差,可以应用于隧道及对显色指数要求不高的照明场所。

2. 以光源的光色特性选择光源

实施绿色照明工程的同时,往往还要根据地区的气候、室内环境氛围要求而选择光源。这时,首先要考虑合适的光源色温,再按照光源色温选择相应的光源,以便创造出舒适和谐的室内环境。

人们对灯光的颜色有温度感,这就是光源的色温。光源的色温在 5 300 K 以上的是冷色型光源;色温在 3 300 ~5 300 K 之间的为中间色型光源;色温低于 3 300 K 的是暖色型光源。光源色温分类及适用场合如表 2-36 所示。

表 2-36 光源色温分类及适用场合

光源类别	冷暖类别	色温/K	适用场合
白炽灯、卤钨灯、暖白色荧光灯、高压钠灯、低压钠灯	暖色	<3 300	客房、卧室等
冷白色荧光灯、金属卤化物灯	中间色	3 300 ~ 5 300	办公室、图书馆等
日光色荧光灯、荧光高压汞灯、金属卤化物灯、氙灯	冷色	>5 300	高照度水平或白天需补充自然光的房间

3. 以光源的显色指数选择光源

光源的显色指数反映了同一物体在不同光源下，呈现出的颜色不一致的程度。因此，在不同的场合下，可以根据要求选择不同显色指数的光源，既可达到规定的辨色的要求，又可达到舒适的要求。光源的显色指数及其适用场合见表 2-37。由表 2-37 可知：钠灯、汞灯显色指数较低，显色性较差，常常用于要求辨色不高的场合，如道路照明，库房照明等；而暖白色、日光色荧光灯显色指数一般，显色性一般，常用于辨色要求较高的场合，如办公室和休息室，在教室等学习场合通常也选择日光色荧光灯和冷白色荧光灯（$R_a = 91$）；在辨色要求很高的场合，如非常重视显色性的美术馆、博物馆陈列室应当选择光色和显色性接近于日光的电光源，如显色性很好的白炽灯、卤钨灯等。实际照明大多采用色温低而又有温度感的光色，即大多采用普通荧光灯的照明，而 $R_a > 80$ 的电光源常常用于局部照明。

表 2-37 光源的显色指数及其适用场合

光源类别	显色指数	适用场合
白炽灯、卤钨灯、冷白色荧光灯、氙灯、金属卤化物灯	$R_a > 80$	客房、绘图室等辨色要求很高的场合
暖白色荧光灯、日光色荧光灯	$60 < R_a < 80$	配电室、普通电梯前厅等辨色要求较高的场合
低压钠灯	$40 < R_a < 80$	锅炉房等辨色要求一般的场所
高压钠灯、荧光高压汞灯	$R_a < 40$	变压器室等辨色要求不高的场所

4. 以光源的光效及总光通量选择光源

各种光源的光效与其输出的光通量关系如图 2-23 所示。曲线上数字的单位为瓦特（W）。从图可知，欲提高同一光源的光效必须提高它的输出光通（提高功率）。图中虚线框表明，在小空间适用的光通范围（400 ~ 2 200 lm）只有白炽灯和荧光灯适用，即家居应采用白炽灯和荧光灯。

随着光源、微电子器件技术和生产工艺的不断提高和飞速发展，采用高效新光源（细管径荧光灯、紧凑型荧光灯、高强度气体放电灯等）和节能电器产品、高性能电子镇流器等将产生巨大的社会、经济效益。据专家测算，1 只 11 W 电子紧凑型荧光灯较同样照度的 60 W 白炽灯节电约 48 W，按每天平均使用 4 h 计算，年节电约 71 kW · h。若全国替换 2 亿只，则年节电可达 142 亿 kW · h。另据有关部门统计，全国现有家庭 2. 76 亿户，其中 2 亿户农村家庭的照明目前仍以普通白炽灯为主体，加上企、事业、公共场地所用白炽灯，白炽灯总数极为可观。若将上述白炽灯泡都改用电子紧凑型荧光灯，一年就可节省电力 938 亿 kW · h，是国家投资几十亿元，历时建设十几年的长江葛洲坝水电枢纽工程 1994 年年发电量 157. 5 亿 kW · h 的 5 倍，

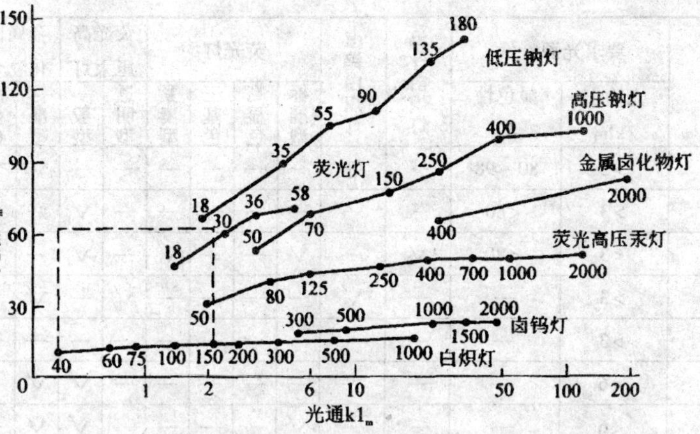

图 2-23　各种光源的光效与它的输出光通的关系

就连举世瞩目的三峡工程的设计年发电量与其相比也还有差距。因此，照明节电工作是当务之急，否则灯头下跑掉的不只是一个三峡工程。所以，用紧凑型荧光灯、细管径荧光灯代替白炽灯可以极大地节省电能。

5. 依据光源的各种参数以及使用条件综合地选择光源

不同光源在光谱特性、发光效率、色温、显色指数、使用条件和造价等方面都有自己的特点，我们应根据不同场所的具体情况，综合各方面的因素确定光源的类型。为了便于比较，现将各种光源的适用场所归纳于表 2-38 中。

表 2-38　各种光源的适用场所

使用场合	要求光源特性		钨丝白炽灯	卤钨白炽灯	荧光灯				荧光高压汞灯		金属卤化物灯		高压汞灯			低压钠灯
	光输出/klm	显色性 R_a			标准型	高显色	三基色	紧凑型	透明型	一般型	标准型	高显色	标准型	改进型	高显色	
家用照明	<3	80~98	好	—	√	—	好	好	—	—	—	—	—	—	—	—
办公、学校照明	3~10	80~90	—	—	—	—	好	√	—	—	√	√	√	√	—	—
商店照明(普通)	>3	80~90	√	√	—	好	好	√	—	—	—	好	—	—	好	—
商店照明(橱窗)	<3	80~98	好	好	—	√	好	—	—	—	—	√	—	—	好	—
餐厅和旅馆	<10	80~98	好	好	—	√	√	—	—	—	—	√	—	—	好	—
音乐厅	<10	80~98	√	好	√	√	好	好	—	—	—	—	—	—	—	—
医院照明(普通)	<10	60~90	√	√	√	—	好	—	—	—	—	—	—	—	—	—
医院照明(检验)	<10	80~98	好	√	—	好	—	—	—	—	—	—	—	—	—	—
工业照明(高天花板)	>10	<60	—	—	√	—	—	—	—	√	√	—	√	√	—	—
工业照明(低天花板)	3~10	40~80	—	—	好	—	—	—	—	√	√	—	√	好	—	—
体育场照明(室外)	>3	<60	—	—	—	—	—	—	—	√	好	好	好	—	—	—
体育场照明(室内)	3~10	65~80	—	√	√	—	—	—	—	—	好	好	√	好	—	—
剧场和电视照明	<10	80~90	好	√	—	—	好	√	—	—	—	—	—	—	—	—

续表

使用场合	要求光源特性		钨丝白炽灯	卤钨白炽灯	荧光灯				荧光高压汞灯		金属卤化物灯		高压汞灯			低压钠灯
	光输出/klm	显色性 R_a			标准型	高显色	三基色	紧凑型	透明型	一般型	标准型	高显色	标准型	改进型	高显色	
电影照明	>3	80~98	—	好	—	—	—	—	—	—	√	√	—	—	—	—
公园、广场住宅区	>3	<80	—	—	—	—	—	—	—	√	好	—	好	√	—	—
住宅区和休息区	<3	<80	√	—	√	—	—	√	—	√	—	—	好	—	—	√
港口船坞码头	>3	—	—	√	—	—	—	—	√	—	√	—	好	—	—	—
汽车道路照明	>3	—	—	—	—	—	—	—	—	—	—	—	好	—	—	好
普通道路照明	<6	—	—	—	—	—	—	—	—	√	√	—	好	—	—	好
街道照明	<6	—	—	—	√	—	—	—	—	√	√	—	好	—	—	√

注:“好”表示选用该光源比较理想;“√”表示可以选用该光源;“—”表示一般不选用该光源。

总之,选择光源时,应在满足显色性、启动时间等要求条件下,根据光源、灯具及镇流器等的效率、寿命和价格,在进行综合技术经济分析比较后确定。

6. 照明设计时光源的选择

照明设计时可按下列条件选择光源。

(1)高度较低房间,如办公室、教室、会议室及仪表、电子等生产车间宜采用细管径直管形荧光灯。

(2)商店营业厅宜采用细管径直管形荧光灯、紧凑型荧光灯或小功率的金属卤化物灯。

(3)高度较高的工业厂房,应按照生产使用要求,采用金属卤化物灯或高压钠灯,亦可采用大功率细管径荧光灯。

(4)一般照明场所不宜采用荧光高压汞灯,不应采用自镇流荧光高压汞灯。

(5)一般情况下,室内外照明不应采用普通照明白炽灯;在下列工作场所可采用白炽灯:

①要求瞬时启动和连续调光的场所,使用其他光源技术经济不合理时;

②对防止电磁干扰要求严格的场所;

③开关灯频繁的场所;

④照度要求不高,且照明时间较短的场所;

⑤对装饰有特殊要求的场所。

(6)应急照明应选用能快速点燃的光源。

(7)应根据识别颜色要求和场所特点,选用相应显色指数的光源。

2.10 光源主要附件

2.10.1 镇流器

1. 镇流器的分类

气体放电灯的镇流器主要分两大类:电子镇流器和电感镇流器。电感式镇流器包括普通型和节能型。荧光灯用交流电子镇流器包括可控式电子镇流器和应急照明用交流/直流电子镇流器。

2. 镇流器的能效值

镇流器的主要标准包括安全要求、性能要求、特殊要求和能效标准。镇流器是一个高耗能器件,规定能效值是镇流器节能的重要因素。能效值(包括能效限定值和节能评价值)用镇流器能效因数(*BFF*)表示。能效限定值是必须达到的最低限值,属强制性标准。

能效因数(*BFF*)按下式计算

$$BFF = \frac{\mu}{P} \times 100 \tag{2-1}$$

式中:*BFF*——镇流器能效因数;

μ——镇流器流明系数值;

P——线路功率,W。

①金属卤化物灯用镇流器的能效等级分为3级,其中1级最高,为未来实质的节能评价值,2级为现行节能评价值,3级为能效限定值。各级能效因数不应低于表2-39的规定。

表2-39 金属卤化物灯用镇流器的能效等级

额定功率/W		175	250	400	1 000	1 500
BFF	1级	0.514	0.362	0.233	0.095 8	0.063 8
	2级	0.488	0.344	0.220	0.091 0	0.060 6
	3级	0.463	0.326	0.209	0.086 2	0.057 4

②高压钠灯用镇流器的能效限定值和节能评价值不应低于表2-40的规定。

表2-40 高压钠灯用镇流器的能效限定值和节能评价值

额定功率/W		70	100	150	250	400	1 000
BFF	能效限定值	1.16	0.83	0.57	0.340	0.214	0.089
	目标能效限定值*	1.21	0.87	0.59	0.354	0.223	0.092
	节能评价值	1.26	0.91	0.61	0.367	0.231	0.095

* 为将来实质的能效限定值。

③管型荧光灯用镇流器的能效限定值不应低于表2-41的规定,表2-42为管型荧光灯镇流器节能评价值。

表2-41 管型荧光灯镇流器的能效限定值

额定功率/W		18	20	22	30	32	36	40
BFF	电感型	3.154	2.952	2.770	2.232	2.146	2.030	1.992
	电子型	4.778	4.370	3.998	2.870	2.678	2.402	2.270

表 2-42　管型荧光灯镇流器节能评价值

额定功率(W)		18	20	22	30	32	36	40
BFF	电感型	3.686	3.458	3.248	2.583	2.461	2.271	2.152
	电子型	5.518	5.049	4.619	3.281	3.043	2.681	2.473

2.10.2　补偿电容器

气体放电灯电流和电压之间有相位差,加之串接的镇流器为电感性的,所以照明线路的功率因数较低(一般为0.35~0.55)。为提高线路的功率因数,减少线路损耗,利用单灯补偿更为有效,措施是在镇流器的输入端接入一适当容量的电容器,可将单灯功率因数提高到0.85~0.9。气体放电灯补偿电容器选用见表2-43。

表 2-43　气体放电灯补偿电容器选用表

光源种类及规格		补偿电容量/(μF)	工作电流/A		补偿后功率因数
			无电容补偿	有电容补偿	
普通高压钠灯	50 W	10	0.76	0.3	≥0.90
	70 W	12	0.98	0.42	
	100 W	15	1.24	0.59	
	150 W	22	1.8	0.88	
	250 W	35	3.1	1.40	
	400 W	55	4.6	2.00	
	1 000 W	122	10.3	4.80	
金属卤化物灯	150 W	13		0.76	≥0.90
	175 W	13		0.90	
	250 W	18		1.26	
	400 W	26		2.0	
	1 000 W	30		5.0	
	1 500 W	38		7.5	
荧光灯	18 W	2.8	0.164	0.091	≥0.90
	30 W	3.75	0.273	0.152	
	36 W	4.75	0.327	0.182	

2.10.3　镇流器的比较与选择

1. 荧光灯节能型电感镇流器和电子镇流器的比较

荧光灯节能型镇流器和电子镇流器的比较见表2-44和表2-45。

表 2-44　荧光灯节能型电感镇流器和电子镇流器的优缺点比较

类型＼比较	优点	缺点及应注意的问题
节能型电感镇流器	①节能。通过优化铁芯材料和改进工艺措施降低自身功耗，一般可降低 20% ~50%，使灯的总输入功率（灯管与镇流器功率和）下降 5% ~10% ②可靠	①使用工频点灯，存在频闪效应的固有缺点 ②自然功率因数低（也有功率因数高的产品，如谐振式电感镇流器） ③消耗金属材料多，质量大
电子镇流器	①节能。荧光灯的电子镇流器，多使用 20 ~60 kHZ 频率供给灯管，使灯管光效比工频提高 10%，且自身功耗低，使灯的总输入功率下降约 20% ②无频闪，发光稳定 ③功率因数高，能达到 0.95 及以上 ④噪声低，高品质电子镇流器的噪声应不超过 35 dB(A) ⑤可调光	①有的谐波含量高，特别是功率不大于 25 W 的产品 ②产品质量不稳定。当前市场上的电子镇流器很多，质量不大相同，低质量产品的谐波含量大、流明系数低、可靠性不高、使用寿命短

表 2-45　电感镇流器与电子镇流器的性能参数比较

比较对象	普通电感镇流器	节能型电感镇流器	电子镇流器
自身功耗/W	8 ~9	<5	3 ~5
系统光效比	1	1	1.2
价格比较	低	中	较高
重量比	1	1.5 左右	0.3 左右
寿命/年	15 ~20	15 ~20	5 ~10
可靠性	较好	好	较好
电磁干扰（EMI）或无线电干扰（RFI）	较小	较小	在允许范围内
灯光闪烁度	有	有	无
系统功率因数	0.4 ~0.6（不补偿）	0.4 ~0.6（不补偿）	0.9 以上

美国产品相同输出功率的电感镇流器（节能型）、cut off 式镇流器和电子镇流器的输入功率（W）和价格比示于表 2-46。

表 2-46　节能型电感镇流器、cut off 式镇流器与电子镇流器的比较

F40T12 镇流器（双灯）	输入功率/W	流明系数①/%	近似价格比
节能型	86	95	1
cut off 式②	80	95	1.3
电子快速式	72	88	2

①商品镇流器输出光通量与同一支灯管在试验室基准镇流器操作产生 100% 输出光通量之比。

②灯管启动后就断开阴极加热电源，以减少灯丝上的功率损耗。

2. 自镇流荧光灯应配用电子镇流器

采用电子镇流器，使灯管在高频条件下工作，可提高灯具光效和降低镇流器的自身功耗，有利于节能,并且发光稳定,消除频闪和噪声,有利于提高灯管的寿命。目前我国的自镇流荧光灯大部分采用电子镇流器。

3. 直管荧光灯镇流器的选用

直管形荧光灯应配用电子镇流器或节能型电感镇流器,而不应选用电感镇流器。在 GB 50034—2004《建筑照明设计标准》中明确规定:“直管荧光灯应配用电子镇流器或节能型电感镇流器”。

电子镇流器的应用应注意以下几点。

①电子镇流器对提高照明系统能效和质量有明显优势,建议以下场所选用:

a. 连续紧张的视觉作业场所和视觉条件要求高的场所(如设计、绘图、打字等);

b. 要求特别安静的场所(病房、诊室等),青少年视看作业场所(教室、阅览室等);

c. 在需要调光的场所,可用三基色荧光灯配有可调光数字式镇流器,取代白炽灯或卤钨灯。

②应选用高品质、低谐波的产品,满足使用的技术要求,考虑运行维护效果,并作综合比较。

③应采取有效措施限制小于25 W 荧光灯镇流器的谐波含量。25 W 以下灯管的谐波限值非常宽松,在建筑物内大量应用,将导致严重的波形畸变,中性线电流过大以及功率因数降低的不良后果。

④选用的产品,不仅要考察其总输入功率,还应了解其输出光通量。保证流明系数不低于0.95。

4. 节能型电感镇流器的选用

节能型电感镇流器的主要优势是可靠性高,使用寿命长,谐波含量较小,价格较便宜。选用时应注意以下几点。

①选用自身功耗小的产品。T8 直管荧光灯可参照欧盟能效分级,选用 B1 级或 B2 级的镇流器。

②流明系数不应低于 0.95。

③应考虑功率因数补偿,包括单灯补偿或线路集中补偿等方式。

T8 直管型荧光灯应配用电子镇流器或节能型电感镇流器,不宜配用功耗大的传统电感镇流器,以提高光效;T5 直管形荧光灯(大于 14 W)的应采用电子镇流器,因电感镇流器不能可靠启动 T5 灯管。

5. 镇流器对实施照明功率密度(LPD)限值的影响

GB 50034—2004《建筑照明设计标准》第 6 章规定了照明功率密度(LPD)最高限值指标,并作为强制性条文发布。要实施这项指标,应合理选用光源、灯具及镇流器。镇流器对 LPD 值的影响,以 T8 荧光灯(36W)为例,如用高品质低损耗电子镇流器(相当欧标的 A2 级)和普通的电感镇流器(相当于欧标的 C 级)相比,系统超低损耗电感镇流器(相当欧标 B1 级)和普通电感镇流器相比,照明安装功率可降低 8.9%,即实际 LPD 值可下降 8.9%。

各种光源镇流器的技术数据见附录 2。

思考题

1. 常用的照明电光源分几类？各类有哪几种灯？如何提高气体放电灯的功率因数？
2. 常用的电光源有哪些光电参数？它们如何反映光源的特性？
3. 试说明卤钨灯的工作原理？
4. 简述荧光灯的发光原理和它的发光颜色由什么决定？并说明荧光灯的各种分类。
5. 高压钠灯的最大优点是什么？常用于哪些场合？
6. 简述金属卤化物灯的特点？
7. 霓虹灯的工作电压是多少？其产生的颜色与什么有关？
8. 简述发光二极管(LED)工作原理和特点，目前发光二极管灯具主要用于何种场合。
9. 选用电光源时，应遵循哪些原则？
10. 镇流器的选择原则是什么？
11. 照明设计时，应遵循哪些条件选择电光源？
12. 混光光源和混光照明有何区别？
13. 为什么说照明节能与照明光源有密切关系？

第3章 照明灯具及室内灯具布置

3.1 概述

灯具是透光、分配和改变光源光分布的器具,包括除光源外所有用于固定和保护光源的全部零、部件以及与电源连接所必需的线路附件。照明灯具主要有以下作用。

(1)控光作用。利用灯具如反射罩、透光棱镜、格栅或散光罩等,将光源所发出的光重新分配,照射到被照面上,满足各种照明场所的光分布,达到照明的控光作用。

(2)保护光源的作用。保护光源免受机械损伤和外界污染;将灯具中光源产生的热量尽快散发出去,避免因灯具内部温度过高,而导致光源和导线过早老化和损坏。

(3)安全作用。采用符合使用环境条件(如能够防尘、防水,确保适当的绝缘和耐压性)的电气零件和材料,以防止发生触电与短路。

(4)美化环境作用。灯具分为功能性照明器具及装饰性照明器具。功能性主要考虑保护光源、提高光效、降低眩光,而装饰性就要达到美化环境和装饰的效果,所以,要考虑灯具的造型和光线的色泽。此外,照明灯具对节约能源、保护环境和提高照明质量具有重要的作用。

3.2 灯具的分类

照明灯具的分类通常以灯具的光通量在空间上下部分的分配比例分类,或者按灯具的结构特点分类,或者按灯具的安装方式来分类等。

3.2.1 按光通量在空间分配特性分类

以照明灯具光通量在上下空间的分配比例进行分类,可分为直接型、半直接型、漫射型、半间接型和间接型5种,如表3-1所示。

表3-1 按光通量在空间上下部分的分配比例分类

类型	直接型	半直接型	漫射型	半间接型	间接型
配光曲线		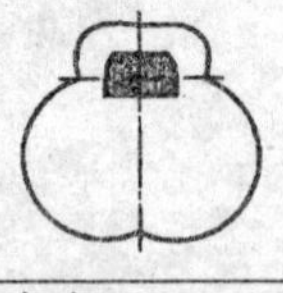	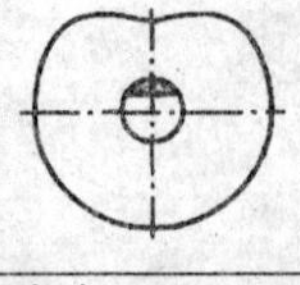	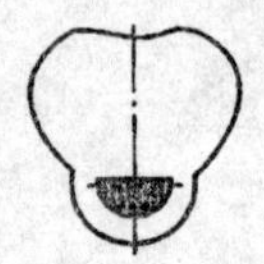	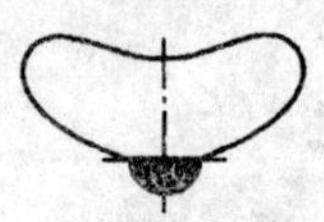
光通量分布	上半球:0% ~10% 下半球:100% ~99%	上半球:10% ~40% 下半球:90% ~60%	上半球:40% ~60% 下半球:60% ~40%	上半球:60% ~90% 下半球:40% ~10%	上半球:90% ~100% 下半球:10% ~0%
灯罩材料	不透光材料	半透光材料	漫射透光材料	半透光材料	不透光材料

1. 直接型灯具

直接型灯具的用途最广泛,它的大部分光通量向下照射,所以灯具的光通量利用率最高,其特点是光线集中，方向性很强，这种灯具适用于工作环境照明，应当优先采用。另一方面由于灯具的上下部分光通量分配比例较为悬殊和光线的集中，容易产生对比眩光和较重阴影。

直接型灯具又可按其配光曲线的形状分为：特深照型、深照型、广照型、配照型和均匀配照型 5 种，它们的配光曲线如图 3-1(a)所示。直接型灯具的外形图如图 3-1(b)所示。

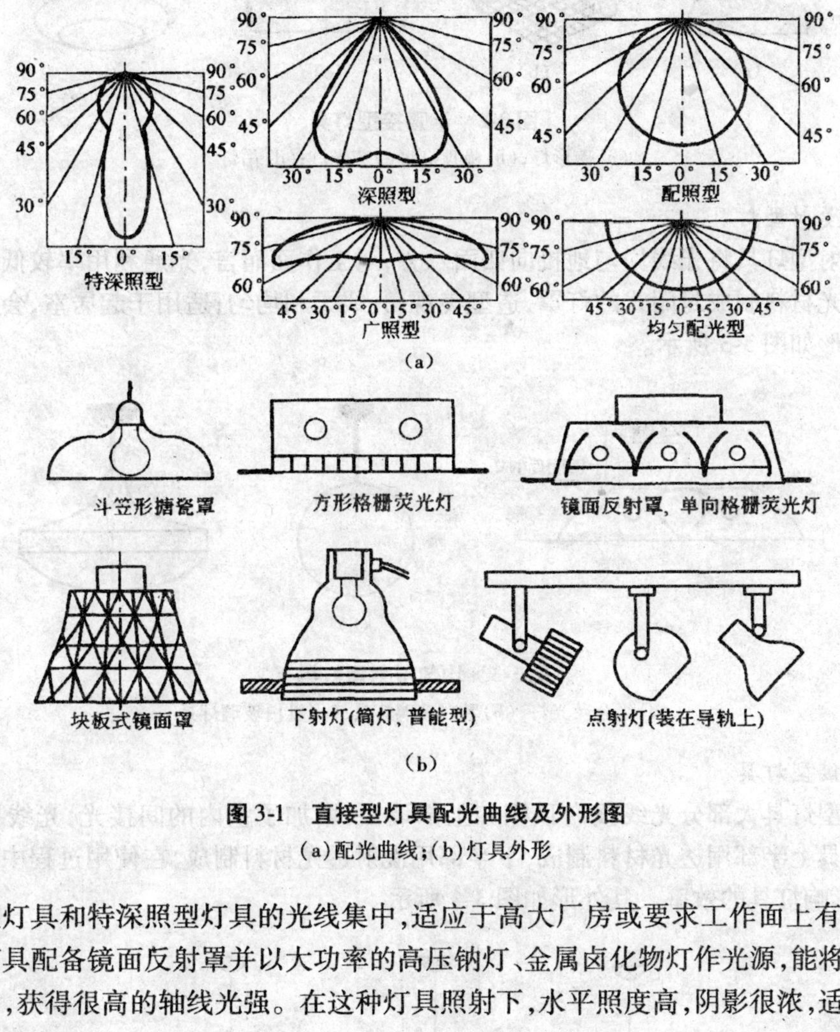

图 3-1　直接型灯具配光曲线及外形图

(a)配光曲线；(b)灯具外形

深照型灯具和特深照型灯具的光线集中，适应于高大厂房或要求工作面上有高照度的场所。这种灯具配备镜面反射罩并以大功率的高压钠灯、金属卤化物灯作光源，能将光控制在狭窄的范围内，获得很高的轴线光强。在这种灯具照射下，水平照度高，阴影很浓，适用于一般厂房和仓库等地方。

广照型灯具一般作路灯照明，它的主要优点有：直接眩光区亮度低，直接眩光小；灯具间距大，有均匀的水平照度，这便于使用光通量输出高的高效光源，从而减少灯具数量，使产生光幕反射的机率相应减小；有适当的垂直照明分量。

敞口式直接型荧光灯具纵向几乎没有遮光角，在照明舒适要求高的情况下，常要设遮光栅格来遮蔽光源，以减小灯具的直接眩光。

点射灯和嵌装在顶棚内的下射灯也属直接型灯具，光源为白炽灯、节能荧光灯和卤钨灯，如图 3-1(b)所示。

2. 半直接型灯具

半直接型灯具也有较高的光通利用率，它能将较多的光线照射到工作面上，又能发出少量的光线照射顶棚，减小了灯具与顶棚间光亮度的对比，使室内环境亮度更舒适，常用于办公室、书房等场所。其外形图如图 3-2 所示。

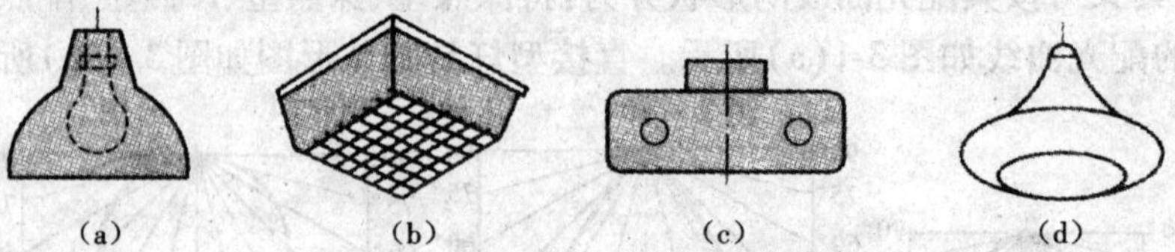

图 3-2 半直接型灯具

(a)碗形灯；(b)吸顶灯；(c)荧光灯；(d)吊灯

3. 均匀漫射型灯具

均匀漫射型灯具将光线均匀地投向四面八方，对工作面而言，光通利用率较低。这类灯具是用漫射透光材料制成封闭式的灯罩，造型美观，光线柔和均匀；适用于起居室、会议室和厅堂照明。其外形如图 3-3 所示。

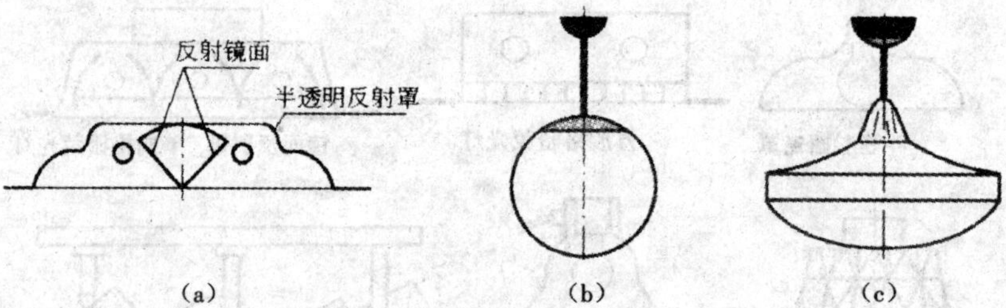

图 3-3 均匀漫射型灯具

(a)组合荧光灯；(b)乳白玻璃灯具；(c)乳白玻璃灯具

4. 半间接型灯具

半间接型灯具大部分光线投向顶棚和上部墙面，增加了室内的间接光，光线更为柔和宜人。这类灯具上半部用透光材料制成，下半部用漫射透光材料制成，在使用过程中上半部容易积灰尘，会影响灯具的效率。其外形如图 3-4 所示。

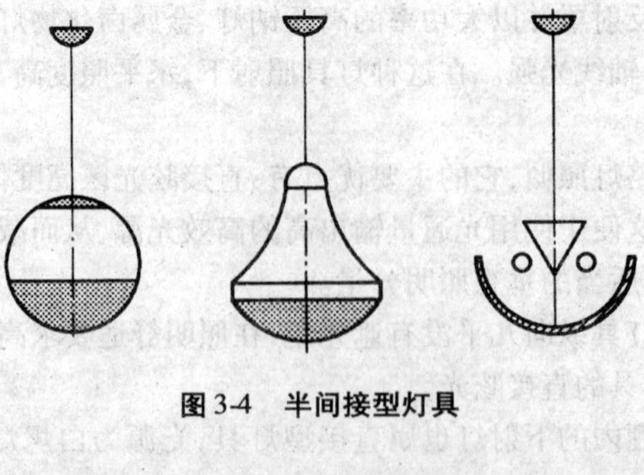

图 3-4 半间接型灯具

5. 间接型灯具

这类灯具将光线全部投向顶棚，使顶棚成为二次光源。因此，室内光线扩散性极好，光线均匀柔和，几乎没有阴影和光幕反射，也不会产生直接眩光。但光通量损失较大，不经济，常用于起居室和卧室。其外形如图 3-5 所示。

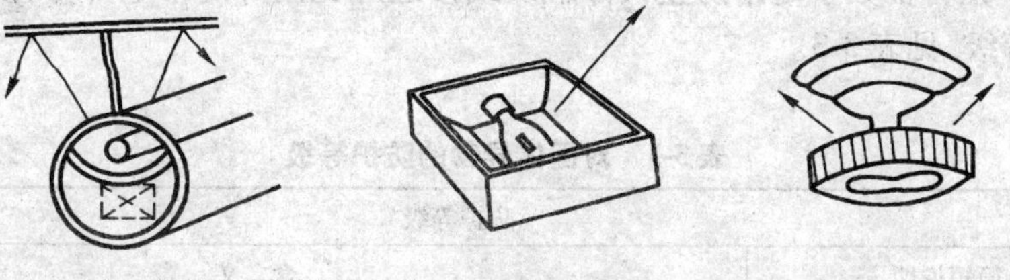

图 3-5　间接形灯具

3.2.2　按灯具的结构分类

按灯具的结构分类可以分为以下几种。

(1)开启型灯具。无灯罩,光源直接照射周围环境。

(2)闭合型灯具。具有闭合的透光罩,但罩内外仍能自然通气,不防尘。

(3)封闭型灯具。透光罩接合处作一般封闭,与外界隔绝比较可靠,罩内外空气可有限流通。

(4)密闭型灯具。透光罩接合处严密封闭,具有防水、防尘功能。

(5)防爆型灯具。透光罩及接合处、灯具外壳均能承受要求的压力,能安全使用在有爆炸危险的场所。

(6)隔爆型灯具。灯具结构特别坚实,即使发生爆炸也不会破裂,适用于有可能发生爆炸的场所。

(7)防震型灯。这种灯具采取了防震措施,可安装在有振动的设施上,如行车、吊车,或有振动的车间、码头等场所。

(8)防腐性灯具。灯具外壳采用防腐材料,且密封性好,适用于具有腐蚀性气体的场合。

3.2.3　按安装方式分类

根据安装方式的不同,主要分为壁灯、吸顶灯、嵌入式灯、吊灯、地脚灯、移动式灯、应急灯、发光顶棚、高杆灯、草坪灯等,其分类、特征及适用场所见表 3-2。

表 3-2　灯具的安装方式、特征及适用场所

安装方式	吸顶式灯具	嵌入式灯具	悬吊式灯具	壁式灯具
特征	(1)顶棚较亮 (2)房间明亮 (3)眩光可控性 (4)光利用率高 (5)易于安装和维护 (6)费用低	(1)与吊顶系统组合在一起 (2)眩光可控制 (3)光利用率较吸顶式低 (4)顶棚与 灯具的亮度对比大,顶棚暗 (5)费用高	(1)光利用率高 (2)易于安装和维护 (3)费用低 (4)顶棚有时出现暗区	(1)照亮壁面 (2)易于安装和维护 (3)安装高度低 (4)易于形成眩光
适用场所	适用于低顶棚照明场所	适用于低顶棚但要求眩光小的照明场所	适用于顶棚较高的照明场所	适用于装饰照明兼作加强照明和辅助照明

3.2.4　按灯具的功能分类

1. 按照防尘、防固体异物和防水等级分类

GB 7000. 1—2002《灯具一般安全要求与试验》(等同采用 IEC60598—1: 1999)对灯具的防

护等级分类作了规定。保护等级分类符号由“IP”和两个特征数字组成。

IP后的第一位特征数字是指防止人体触及或接近外壳内部的带电部分，防止异物进入外壳内部的防护等级，见表3-3。

表3-3 对固体异物的防护等级

第一位特征数字	防护等级	
	简短说明	含义
0	无防护	没有专门的防护
1	防大于50 mm的固体异物	人体某一大面积部分，如手(但不能防止故意的接近)，直径大于50 mm的固体
2	防大于12 mm的固体异物	手指或长度不超过80 mm的类似固体，直径大于12 mm的固体异物
3	防大于2.5 mm的固体异物	直径或厚度大于2.5 mm的工具、金属丝等，直径大于2.5 mm的固体异物
4	防大于1 mm的固体异物	厚度大于1 mm的金属丝或丝带，直径大于1 mm的固体异物
5	防尘	不能完全防止尘埃进入，但进入量不能达到妨碍设备正常工作的程度
6	尘密	无尘埃进入

注：按照GB/T14048.1—2000之附录第一位特征数字为2，说明为防止大于12.5 mm固体异物。

IP后的第二位特征数字是防止水进入灯具外壳内部的防护等级，见表3-4。

表3-4 对水的防护等级

第二位特征数字	防护等级	
	简短说明	含义
0	无防护	没有专门的防护
1	防滴水	滴水(垂直滴水)应无有害影响
2	向上倾斜15°防滴水	当外壳从正常位置向上倾斜15°时，垂直滴水应无有害影响
3	防淋水	与垂直成向上60°范围以内的淋水应无有害影响
4	防溅水	从任何方向向外壳溅水应无有害影响
5	防喷水	用喷嘴以任何方向朝外壳喷水应无有害影响
6	防猛烈海浪	猛烈海浪或强烈喷水时，进入外壳水不应达到有害的量
7	防浸水	以规定压力和时间将外壳浸入水中时，进入的水不应达到有害的量
8	防潜水	设备应适于按制造厂规定的条件长期潜水

2. 按防触电保护分类

为了保证电气安全，照明灯具所有带电部分必须采用绝缘材料等加以隔离，这种保护人身安全的措施称为防触电保护，它可以分为0、Ⅰ、Ⅱ和Ⅲ四类，每一类灯具的主要性能及其应用情况见表3-5。

表 3-5　灯具的防触电保护分类

灯具等级	灯具主要性能	应用说明
0 类	保护依赖基本绝缘是在易触及外壳和带电体间的绝缘	适用环境好的场合，且灯具安装、维护方便，如空气干燥、尘埃少、木地板等条件下的吊灯等
Ⅰ类	除基本绝缘外，易触及的部分及外壳有接地装置，一旦基本绝缘失效时，不致有危险	用于金属外壳灯具，如投光灯、路灯、庭院灯等，提高了安全程度
Ⅱ类	采用双重绝缘或加强绝缘作为安全防护，无需安装接地装置	绝缘性好，安全程度高，适用于环境差、人经常触摸的灯具，如台灯、手提灯等
Ⅲ类	采用特低安全电压交流有效值 <50 V，且灯内不会产生高于此值的电压	灯具安全程度最高，用于恶劣环境，如机床工作台灯、儿童用灯等

从电气安全角度看，0 类灯具的安全保护程度最低，目前有些国家已不允许生产 0 类照明器具；Ⅰ、Ⅱ类安全保护程度较高，一般情况下可采用这两类灯具；Ⅲ类安全保护程度最高，在使用条件或使用方法恶劣的场所应使用这类灯具。总之在照明设计时，应综合考虑使用场所的环境、操作对象、安装和使用位置等因素，选用合适类别的灯具。

3.3　灯具的光学特性

3.3.1　光强分布

灯具可以使电光源的光强在空间各个方向上重新分配，不同灯具的光强分布也不同，通常将空间各方向上光强的分配称为配光，用来表示这种配光的曲线称为灯具配光曲线。由于各种灯具引发的空间光强分布不同，所以其配光曲线也是不同的。利用灯具的配光曲线可以进行照度、亮度、利用系数、眩光等照明计算。配光曲线常用极坐标法、直角坐标法和等光强曲线图三种方法表示。

1. 极坐标配光曲线

极坐标配光曲线定义为以光源（灯具）中心为极坐标原点，测出灯具在位于测光平面上不同角度的光强值；从某一给定方向起，把灯具在各个方向的发光强度用矢量表示，连接矢量顶端得到的曲线，即为灯具配光的极坐标曲线。若灯具相对光轴旋转对称，并在与光轴垂直的测光平面上各方向的光强值相等，这时只要取与光轴平行（纵向）面的光强分布，就可得到该灯具的配光曲线。如图 3-6 为旋转轴对称灯具的配光曲线，将画有光强分布的测光平面绕光轴旋转一周，就可以得到该灯具的空间光强分布。大多数灯具（点光源）都是轴对称的旋转体，其光强分布为轴对称。

为了便于对各种照明灯具的光分布特性进行比较，统一规定以光通量为 1 000 lm 的假想光源来提供光强分布数据。因此，实际发光强度应当是该灯具测光参数提供的光强值乘以光源实际光通量与 1 000 之比。计算方法见式(3-1)。

$$I = \frac{\Phi \times I_{\Phi}}{1\,000} \qquad (3\text{-}1)$$

式中：I ——灯具在 θ 方向上的实际光强，cd；

I_{Φ}——光源光通量为 1 000 时 θ 方向的光强，cd，而该光源是按 1 000 lm 时配光曲线绘制的；

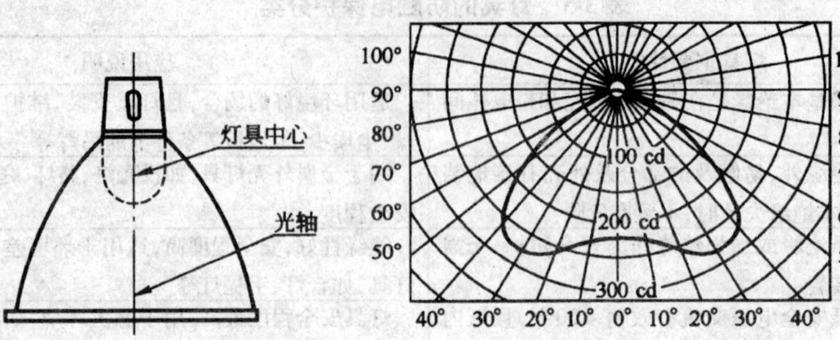

图 3-6　旋转轴对称灯具的配光曲线

Φ——光源的实际光通量，lm。

室内照明灯具一般采用极坐标配光曲线来表示其光强的空间分布。

2. 直角坐标配光曲线

投光型的灯具所发出的光束集中在狭小的立体角内，用极坐标难以表示清楚时，常用直角坐标来表示配光曲线。直角坐标的纵轴表示光强大小，横轴表示投光角的大小。用这种方法绘制的曲线称为直角坐标配光曲线，如图 3-7 所示。

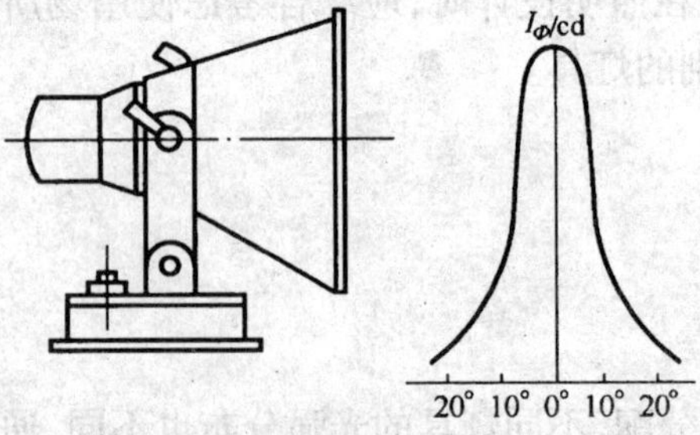

图 3-7　直角坐标配光曲线

3. 等光强曲线图

为了正确表示发光体空间的光分布，假想发光体放在一球体内并发光射向球体表面，将球体表面上光强相同的各点连接起来形成封闭的等光强曲线图。它可以表示该发光体光强在空间各方向的分布情况，如图 3-8 所示。

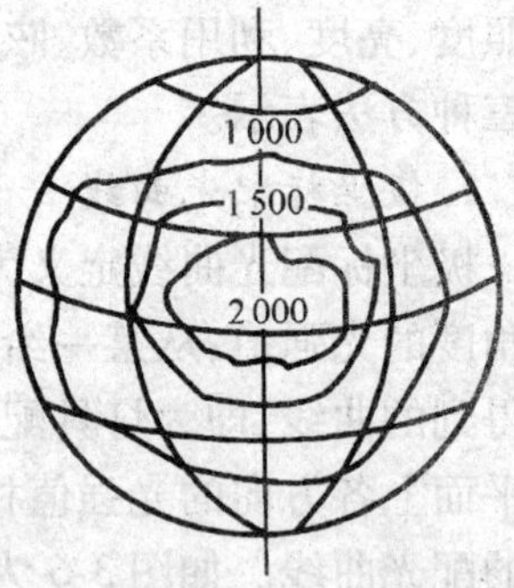

图 3-8　等光强曲线图

3.3.2　灯具的效率

照明灯具效率定义为，在规定条件下，测得的灯具发出的光通量占灯具内所有光源发出的总光通量的百分比，称为灯具效率。其定义式如下：

$$\eta = \frac{\Phi_2}{\Phi_1} \times 100\% \tag{3-2}$$

式中：η——照明灯具的效率；

Φ_2——灯具发出的光通量，lm；

Φ_1——光源发出的总光通量，lm。

由于灯具的形状不同，所使用的材料不同，光源的光通量在出射时，将受到灯具如灯罩的折射与反射，使得实际光通量下降，因此效率与选用灯具材料的反射率或透射率以及灯具的形状有关。灯具效率永远是小于 1 的数值。灯具的效率越高说明灯具发出的光通量越多，入射到被照面上的光通量也越多，被照面上的照度越高，越节约能源。照明灯具的效率应满足表 3-6 的规定。

表 3-6　灯具的效率

灯具出光口形式	荧光灯灯具				高强度气体放电灯灯具	
	开敞式	保护罩(玻璃或塑料)		格栅	开敞式	格栅或透光罩
		透明	磨砂、棱镜			
灯具效率(%)	75	65	55	60	75	60

3.3.3　灯具亮度分布和保护角(遮光角)

灯具的亮度分布和保护角是评价视觉舒适感所必需的参数。

在视野内由于亮度的分布或范围不适宜,在空间上存在着极端的亮度对比,以致引起不舒适和降低目标可见度的视觉状况称为眩光。

眩光对视力有很大的危害,严重时可使人晕眩。长时间的轻微眩光,也会使视力逐渐降低。当被视物体与背景亮度对比超过 1:100 时,就容易引起眩光。眩光可由光源的高亮度直接照射到眼睛而造成,也可由镜面的强烈反射所造成,限制眩光的方法一般是使灯具有一定的保护角,或改变安装位置和悬挂高度,或限制灯具的表面亮度。

所谓保护角是指投光边界线与灯罩开口平面的夹角,用符号 γ 表示。几种灯具的保护角示意如图 3-9 所示。

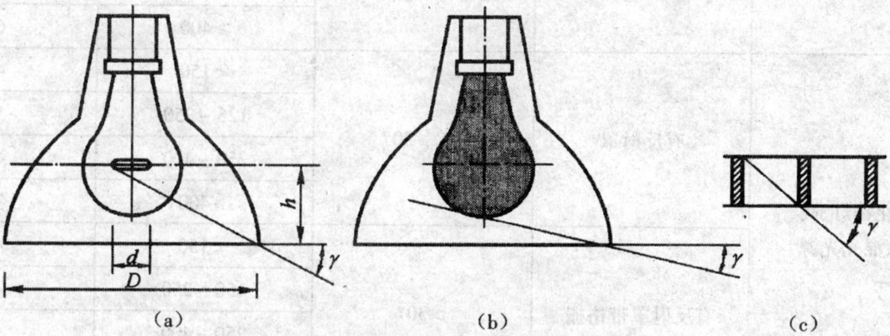

图 3-9　几种灯具的保护角示意图

(a)可见灯丝的光源;(b)不可见灯丝的光源;(c)有格栅的光源

一般灯具的保护角越大,则配光曲线越狭小,效率也越低;保护角越小,配光曲线越宽,效率越高,但防止眩光的作用也随之减弱。在要求配光分布宽广,且又要避免直接眩光时,应该在灯具开口处用能够透射光线的玻璃灯罩包围光源,也可以用各种形状的栅格罩住光源。照明灯具的保护角的大小是根据眩光作用的强弱来确定的,一般说来,灯具的保护角范围应在 10°~30°范围内。在规定灯具的最低悬挂高度下,保护角把光源在强眩光视线角度区内隐藏起来,从而避免了直接眩光,它是评价照明质量和视觉舒适感的一个重要参数。室内一般照明灯具的遮光角和最低悬挂高度见表 3-7。

表 3-7　室内一般照明灯具的最低悬挂高度

光源种类	灯具型式	灯具遮光角	光源功率/W	最低悬挂高度/m
白炽灯	有反射罩	10°～30°	≤100	2.5
			150～200	3.0
			300～500	3.5
	乳白玻璃漫射罩	—	≤100	2.0
			150～200	2.5
			300～500	3.0
荧光灯	无反射罩	—	≤40	2.0
			>40	3.0
	有反射罩	—	≤40	2.0
			>40	2.0
荧光高压汞灯	有反射罩	10°～30°	<125	3.5
			125～250	5.0
			≥400	6.0
	有反射罩带格栅	>30°	<125	3.0
			125～250	4.0
			≥400	6.0
金属卤化物灯、高压钠灯、混光光源	有反射罩	10°～30°	<150	4.5
			125～250	5.5
			250～400	6.5
			>400	7.5
	有反射罩带格栅	>30°	<150	4.0
			150～250	4.5
			250～400	5.5
			>400	6.5

3.3.4　利用系数

灯具的利用系数是指投射到参考平面上的光通量与照明装置中的光源的额定光通量之比。一般情况下，灯具固有利用系数（达到工作面或规定的参考平面上的光通量与灯具发出的光通量之比）与灯具效率的乘积，称为灯具的利用系数。灯具的利用系数反映的是光源光通量最终在工作面上的利用程度。

3.3.5　最大允许距高比

灯具的距高比是指灯具布置的间距与灯具悬挂高度（指灯具与工作面之间的垂直距离）之比，该比值越小，则照度均匀度越好，但会导致灯具数量、耗电量和投资增加；该比值越大，照度均匀度越差，甚至可能得不到保证。在均匀布置灯具的条件下，保证室内工作面上有一定均匀度的照度时，允许灯具间的最大安装距离与灯具安装高度之比，称为最大允许距高比。一般在灯具的主要参数中会给出该数值。

3.4 灯具的选择

灯具的选择应首先满足使用功能和照明质量的要求,同时应便于安装与维护,并且长期运行费用低。基于这些要求,应优先采用高效节能电光源和高效灯具。对于灯具的具体选择应考虑如下原则。

1. 根据灯具的特性选择

(1)根据灯具的配光曲线合理选择灯具。选择灯具应使其出射光通量最大限度地落到工作面上,最大限度地实现节能,即有较高的利用系数。利用系数值取决于灯具效率、灯具配光、室内装修等因素。不同配光的灯具所使用的场所,如表3-8所示。

表3-8　不同配光灯具的适用场所

配光类型	配光特点	适用场所	不适用场所
直接型(宽配光)	下射光通占90%以上,属于最节能的灯具之一	可嵌入式安装、网络布灯,提供均匀照明,用于只考虑水平照明的工作或非工作场所,如室形指数(RI)大的工业及民用场所	室形指数(RI)小的场所
半直接型	上射光通在40%以内,下射光供环境照明,可缓解阴影,使室内有适合各种活动的亮度比	因大部分光供下面的作业照明,同时上射少量光,从而减轻了眩光,是最实用的均匀作业照明灯具,广泛用于高级会议室、办公室	不适合用于很重视外观设计的场所
直接型(中配光不对称)	把光投向一侧,不对称配光可使被照面获得比较均匀的照度	可广泛用于建筑物的泛光照明,通过只照亮一面墙的办法转移人们的注意力,可缓解走道的狭窄感;用于工业厂房,可节约能源,便于维护,用于体育馆照明,可提高垂直照度	高度太低的室内场所不使用这类配光的灯具照亮墙面,因为投射角太大,不能显示墙面纹理而产生所需要的效果
直接型(窄配光)	靠反射器、透射、灯泡定位来实现窄配光,主要用于重点照明和远距离照明	适用于家庭、餐厅、博物馆、高级商店,细长光束只照亮指定的目标,节约能源,也适用于室形指数(RI)很小的工业厂房	低矮场所的均匀照明
漫射型	出射光通量全方位分布,采用胶片等漫射外壳,以控制直接眩光	常用于非工业场所非均匀环境照明,灯具安装在工作区附近,照亮墙的最上部,适合厨房同局部作业照明结合使用	因漫射光降低了光的方向性,因而不适合作业照明,但可用于易受眩光影响的作业,如化妆照明
半间接型	上射光通超过60%,但灯的底面也发光,所以灯具显得明亮,与顶棚融为一体,看起来既不刺眼,也无剪影	增强对手工作业的照明	在非作业区和走动区内,其安装高度不应低于人眼位置;不应在楼梯中间悬吊此种灯具,以免对下楼者产生眩光;不宜用于一般工业生产厂房
间接型	上射光通超过90%,因顶棚明亮,反衬出了灯具的剪影。灯具出光口与顶棚距离不应小于500 mm	目的在于显示顶棚图案、高度为2.8~5 m非工作场所的照明,或者用于高度为2.8~3.6 m、视觉作业涉及反光纸张、反光墨水的精细作业场所的照明	顶棚无装修、管道外露的空间,或视觉作业是以地面设施为观察目标的空间,一般工业生产厂房

(2)尽量选择不带附件的一体化灯具。灯具带的格栅、棱镜、有机玻璃板、各种装饰罩等附件,其作用是改变光线的方向,减少眩光,增加美感和装饰效果。同时,这些附件引起灯具的

效率下降，灯泡温度上升，灯具、灯泡的寿命降低。因此，尽量选择不带附件的一体化灯具，如大型公共建筑物内多采用直接型、半直接型的天棚筒灯照明。

(3)尽量选择具有高保持率的灯具。高保持率指在运行期间光通量降低较少。光通量降低包括光源光通量下降，灯具老化污染引起灯具输出光通量的下降。

①常用的照明光源中，在寿命期间高压钠灯光通量降低最少，约为17%；金属卤化物灯光通量降低较大，约降低30%。白炽灯的光通量降低最多。

②灯具的表面易老化受污染，其反射罩的表面通常要进行特殊处理，目的是提高耐热冲击性能，增强罩的抗弯强度，提高表面光洁度，使其不易积灰，易于清洗和耐腐蚀等。(如：灯具宜采用石英玻璃涂层降低氧化腐蚀率，环境污染较大的场所宜采用活性碳过滤器提高灯具使用效率。)

2. 根据灯具的效率和经济性选择

选择灯具时，在保证满足使用功能和照明质量的前提下，应重点考虑灯具的效率和经济性，并进行初始投资费、年运行费和维修费的综合计算。其中初始投资费包括灯具费、安装费等；年运行费包括每年的电费和管理费；维修费包括灯具检修和更换费用等。

在满足眩光限制和配光要求条件下，应选用效率高的灯具，并应符合下列规定。

①荧光灯灯具的效率不应低于表3-6的规定。不得采用镜面不透光钢板制作格栅和反射器。

②高强度气体放电灯灯具的效率不应低于表3-6的规定。

3. 根据环境条件选择灯具

(1)在正常环境中，宜选用开启型灯具。

(2)在有蒸汽场所，当灯泡点燃时，由于温度升高，在灯具内产生正压，而灯泡熄灭后，由于灯具冷却，灯具内产生负压，将潮气吸入，容易使灯具内积水。因此，规定在潮湿场所应采用相应防护等级的防水灯具，至少也应该采用带防水灯头的开敞式灯具。

(3)在有腐蚀性气体或蒸汽的场所，因各种介质的危害程度不同，所以，对灯具的要求也不同。若采用密封式灯具，应采用耐腐蚀材料制作；或采用带防水灯头的开敞式灯具，各部件应有防腐蚀或防水措施。

(4)在高温场所，宜采用带散热构造和措施的灯具，或带散热孔的开敞式灯具。

(5)在有尘埃场所，应按防尘等级选择适宜的灯具。

(6)在有振动和摆动较大的场所，由于振动对光源寿命影响较大，甚至可能使灯泡自动松脱掉下，既不安全，又增加了维修工作量和费用。因此，在此种场所应采用防振型软性连接的灯具或采取防振的安装措施，并在灯具上加保护网，以防止灯泡掉下。

(7)在光源可能受到机械损伤或自行脱落的场所，应采用有保护网的灯具。

(8)在有爆炸和火灾危险的场所，其所使用的灯具应符合国家现行相关标准和规范(如《爆炸和火灾危险环境电力设计规范》等)的有关规定。

(9)在有洁净要求的场所，应安装不易积尘和易于擦拭的洁净灯具。

(10)在需防止紫外线作用的场所，如在博物馆的展室或陈列柜，对于需防止紫外线作用的彩绘、织品等展品，需采用能隔紫外线的灯具或无紫外光的光源。

总之，应根据不同工作环境条件，灵活、实用、安全地选用灯具。

4. 灯具形状应与建筑物风格相协调

建筑物按建筑艺术风格可分为古典式和现代式、中式和欧式等。若建筑物为现代式建筑风格，其灯具应采用流线型、具有现代艺术的造型灯具。灯具外形应与建筑物相协调，不要破坏建筑物的艺术风格。

由于建筑物的结构形式多种多样，选择灯具时就要根据建筑结构的特征合理地选择和布置灯具，如在直线形结构的建筑物内，宜采用直管日光灯组成的直线光带或矩形布置，以突出建筑物的直线形结构特征。

按建筑物的功能分为民用建筑物、工业建筑物和其他用途建筑物等，它们对照明的要求不同，在民用建筑物照明中，可采用照明与装饰相结合的照明方式，而在工业建筑物照明中，则以照明为主。

5. 符合防触电保护要求

当灯具发热部件紧贴在可燃材料表面时，必须用带有 

标志的灯具。若采用一般灯具，可能导致可燃材料的燃烧，发生火灾事故。

3.5　室内灯具的布置

3.5.1　概述

灯具的布置即确定灯具在房间内的空间位置。它与光的投射方向、工作面的照度、照度的均匀性、眩光的限制以及阴影等都有直接的影响。灯具的布置是否合理还关系到照明安装容量和投资费用，以及维护检修方便与安全。正确地选择布灯方式应着重考虑以下几方面。

(1)灯具布置必须以满足生产工作、活动方式的需要为前提，充分考虑被照面照度分布是否均匀，有无挡光阴影及引起的眩光的程度。

(2)灯具布置的艺术效果与建筑物是否协调，产生的心理效果及造成的环境气氛是否恰当。

(3)灯具安装是否符合电气技术规范和电气安全的要求，以及是否便于安装、检修与维护。

3.5.2　一般照明方式典型布灯法

1. 点光源布灯

点光源布灯是将灯具在顶棚上均匀地按行列布置，如图3-10所示。灯具与墙的间距取灯间距离的1/2倍，如果靠墙区域有工作桌或设备，灯距墙也可取1/3～1/4的灯间距。

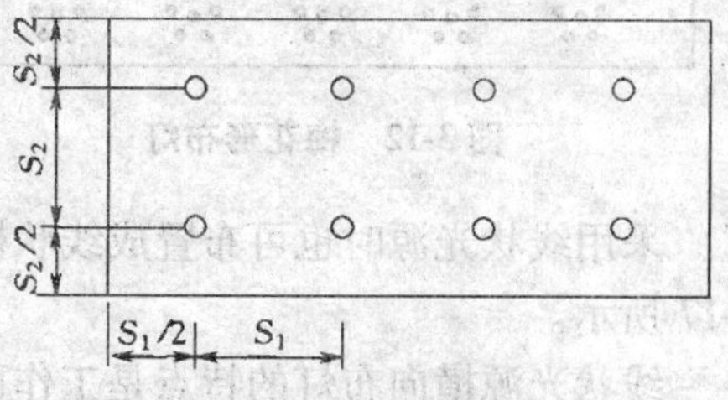

图3-10　点光源布灯

2. 线状光源布灯

如图3-11所示，布置线状光源时要使光带与窗子平行，光线从侧面投向工作桌，灯管的长度方向与工作桌长度方向垂直，这样可以减少光幕反射引起的视觉功能下降。靠墙光带与墙之间的距离一般取 $S/2$，若靠墙有工作台可取 $S/4$～$S/3$，光带端部与墙的距离不大于500 mm。

线状布灯方式下，房间内光带最少排数为

$$N=\frac{\text{房间宽度}}{\text{最大允许间距}} \tag{3-3}$$

线光源纵向灯具的个数为

$$N_1=\frac{\text{房间长度}-1}{\text{光源长度}}(\text{个}) \tag{3-4}$$

式中，房间长度和光源长度的单位是 m。

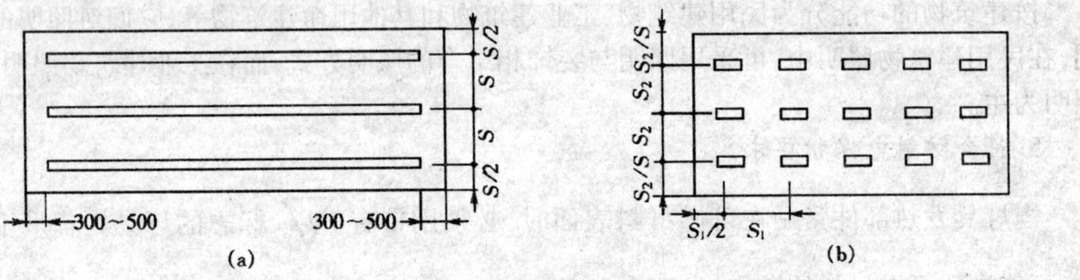

图 3-11 线状光源布灯法

(a)光带布灯方式；(b)间隔布灯方式

3.5.3 装饰布灯

1. 天棚装饰布灯法

建筑物内装修标准很高时，布灯也应采用高标准，以便与建筑物的富丽堂皇相协调。灯具按一定几何图案布置，如直线形、角形、梅花形、葵花形、圆弧形、渐开线形、满天星形或其组合图形，如图 3-12 ~ 图 3-14 所示。

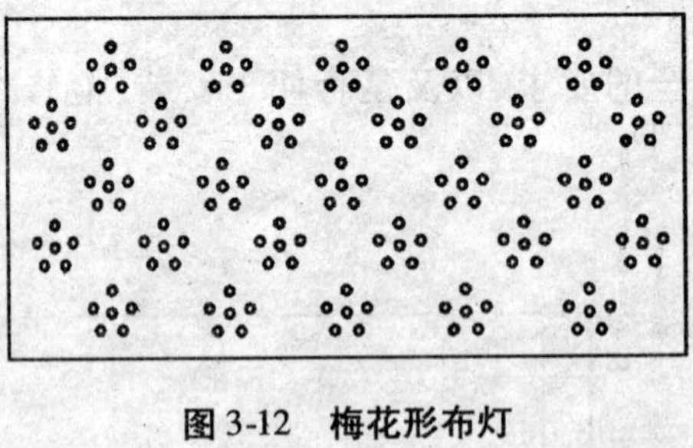

图 3-12 梅花形布灯

图 3-13 渐开型布灯

采用线状光源时也可布置成线状横向、线状纵向、光带或线状格子等形状，如图 3-15 ~ 图 3-17 所示。

线状光源横向布灯的特点是工作面照度分布均匀，并造成一种热烈气氛，且舒适感良好。

线状光源纵向布灯的特点是诱导性好，工作面照度均匀，舒适感良好。

线状光源格子布灯的特点是从各个方向进入室内时有排列整齐感，照度分布均匀，舒适性好。

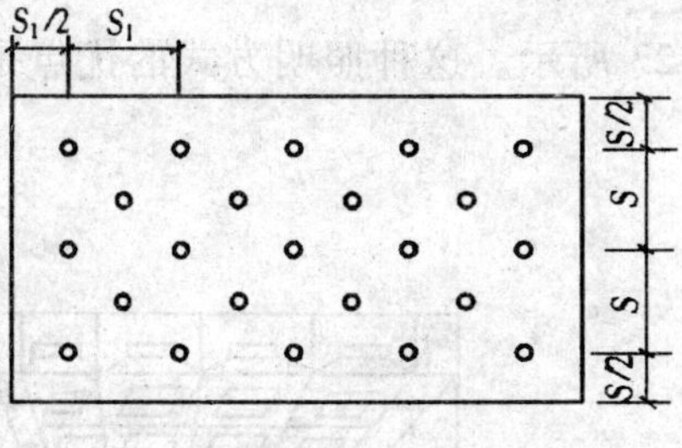

图 3-14　组合布灯

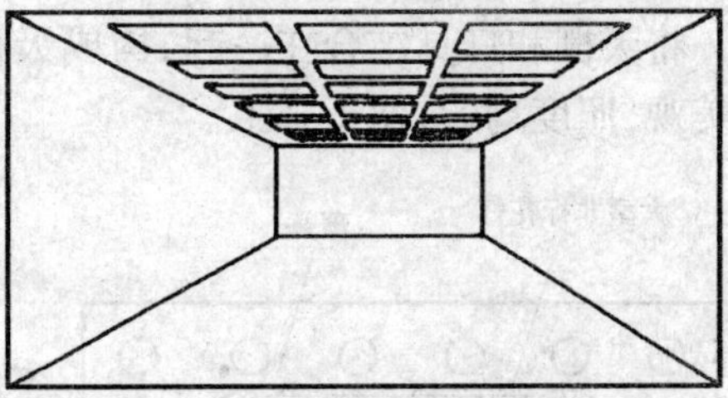

图 3-15　线状光源横向布灯

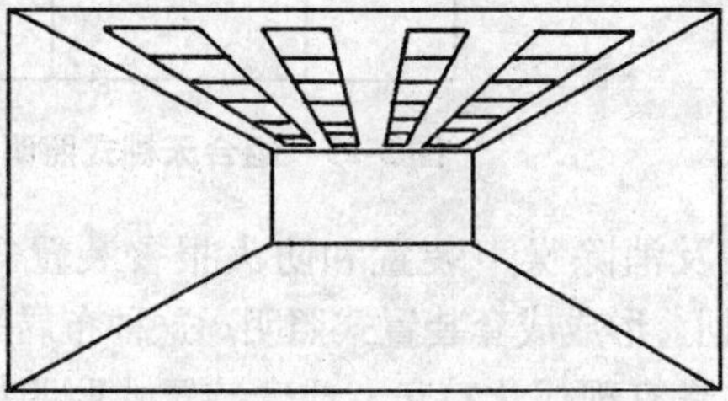

图 3-16　线状光源纵向布灯

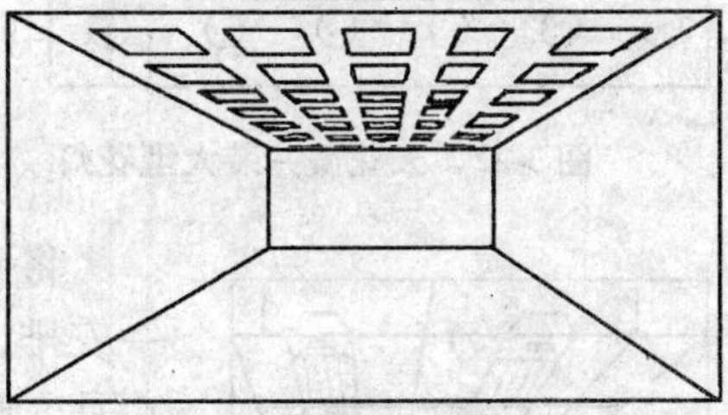

图 3-17　线状光源格子布灯

2. 室内装饰配合布灯法

现代照明不仅是为提供一定照度,许多场合还用光作装饰,以使环境更加优美,并创造出丰富多彩的光环境,使场景气氛更加诱人。下面列举五种布置方式,如图 3-18 ~ 图 3-22 所示。

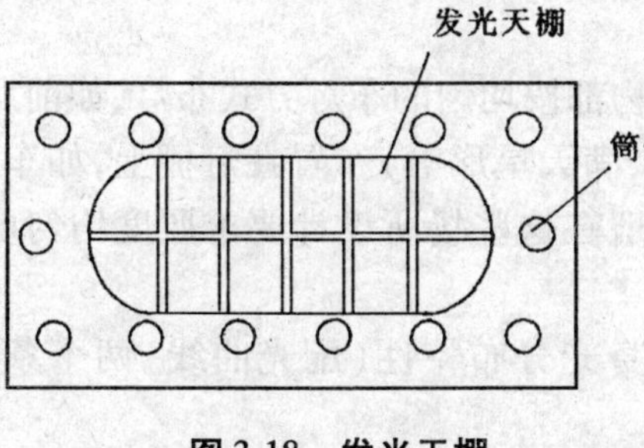

图 3-18　发光天棚

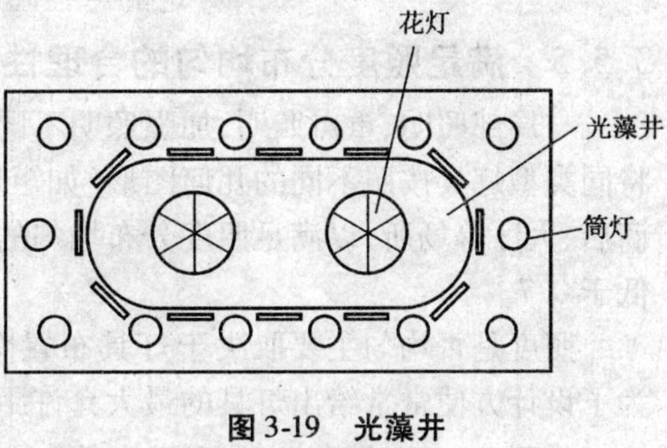

图 3-19　光藻井

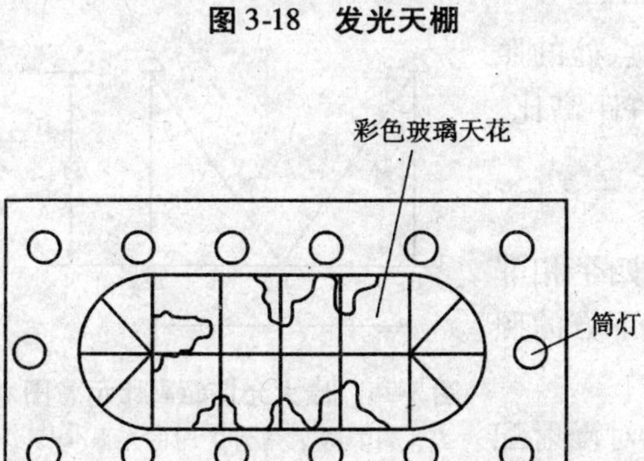

图 3-20　彩色玻璃天棚

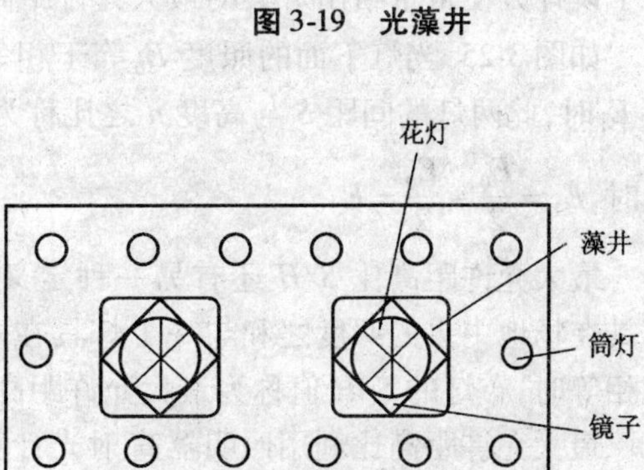

图 3-21　顶极藻井花灯

3. 组合天棚式和成套装置式照明

将天棚和灯具结合在一起,构成天棚式照明,如图 3-23 所示。这种照明方式的优点是造型美观,照度均匀,便于施工。

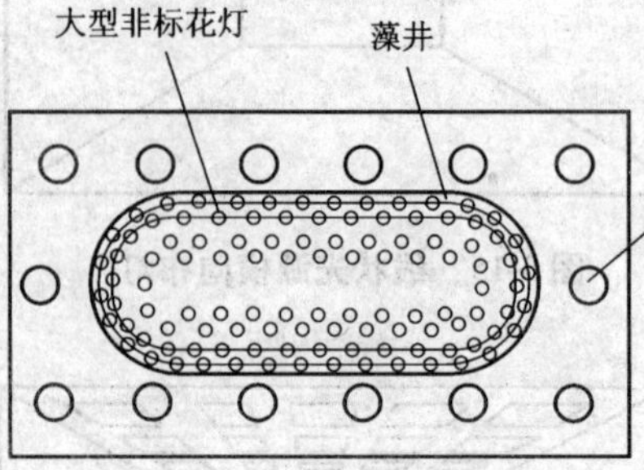

图 3-22 天花藻井装大型花灯

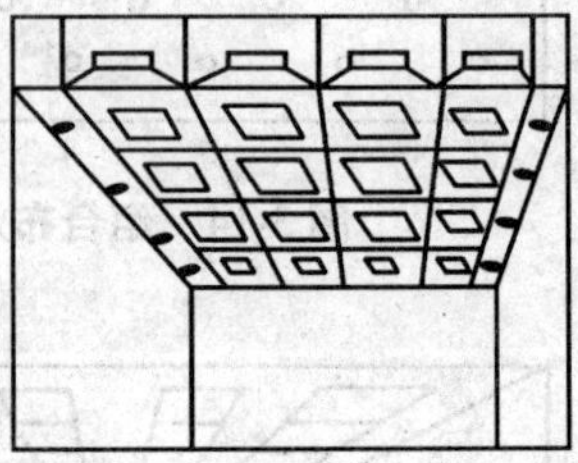

图 3-23 组合天棚式照明

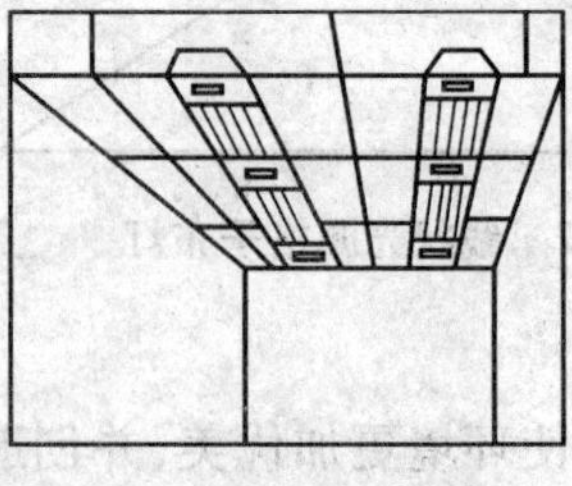

图 3-24 成套装置式照明

将照明器、空调器以及消除噪声装置和防火报警装置等统一安排,综合排列在顶棚上,形成成套装置式照明。这种布局的特点是美观合理,结构紧凑,具有现代化特色。成套装置式照明如图 3-24 所示。

3.5.4 灯具的悬挂高度

为了达到良好的照明效果,避免眩光的影响,保证人们活动的空间,防止发生碰撞,避免触电,保证用电安全,灯具要具有一定的悬挂高度,对于室内照明而言,通常最低悬挂高度为 2.4 m。

3.5.5 满足照度分布均匀的合理性

与局部照明、重点照明、加强照明不同,大部分建筑物都按均匀的布灯方式布灯,如前所述将同类型灯具按照不同的几何图形(如矩形、菱形、角形、满天星形等)布置在灯棚上,如车间、商店、大厅等场所,以满足照度分布均匀的基本条件,一般在这些场所设计要求照度均匀度不低于 0.7。

照度是否均匀主要取决于灯具布置间距和灯具本身光分布特性(配光曲线)两个条件。为了设计方便常常给出灯具的最大允许距高比值 S/H。

如图 3-25,当灯下面的照度 E_0 等于相邻灯具中点处的照度 E_1 时,此两灯的间距 S 与高度 h 之比称为最大允许距高比,此时,$E_1=\dfrac{E_0}{2}+\dfrac{E_0}{2}=E_0$。

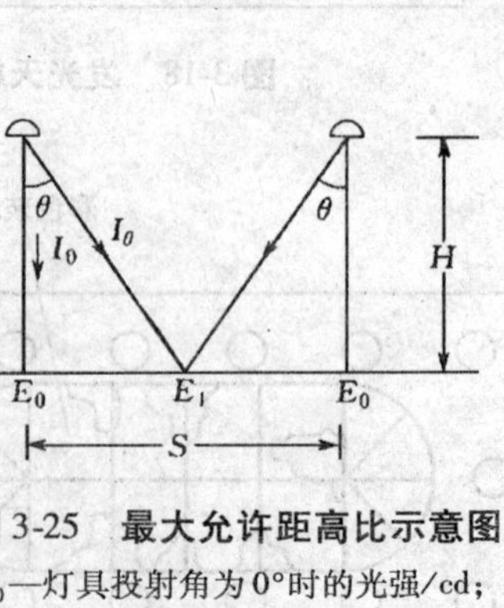

图 3-25 最大允许距高比示意图

I_0—灯具投射角为 0°时的光强/cd;

I_θ—灯具投射角为 θ 时的光强/cd;

H—灯具安装高度(m);

S—两灯的间距(m)

最大允许距高比 S/H 还有另一种定义方法,即四个相邻灯具在场地中央的照度之和与一个灯具在垂直地面下方的照度相等时,布灯的 S/H 值称为最大允许距高比。

最大允许距高比利用照明器直射光计算得出。对漫射配光灯具,要考虑房间内的光反射作用,所以应将距高比提高 1.1~1.2 倍;对非对称灯具,如荧光灯具、混光灯具等应给出两个方向的 S/h 值。为保证照度的均匀性,在任何情况下布灯的距高比要小于最大允许距高比。

根据研究，各种灯距最有利的距高比如表 3-9 所示。在已知灯具至工作面的高度 h，并根据表中的 S/h 值，就可以确定灯具的间距 S。图 3-26 给出了点光源灯具的几种布置和 S 的计算。

表 3-9　灯具最有利的距高比 S/h

灯具形式	相对距离 S/h		宜采用单行布置的房间高度
	多行布置	单行布置	
乳白玻璃圆球灯，散照型防水、防尘灯、天棚灯	2.3～3.2	1.9～2.5	1.3 h
无漫透射罩的配照型灯	1.8～2.5	1.8～2.0	1.2 h
搪瓷深照型灯	1.6～1.8	1.5～1.8	1.0 h
镜面深照型灯	1.2～1.4	1.2～1.4	0.75 h
有反射罩的荧光灯	1.4～1.5	—	—
有反射罩的荧光灯，带栅格	1.2～1.4	—	—

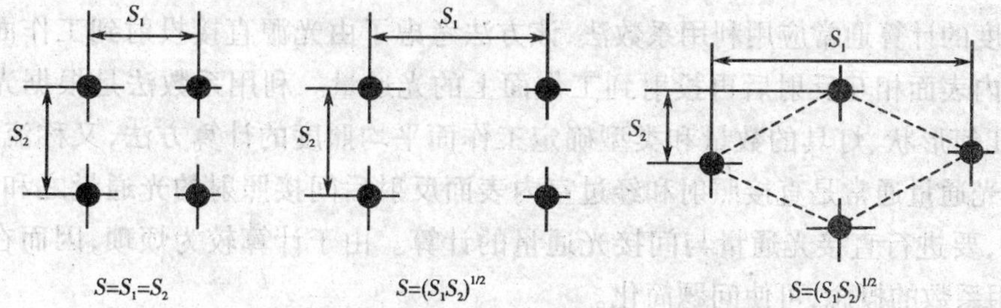

图 3-26　点光源灯具的几种布置方式及 S 的计算

思考题

1. 灯具有哪些作用？
2. 灯具如何进行分类？
3. 什么是配光曲线？灯具配光曲线的用途是什么？
4. 直接型灯具的配光曲线为什么要设计成宽、中、窄各种类型？
5. 什么是灯具的保护角？灯具保护角的作用是什么？保护角的范围一般是多少？
6. 灯具按外壳等级分为哪几类？如何选用？
7. 灯具按防触电保护分几类？如何选用？
8. 灯具的光学特性包括哪些内容？选择灯具时应考虑哪几个方面？
9. 什么是灯具的效率？如何提高灯具的效率？
10. 室内灯具的布置设计前，应考虑哪几个问题？
11. 何谓最大允许距高比？设计时应如何考虑？
12. 照度是否均匀取决于什么条件？设计时其值应如何考虑？
13. 如何进行室内布灯设计？

第 4 章　照度计算

当灯具的形式和布置方案确定之后，就可以根据室内的照度标准要求，确定每盏灯的功率及装设总功率。反之，亦可根据已知的灯功率，计算出工作面的照度，以检验其是否符合照度标准要求。

照度计算的方法通常有利用系数法、单位功率法和逐点计算法三种。利用系数法、单位功率法主要用来计算工作面上的平均照度；逐点计算法主要用来计算工作面任意点的照度。任何一种计算方法都只能做到基本准确。计算结果的误差范围在 -10% ~ +10%。

4.1　平均照度计算

4.1.1　利用系数法

平均照度的计算通常应用利用系数法，该方法考虑了由光源直接投射到工作面上的光通量和经过室内表面相互反射后再投射到工作面上的光通量。利用系数法是根据光源的光通量、房间的几何形状、灯具的数量和类型确定工作面平均照度的计算方法，又称流明计算法。工作面上的光通量通常是直接照射和经过室内表面反射后间接照射的光通量之和，因此在计算光通量时，要进行直接光通量与间接光通量的计算。由于计算较为烦琐，因而在实际设计时，引入利用系数的概念，可使问题简化。

该方法适用于灯具均匀布置、墙和天棚发射系数较高、空间无大型设备遮挡的室内一般照明，也适用于灯具均匀布置的室外照明。该方法计算比较准确。

1. 计算平均照度的基本公式

计算平均照度的基本公式为

$$E_{av}=\frac{\Phi NUK}{A} \tag{4-1}$$

式中：E_{av}——工作面上的平均照度，lx；

Φ——光源光通量，lm；

N——光源数量；

U——利用系数；

K——灯具的维护系数，见表 1-28；

A——工作面面积(m^2)。

2. 室内空间的表示方法

为了方便计算，将一 $l\times w$ 矩形房间从空间高度 h 上分成三部分，灯具出光口平面到顶棚之间的空间叫顶棚空间 h_c；工作面到地面之间的空间叫地板空间 h_f；灯具出光口平面到工作面之间的空间叫室空间 h_r，如图 4-1 所示。灯具利用系数法中描述室形空间状况有两种形式：

室空间比 RCR 和室形指数 RI。

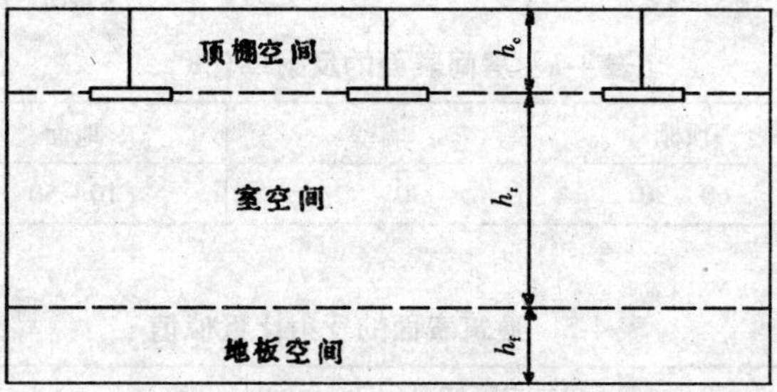

图 4-1　室内空间的划分

室空间比
$$RCR = \frac{5h_r(l+w)}{l \times w} \tag{4-2}$$

室形指数
$$RI = \frac{l \times w}{h_r(l \times w)} \tag{4-3}$$

顶棚空间比
$$CCR = \frac{5h_c(l+w)}{l \times w} = \frac{h_c}{h_r} \times RCR \tag{4-4}$$

地板空间比
$$FCR = \frac{5h_f(l+w)}{l \times w} = \frac{h_f}{h_r} \times RCR \tag{4-5}$$

式中：l——室长，m；

w——室宽，m；

h_c——顶棚空间高，即灯具的垂度，m；

h_r——室空间高，即灯具的计算高度，m；

h_f——地板空间高，即工作面的高度，m。

3. 有效空间反射比

为使计算简化，将顶棚空间视为位于灯具平面上且具有有效反射比 ρ_c 的假想平面。同样，将地板空间视为位于工作面上且具有有效反射比 ρ_f 的假想平面。光在假想平面上的反射效果同实际效果一样。有效空间反射比由下式计算：

$$\rho_0 = \frac{\rho A_0}{A_s - \rho A_s + \rho A_0} \tag{4-6}$$

式中：ρ_o——顶棚或地板空间各表面的有效空间及射表；

A_o——顶棚或地板平面面积，m^2；

A_s——顶棚或地板空间内所有表面的总面积，m^2。

一个面或多个面内各部分的实际反射比各不相同时，其平均反射比的计算公式为

$$\rho = \frac{\sum \rho_i A_i}{\sum A_i} \tag{4-7}$$

式中：A_i——第 i 块表面的面积，m^2；

ρ_i——该表面的实际反射比。

长期连续作业（超过 7 个小时）受照房间的反射比可按表 4-1 确定，实际建筑表面（含墙

壁、顶棚和地板）的反射比近似值可按表 4-2 确定。

表 4-1　房间表面的反射率（%）

表面名称	顶棚	墙壁	地面	作业面
反射比	60 ~ 90	30 ~ 80	10 ~ 50	20 ~ 60

表 4-2　建筑表面的反射比近似值

建筑表面情况	反射率（%）
刷白的墙壁、顶棚、窗子装有白色窗帘	70
刷白的墙壁，但窗子未装窗帘，或挂有深色窗帘；刷白的顶棚，但房间潮湿；虽未刷白，但墙壁和顶棚干净光亮	50
有窗子的水泥墙壁、水泥顶棚；木墙壁、木顶棚；糊有浅色纸的墙壁、顶棚；水泥地面	30
有大量深色灰尘的墙壁、顶棚；无窗帘遮蔽的玻璃窗；未粉刷的砖墙；糊有深色纸的墙壁、顶棚；较脏污的水泥地面、油漆、沥青等地面	10

4. 利用系数

利用系数（U）是灯具光强分布、灯具效率、房间形状、室内表面反射比的函数，其计算比较复杂。为此常按一定条件编制灯具利用系数表，以供设计人员使用。通常可将投射到工作面上的光通量与自光源发射出的光通量之比定义为利用系数，可用表 4-3 计算。

表 4-3 是 YG1—1 型 40 W 荧光灯具的利用系数表，该表在使用时允许采用内插法计算。表中所列的利用系数是地板空间反射比为 0.2 时的数值。若地板空间反射比不是 0.2 时，则应用适当的修正系数进行修正如表 4-4 所示。如计算精度要求不高，也可不作修正。

表 4-3　YG1－1 型 40 W 荧光灯具的利用系数表

有效顶棚空间反射率 ρ_{cc}	70				50				30				10				0
墙反射率/%	70	50	30	10	70	50	30	10	70	50	30	10	70	50	30	10	0
室空间系数																	
1	0.75	0.71	0.67	0.63	0.67	0.63	0.60	0.57	0.59	0.56	0.54	0.52	0.52	0.50	0.48	0.46	0.43
2	0.68	0.61	0.55	0.50	0.60	0.54	0.50	0.46	0.53	0.48	0.45	0.41	0.46	0.43	0.40	0.37	0.34
3	0.61	0.53	0.46	0.41	0.54	0.47	0.42	0.38	0.47	0.42	0.38	0.34	0.41	0.37	0.34	0.31	0.28
4	0.56	0.46	0.39	0.34	0.49	0.41	0.36	0.31	0.43	0.37	0.32	0.28	0.37	0.33	0.29	0.26	0.23
5	0.51	0.41	0.34	0.29	0.45	0.37	0.31	0.26	0.39	0.33	0.28	0.24	0.34	0.29	0.25	0.22	0.20
6	0.47	0.37	0.30	0.25	0.41	0.33	0.27	0.23	0.36	0.29	0.25	0.21	0.32	0.26	0.22	0.19	0.17
7	0.43	0.33	0.26	0.21	0.38	0.30	0.24	0.20	0.33	0.26	0.22	0.18	0.29	0.24	0.20	0.16	0.14
8	0.40	0.29	0.23	0.18	0.35	0.27	0.21	0.17	0.31	0.24	0.19	0.16	0.27	0.21	0.17	0.14	0.12
9	0.37	0.27	0.20	0.16	0.33	0.24	0.19	0.15	0.29	0.22	0.17	0.14	0.25	0.19	0.15	0.12	0.11
10	0.34	0.24	0.17	0.13	0.30	0.21	0.16	0.12	0.26	0.19	0.15	0.11	0.23	0.17	0.13	0.10	0.09

表4-4　$\rho_f \neq 20\%$ 时的修正系数

有效顶棚空间反射率 $\rho_{cc}/\%$	80				70				50			30		
墙壁反射率 $\rho_w/\%$	70	50	30	10	70	50	30	10	50	30	10	50	30	10
有效地板空间反射率 $\rho_{fe}=30\%$ 时														
室空间系数														
1	1.092	1.082	1.075	1.068	1.077	1.070	1.064	1.059	1.049	1.044	1.040	1.028	1.026	1.023
2	1.079	1.066	1.055	1.047	1.068	1.057	1.048	1.039	1.041	1.033	1.027	1.026	1.021	1.017
3	1.070	1.054	1.042	1.033	1.061	1.048	1.037	1.028	1.034	1.027	1.020	1.024	1.017	1.012
4	1.062	1.045	1.033	1.024	1.055	1.040	1.029	1.021	1.030	1.022	1.015	1.022	1.015	1.010
5	1.056	1.038	1.026	1.018	1.050	1.034	1.024	1.015	1.027	1.018	1.012	1.020	1.013	1.008
6	1.052	1.033	1.021	1.014	1.047	1.030	1.020	1.012	1.024	1.015	1.009	1.019	1.012	1.006
7	1.047	1.029	1.018	1.011	1.043	1.026	1.017	1.009	1.022	1.013	1.007	1.018	1.010	1.005
8	1.044	1.026	1.015	1.009	1.040	1.024	1.015	1.007	1.020	1.012	1.006	1.017	1.009	1.004
9	1.040	1.024	1.014	1.007	1.037	1.022	1.014	1.006	1.019	1.011	1.005	1.016	1.009	1.004
10	1.037	1.022	1.012	1.006	1.034	1.020	1.012	1.005	1.017	1.010	1.004	1.015	1.009	1.003
有效地板空间反射率 $\rho_{fe}=10\%$ 时														
室空间系数														
1	0.923	0.929	0.935	0.940	0.933	0.939	0.943	0.948	0.956	0.960	0.963	0.973	0.976	0.979
2	0.931	0.942	0.950	0.958	0.940	0.949	0.957	0.963	0.962	0.968	0.974	0.976	0.980	0.985
3	0.939	0.951	0.961	0.969	0.945	0.957	0.966	0.973	0.967	0.975	0.981	0.978	0.983	0.988
4	0.944	0.958	0.969	0.978	0.950	0.963	0.973	0.980	0.972	0.980	0.986	0.980	0.986	0.991
5	0.949	0.964	0.976	0.983	0.954	0.968	0.978	0.985	0.975	0.983	0.989	0.981	0.988	0.993
6	0.953	0.969	0.980	0.986	0.958	0.972	0.982	0.989	0.977	0.985	0.992	0.982	0.989	0.995
7	0.957	0.973	0.983	0.991	0.961	0.975	0.985	0.991	0.979	0.987	0.994	0.983	0.990	0.996
8	0.960	0.976	0.986	0.993	0.963	0.977	0.987	0.993	0.981	0.988	0.995	0.984	0.991	0.997
9	0.963	0.978	0.987	0.994	0.965	0.979	0.989	0.994	0.983	0.990	0.996	0.985	0.992	0.998
10	0.965	0.980	0.989	0.995	0.967	0.981	0.990	0.995	0.984	0.991	0.997	0.986	0.993	0.998
有效地板空间反射率 $\rho_{fe}=0\%$ 时														
室空间系数														
1	0.859	0.870	0.879	0.886	0.873	0.884	0.893	0.901	0.916	0.923	0.929	0.948	0.954	0.960
2	0.871	0.887	0.903	0.919	0.886	0.902	0.916	0.928	0.926	0.938	0.949	0.954	0.963	0.971
3	0.882	0.904	0.915	0.942	0.898	0.918	0.934	0.947	0.936	0.950	0.964	0.958	0.969	0.979
4	0.893	0.919	0.941	0.958	0.908	0.930	0.948	0.961	0.945	0.961	0.974	0.961	0.974	0.984
5	0.903	0.931	0.953	0.969	0.914	0.939	0.958	0.970	0.951	0.967	0.980	0.964	0.977	0.988
6	0.911	0.940	0.961	0.976	0.920	0.945	0.965	0.977	0.955	0.972	0.985	0.966	0.979	0.991
7	0.917	0.947	0.967	0.981	0.924	0.950	0.970	0.982	0.959	0.975	0.988	0.968	0.981	0.993
8	0.922	0.953	0.971	0.985	0.929	0.955	0.975	0.986	0.963	0.978	0.991	0.970	0.983	0.995
9	0.928	0.958	0.975	0.988	0.933	0.959	0.980	0.989	0.966	0.980	0.993	0.971	0.985	0.996
10	0.933	0.962	0.979	0.991	0.937	0.963	0.983	0.992	0.969	0.982	0.995	0.973	0.987	0.997

4.1.2　应用利用系数法计算平均照度的步骤

(1)计算室空间比 *RCR*(或室形指数 *RI*)、顶棚空间比 *CCR*、地板空间比 *FCR*。

(2)计算顶棚空间的有效反射比。按式(4-6)求出顶棚空间有效反射系数 ρ_c。当顶棚空间各面反射比不等时,应求出各面的平均反射比,然后代入式(4-6)求出。

(3)计算墙面平均反射比。由于房间开窗或装饰物遮挡等原因引起的墙面反射比的变化。求利用系数时,墙面反射比应采用加权平均值,可利用式(4-6)求得。

(4)计算地板空间有效反射比。地板空间同顶棚空间一样,可利用同样的方法求出有效反射比。应注意的是,利用系数表中的数值是按照 $\rho = 20\%$ 算出的。当 ρ 不是该值时,若要求较精确的结果,则应修正利用系数,修正系数见表4-4。如计算精度要求不高,也可不做修正。

(5)查灯具维护系数,见表1-28。

(6)确定利用系数。根据已求出的室空间系数 *RCR*(或室形指数 *RI*),有效顶棚空间反射率 ρ_{cc},墙面平均反射比 ρ_w,从计算图表(如表4-3)中即可查得所选用灯具的利用系数 *U*。当 *RCR*(或 *RI*)、ρ_c、ρ_w 不是图表中的整数分级时,可用内插法求出对应值。

4.1.3　计算举例

例4-1　已知某教室长11.3 m、宽6.4 m、高3.6 m,在离顶棚0.5 m的高度内安装YG1—1型40W荧光灯10盏,光源的光通量为2 400 lm,课桌高度为0.8 m,室内空间及各表面的反射比如图4-2所示。试计算课桌面上的平均照度。

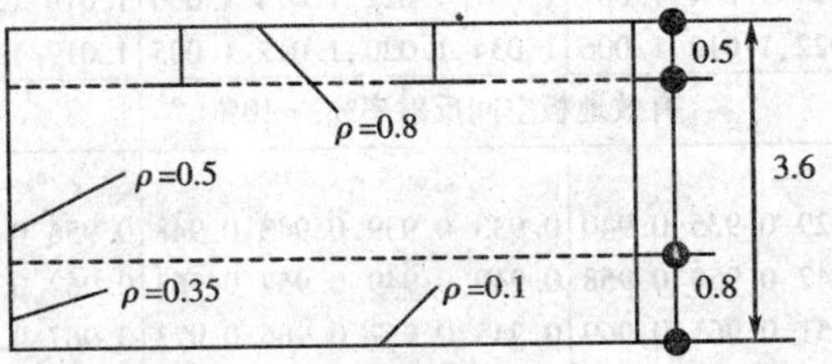

图4-2　室内各面反射比

解:应用利用系数法计算平均照度。

(1)求室内空间比

$$RCR = \frac{5h_r(l+w)}{l \times w} = \frac{5 \times (3.6 - 0.5 - 0.8) \times (11.3 + 6.4)}{11.3 \times 6.4} = 2.8$$

(2)求顶棚空间的有效反射比 ρ_c

$$\rho = \frac{\sum \rho_i A_i}{\sum A_i} = \frac{0.5 \times (0.5 \times 11.3) \times 2 + 0.5 \times (0.5 \times 6.4) \times 2 + 0.8 \times (11.3 \times 6.4)}{(0.5 \times 11.3) \times 2 + (0.5 \times 6.4) \times 2 + (11.3 \times 6.4)}$$

$$\approx 0.741$$

将 ρ 值代入式(4-6),得

$$\rho_c = \frac{\rho A_0}{A_s - \rho A_s + \rho A_0}$$

$$= \frac{0.741 \times (11.3 \times 6.4)}{(11.3 \times 6.4 + (0.5 \times 11.3) \times 2 + (0.5 \times 6.4) \times 2) - 0.741 \times 90.02 + 0.741 \times 72.32}$$

$$\approx 0.697$$

(3)求地板空间的有效反射比 ρ_f

$$\rho = \frac{\sum \rho_i A_i}{\sum A_i}$$

$$= \frac{0.35 \times (0.8 \times 11.3) \times 2 + 0.35 \times (0.8 \times 6.4) \times 2 + 0.1 \times (11.3 \times 6.4)}{0.8 \times 11.3 \times 2 + 0.8 \times 6.4 \times 2 + (11.3 \times 6.4)}$$

$$= 0.17$$

将 ρ 值代入式(4-6),得

$$\rho_{\mathrm{f}}=\frac{\rho A_0}{A_{\mathrm{s}}-\rho A_{\mathrm{s}}+\rho A_0}$$

$$=\frac{0.17\times72.32}{(72.32+0.8\times11.32\times2+0.8\times0.64\times2)-0.17\times100.64+0.17\times72.32}$$

$$=0.128$$

(4)求墙面的有效反射比 ρ_{w}

因为墙面反射比均为0.5,所以取 $\rho_{\mathrm{w}}=50\%$。

(5)确定利用系数

查表4-3 有:

若取 $RCR=2,\rho_{\mathrm{w}}=50\%,\rho_{\mathrm{c}}=70\%$,得 $U=0.61$;

若取 $RCR=3,\rho_{\mathrm{w}}=50\%,\rho_{\mathrm{c}}=70\%$,得 $U=0.53$。

当 $RCR=2.8$ 时,用内插法可得

$$U=0.53+(2.8-2)\times\frac{0.61-0.53}{3-2}=0.594$$

因表4-3 是对应 $\rho_{\mathrm{f}}=20\%$ 时的标准值,而本题 $\rho_{\mathrm{f}}=12\%$,所以必须进行修正。查修正系数表4-4,对应 $\rho_{\mathrm{fe}}=10\%$ 的修正系数,仍用内插法,可得到当 $RCR=2.8$ 时,$U_{修}=0.955$,修正后的利用系数为

$$U=0.955\times0.594=0.57$$

(6)查灯具维护系数

查表1-28,得维护系数 $K=0.8$

(7)求平均照度

由式(4-1),求平均照度得

$$E_{\mathrm{av}}=\frac{\Phi NUK}{A}=\frac{2\,400\times10\times0.57\times0.8}{11.3\times6.4}=151.33(\mathrm{lx})$$

通过以上计算,说明室内桌面上的平均照度为151.33 lx。更详细的计算应考虑窗户面积。在求墙面的平均反射比时,应计入玻璃反射比较低的影响,玻璃的反射系数大约在8%～10%,此时室内桌面的平均照度将降低。

4.2 单位容量计算

4.2.1 概述

在方案设计或初步设计阶段,需要估算照明用电量,这时往往采用单位容量法,在允许计算误差下,可以简化照明计算的程序。

单位容量即单位面积的安装功率,用每单位被照水平面上所需要灯的安装功率($\mathrm{W/m^2}$)来表示。为了简化计算,可根据不同的照明器类型、不同的计算高度、不同的房间面积和不同的平均照度要求,应用利用系数法计算出单位面积安装功率,并列成表格,供设计时查用。该方法也称为单位功率法。单位功率法计算非常简单,但计算结果不精确,一般适用于生产及生活用房平均照度的照明设计方案或初步设计的近似计算。初步设计时,还可以按单位建筑面

积照明用电指标来估算照明功率。

4.2.2　单位容量的计算

单位容量计算的基本公式如下：

$$\left.\begin{aligned} P &= P_2 AE \\ \phi &= \phi_0 AE \\ P &= P_0 AEC_1C_2C_3 \end{aligned}\right\} \tag{4-8}$$

式中：P——在设计照度条件下房间需要安装的最低电功率，W；

P_0——照度为 1 lx 时的单位容量，W/m^2，其值可由表 4-7 查得；（当采用高压气体放电光源时，按 40 W 荧光灯的 P_0 值计算）

A——房间面积，m^2；

E——设计照度（平均照度），lx；

ϕ——在设计照度条件下房间需要的光源总光通量，lm；

ϕ_0——照度达到 1 lx 时所需要的单位光辐射量，lm/m^2；

C_1——当房间内各部分的光反射比不同时的修正系数，其值可由表 4-5 查得；

C_2——光源不是 100 W 的白炽灯或 40 W 的荧光灯时的调整系数，其值可由表 4-6 查得；

C_3——当灯具效率不是 70% 时的校正系数，当 $\eta = 60\%$，$C_3 = 1.22$；当 $\eta = 50\%$，$C_3 = 1.47$。

表 4-5　房间各部分的光反射比不同时的修正系数 C_1

反射比	顶棚 ρ_c	0.7	0.6	0.4
	墙面 ρ_w	0.4	0.4	0.3
	地板 ρ_f	0.2	0.2	0.2
C_1		1	1.08	1.27

表 4-6　当光源不是 100 W 的白炽灯或 40 W 的荧光灯时的调整系数 C_2

光源类型及	白炽灯(220 V)					卤钨灯(220 V)			
额定功率/W	15	25	40	60	100	500	1 000	1 500	2 000
C_2	1.7	1.42	1.34	1.19	1	0.64	0.6	0.6	0.6
额定光通量/lm	110	220	350	630	1 250	9 750	21 000	31 500	42 000
光源类型及	紧凑型荧光灯(220 V)				紧凑型节能荧光灯(220 V)				
额定功率/W	10	13	18	26	18	24	36	40	55
C_2	1.071	0.929	0.964	0.929	0.9	0.8	0.745	0.686	0.688
额定光通量/lm	560	840	1 120	1 680	1 200	1 800	2 900	3 500	4 800
光源类型及	T5 荧光灯(220 V)				T8 荧光灯(220 V)				
额定功率/W	14	21	28	35	18	30	36	58	
C_2	0.764	0.72	0.70	0.677	0.857	0.783	0.675	0.696	
额定光通量/lm	1 100	1 750	2 400	3 100	1 260	2 300	3 200	5 000	

续表

光源类型及额定功率/W	金属卤化物灯(220 V)								
	35	70	150	250	400	1 000	2 000		
C_2	0. 636	0. 700	0. 709	0. 750	0. 750	0. 750	0. 600		
额定光通量/lm	3 300	6 000	12 700	20 000	32 000	80 000	200 000		
光源类型及额定功率/W	高压钠灯(220 V)								
	50	70	150	250	400	600	1 000		
C_2	0. 857	0. 750	0. 621	0. 556	0. 500	0. 450	0. 462		
额定光通量/lm	3 500	5 600	14 500	27 000	48 000	80 000	130 000		

4.2.3　单位容量计算表的编制条件

表 4-7 为单位容量计算表,它是在比较各类常用灯具效率与利用系数关系的基础上,按照下列条件编制的。

(1)室内顶棚反射比 ρ_c 为 70%,墙面反射比 ρ_w 为 50%,地板反射比 ρ_f 为 20%;

(2)计算平均照度 E 为 1 lx,灯具维护系数 K 为 0. 7;

(3)白炽灯的光效为 12. 5 lm/W(220 V,100 W),荧光灯的光效为 60 lm/W(220 V,40 W);

(4)灯具效率不小于 70%,当装有遮光格栅时不小于 55%;

(5)灯具配光分类符合国际照明委员会的规定,见表 4-8。

表 4-7　单位容量 P_0 计算表

室空间比 RCR(室形指数 RI)	直接型配光灯具 $S \leqslant 0.9h$	直接型配光灯具 $S \leqslant 1.3h$	半直接型配光灯具	均匀漫射型配光灯具	半间接型配光灯具	间接型配光灯具
8. 33(0. 6)	0. 430 8 0. 089 7 5. 384 6	0. 400 0 0. 083 3 5. 000 0	0. 430 8 0. 089 7 5. 384 6	0. 430 8 0. 089 7 5. 384 6	0. 622 5 0. 129 2 7. 778 3	0. 700 1 0. 145 4 7. 750 6
6. 25(0. 8)	0. 350 0 0. 072 9 4. 375 0	0. 311 1 0. 064 8 3. 888 9	0. 350 0 0. 072 9 4. 375 0	0. 339 4 0. 070 7 4. 242 4	0. 509 4 0. 105 5 6. 364 1	0. 560 0 0. 116 3 7. 000 5
5. 0(1. 0)	0. 311 1 0. 064 8 3. 888 9	0. 273 2 0. 056 9 3. 414 6	0. 294 7 0. 061 4 3. 684 2	0. 287 2 0. 059 8 3. 589 7	0. 430 8 0. 089 4 5. 385 0	0. 486 8 0. 101 2 6. 087 4
4. 0(1. 25)	0. 273 2 0. 056 9 3. 414 6	0. 238 3 0. 049 6 2. 978 7	0. 266 7 0. 055 6 3. 333 3	0. 248 9 0. 051 9 3. 111 1	0. 369 4 0. 080 8 4. 828 0	0. 399 6 0. 082 9 5. 000 4
3. 33(1. 5)	0. 248 9 0. 051 9 3. 111 1	0. 219 6 0. 045 8 2. 745 1	0. 243 5 0. 050 7 3. 043 5	0. 228 6 0. 047 6 2. 857 1	0. 350 0 0. 073 2 4. 375 3	0. 369 4 0. 080 8 4. 828 0

续表

室空间比 RCR (室形指数 RI)	直接型配光灯具		半直接型配光灯具	均匀漫射型配光灯具	半间接型配光灯具	间接型配光灯具
	$S \leqslant 0.9h$	$S \leqslant 1.3h$				
2.5(2.0)	0.224 0 0.046 7 2.800 0	0.196 5 0.040 9 2.456 1	0.215 4 0.044 9 2.692 3	0.200 0 0.041 7 2.500 0	0.319 9 0.066 8 4.000 3	0.350 0 0.073 2 4.375 3
2(2.5)	0.211 3 0.044 0 2.641 5	0.183 6 0.038 3 2.295 1	0.200 0 0.041 7 2.500 0	0.183 6 0.038 3 2.295 1	0.287 6 0.060 3 3.590 0	0.311 3 0.064 6 3.889 2
1.67(3.0)	0.203 6 0.042 4 2.545 5	0.175 0 0.036 5 2.187 5	0.189 1 0.039 5 2.372 9	0.175 0 0.036 5 2.187 5	0.267 1 0.056 0 3.333 5	0.295 1 0.061 4 3.684 5
1.43(3.5)	0.196 7 0.041 0 2.459 2	0.169 8 0.035 4 2.123 2	0.183 8 0.038 3 2.297 6	0.168 7 0.035 1 2.108 3	0.254 2 0.052 8 3.182 0	0.280 0 0.058 2 3.500 3
1.25(4.0)	0.189 8 0.039 2 2.352 1	0.164 7 0.034 3 2.058 8	0.177 8 0.037 0 2.222 2	0.163 2 0.033 8 2.029 0	0.243 4 0.050 6 3.043 6	0.267 1 0.056 0 3.333 5
1.11(4.5)	0.188 3 0.039 2 2.352 1	0.161 2 0.033 6 2.015 3	0.173 8 0.036 2 2.171 7	0.159 0 0.033 1 1.986 7	0.238 6 0.049 5 2.980 4	0.260 6 0.054 4 3.257 8
1(5.0)	0.186 7 0.038 9 2.333 3	0.157 7 0.032 9 1.971 8	0.169 7 0.035 4 2.121 2	0.155 6 0.032 4 1.944 4	0.233 7 0.048 5 2.916 8	0.254 2 0.052 8 3.182 0

表 4-8　常用灯具配光分类表(符合国际电工委员会规定)

	直接型		半直接型	均匀漫射型	半间接型	间接型
灯具配光分类	上射光通量 0～10% 下射光通量 100%～90%		上射光通量 10%～40% 下射光通量 90%～60%	上射光通量 60%～40% 40%～60% 下射光通量 40%～60% 60%～40%	上射光通量 60%～90% 下射光通量 40%～10%	上射光通量 90%～100% 下射光通量 10%～0
	$S \leqslant 0.9h$	$S \leqslant 1.3h$				
所属灯具举例	嵌入式遮光格栅荧光灯 圆格栅吸顶灯 广照型防水防尘灯 防潮吸顶灯	控照式荧光灯 搪瓷深照灯 镜面深照灯 配照型工厂灯 防振灯	简式荧光灯 纱罩单吊灯 塑料碗罩灯 塑料伞罩灯 尖扁圆吸顶灯 方形吸顶灯	平口橄榄罩吊灯 束腰单吊灯 圆球单吊灯 枫叶罩单吊灯 彩灯	伞形罩单吊灯	

单位功率 P_0 取决于下列各种因素：灯具类型，最小照度，计算高度及房间面积，顶棚、墙壁、地面的反射系数和照度补偿系数 K 等。此外，还与照明的布置和所选用的灯泡效率有关。

例 4-2　有一房间面积 A 为 $9\times6=54(\mathrm{m}^2)$，房间高度为 3.6 m。已知 $\rho_c=70\%$，$\rho_w=$

50%，$\rho_f=20\%$，$K=0.7$，拟选用 36 W 普通单管荧光吊链灯，$h_c=0.6$ m，如要求设计照度为 100 lx，如何确定光源数量。

解：因普通单管荧光灯属半直接型配光，已取 $h_c=0.6$ m，室空间比 $RCR=4.167$，再从表 4-7 中查得 $P_0=0.056\,5$。

则按式(4-8) $P=P_0AEC_2=0.0565\times54\times100\times0.675=205.9$(W)

故光源数量 $N=205.9/36=5.7$(盏)。

根据实际情况拟选用 6 盏 36 W 荧光灯，此时估算照度可达 105.31 lx。

4.3　点光源照度计算

逐点计算法是指逐一计算附近各个点光源对照度计算点的照度，然后进行叠加，得到总照度的方法。当光源尺寸与光源到计算点之间的距离相比小得多时，可将光源视为点光源。一般圆盘形发光体的直径不大于照射距离的 1/5，线状发光体的长度不大于照射距离的 1/4 时，按点光源进行照度计算误差均小于 5%。

4.3.1　点光源逐点照度的基本计算公式

点光源 S 照射在水平面 H 上的 P 点，产生的照度 E_h 与光源的光强 I_θ 及被照面法线与入射光线的夹角 θ 的余弦成正比，与光源至被照面计算点的距离 R 的平方成反比。见图 4-3 点光源的点照度示意图。计算公式为

$$E_h=\frac{I_\theta\cos\theta}{R^2}=\frac{I_\theta\cos^3\theta}{h^2}\qquad(4\text{-}9)$$

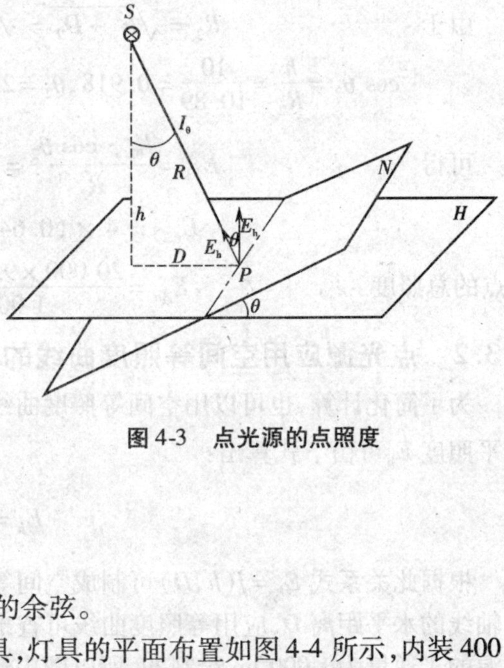

图 4-3　点光源的点照度

式中：E_h——点光源照射在水平面上 P 点产生的照度，lx；

I_θ——照射方向的光强，cd；

R——点光源至被照面计算点的距离，m；

h——计算高度，m；

$\cos\theta$——被照面的法线与入射光线的夹角的余弦。

例 4-3　某车间装有 8 只 GC39 型深照型灯具，灯具的平面布置如图 4-4 所示，内装 400 W 荧光高压汞灯，灯具的计算高度 $h=10$ m，光源光通量 $\Phi=20\,000$ lm。光源光通量为 1 000 lm 时的光强分布如表 4-9 所示。灯具维护系数 $K=0.7$，试求 A 点的水平面照度值。

表 4-9　光源光强的分布

θ(°)	0	5	10	15	20	25	30	35	40	45	50	55	60	65	70	75	80	85	90
I_θ(cd)	234	232	232	234	234	214	202	192	182	169	141	105	75	35	24	16	9	4	0

解：如图 4-4 可见 $E_{h1}=E_{h2}=E_{h7}=E_{h8}$

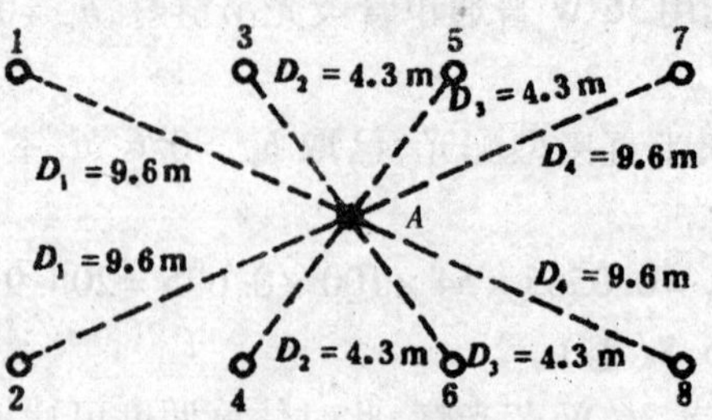

图 4-4　车间灯具平面布置

由于　$R_1 = \sqrt{h^2 + D_1^2} = \sqrt{10^2 + 9.6^2} = 13.86(\text{m})$

$\cos\theta_1 = \dfrac{h}{R_1} = \dfrac{10}{13.86} = 0.72, \theta_1 = 43.8°$，利用插值法可求得 $I_{\theta1} = 172(\text{cd})$

可得　$E_{h1} = \dfrac{I_{\theta1} \cdot \cos\theta}{R_1^2} = \dfrac{172 \times 0.72}{13.86^2} = 0.64(\text{lx})$

由图 4-4 还可见　$E_{h3} = E_{h4} = E_{h5} = E_{h6}$

由于　$R_2 = \sqrt{h^2 + D_2^2} = \sqrt{10^2 + 4.3^2} = 10.89(\text{m})$

$\cos\theta_2 = \dfrac{h}{R_2} = \dfrac{10}{10.89} = 0.918, \theta_2 = 23.3°$，利用插值法可求得 $I_{\theta2} = 220(\text{cd})$

可得　$E_{h3} = \dfrac{I_{\theta2} \cdot \cos\theta_2}{R_2^2} = \dfrac{220 \times 0.918}{10.89^2} = 1.71(\text{lx})$

$$E_{h\Sigma} = 4 \times (0.64 + 1.71) = 9.4(\text{lx})$$

A 点的总照度　$E_{Ah} = \dfrac{20\ 000 \times 9.4 \times 0.7}{1\ 000} = 131.6(\text{lx})$

4.3.2　点光源应用空间等照度曲线的照度计算

为了简化计算，也可以用空间等照度曲线求出计算点的照度。I_θ为光源的光强分布值，则水平照度 E_h可由下式算出：

$$E_h = \frac{I_\theta \cos^3\theta}{h^2} \tag{4-10}$$

根据此关系式 $E_h = f(h, D)$ 可制成空间等照度曲线。已知灯的计算高度 h 和计算点至灯具轴线的水平距离 D，应用等照度曲线可查出光源 1 000 lm 时的水平照度值。由于曲线是按光源的光通量为 1 000 lm 绘制的，所以图中给出的照度只是相对值，还必须按实际光通量进行换算。计算结果还应乘以灯具维护系数 K。

当有多个相同灯具投射到同一点时，其实际水平面照度可按下式计算：

$$E_h = \frac{\Phi \sum eK}{1\ 000} \tag{4-11}$$

式中：Φ—— 光源的光通量，lm；

$\sum e$ —— 各灯（1 000 lm）对计算点产生的水平照度之和，lx；

K——灯具的维护系数。

例 4-4　某车间采用 GC—39 深照型灯具照明，该灯具的空间等照度曲线见图 4-5，光源使用400 W荧光高压汞灯，其光通量为20 000 lm，维护系数$K=0.7$，灯具的出口平面至工作面高度为12 m，布灯方案如图4-6所示，试求A点的水平照度。

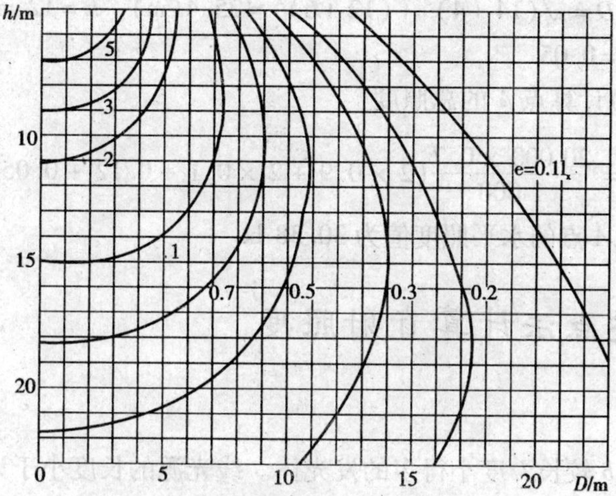

图4-5　深照型灯具的空间等照度曲线

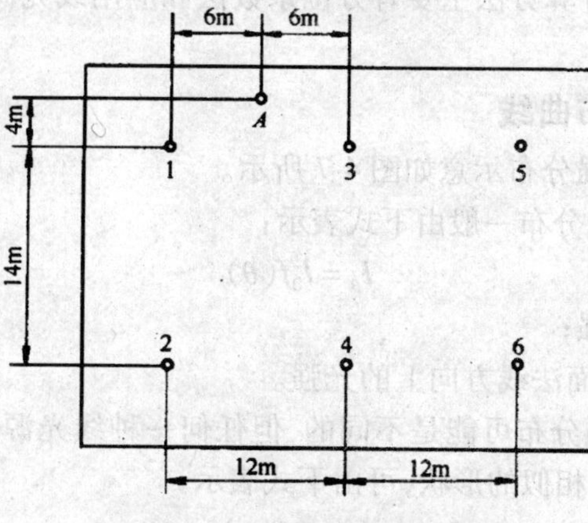

图4-6　深照型灯具的布灯图

解：由布灯方案可知，灯1和灯3对A点的照度是一样的，灯2和灯4对A点的照度也相同。下面分别计算。

(1)对灯1和灯3，有

$$D=\sqrt{4^2+6^2}=7.2(\mathrm{m})\quad h=12\ \mathrm{m}$$

由图4-5查得$E_1=E_3=0.9$

(2)对灯2和灯4，有

$$D=\sqrt{(14+4)^2+6^2}=19(\mathrm{m})\quad h=12\ \mathrm{m}$$

由图4-5查得$E_2=E_4=0.1$

(3)对灯5，有

$$D=\sqrt{4^2+(12+6)^2}=18.4(\mathrm{m})\quad h=12\ \mathrm{m}$$

由图 4-5 查得 $E_5=0.12$

(4)对灯 6,有

$$D=\sqrt{(14+4)^2+(12+6)^2}=25.4(\text{m}) \quad h=12\ \text{m}$$

由图 4-5 查得 $E_6=0.05$

(5)根据式(4-11)计算点 A 的总照度

$$E_h=\frac{\Phi K\sum e}{1\ 000}=\frac{20\ 000\times 0.7}{1\ 000}(2\times 0.9+2\times 0.1+0.12+0.05)=30.38(\text{lx})$$

由以上计算得出,A 点的水平照度值为 30.38 lx。

4.4 线光源逐点法计算直射照度

4.4.1 概述

线光源是指宽度 b 较长 L 度小得多的发光体。线光源的长度小于计算高度的 1/4(即 $L<\frac{1}{4}h$)时,按点光源进行照度计算,其误差小于 5%。当 $L\geqslant\frac{1}{4}h$ 时,已不能应按线光源进行点照度计算。线光源的点照度计算方法主要有方位系数法和应用线光源等照度曲线法,这里仅介绍方位系数法。

4.4.2 线光源光强分布曲线

线光源纵向和横向光强分布示意如图 4-7 所示。

(1)线光源的横向光强分布一般由下式表示:

$$I_\theta=I_0f(\theta) \tag{4-12}$$

式中:I_θ——θ 方向上的光强;

I_0——在线光源发光面法线方向上的光强。

(2)线光源的纵向光强分布可能是不同的,但任何一种线光源在通过光源纵轴的各个平面上的光强分布曲线,具有相似的形状,可由下式表示:

$$I_\gamma=I_0f(\gamma) \tag{4-13}$$

式中:I_γ——与通过纵轴的对称平面成 θ 角,与垂直于纵轴的对称平面成 γ 角方向上的光强;

I_0——在 θ 平面上垂直于光源轴线方向上的光强(θ 平面是通过光源的纵轴而与通过纵轴的垂直面成 θ 夹角的平面)。

实际应用的各种线光源的纵轴向光强分布,可由下列五类相对光强分布公式表示:

A 类为 $I_\gamma=I_0\cos\gamma$ 的均匀扩散型。一般带控照器或不带控照器、下部开启或带漫射罩的荧光灯具的配光与之近似;

B 类为 $I_\gamma=I_0\frac{1}{2}(\cos\gamma+\cos^2\gamma)$;

C 类为 $I_\gamma=I_0\cos^2\gamma$;

D 类为 $I_\gamma=I_0\cos^3\gamma$;

E 类为 $I_\gamma=I_0\cos^4\gamma$。

浅格栅的荧光灯具配光接近于 B、C 类,深格栅荧光灯具的配光与 D 类、E 类近似。

4.4.3　线光源逐点法计算直射照度

方位系数法的特点是根据计算点与线光源所形成的方位角 β（见图 4-8）以及灯具纵轴光强 I_γ（见图 4-7）的分布形状（见图 4-9）的类型，确定方位系数（见表 4-10 和表 4-11）。

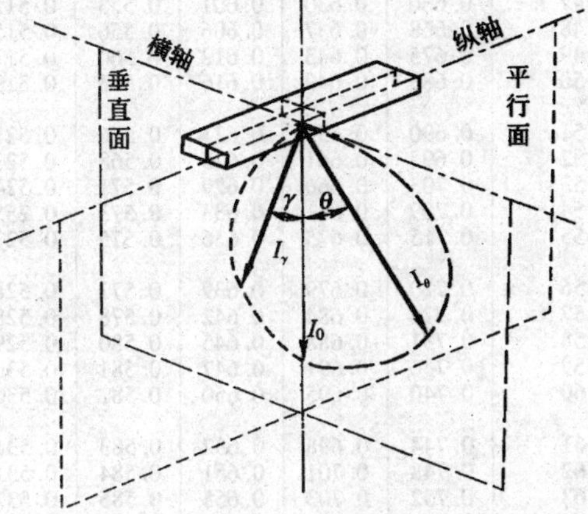

图 4-7　灯具纵轴与横轴光强分布示意

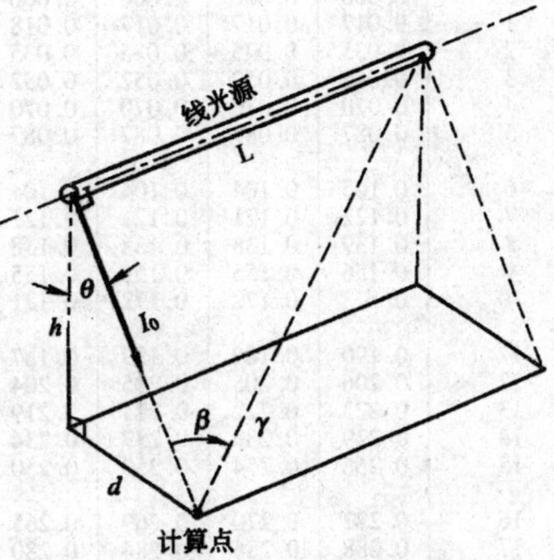

图 4-8　线光源与计算点间的方位角

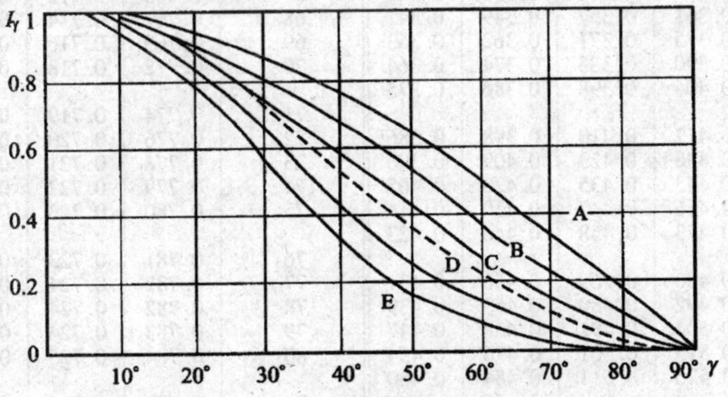

图 4-9　线光源纵轴光强分布类型

表 4-10 被照面与线光源平行时的方位系数

方位角 β/(°)	照明器类别 A	B	C	D	E
0	0.000	0.000	0.000	0.000	0.000
1	0.017	0.017	0.017	0.018	0.018
2	0.035	0.035	0.035	0.035	0.035
3	0.052	0.052	0.052	0.052	0.052
4	0.070	0.070	0.070	0.070	0.070
5	0.087	0.087	0.087	0.087	0.087
6	0.105	0.104	0.104	0.104	0.104
7	0.122	0.121	0.121	0.121	0.121
8	0.139	0.138	0.138	0.138	0.137
9	0.156	0.155	0.155	0.155	0.154
10	0.173	0.172	0.172	0.171	0.170
11	0.190	0.189	0.189	0.187	0.186
12	0.206	0.205	0.205	0.204	0.202
13	0.223	0.222	0.221	0.219	0.218
14	0.239	0.238	0.237	0.234	0.233
15	0.256	0.254	0.253	0.250	0.248
16	0.272	0.270	0.269	0.265	0.262
17	0.288	0.286	0.284	0.280	0.276
18	0.304	0.301	0.299	0.295	0.290
19	0.320	0.316	0.314	0.309	0.303
20	0.335	0.332	0.329	0.322	0.316
21	0.351	0.347	0.343	0.336	0.329
22	0.366	0.361	0.357	0.349	0.341
23	0.380	0.375	0.371	0.362	0.353
24	0.396	0.390	0.385	0.374	0.364
25	0.410	0.404	0.398	0.386	0.375
26	0.424	0.417	0.410	0.398	0.386
27	0.438	0.430	0.423	0.409	0.396
28	0.452	0.443	0.435	0.420	0.405
29	0.465	0.456	0.447	0.430	0.414
30	0.478	0.473	0.458	0.440	0.423
31	0.491	0.480	0.469	0.450	0.431
32	0.504	0.492	0.480	0.459	0.439
33	0.517	0.504	0.491	0.468	0.447
34	0.529	0.515	0.501	0.476	0.454
35	0.541	0.526	0.511	0.484	0.460
36	0.552	0.537	0.520	0.492	0.466
37	0.564	0.546	0.528	0.499	0.472
38	0.574	0.556	0.538	0.506	0.478
39	0.585	0.565	0.546	0.513	0.483
40	0.596	0.575	0.554	0.519	0.488
41	0.606	0.584	0.562	0.525	0.492
42	0.615	0.591	0.569	0.530	0.496
43	0.625	0.598	0.576	0.535	0.500
44	0.634	0.608	0.583	0.540	0.504
45	0.643	0.616	0.589	0.545	0.507
46	0.652	0.623	0.595	0.549	0.510
47	0.660	0.630	0.601	0.553	0.512
48	0.668	0.637	0.606	0.556	0.515
49	0.675	0.643	0.612	0.560	0.517
50	0.683	0.649	0.616	0.563	0.519
51	0.690	0.655	0.621	0.566	0.521
52	0.697	0.661	0.625	0.568	0.523
53	0.703	0.666	0.629	0.571	0.524
54	0.709	0.671	0.633	0.573	0.255
55	0.715	0.675	0.636	0.575	0.527
56	0.720	0.679	0.639	0.577	0.528
57	0.726	0.684	0.642	0.578	0.528
58	0.731	0.688	0.645	0.580	0.529
59	0.736	0.691	0.647	0.581	0.530
60	0.740	0.695	0.650	0.582	0.530
61	0.744	0.698	0.652	0.583	0.531
62	0.748	0.701	0.651	0.584	0.531
63	0.752	0.703	0.655	0.585	0.532
64	0.756	0.706	0.657	0.586	0.532
65	0.759	0.708	0.658	0.586	0.532
66	0.762	0.710	0.659	0.587	0.533
67	0.764	0.712	0.660	0.587	0.533
68	0.767	0.714	0.661	0.588	0.533
69	0.769	0.716	0.662	0.588	0.533
70	0.772	0.718	0.663	0.588	0.532
71	0.774	0.719	0.664	0.588	0.533
72	0.776	0.720	0.664	0.589	0.533
73	0.778	0.721	0.665	0.589	0.533
74	0.779	0.722	0.665	0.589	0.533
75	0.780	0.723	0.666	0.589	0.533
76	0.781	0.723	0.666	0.589	0.533
77	0.782	0.724	0.666	0.589	0.533
78	0.782	0.724	0.666	0.589	0.533
79	0.783	0.724	0.666	0.589	0.533
80	0.784	0.725	0.666	0.589	0.533
81	0.784	0.725	0.667	0.589	0.533
82	0.785	0.725	0.667	0.589	0.533
83	0.785	0.725	0.667	0.589	0.533
84	0.785	0.725	0.667	0.589	0.533
85	0.786	0.725	0.667	0.589	0.533
86					
87					
88			与85°值相同		
89					
90					

表 4-11　被照面与线光源垂直时的方位系数

	照明器类别						照明器类别				
方位角β/(°)	A	B	C	D	E	方位角β/(°)	A	B	C	D	E
0	0.000	0.000	0.000	0.000	0.000	46	0.259	0.240	0.221	0.192	0.168
2	0.000	0.000	0.000	0.000	0.000	47	0.267	0.247	0.227	0.196	0.171
3	0.001	0.001	0.001	0.001	0.001	48	0.276	0.254	0.233	0.200	0.173
4	0.002	0.002	0.002	0.002	0.002	49	0.285	0.262	0.239	0.204	0.176
5	0.004	0.003	0.003	0.004	0.004	50	0.293	0.268	0.244	0.207	0.178
6	0.005	0.005	0.005	0.005	0.005	51	0.302	0.276	0.250	0.211	0.180
7	0.007	0.007	0.007	0.007	0.007	52	0.310	0.282	0.255	0.214	0.182
8	0.010	0.009	0.009	0.010	0.010	53	0.329	0.289	0.260	0.217	0.184
9	0.012	0.012	0.012	0.012	0.012	54	0.327	0.296	0.265	0.220	0.186
10	0.015	0.015	0.015	0.015	0.015	55	0.335	0.302	0.270	0.223	0.188
11	0.018	0.018	0.018	0.018	0.018	56	0.344	0.309	0.275	0.226	0.189
12	0.022	0.021	0.021	0.021	0.021	57	0.352	0.315	0.279	0.228	0.190
13	0.025	0.025	0.025	0.025	0.024	58	0.360	0.321	0.283	0.230	0.192
14	0.029	0.029	0.029	0.028	0.028	59	0.367	0.327	0.287	0.232	0.193
15	0.033	0.033	0.033	0.032	0.032	60	0.375	0.333	0.291	0.234	0.194
16	0.038	0.037	0.037	0.037	0.036	61	0.383	0.339	0.295	0.236	0.195
17	0.043	0.042	0.041	0.041	0.040	62	0.390	0.344	0.299	0.238	0.195
18	0.048	0.047	0.046	0.046	0.044	63	0.397	0.349	0.302	0.239	0.196
19	0.053	0.052	0.051	0.040	0.049	64	0.404	0.354	0.305	0.241	0.197
20	0.059	0.057	0.056	0.055	0.054	65	0.410	0.359	0.308	0.242	0.197
21	0.064	0.063	0.062	0.060	0.058	66	0.417	0.364	0.311	0.243	0.198
22	0.070	0.068	0.067	0.065	0.063	67	0.424	0.368	0.313	0.244	0.198
23	0.076	0.074	0.073	0.071	0.068	68	0.430	0.372	0.315	0.245	0.199
24	0.083	0.081	0.079	0.076	0.073	69	0.436	0.377	0.318	0.246	0.199
25	0.089	0.087	0.085	0.081	0.078	70	0.442	0.381	0.320	0.247	0.199
26	0.096	0.093	0.091	0.087	0.083	71	0.447	0.384	0.322	0.247	0.199
27	0.103	0.100	0.097	0.092	0.088	72	0.452	0.387	0.323	0.248	0.199
28	0.110	0.107	0.104	0.098	0.093	73	0.457	0.391	0.323	0.248	0.200
29	0.118	0.113	0.119	0.104	0.098	74	0.462	0.394	0.326	0.249	0.200
30	0.125	0.120	0.116	0.109	0.103	75	0.466	0.396	0.327	0.249	0.200
31	0.132	0.127	0.123	0.115	0.108	76	0.470	0.399	0.348	0.249	0.200
32	0.140	0.135	0.130	0.121	0.112	77	0.474	0.401	0.329	0.249	0.200
33	0.148	0.142	0.136	0.126	0.117	78	0.478	0.404	0.330	0.250	0.200
34	0.156	0.149	0.143	0.132	0.122	79	0.482	0.406	0.331	0.250	0.200
35	0.165	0.157	0.150	0.137	0.126	80	0.485	0.408	0.331	0.250	0.200
36	0.173	0.164	0.156	0.143	0.131	81	0.488	0.410	0.332	0.250	0.200
37	0.181	0.172	0.163	0.148	0.135	82	0.490	0.411	0.332	0.250	0.200
38	0.190	0.180	0.170	0.154	0.139	83	0.492	0.412	0.332	0.250	0.200
39	0.198	0.187	0.177	0.159	0.143	84	0.494	0.413	0.333	0.250	0.200
40	0.207	0.195	0.183	0.164	0.147	85	0.496	0.414	0.333	0.250	0.200
41	0.216	0.203	0.190	0.169	0.151	86	0.498	0.415	0.333	0.250	0.200
42	0.224	0.210	0.196	0.174	0.155	87	0.499	0.416	0.333	0.250	0.200
43	0.233	0.218	0.203	0.179	0.158	88	0.499	0.416	0.333	0.250	0.200
44	0.242	0.224	0.209	0.183	0.162	89	0.500	0.416	0.333	0.250	0.200
45	0.250	0.232	0.215	0.188	0.165	90	0.500	0.416	0.333	0.250	0.200

由方位系数计算照度的公式如下。

(1)被照面为水平面(见图 4-10)

$$E_{ph}=\frac{I_{\theta}K}{1\,000h}\left(\frac{F}{l}\right)\cos^{2}\theta\cdot f_{xh}\tag{4-14}$$

(2)被照面与光源平行且垂直于水平面(见图 4-11)

$$E_{p//v}=\frac{I_{\theta}K}{1\,000h}\left(\frac{F}{l}\right)\cos\theta\cdot\sin\theta\cdot f_{xh}\tag{4-15}$$

(3)被照面与光源垂直且垂直于水平面(见图4-12)

$$E_{p\perp v}=\frac{I_{\theta}K}{1\,000h}\left(\frac{F}{l}\right)\cos\theta\cdot f_{xv} \tag{4-16}$$

式中:E_{ph}——水平面上 P 点照度,lx;

$E_{p//v}$——被照面平行于光源且垂直于水平面时,该面上 P 点的照度,lx;

$E_{p\perp v}$——被照面与光源垂直且垂直于水平面时,该面上 P 点的照度,lx;

I_{θ}——灯具的横轴光强曲线中与 θ 角对应方向的光强值,cd(见图4-7);

F/l——线光源单位长度的光通量,lm/m;

h——灯具的计算高度,m;

θ——见图4-8,$\theta=\arctan\dfrac{d}{h}$;

β——方位角,见图4-8,$\beta=\arctan\dfrac{l}{\sqrt{h^2+d^2}}$;

f_{xh}——被照面与线光源平行时的方位系数(用于计算水平面或垂直面的照度),由见表4-10查得;

f_{xv}——被照面与线光源垂直时的方位系数(用于计算在线光源端头的垂直面的照度),由表4-11查得。

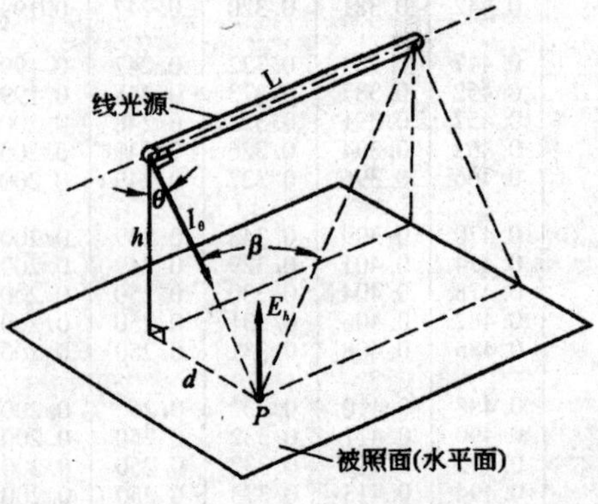

图4-10 被照面为水平面

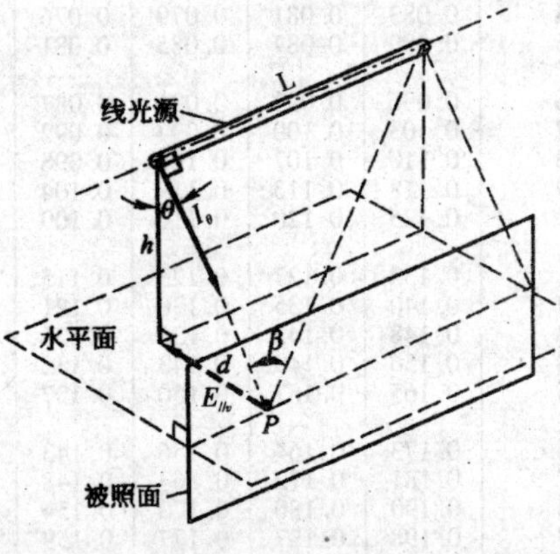

图4-11 被照面与光源平行且垂直于水平面

上述三式为计算一条发光带对计算点的照度,若有数条发光带时,其总和即为室内该点的照度。同时,上述三式只适用于计算点处在通过线光源端头的垂直平面上,若计算点在任意位置时,则可采用将线光源分段或延长的方法,按图4-13所示分别计算各段在该点产生的照度,然后求各段在该点照度的代数和:

$E_A=E_{PM}$(计算点在线光源 PM 端头平面上)

$E_B=E_{PN}+E_{NM}$(计算点不在线光源 PM 端头平面上)

$E_C=E_{QM}-E_{QP}$(计算点不在线光源 PM 端头平面上)

式中:E_{PM}——线光源 PM 段在 A 点产生的照度,lx;

E_{PN}——线光源 PN 段在 B 点产生的照度,lx;

E_{NM}——线光源 NM 段在 B 点产生的照度,lx;

E_{QM}——线光源 PN 段及其延长段 QP 在 C 点产生的照度,lx;

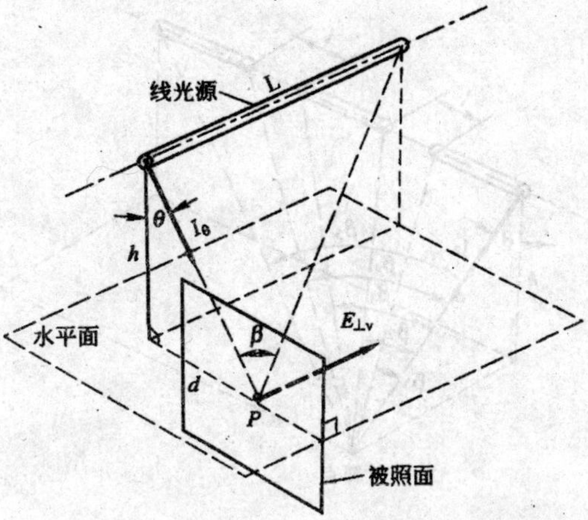

图 4-12　被照面与光源垂直且垂直于水平面

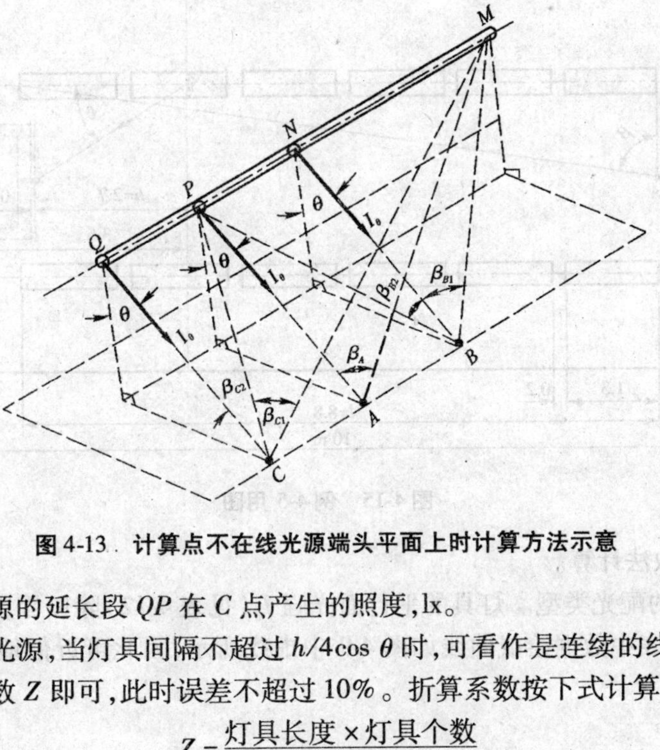

图 4-13　计算点不在线光源端头平面上时计算方法示意

E_{QP}——线光源的延长段 QP 在 C 点产生的照度，lx。

对于非连续线光源，当灯具间隔不超过 $h/4\cos\theta$ 时，可看作是连续的线光源，计算时只要相应的乘以折算系数 Z 即可，此时误差不超过 10%。折算系数按下式计算：

$$Z=\frac{\text{灯具长度}\times\text{灯具个数}}{\text{一排灯具的总长}}$$

当灯具的间隔超过 $h/4\cos\theta$ 时，可按下式计算：

$$E_h=\frac{I_\theta}{1\,000Kh}\left(\frac{F}{l}\right)\cos^2\theta\left[f_{\beta1}+(f_{\beta3}-f_{\beta2})+(f_{\beta5}-f_{\beta4})\right]$$

式中 $f_{\beta1}$、$f_{\beta2}$、$f_{\beta3}$、$f_{\beta4}$、$f_{\beta5}$ 分别为方位角是 $\beta_1\sim\beta_5$（见图 4-14）时的方位系数值，此值可由按表 4-10 查取。

例 4-5　某办公室长 10 m、宽 5.4 m、吊顶高 3.5 m，采用格栅式荧光灯嵌入顶棚布置成两条光带，如图 4-15 所示，试计算 A 点的直射水平照度。

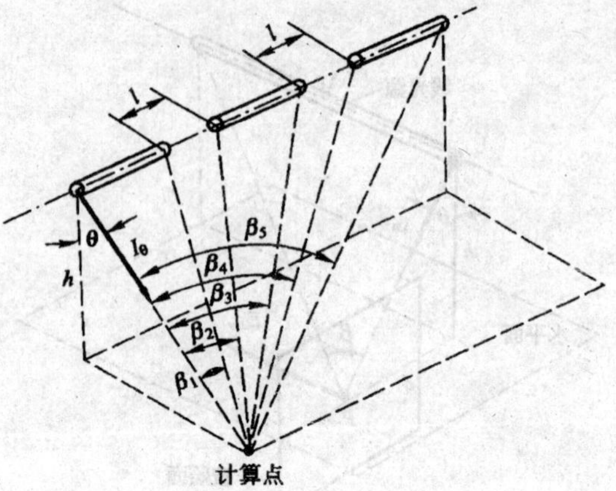

图 4-14 灯具间隔 $l>h/4\cos\theta$ 时,方位角的示意

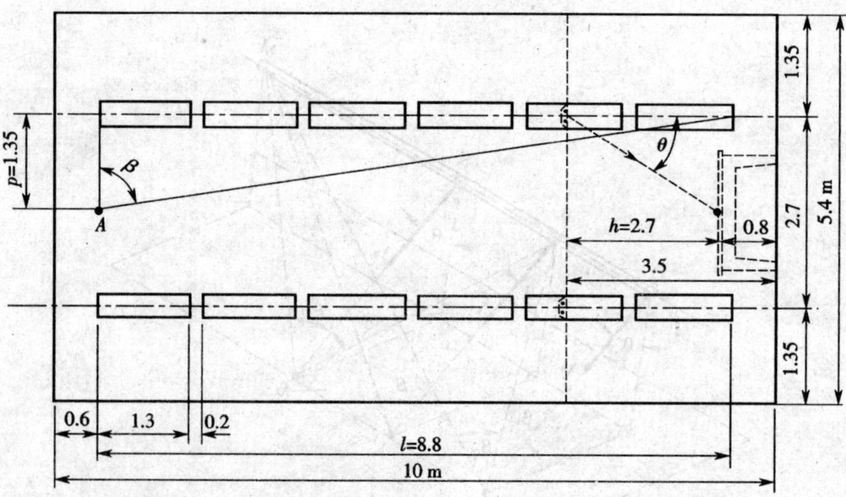

图 4-15 例 4-5 用图

解:用方位系数法计算。

(1)确定灯具的配光类型。灯具的平行面光强 I_θ(见表 4-12)除以零度光强 I_0(见图 4-7)其值如表 4-13。将表中数据绘成曲线如图 4-9 中虚线所示,因此可近似地认为所用灯具的配光属于 C 类。

(2)求 θ 及 I_θ

$$\theta=\arctan\frac{d}{h}=\arctan\frac{1.35}{2.7}=26.6°(见图 4\text{-}8)$$

$$I_\theta=189\ \mathrm{cd}$$

(3)求 β 与 f_{xh}。把光带当作连续光源时

$$\beta=\arctan\frac{1}{\sqrt{h^2+d^2}}=\arctan\frac{8.8}{\sqrt{2.7^2+1.35^2}}=71.2°$$

查表 4-10,当 $\beta=71.2°$时,$f_{xh}=0.664$

(4)求 Z。这两列灯具虽是不连续的,但其灯间距离为 0.2 m,小于 $h/4\cos\theta=2.7/4\times$

$0.894=0.755$ m，故可看作是连续光源，计算照度时应乘以 Z 予以折算。

$$Z=\frac{1.3\times 6}{8.8}=0.866$$

（5）求一条光带在 A 点产生的照度。

$$E_h=\frac{ZI_\theta K}{1\,000h}\left(\frac{F}{l}\right)\cos^2\theta f_{xh}=\frac{0.866\times 189\times 0.8}{1\,000\times 2.7}\left(\frac{3\times 2\,200}{1.3}\right)\times 0.894^2\times 0.664=130.7\ \text{lx}$$

（6）求 A 点的总照度。

$$E_A=2\times 130.7=261.4\ \text{lx}。$$

考虑到墙壁等反射光的作用，A 点的照度将提高 10%～20%。

表 4-12　带格栅多管荧光灯

灯型示意

配光曲线示意

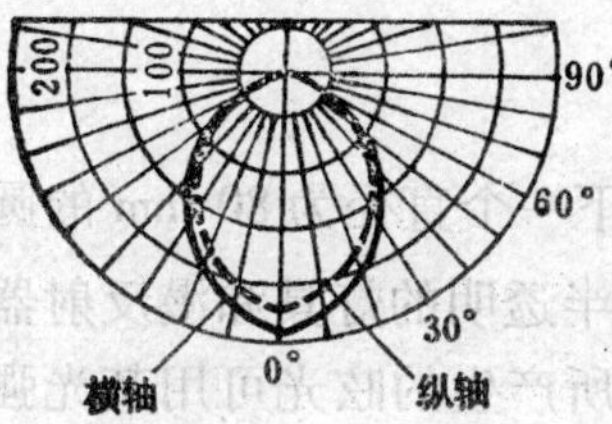

发光强度值/cd（光源为 100 lm）			顶棚反射系数	0.30	0.50		0.70	
			墙面反射系数	0.30	0.30	0.50	0.30	0.50
θ°	I_r（纵轴）	I_θ（横轴）	地面反射系数	0.10	0.10	0.30	0.10	0.30
			室形指数 RI	利用系数 U				
0	228	238						
5	224	236						
10	217	230						
15	205	224	0.6	0.19	0.20	0.23	0.21	0.24
20	192	209	0.7	0.21	0.23	0.25	0.24	0.26
25	177	191	0.8	0.23	0.25	0.28	0.26	0.29
30	159	176	0.9	0.25	0.27	0.30	0.28	0.31
35	145	159	1.0	0.26	0.28	0.31	0.29	0.32
40	127	130	1.1	0.27	0.29	0.32	0.30	0.34
45	107	108	1.25	0.29	0.31	0.34	0.32	0.36
50	88	85	1.5	0.31	0.33	0.36	0.34	0.38
55	67	62	1.75	0.33	0.35	0.38	0.36	0.40
60	51	48	2	0.35	0.37	0.40	0.38	0.41
65	39	37	2.25	0.36	0.39	0.41	0.40	0.42
70	29	28	2.5	0.37	0.40	0.42	0.41	0.43
75	20	19	3	0.38	0.41	0.43	0.42	0.45
80	12	11	3.5	0.39	0.42	0.43	0.46	
85	5.6	5	4	0.40	0.43	0.45	0.44	0.47
90	0.4	0.6	5	0.42	0.45	0.46	0.47	0.48
95	0	0						

表 4-13　灯具平行光强与零度光强之比

θ°	0	10	20	30	40	50	60	70	80	90
I_θ/I_0	1	0.966	0.878	0.739	0.546	0.375	0.201	0.117	0.046	0.002

4.5 眩光计算

4.5.1 不舒适眩光

眩光可分为失能眩光和不舒适眩光两种。前者是由于光源的位置靠近视线，使视网膜像的边缘出现模糊，从而妨碍了对附近物体的观察，同时侧向抑制还会使对于这些物体的可见度变得更差。现在人们对失能眩光已有充分了解，Stiles-Holladay 公式可以说明它的物理意义，现已在有关的标准、规范中使用域值增量（*TI*）来控制。后者仅有不舒适感觉，短时间内对可见度并无影响，但会使注意力分散。不舒适眩光值不能直接测量，并且对它的产生原因尚不清楚。目前，人们采用统一眩光值 *UGR* 来描述，它是度量处于视觉环境中的照明装置发出的光对人眼引起不舒适感主观反应的心理参考。建立一套（从小光源到发光顶棚）完整的眩光评价体系，以解决室内照明的眩光问题。

按 CIE 规定，统一眩光值 *UGR* 的计算公式为

$$UGR = 8\lg\left(\frac{0.25}{L_b}\sum\frac{L_s^2\omega}{P^2}\right) \tag{4-17}$$

式中：L_s——眩光源亮度，cd/m²；

ω——眩光源的立体角，*sr*；

L_b——背景亮度，cd/m²；

P——位置系数（见附录4）。

UGR 另一个好处是，因为 ω 和 L_b 采用相同的幂次，在一个给定的设施内，眩光与灯具数量无关。

1. 小光源的眩光

投影面积 $A_P<0.005\ \text{m}^2$，可称为小光源。这相当于在室内距离下一个直径为 80 mm 的圆片。实际上任何裸露的白炽灯泡（透明的和乳白的）均为小光源，而半透明的灯具和漫反射器则为一般光源而非小光源。研究表明，当小光源位于偏离视线 5°时所产生的眩光可用其光强（I）来确定，即 $L=200I$（cd/m²）。因此，小光源的统一眩光评价（*UGR*）公式为

$$UGR = 8\lg\left(\frac{0.25}{L_b}\sum\frac{200I^2}{r^2P^2}\right) \tag{4-18}$$

式中：I——光源在眼睛方向的光强，cd；

r——光源离眼睛的距离，m；

L_b——背景亮度，cd/m²；

P——位置系数。

各种场所的统一眩光评价指数可参见表 1-13 ~ 表 1-25。

2. 大光源（发光顶棚、均匀的间接照明）的眩光

所谓的大光源专指发光顶棚和均匀的间接照明。CIE TC3.01 提出：一个漫射发光顶棚或均匀的间接照明，在某一要求的 *UGR* 值下提供的照度，不能超过下列值：

当 *UGR* = 13 时，不能超过 300 lx；

当 *UGR* = 16 时，不能超过 600 lx；

当 $UGR=19$ 时，不能超过 1 000 lx；

当 $UGR=22$ 时，不能超过 1 600 lx。

如果需要较高的照度又要求较低的 UGR 时，可以用很好遮蔽的局部照明，亦可适当控制发光顶棚（如格栅顶棚）的亮度来解决。

3. 一般光源（介于小光源和大光源之间）的眩光

小光源和大光源是两个极端，但绝大多数灯具是介于这两者之间的一般光源。对于这类光源的眩光评价不能直接应用 UGR 公式，而需要加以修正，使它能在要求的精度内，得到与该种光源的评价方法的一致结果。将修改后的眩光评价法称之为 GGR，即“大光源评价法”，其公式为

$$GGR = 8\lg\left[1 - 8\left(1 + \frac{E_d}{250}\right)\Big/(E_i + E_d)\sum\left(\frac{L^2 w}{P^2}\right)\right] \tag{4-19}$$

式中：E_d——眼睛处由该光源产生的直射照度，lx；

E_i——眼睛处的间接照度，$E_i=\rho_i\times L_b$，lx；

L——光源的亮度，cd/m^2；

ω——光源的大小，sr；

P——位置系数；

ρ_i——室内表面的平均反射比；

L_b——背景亮度，cd/m^2。

GGR 与 UGR 的值是相同的。

4. 不均匀的间接照明的眩光

近年来各种上射照明灯具发展很快，上射照明的顶棚亮度是不均匀的，很难用迄今为止的所有不舒适眩光评价方法来评价。CIE TC3. 01 提出用下列公式作为不均匀间接照明的极限照度：

$$E_{av} = 1\,500 - \left(2.1 - \frac{1.5}{RI} - 1.4R_w\right)L_s \tag{4-20}$$

式中：RI——室形指数；

R_w——墙面反射比；

L_s——光源的亮度，cd/m^2；

E_{av}——平均照度，lx。

上述公式适用于求 $UGR=19$ 的情况，对于其他 UGR 值，E_{av} 需要乘以下列系数：

$UGR=13$ 时，乘以 0.3；

$UGR=16$ 时，乘以 0.6；

$UGR=22$ 时，乘以 1.6。

5. 复杂光源的眩光

复杂光源包括大量使用的带格栅的低亮度镜面灯和蝙蝠翼配光灯。这类灯具可分为两种。

（1）漫射光源。其亮度虽然随着方向而改变，但可近似地认为在所看到的投影面积上是均匀不变的。统一眩光评价基本公式中的主要一项 $L^2\omega$ 可写成

$$L^2\omega = \frac{LI}{R^2} \tag{4-21}$$

而此类灯具
$$L = \frac{I}{A_0 \cos\gamma}$$

故
$$L^2\omega = \frac{I^2}{R^2 A_0 \cos\gamma} \tag{4-22}$$

式中：R——光源至眼睛的距离，m；

I——光源在眼睛方向的光强，cd；

γ——从铅垂线至眼睛方向的角度，(°)；

A_0——光源发光面在铅垂线方向的投影面积，m^2。

(2)镜面光源。使用镜面反射器和镜面格栅时，其亮度在实际投影面上有相当大的变化，对此类灯具需要确定其有效亮度 L，比较合理的定义可以建立在假设最大光强(I_{max})的 γ_{max} 方向上全部闪亮。

$$L = \frac{I_{max}}{A_0 \cos\gamma_{max}} \tag{4-23}$$

将式(4-23)代入式(4-21)得

$$L^2\omega = \frac{I \cdot I_{max}}{R^2 A_0 \cos\gamma} \tag{4-24}$$

式中：γ_{max}——从铅垂线至最大光强的角度，(°)；

I_{max}——光源的最大光强，cd；

L——光源的亮度，cd/m^2；

ω——光源的立体角，sr。

其他符号的意义同式(4-22)。

对于许多灯具来说，$\gamma_{max}=0$，$I_{max}=I_0$，对于蝙蝠翼配光灯具，γ_{max} 在 15°～45°之间。对于一个平面光源来讲，镜面光源常常比漫射光源更易产生眩光，它们的 UGR 差为

$$\Delta UGR = 8\lg[I_{max}\cos\gamma / I\cos\gamma_{max}] \tag{4-25}$$

假如有一只低亮度的蝙蝠翼配光灯具，其 $A_0=0.4\,m^2$，$\gamma_{max}=30°$处 $I_{max}=3\,600$ cd，$\gamma=30°$处 $I=1\,200$ cd。如果 $H=1.8$ m，$R=2.8$ m，$P=5.3$ m，$L_b=30\ cd/m^2$。

如按漫射类计算，其 $UGR=18.6$；

按镜面类计算，其 $UGR=21.4$。

后者较为现实。半镜面反射器的计算结果，将介于上述二者之间，因此取其平均值为佳。

总之，UGR 是评价室内照明不舒适眩光的量化指标，它是由 CIE117 号出版物《室内照明的不舒适眩光》(1995)，在综合了一些国家的眩光计算公式若经过折中提出的，我国作为 CIE 成员国应参照使用。UGR 是度量处于视觉环境中的照明装置发出的光对人眼引起不舒适感主观反应的心理参量，其值可按 CIE 的 UGR 公式计算。UGR 值可分为 28、25、22、19、16、13、10 七档值。28 为刚刚不可忍受，25 为不舒适、22 为刚刚不舒适，19 为舒适与不舒适的界限，16 为刚刚可接受，13 为刚刚感觉到，10 为无眩光感觉。在国标中多数采用 25、22、19 的 UGR 值。

4.5.2　室外体育场地的眩光指数法

CIE 推荐的典型的室外眩光评价方法为眩光指数(GR)法。GR 是度量体育场和其他室外场地照明装置对人眼引起不舒适感主观反应的心理参数。

其值可按下式计算:

$$GR = 27 + 24\lg\ (L_{VL}/L_{Ve}^{0.9}) \tag{4-26}$$

式中:L_{VL}——由灯具产生、直接入射到眼睛内的光线产生的等效光幕亮度,cd/m²;

L_{Ve}——由观察者前面环境反射到眼睛的光线产生的等效光幕亮度,cd/m²。

等效光幕亮度定义为

$$L_{VL} = 10\sum_{i=1}^{n}(E_{eye}/Q_i^2) \tag{4-27}$$

式中:E_{eye}——对观察者眼睛的照度(在垂直于视线平面上),lx;

Q_i——观察者视线和第 i 个光源在视网膜上产生的入射光的方向夹角,(°);

n——总的灯具数。

对 L_{VL}定义时,可认为被照面(环境)是由无限多个小的光源组成。如果只考虑观察方向为眼睛的水平面下大于1°时,在计算 L_{VL}中,Q 大于 1°会自动得到满足。而对 Q 大于 1°条件时,意味着与视觉中心区域(2×1°)相吻合的照明区域不予以考虑。

取眩光等级

$$GF = 10 - GR/10 \tag{4-28}$$

眩光指数(GR)、眩光等级(GF)与眩光程度(主观感受)之间的关系列于表 4-14。

借助于 GR,我们可以评价出眩光涉及的范围内各个小区域眩光控制的好坏。

当背景是被照区域时,可用一个简化公式计算:

$$L_{Ve} = 0.035L_{AV} \tag{4-29}$$

$$平均亮度\ L_{AV} = \frac{E_{hAV}\cdot\rho}{\pi} \tag{4-30}$$

式中:E_{hAV}——区域的平均水平照度(lx);

ρ——区域假定为漫反射时的反射比。

表 4-14　眩光指数(GR)、眩光等级(GF)与眩光程度(主观感受)之间的关系

GF(眩光等级)	眩光程度	GR(眩光指数)
1	不可忍受	90
2	不可忍受	80
3	有所感觉	70
4	有所感觉	60
5	仅可接受或容许	50
6	仅可接受或容许	40
7	可明显察觉	30
8	可明显察觉	20
9	不可明显察觉	10

靠近视线的垂直被照面其出射光通到人眼产生的等效光幕亮度的实际值大于由近似计算得到的值。可见,实际的眩光评价要好于近似计算值,即近似计算值是保守的。

CIE 推荐的五个标准观察者位置,共计 40 个评价观测方向,见图 4-16。理论上希望在任何场所、任何正常的视看方向的眩光指数都小于推荐的该方向上的眩光指数。《建筑照明设计标准》(GB50034—2004)中对体育建筑照明质量标准值规定为:无彩电转播场所 $GR \leqslant 50, R_a \geqslant 65$;有彩电转播场所 $GR \leqslant 50, R_a \geqslant 80$。

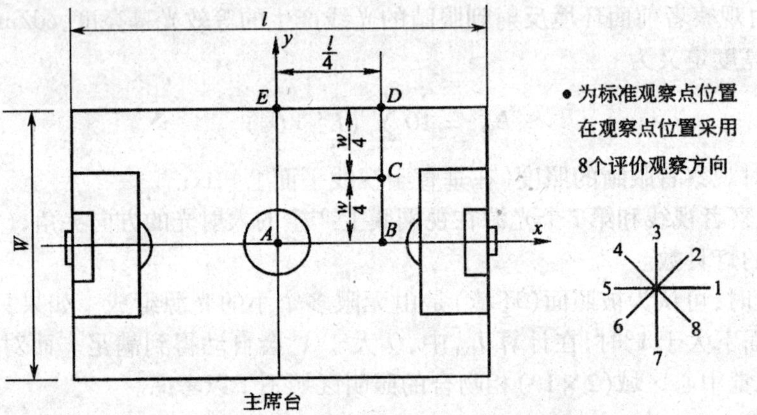

图 4-16 CIE 推荐的评价观测方向

对于室内体育馆,由于投光灯集中于场地上空,周边观众席上的空间亮度较低,因此,在控制眩光时,应适当提高眩光等级的标准。如乒乓球比赛时眩光指数可不大于 20,其他球类以不大于 30 为宜。

室内体育馆环境光幕亮度的计算可以参照室外时的公式,同时,考虑室内环境的特点,可将顶棚亮度与观众席亮度加权平均,作为室内环境的光幕亮度。

思考题

1. 什么是室形指数、室空间比?

2. 什么是利用系数?

3. 照度计算方法如何选定?

4. 平均照度如何计算?

5. 某教室长 11.3 m,宽 6.4 m,高 3.6 m,在离顶棚 0.5 m 的高度内安装 YG1—1 型 40 W 荧光灯,光源的光通量为 2 200 lm,课桌高度为 0.8 m,室内空间及各表面的反射比如图 4-17 所示。若要求课桌面的照度为 150 lx,试确定所需灯具数。

6. 有一教室长 6 m,宽 6.6 m,灯至工作面高为 2.3 m,若采用带反射罩荧光灯照明,每盏灯 40 W,规定照度为 150 lx,需要安装多少盏荧光灯?若采用 YG1—1 型 40 W 荧光灯,光源的光通量为 2 200 lm,室内空间及各表面的反射比如图 4-17 所示,需要安装多少盏荧光灯?

7. 某照相馆营业厅的面积为 6 m×6 m,房间净高 3 m,工作面高 0.8 m ,天棚反射系数为 70 %,墙壁反射系数为 55 % 。拟采用荧光灯吸顶照明,试计算需安装灯具的数量。

8. 某会议室面积为 12 m×8 m,天棚距地面 5 m,工作面距地面 0.8 m,刷白的墙壁,窗户装有白色窗帘,木制顶棚,采用荧光灯吸顶安装。试确定光源的功率和数量。

9. 试为长13 m、宽为5 m、高为3.2 m的会议室布置照明。桌面高为0.8 m,拟采用吸顶荧光灯照明,要求画出照明线路平面布置图。

10. 什么是逐点计算法?在什么情况下使用合适?

11. 单位容量法与光源电功率的选择应注意些什么?

12. 利用方位系数法求室内平均照度应如何进行?

13. 什么是"统一眩光评价系统(*UGR*)"?它是如何评价不舒适眩光的?

14. 什么是"室外场地的眩光指数(*GR*)"?它是如何评价不舒适眩光的?

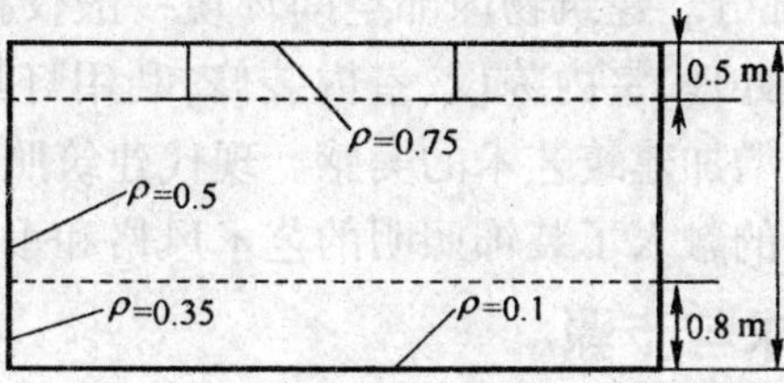

图4-17 室内空间及各表面的反射比

第5章 室内照明设计

5.1 概述

建筑环境分室内和室外两部分。建筑物内部空间环境一般仅指建筑物本身,灯光的作用侧重于使用功能,配合内部空间处理、室内陈设、室内装修,利用灯具造型及其光色的协调,使室内环境具有某种气氛和意境,增加建筑艺术的美感。现代建筑照明设计,除了满足工作面必须达到规定的水平照度外,更多的融入了装饰照明的艺术风格和手法。

5.1.1 室内光照设计的要求与步骤

室内光照设计包括照度的选择、光源选用、灯具选择和布置、照明控制策略与方式的确定、照明计算等诸方面。

对以工作面上的视看对象为照明对象的照明技术称为明视照明,主要涉及照明生理学。对以周围环境为照明对象的照明技术称为环境照明,主要涉及照明心理学。不同照明设计需要考虑的主要问题列于表5-1。

表5-1 明视照明和环境照明设计的要求对照

明视照明	环境照明
1. 工作面上要有充分的亮度	1. 亮或暗要根据需要进行设计
2. 亮度应当均匀	2. 照度要有差别,不可均一,采用变化的照明可造成不同的感觉
3. 不应有眩光,要尽量减少乃至消除眩光	3. 可以应用金属、玻璃或其他光泽的物体,以小面积眩光造成魅力感
4. 阴影要适当	4. 需将阴影夸大,从而起到强调突出的作用
5. 光源的显色性好	5. 宜用特殊颜色的光作为色彩照明,或用夸张手法进行色彩调节
6. 灯具布置应与建筑协调	6. 可采用特殊的装饰照明手段(灯具及其他设备)
7. 要考虑照明心理效果	7. 有时与明视照明要求相反,却能获得很好的气氛效果
8. 照明方案应当经济	8. 从全局看是经济的,而从局部看可能是不经济的或过分豪华的

照明光照设计一般可按下列步骤进行。

(1)收集原始资料,包括工作场所的设备布置、工作流程、环境条件及对光环境的要求,已设计完成的建筑平剖面图、土建结构图,已进行室内设计的工程应提供室内设计图。

(2)确定照明方式和种类,并选择合理的照度。

(3)确定合适的光源。

(4)选择灯具的形式,并确定型号。

(5)合理布置灯具。

(6)进行照度计算,并确定光源的安装功率。

(7)根据需要计算室内各面亮度和眩光评价。

(8)进行节能计算、校验灯具和光源的选择。

(9)确定照明控制的策略与方式。

5.1.2 室内照明方式和种类

1. 照明方式

照明方式是指照明设备按其安装部位或使用功能而构成的基本制式。按照国家制定的设计标准区分,有工业企业照明和民用建筑照明。按照照明设备安装部位区分,有建筑物外照明和建筑物内照明。

建筑物内照明,按使用功能分为一般照明、分区一般照明、局部照明和混合照明。

(1)一般照明。在不考虑特殊部位的需要,为照亮整个场地而设置的照明方式称一般照明。它可使整个场地都能获得均匀的照度,适用于对光照方向无特殊要求或不适合安装局部照明和混合照明的场所,如仓库、某些生产车间、办公室、会议室、教室、候车室、营业大厅等。

(2)分区一般照明。根据需要,提高特定区域照度的一般照明方式称分区一般照明。对照度要求比较高的工作区域,灯具可以集中均匀布置,提高其照度值,其他区域仍采用一般照明的布置方式,如工厂车间的组装线、运输带、检验场地等。

(3)局部照明。为满足某些部位的特殊需要而设置的照明方式。如在很小范围的工作面上,通常采用辅助照明设施来满足这些特殊工作的需要。像车间内机床灯、商店橱窗的射灯、办公桌上的台灯等。在需要局部照明的场所,应采用混合照明方式,不应只装配局部照明而无一般照明,因为这样会形成亮度分布不均匀而影响视觉。

(4)混合照明。这是由一般照明与局部照明组成的照明方式。即在一般照明的基础上再增加局部照明,这样有利于提高照度和节约电能。

因此,设计时可按下列要求确定照明方式。

(1)工作场所通常应设置一般照明。

(2)同一场所内的不同区域有不同照度要求时,应采用分区一般照明。

(3)对于部分作业面照度要求较高,只采用一般照明不合理的场所,宜采用混合照明。

(4)在一个工作场所内不应只采用局部照明。

2. 照明种类

1)按光照形式的不同分类

(1)直接照明。这是将灯具发射的 90% ~100% 的光通量直接投射到工作面上的照明。常用于对光照无特殊要求的整体环境照明,裸露装设的白炽灯、荧光灯均属此类。

(2)半直接照明。这是将灯具发射的 60% ~90% 的光通量直接投射到工作面上的照明。

(3)均匀漫射照明。这是将灯具发射的 40% ~60% 的光通量直接投射到工作面上的照明。

(4)半间接照明。这是将灯具发射的 10% ~40% 的光通量直接投射到工作面上的照明。

(5)间接照明。这是将灯具发射的 10% 以下的光通量直接投射到工作面上的照明。

(6)定向照明。光线主要从某一特定方向投射到工作面和目标上的照明。

(7)重点照明。为突出特定的目标或引起对视野中某一部分的注意而设的定向照明。

(8)漫射照明。这是投射在工作面或物体上的光在任何方向上均无明显差别的照明。

(9)泛光照明。通常由投光灯来照射某一情景或目标,且其照度比其周围照度明显高的照明。

2)按照明用途的不同分类

(1)正常照明。正常工作时使用的永久安装照明。

(2)应急照明。在正常照明电源因故障失效的情况下,供人员疏散、保障安全或继续工作用的照明。应急照明必须采用能快速点亮的可靠光源,可细分为以下几种。

①疏散照明。正常照明因故障熄灭后,以确保有效地辨认和应用安全出口通道,使人们安全撤离建筑物。

②安全照明。正常照明因故障熄灭后,为确保处于潜在危险之中人员安全而提供的照明。

③备用照明。正常照明因故障熄灭后,用以确保正常工作或活动继续进行而提供的照明。

暂时继续工作用的备用照明,照度不低于一般照明的10%;安全照明的照度不低于一般照明的5%;保证人员疏散用的照明,主要通道上的照度不应低于0.5 lx。

(3)值班照明。供值班人员使用的照明。值班照明可利用正常照明中能单独控制的一部分,设置专用控制开关。大面积场所宜设置值班照明。

(4)警卫照明。根据警卫任务需要而设置的照明。

(5)障碍照明。装设在障碍物上或附近,作为障碍标志用的照明称为障碍照明,如高层建筑物的障碍标志灯,道路局部施工、管道人井施工而设置的警示灯,航标灯等。

此外还可有以下几种照明。

①装饰照明。为美化、烘托、装饰某一特定空间环境而设置的照明,如建筑物轮廓照明,广场、绿地照明等。

②广告照明。以商品的品牌或商标为主,配以广告词和其他图案的照明。该照明方式用内照式广告牌、霓虹灯广告牌、电视墙等灯光形式渲染广告的主题思想,同时又为夜幕下的街景增添了情趣。

③艺术照明。通过运用不同的光源、不同的灯具、不同的投光角度、不同的灯光颜色,营造出一种特定的空间气氛的照明。

5.2 办公建筑照明设计

随着城市建设的快速发展,幢幢办公大楼拔地而起,形成现代化城市的靓丽风景。不论楼层多高,也不论采用哪一种结构体系,其共同特点是在同一幢办公楼内能容纳不同行业、不同功能要求的办公室的需要。室内的空间组合、平面布置,特别是室内照明设计,会直接影响工作人员的工作效率,所以,人们对办公室的照明要求越来越高。办公室是长时间进行公务活动的场所,它的照明不能只考虑工作面的照明,而要根据办公室的具体工作内容来考虑,做成整个房间的视觉环境舒适的照明。

5.2.1 办公室照明设计的基本要求

1. 照明对办公室环境的影响

办公室照明的设计应使工作人员有效地工作,因为提高工作效率的良好感觉、兴趣和热情都受环境的影响,所以要考虑办公室照明能达到一个和谐的工作环境。

2. 明亮环境

1)明亮环境的构成

(1)亮度变化。主要取决于灯具的亮度和颜色的变化,这些可以通过不同表面的反射、颜色的变化和照度的变化来达到。

(2)表面颜色。环境的颜色往往决定着工作人员的情绪。对于小办公室可以把墙、工作面和靠墙的柜子漆成一样的颜色,因它们反射相同,故给人的感觉是房间增大。对于大办公室,在照度水平较低的情况下,应尽量减少颜色的种类。对办公室房间和家具所推荐的反射比,如图 5-1 所示。

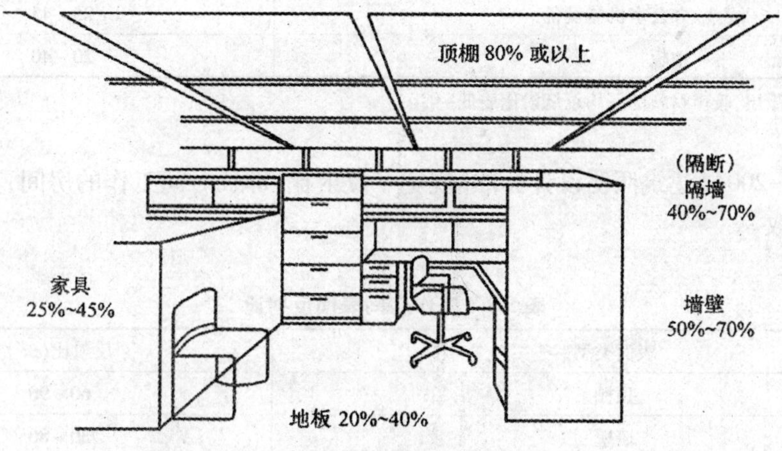

图 5-1　对办公室房间和家具所推荐的反射比

(3)光源颜色。它包括色温、显色指数两个含义。

①色温。一般办公室照明光源的色温选择在 3 300 ~ 5 300 K 之间比较合适。

②显色指数。办公室照明光源的一般显色指数选择在 60 ~ 80 的范围内,同时还要考虑初期投资、安装维修费用及节能等因素。

2)照明质量

(1)亮度比。室内空间的识别,是靠亮度比实现的。如果室内亮度差别太大,会引起视觉适应的问题,极端情况下就会产生眩光;相反,亮度差别太小,空间就会显得呆板,宜使人产生郁闷的感觉。亮度变化主要取决于灯具的亮度和颜色的变化,这些可以通过不同表面的反射、颜色的变化和照度的变化来达到。办公室照明设计应注意平衡总体亮度与局部亮度的关系,以满足使用要求。办公室照明推荐的亮度比见表 5-1。

表 5-1　办公室照明推荐的亮度比

表面类型之间	亮度比①
工作面与邻近物体之间	1:1/3
工作面与较远的暗表面之间	1:1/10
工作面与较远的亮表面之间	1:10

①这些比例是指最大值,一般地说,所取数值低一些为宜。

(2)反射比。办公室内表面反射比推荐值详见表 5-2。少量的鲜艳色彩,其反射比应较低,而且所占面积在 10% 以下,可以用来使照明既具有重点又具有多样性,但是应避免在视场内出现大面积的饱和色彩。

表 5-2　办公室内表面反射比推荐值

表面类型	反射比(%)
顶棚表面①	80
墙壁	40～70
家具	25～45
办公室机器设备	25～45
地板	20～40

①推荐值仅指涂层,吸声材料的平均总反射比要低一些。

GB50034—2004《建筑照明设计标准》规定了反射比,即长时间工作的房间,其表面反射比宜按表 5-3 选取。

表 5-3　工作房间表面反射比

表面类型	反射比(%)
顶棚	60～90
墙壁	30～80
地面	10～50
作业面	20～60

(3)视觉舒适度的评价。办公室工作人员视线往往在水平线以下或者与水平线相重合。为此,需要确定下列因素的相对效应。

①灯具的平均亮度。有视频显示终端的工作场所,照明应限制灯具中垂线以上不小于65°高度角的亮度。灯具在该角度上的平均亮度限值宜符合表 5-4 的规定。

表 5-4　灯具平均亮度限值

屏幕分类	Ⅰ	Ⅱ	Ⅲ
屏幕质量	好	中等	差
灯具平均亮度限值/cd/m^2	≤1 000		≤200

注:(1)本表适用于仰角不大于 15°的显示屏。

(2)对于特定使用的场所,如敏感的屏幕或仰角可变的屏幕,表中亮度限值应用在更低的灯具高度角(如 55°)上。

(3)屏幕分类见 ISO 9241—7。

②灯具相对于直前方视线的位置。这些因素的综合效果就是视觉舒适度,表明对照明系统的满意程度,即坐在房间后半部中间位置朝水平方向观看时,认为照明效果是舒适者所占的百分比。

从眩光角度考虑,视觉舒适度在 70 以上认为是满意的。

(4)眩光限制。眩光限制对于办公建筑照明设计非常重要。为限制视野内过高亮度或对比引起的直接眩光,规定了直接型灯具的遮光角(表 5-5),适用于长时间有人工作的房间或场所内。

表 5-5　直接型灯具的遮光角

光源平均亮度/(kcd/m²)	遮光角/(°)	光源平均亮度/(kcd/m²)	遮光角/(°)
1～20	10	50～500	20
20～50	15	≥500	30

办公建筑常用房间或场所的不舒适眩光应采用统一眩光值 *UGR* 评价，办公建筑 *UGR* 最大允许值宜符合表 1-17 的规定。

3. 照度的选择

照度应按照国家标准 GB50035—2004《建筑照明设计标准》确定。办公室分普通和高档两类，分别制订照度标准，这样做比较适应我国不同建筑等级以及不同地区差别的需要。根据调研，办公室的平均照度多为 200～400 lx 之间，根据我国情况将普通办公室定为 300 lx，高档办公室定为 500 lx。

根据对会议室、接待室和前台的照度调查，多数在 200～400 lx 之间，平均照度为 351 lx，根据实际情况定为 300 lx。

根据对营业厅的照度调查，多数在 200～300 lx 之间，定为 300 lx。

设计室与高档办公室的照度一致，定为 500 lx。

根据对文件整理、复印、发行室的照度调查，照度在 200～350 lx 之间，定为 300 lx。

资料室、档案室的照度普查结果均小于 150 lx，而 CIE 标准为 200 lx，考虑今后发展，我国定为 200 lx。

4. 照明节能

我国要建立节约型社会，照明节能非常重要。办公建筑设计已有节能规范，照明节能在电气设计中应被广泛重视。

作为强制性规范条文，GB50034—2004《建筑照明设计规范》规定了办公建筑照明功率密度值不应大于表 5-6 的规定。当房间或场所的照度值高于或低于表 5-6 规定的对应照度值时，其照明功率密度值应按比例提高或减小。

表 5-6　办公建筑照明功率密度值

房间或场所	照明功率密度/(W/m²)		对应照度值/lx
	现行值	目标值	
普通办公室	11	9	300
高档办公室、设计室	18	15	500
会议室	11	9	300
营业厅	13	11	300
文件整理、复印、发行室	11	9	300
档案室	8	7	200

5.2.2　办公室的照明设计要点

办公室的照明方式可分为一般照明、分区一般照明和局部照明。首先，要考虑办公合适的光源。办公建筑的办公室和辅助用房宜采用直管形荧光灯，而会议室可有一部分紧凑型（节能）荧光灯或同时采用几种光源。今后应更多选用光效更高，更加节能的T5、T8直管形荧光灯和紧凑型荧光灯，尽可能停用白炽灯。照明灯具的选择一是要考虑照明环境中的亮度比，二是注意灯具的布置。灯具的最大间距，因灯型而异。灯与墙壁的间隔，采用灯具间距的1/2为宜。

与直管形荧光灯配套的简易型或旧式控照型（如搪瓷制）灯具不宜继续使用。格栅荧光灯具也应该注意选用效率高、配光符合使用要求的产品。大量安装白炽灯的花（吊）灯不宜在会议室、办公室中使用。

1. 一般办公室照明

（1）一般照明。办公室的一般照明通常可采用发光顶棚、嵌入式或吸顶式荧光灯具等。发光顶棚适应于较大空间；嵌入式或吸顶式荧光灯具适应不同空间，其灯具布置方式是以规则的直线状排列或网状布置。这两种照明方式照明方向性不强，能保证所有工作位置得到合适的照度，适应办公设备布置变化的需要。

（2）局部照明。对于作业区照度要求较高的办公室，可采用台灯来进行局部照明。局部照明的台灯最好采用以紧凑型荧光灯为光源的反射灯具，灯具应装在视线之上，约高出桌面0.6 m。通过改变灯具的方位，寻找合适的角度，使眼睛看不到光源，又能均匀照明作业区。

2. 大空间办公室照明

大空间办公室通常被家具隔成许多单独的工作空间，其照明设计一般不考虑办公用具的布置，只提供均匀的一般照明，但应注意眩光的限制。由于文件柜等容易给工作面造成阴影，因而需要用台灯等予以消除。同时可用调光器控制这些灯具，达到节能的目的。由于有一般照明和局部照明，所以要注意亮度比的问题。

3. 个人专用办公室照明

个人专用办公室的照明和一般办公室的照明相比，更多的是希望能够达到一定的艺术效果或气氛，通常由一般照明、重点照明或局部照明所组成。它的一般照明并不要求有较高照度，可适当覆盖办公桌及其周边，房间其余部分可通过几个重点照明来处理。如在办公室的沙发旁设置台灯、地灯，在墙面上设置小型射灯以及壁灯等，以达到装饰照明的要求。

4. 会议室照明

会议室的一般照明可结合室内装修来设置，如嵌入式荧光灯、发光顶棚、光带等。会议室一般照明应为室内的会议桌提供足够的照度，并且照度应均匀，但对于整个会议室空间来说不一定要求照度均匀。当会议室有主席台时，应加强主席台部分的照度；当室内有陈列、展览要求时，应增加局部照明；有投影装置的会议室，应能很方便地控制会议室的照明。

5. 营业性办公室照明

营业办公室指银行、证券公司以及火车站、汽车站、民航售票处等接待客人用的办公室，通常称之为对外联系的“窗口”。一般情况下，营业办公室比一般办公室的照度要高。这是因为它是接待顾客的场所，多数情况是房间的布局直接与室外相连，所以要防止从明亮的室外进来时感到昏暗。营业办公室的照明必须采用提高桌上的水平面照度，同时还使客人面部等处得到足够的垂直面照度的照明方法。提高垂直面的照度即提高墙面照度的照明方式会使房间显得宽敞，制造出活跃的气氛，这对于营业办公室是至关重要的。

6. 有视频显示终端的办公室照明

1）一般照明要求

（1）照度要求。水平工作面的照度不宜超过 500 lx。如果需超过 500 lx，可加局部照明来达到。

（2）亮度要求。对于直接和间接照明系统：顶棚表面亮度不超过 1 370 cd/m^2；顶棚表面（灯具自身除外）的亮度比不超过 20∶1。纸面与视频显示终端屏幕之间的亮度比不超过 1∶1/3。视频显示终端屏幕上具有潜在反射的垂直面应妥善调整，其反射比最大不超过 50%。

（3）视觉环境要求。窗户应加窗帘，以克服室外过高的亮度；灯具布置应合理，使屏幕上的反射眩光达到最小。

2）照明系统的要求

（1）为达到视觉舒适所要求的亮度，灯具可加有机玻璃或格栅等来控制。铝合金格栅能减小屏幕的反射，一般格栅方格尺寸以 38 ~ 50 mm 为宜。

（2）可用间接照明方式，但顶棚的反射比应高一些，可用白色表面。

（3）要注意照明的均匀性。

7. 绘图室照明

绘图室对照明质量要求较高，如果照明不好，绘图工具往往会造成阴影，影响工作效率。选择间接照明和半直接照明方式能减小阴影。采用直接照明方式虽同样有效，但必须在绘图桌侧面进行照明，以减少光幕反射；还需采用可降低光幕反射的灯具，适当地安排灯具的位置。

采用安装在绘图桌上带摇臂的绘图灯进行辅助照明时，可根据实际情况调整灯具角度，以消除阴影。

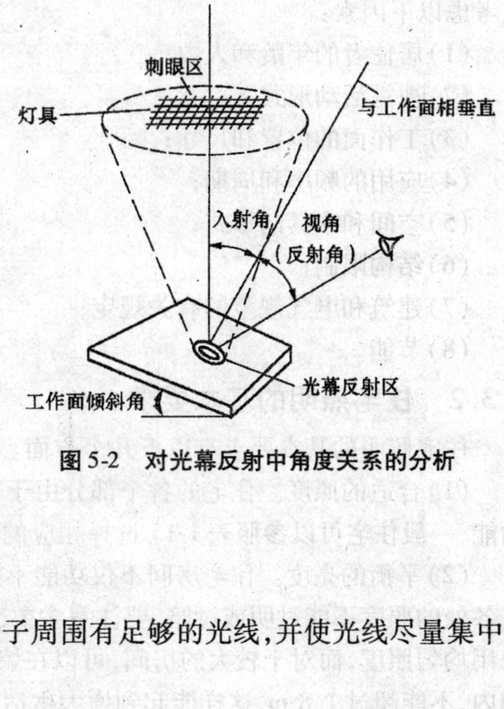

图 5-2　对光幕反射中角度关系的分析

8. 档案室照明

档案室应考虑水平、倾斜和垂直三个工作面的照明。档案室均匀照明是为水平工作面服务的，而在档案柜上方设置局部照明，就可解决另外两个工作面的照明问题。

9. 盥洗间照明

盥洗间不需要均匀照明。灯具的布置应使镜子周围有足够的光线，并使光线尽量集中在上方以便于清洗大小便池。

10. 公共场所照明

办公楼的公共场所一般包括入口门厅、电梯厅、走廊和楼梯间。公共场所的照明一般点亮时间较长，便要注意节能。

（1）入口门厅照明。办公楼的入口门厅照明，既要符合建筑上的要求，又要考虑减小室内外亮度的变化。入口门厅常采用玻璃等修饰材料，造成很高的反射，这种情况采用壁灯较合适。如果采用镜面玻璃材料，更要注意反射眩光的问题。设计时应与建筑师配合，选择合适的建筑材料和灯具。

(2)走廊照明。走廊照明不要造成由相邻场所往返人员的眼睛不舒适。线状灯具(如荧光灯)横跨布置能使走廊显得更亮。

(3)楼梯间照明。楼梯间灯具的布置应减小台阶处的阴影和人眼视线上的眩光,还要考虑灯具维修方便。

5.3 居住建筑照明设计

随着人们生活水平的提高,居室装修的档次不断提升,照明除了本身的实用意义,更多地担负起装饰和观感上的功能。灯饰、家具和其他陈设协调配合,使人们的生活空间表现出华丽、宁静、温馨、舒适的情趣和气氛。本节侧重介绍标准较高的住宅公寓和别墅的照明设计,也可供普通住宅照明设计参考。

5.3.1 住宅照明设计要考虑的因素

光线是衡量住宅的一个重要因素,高照度照明能令人兴奋,低照度的照明则有亲切的气氛。光的颜色也是构成环境气氛的首要因素之一。人的大部分时间要在住宅里度过,住宅照明直接关系到人们的日常生活,还与人们的年龄、心理和文化修养有关。所以,住宅照明设计应考虑以下因素:

(1)居住者的年龄和人数;

(2)视觉活动形式;

(3)工作面的位置和尺寸;

(4)应用的频率和周期;

(5)空间和家具的形式;

(6)结构限制;

(7)建筑和电气规范的有关规定;

(8)节能。

5.3.2 住宅照明的基本要求

住宅照明的基本要求有以下几个方面。

(1)合适的照度。住宅的各个部分由于功能不同,对照度的要求也不一样,为了满足使用功能,一般住宅可以参照表1-15选择相应的照度值。

(2)平衡的亮度。住宅房间不仅功能不同,大小差别也大。要创造一个舒适的环境,住宅里各处的照度不能过明或过暗,要注意主要部分与附属部分亮度的平衡。一般较小的房间可采用均匀照度,而对于较大的房间,可以在墙壁上加壁灯。壁灯的安装高度应在视线高度的范围内,不能超过1.8 m,这样能起到增大生活空间的效果。

(3)电气设施留有余度。随着人们生活水平的不断提高,家电数量日益增多,电源线的截面积和瓦时计的容量应留有一定的富余度,确保用电安全。

(4)利用灯光创造氛围。灯光照明设计时,既要考虑创造良好的学习、生活环境,又要创造舒适的视觉环境,让灯光照明在家庭装饰中真正达到赏心悦目的效果。

5.3.3　住宅照明设计的主要内容

1. 确定照度值

(1)根据实测调研,绝大多数起居室在灯全开时,照度在 100 ~ 200 lx 之间,平均照度可达 152 lx。根据我国实际情况定为 100 lx,而起居室的书写、阅读定为 300 lx。这可用增加局部照明灯形成的混合照明来达到。

(2)绝大多数卧室的照度在 100 lx 以下,平均为 71 lx。根据我国实际情况,卧室的一般活动照度略低于起居室,取 75 lx 为宜。床头阅读比起居室的书写阅读对照度要求低,取 150 lx。一般活动照明由一般照明来达到,床头阅读照明可由混合照明来达到。

(3)餐厅照度多数在 100 lx 左右,我国定为 150 lx。

(4)目前我国的厨房照明较暗,大多数只设一般照明,操作台未设局部照明。根据实际调研,一般活动多数在 100 lx 以下,平均照度为 93 lx(国外多在 100 ~ 300 lx)。根据我国实际情况,定为 100 lx。国外在操作台照度均较高,在 200 ~ 500 lx 之间。根据我国实际情况,定为 150 lx,可由混合照明来达到。

(5)卫生间照明多数为 100 lx 左右,平均照度为 121 lx,故定为 100 lx。至于洗脸、化妆、刮脸,可用镜前灯照明,照度可在 200 ~ 500 lx 之间。

2. 合理布灯

正确的布灯方式应根据人们的活动范围和家具的位置合理安排。比如,看书读报的灯具位置应该考虑与桌面保持适当的距离,具有合适的角度,并使光线不刺眼。直接照射绘画、雕塑的灯具,应使绘画色彩真实,便于欣赏,使雕塑明暗适度,立体感强。

3. 投光范围

所谓投光范围就是达到照度标准的范围有多大,它取决于人们的活动范围和被照物的体积或面积。投光范围的调整主要靠灯罩的形状和大小以及灯具数量和悬挂高度的调整。

4. 选择灯具

灯具的种类很多,合理地选择灯具,首先要使灯具适合室内空间的体量与形状,要符合房间的用途和特性。最后要体现民族风格和地区特点,反映人们的情趣和爱好。

5.4　学校照明设计

学校是学生读书学习的地方,学校照明的目的就是为教师和学生创造一个良好的光照环境,满足学生和教师的视觉作业要求,保护视力,提高教学与学习效率。学校建筑中,建筑用房类型较多,不仅有教学楼、图书馆,还有体育中心(包括体育场、馆等)、食堂、宿舍、学生活动中心、文化交流中心等,体育中心照明可参见体育场馆照明的有关标准,学生活动中心主要为学生社团服务,文化交流中心主要为对外接待、会议交流等,与宾馆类似,可参见 5.7 节宾馆部分。学校照明中最具有特点的是教学楼和图书馆照明。

5.4.1　教学楼照明

1. 教室照明的基本要求

教学楼照明中最主要的是教室照明。一般教学形式分为正式教学和交互式教学,正式教学主要是教师与学生之间交流,即教师看教案、观察学生、在黑板上书写,学生看书、写字,看黑板上的字与图，注视教师的演示等；交互式教学增加了学生之间的交流，学生之间应能互相看清各自的表情。目前教室中教学区大多采用投影等形式，且学校以白天教学为主，有效利用自然采光可利于节能。因此，教室照明最基本的任务是：

(1)满足学生看书、写字、绘画等要求，保证视觉目标水平和垂直照度要求；

(2)满足学生之间面对面交流的要求；

(3)引导学生把注意力集中到教学或演示区域；

(4)适应不同的演示和教学情景需要，并考虑自然光的影响；

(5)满足显色性，控制眩光，保护视力。

除此之外，教室照明还应做到安全、可靠，方便维修，并与环境协调。

2. 光源与灯具的选择

1)光源

教室照明推荐采用稀土三基色荧光粉的直管荧光灯，它具有显色性好、光效高、寿命长等特点，易于满足显色性、照度水平及节能的要求。普通教室可用 T8 直管荧光灯，有条件的可采用 T5 直管荧光灯，提高照明质量，更有利于环保，并满足节能要求。

2)灯具选择

(1)普通教室不宜采用无罩的直射灯具及盒式荧光灯具，而应选用有一定保护角、效率不低于 75% 的开启式配照型灯具。

(2)有要求或有条件的教室可采用带格栅(格片)或带漫射罩型灯具，其灯具效率不宜低于 60%。

(3)具有蝙蝠翼式光强分布特性灯具的光强分布如图 5-3，一般有较大的遮光角，光输出扩散性好，布灯间距大，照度均匀，能有效地限制眩光和光幕反射，有利于改善教室照明质量和节能。图 5-4 表示具有蝙蝠翼式光强分布特性的灯具与余弦光强分布特性的灯具的性能对比。前者比后者减少了光幕反射区及眩光区的光强分布，降低了眩光特别是光幕反射的干扰，增大了有效区的光强分布，使灯具输出光通的有效利用大大提高。

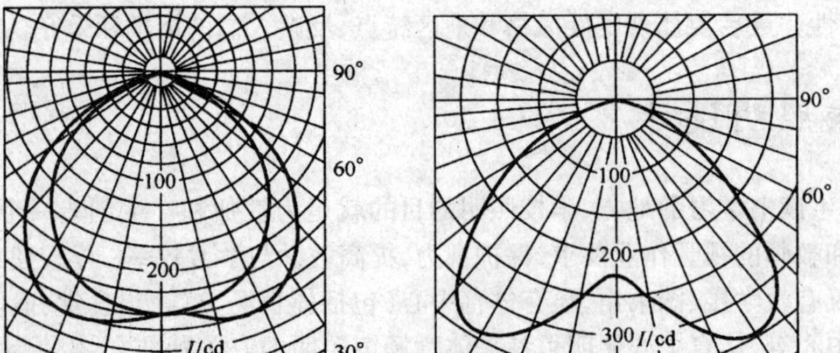

图 5-3 蝙蝠翼式光强分布特性灯具的光强分布

(a)中宽光强分布；(b)宽光强分布

(4)不宜采用带有高亮度或全镜面控光罩(如格片、格栅)类灯具，宜采用低亮度、漫射或半镜面控光罩(如格片、格栅)类灯具。

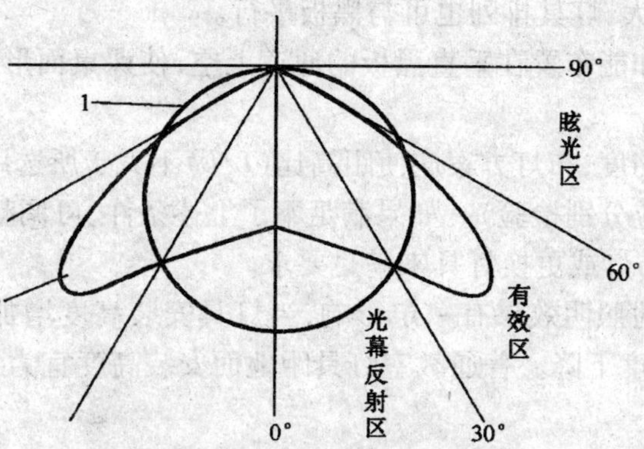

图 5-4　蝠翼式光强分布特性灯具与余弦光强分布特性灯具的性能对比

1—余弦光强分布　2—蝙蝠翼式光强分布

(5)如果教室空间较高，顶棚反射比高，可以采用悬挂间接或半间接照明灯具，该类灯具除向下照射外，还有更多的光投射到顶棚，形成间接照明，营造更加舒适宜人的光环境。如果教室有吊顶，一般采用嵌入式或吸顶式灯具。

3. 教室对室内装修的要求

(1)教室内各表面应采用浅色装修，而且要用无光泽材料，其各表面反射系数值可参考表 5-7。

表 5-7　教室内各表面反射系数值

表面名称	反射系数/%	表面名称	反射系数/%
顶棚	70 ~ 80	侧墙、后墙	70
前墙	50 ~ 60	课桌面	35 ~ 50
地面	20 ~ 30	黑板面	15 ~ 20

(2)各表面颜色如下。

①顶棚为白色。

②墙面：高年级教室为浅蓝色、浅绿色、白色等，低年级教室为浅黄色、浅粉色等，成人用教室为白色、浅绿色等。

③地面为不刺眼、耐脏的颜色。

④黑板为无光的绿色。

4. 普通教室照明

最亮的点或面通常最引人注意，在照明设计中，为确保学生集中注意力，桌面和黑板的亮度应为最高，因此，教室照明通常由对课桌的一般照明和对黑板的局部照明组成。

1)教室一般照明

(1)普通教室课桌呈规律性排列，宜采用顶棚上均匀布灯的一般照明方式。为减少眩光区和光幕反射区，荧光灯具宜纵向布置，即灯具的长轴平行于学生的主视线，并与黑板垂直，如图 5-5 所示布灯方案。如果灯具横向配光良好，能有效控制眩光，灯具保护角较大，灯具表面亮度与顶棚表面差别不大，灯具排列也可与黑板平行。

(2)教室照明灯具如能布置在垂直黑板的通道上空，使课桌面形成侧面或两侧面来光，照明效果更好。

(3)为保证照度均匀度，布灯方案应使距高比(L/h)不大于所选用灯具的最大允许距高比(A-A、B-B 两个方向均应分别检验)。如果满足不了上述条件，可调整布灯间距 L 与灯具挂高 h，以至增加灯具、重新布灯或更换灯具来满足要求。

(4)灯具安装高度对照明效果有一定影响，当灯具安装高度增加，照度下降；安装高度降低，眩光影响增加，均匀度下降。普通教室灯具距地面安装高度宜为 2.5 ~2.9 m，距课桌面宜为 1.7 ~2.1 m。

(5)教室照明的控制宜平行于外窗方向，分区、分组控制(黑板照明开关应单独装设)。有投影屏幕时，在接近投影屏幕处的照明应能独立关闭。

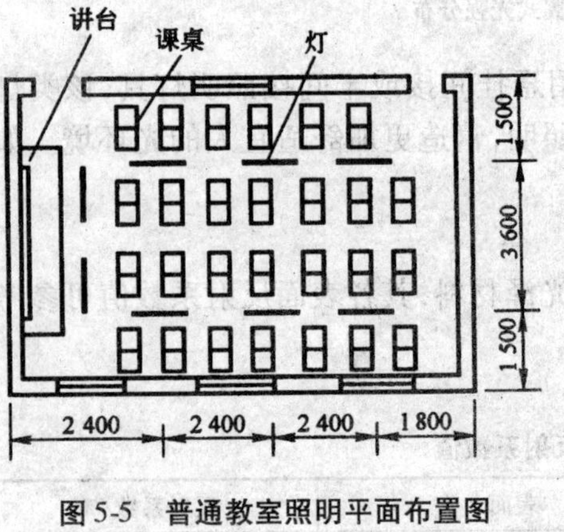

图 5-5 普通教室照明平面布置图

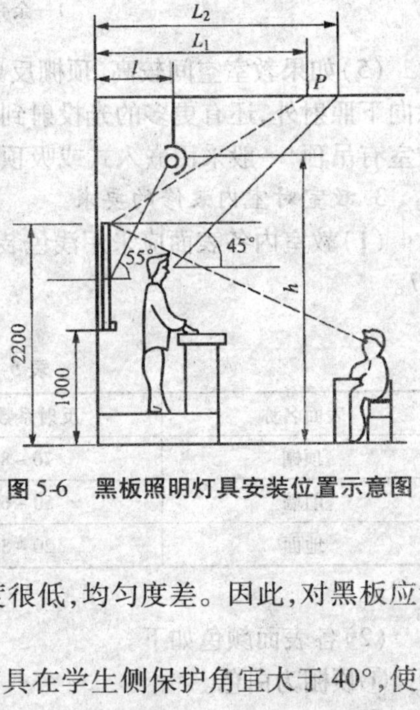

图 5-6 黑板照明灯具安装位置示意图

2)黑板照明

教室内如果仅设置一般照明灯具，黑板上的垂直照度很低，均匀度差。因此，对黑板应设专用灯具照明，其照明要求如下。

(1)宜采用具有非对称光强分布特性的专用灯具，灯具在学生侧保护角宜大于 40°，使学生不感到直接眩光。

(2)黑板照明不应对教师产生直接眩光，也不应对学生产生反射眩光。在设计时，应合理确定灯具的挂高及与黑板墙面的距离。图 5-6 示出了教师、学生、黑板与灯具之间的关系。由该图可得到以下布灯原则。

①为避免对学生产生反射眩光，黑板灯具的布灯区为：第一排学生看黑板顶部，并以此视线反射至顶棚求出映像点距离 L_1，以 P 点与黑板顶部作虚线连接，见图 5-6，灯具应布置在该连接虚线以上区域内。

②教师站在讲台上，其水平视线 45°仰角以内位置不宜布置灯具，否则会对教师产生较大的直接眩光。黑板照明灯具位置可参考表 5-8 的数据来确定。

表5-8　黑板照明灯具位置

地面至光源的距离 h(m)	2.6	2.7	2.8	3.0	3.2	3.4	3.6
光源距装黑板的墙距离 l(m)	0.6	0.7	0.8	0.9	1.1	1.2	1.3

(3)黑板照明灯具数量,可参考表5-9。

表5-9　黑板照明灯具数量

黑板宽度(m)	36 W单管专用荧光灯(套)
3~3.6	2~3
4~5	3~4

5. 阶梯教室照明

对阶梯教室照明的要求如下。

(1)阶梯教室内灯具数量多,眩光干扰增大,宜选用限制眩光性能较好的灯具,如带格栅或带漫反射板(罩)型灯具、保护角较大的开启式灯具。有条件时,还可结合顶棚建筑装修,对眩光较大的照明灯具做隐蔽处理,如图5-7所示,把教室顶棚分块做成尖劈形,灯具被下突部分隐蔽,并使其出光投向前方,向后散射的灯光被截去并通过灯具反射器也向前方投射。学生几乎感觉不到直接眩光。

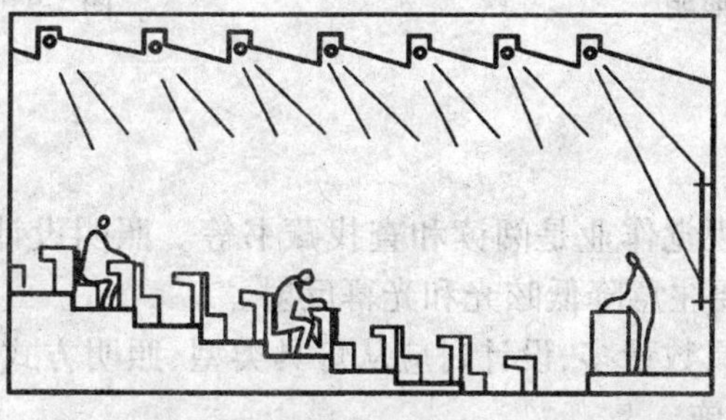

图5-7　阶梯教室照明灯具布置图

(2)为降低光幕反射及眩光影响,推荐采用光带(连续或不连续)及多管块形布灯方案,不推荐单管灯具方案。

(3)灯具宜采用吸顶或嵌入方式安装。当采用吊挂安装方式时,应注意前排灯具的挂高不应遮挡后排学生的视线及产生直接眩光,也不应影响幻灯、电影等的放映效果。

(4)当阶梯教室内的黑板设有专用照明时,投映屏设置的位置宜与黑板分开。一般可置于黑板侧旁,放映时,也可同时开灯照明黑板。为减少黑板照明对投映效果的影响,投映屏应尽量远离黑板照明区并应向地面有一倾角。

(5)为使幻灯、投影和电影的放映方便,宜在讲台和放映处对室内照明进行控制。有条件时,可对一般照明的局部或全部实现调光控制。当一般照明为气体放电灯时,可装设部分白炽顶灯或壁灯,并对其进行调光控制。

6. 计算机教室照明

在计算机教室内应避免在视觉显示屏上出现灯具、窗等高度光源的影像，通常采用以下措施加以抑制。

(1)选用适宜的灯具。灯具在其下垂 50°角以上区域内亮度不大于 200 cd/m^2，如图 5-8 所示。具有蝙蝠翼式光强分布特性的灯具，一般可满足上述要求。图 5-8 中，$a=50°$为灯具亮度限制角，$b=45°$为直接眩光限制角，$c=20°$为屏幕向上仰角。由于限制了灯具在 $a>50°$区域的亮度，在屏幕上不会产生反射眩光和映像，操作员就不会感到直接眩光。

(2)合理布置屏幕、高亮度光源(灯具、采光的窗与门等)和操作人之间的相对位置，以使操作人看屏幕时，不处于或接近高亮度光源在屏幕的镜面反射角上。

(3)计算机室室内各表面反射率，见图 5-9。

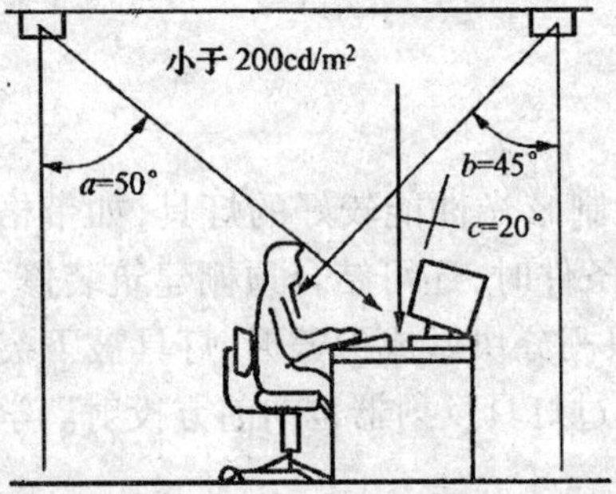

图 5-8 计算机教室照明

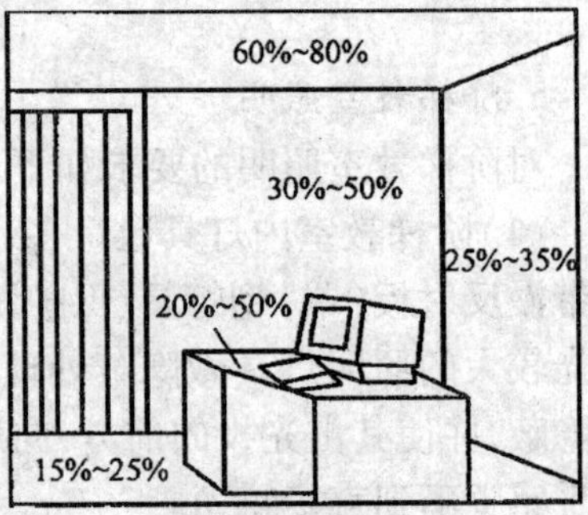

图 5-9 计算机教室各表面反射率

5.4.2 图书馆照明

1. 一般要求

(1)图书馆中主要的视觉作业是阅读和查找藏书等。照明设计除应满足照度标准外，应努力提高照明质量，尤其要注意降低眩光和光幕反射。

(2)阅览室及书库灯具数量多，设计时应从灯具类型、照明方式、控制方案与设备、维护管理等方面考虑采取节能措施。

(3)重要图书馆应设置应急照明、值班照明或警卫照明。应急照明、值班照明或警卫照明宜为一般照明的一部分，并应单独控制。值班或警卫照明也可利用应急照明的一部分或者全部。

(4)图书馆内的公用照明与工作(办公)区照明宜分开配电和控制。

(5)对灯具、照明设备的选型、安装、布置等方面应注意安全及防火。

2. 阅览室照明

1)照明方式

阅览室可采用一般照明或混合照明方式。面积较大的阅览室宜采用分区一般照明或混合照明方式。阅览室照明方式如图 5-10 所示。

当采用分区一般照明方式时，非阅览区的照度，一般可为阅览区桌面平均照度的 1/3 ~ 1/2。当采用混合照明方式时，一般照明的照度宜占总照度的 1/3 ~ 1/2。

2)光源与灯具选择

(1)光源选择。阅览室宜采用荧光灯照明，并应选择优质镇流器，如优质电子镇流器或低

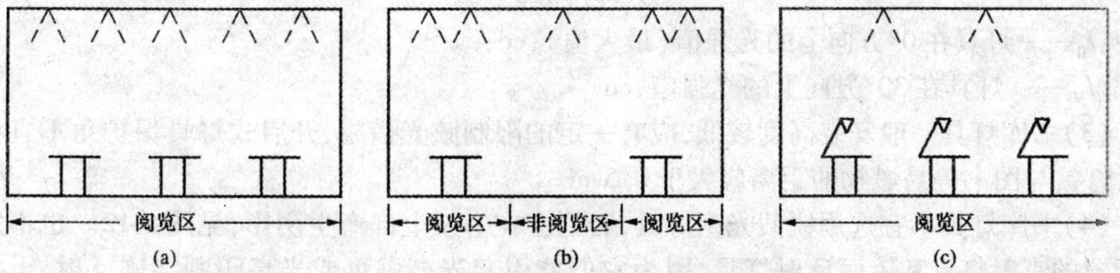

图 5-10　阅览室照明方式示意图

(a)一般照明方式;(b)分区一般照明方式;(c)混合照明方式

噪声节能型电感镇流器;要求更高的场所宜将电感镇流器移至室外集中设置,防止镇流器产生噪声干扰。

(2)灯具选择如下:

①宜选用限制眩光性能好的开启式灯具、带格栅或带漫射罩、漫射板等型灯具;

②灯具格栅及反射器不宜选用全镜面、高亮度材料,宜用半镜面、低亮度材料;

③宜选用蝙蝠翼式光强分布特性的灯具;

④选用的灯具应与室内装修相协调。

(3)灯具布置。灯具布置对照明效果有一定影响。阅览室照明灯具布置一般应遵守下列原则。

①灯具不宜布置在干扰区内,否则易产生光幕反射。干扰区示意图见图 1-7。干扰区即为容易在作业处上产生光幕反射的区域。灯具如能布置在阅读者的两侧(单侧时宜为左侧),对桌面形成两侧(或左侧)投射光,如图 1-8 所示,效果更好。

②为减少直接眩光影响,灯具长边应与阅读者主视线方向平行,一般多与外侧窗平行方向布置。

③面积较大的阅览室,条件允许时,宜采用两管或多管嵌入式荧光灯带或块形布灯方案,其目的是加大非干扰区,减少顶棚灯具的数量,增加灯具的光输出面积,降低灯具的表面亮度,提高室内照明质量。

④阅览室多采用混合照明方式。阅览桌上的局部照明也宜采用荧光灯。局部照明灯具的位置不宜设置在阅读者的正前方,宜设在左前方,以避免产生严重的光幕反射,提高可见度。

3. 书库照明

1)对书库照明的一般要求

(1)书库照明中,视觉任务主要发生在垂直表面上,书脊处的垂直照度宜为 200 lx。

(2)书架之间的行道照明应采用专用灯具,并设单独开关控制。开架书库设有研究厢时,应在研究厢处增设局部照明。

2)灯具选择

(1)书库照明一般采用间接照明或者具有多水平出射光的荧光灯具,对于珍贵图书和文物书库应选用有过滤紫外线的灯具。

(2)书架间行道照明的专用灯具宜具有窄配光光强分布特性,如图 5-11 所示。灯具在横向(A-A 方向)应尽量减少在 30°~60°区域内的光强分布,提高下部书架的垂直照度,一般宜使

$$I_0/I_{30}=1.5\sim3 \tag{5-1}$$

式中：I_0——灯具在0°方向上的光强值（最大值），cd；

I_{30}——灯具在30°方向上的光强值，cd。

（3）书库灯具一般安装高度较低，应有一定的限制眩光措施，开启式灯具保护角不宜小于10°，灯具与图书等易燃物的距离应大于0.5 m。

（4）书库灯具不宜选用锐截光型灯具，否则会在书架上部产生阴影，见图5-12。也不宜采用无罩的直射灯具和镜面反射灯具，因为它们能引起光亮书页或光亮印刷字迹反射，干扰视觉。

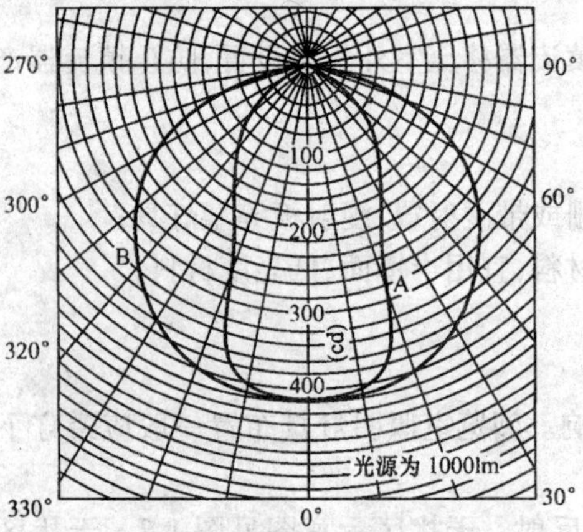

图5-11　窄配光光强分布示意图

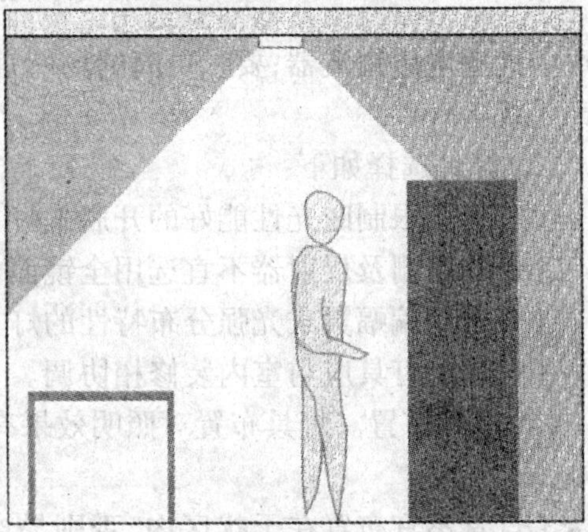

图5-12　非截光型灯具用于书架照明

3）灯具安装方式

书架行道照明专用灯具一般安装在书架间行道上空，多为吸顶安装，见图5-13（a）。有条件的可采用嵌入式安装，见图5-13（b）。灯具安装在书架上，形成一体，见图5-13（c），具有较大的灵活性，但应采取必要的电气安全防护及防火措施。开架书库及阅览室内的单侧排列的书架，可采用具有非对称光强分布特性的灯具向书架投射照明，见图5-13（d）。此种安装方式，不仅可使书架照明取得良好的效果，也不会对室内的阅读者产生眩光干扰。

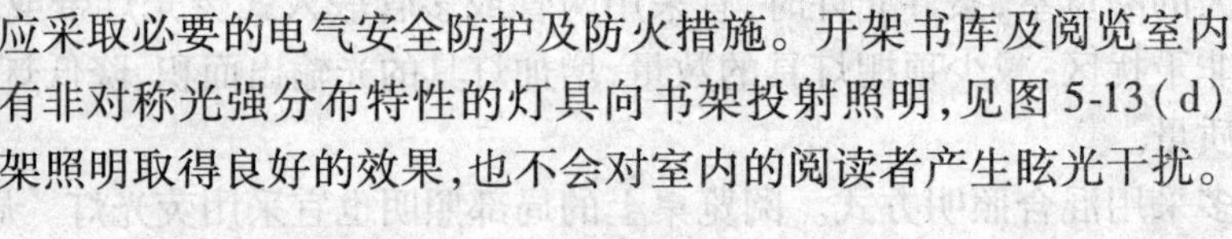

图5-13　书库照明灯具安装方式

（a）吸顶安装；（b）嵌入式安装；（c）灯具与书架一体化；（d）单侧书架投射方式

4)书库地面装修

为提高底层书架的垂直照度,书库地面宜采用反射系数高、无光泽的建筑材料做饰面。它既增加地面反射比,也不会产生反射眩光。

5.5　工厂照明设计

工厂建筑包括的范围很广,从基础工业的巨大厂房到精细的显微电子工业的超净车间,它们对于照明的要求是迥然不同的,但对于容易看而不疲劳的要求则是相同的。

工厂的照明必须满足生产和检验的需要,这两项工作的要求在某些情况下是相似的,而在另外一些情况下,特别是生产工序自动化的情况下,检验工作就需要单独的照明设备。

《建筑照明设计标准》规定工作区域一般照明均匀度不应小于0.7,而作业面与临近周围的照度均匀度不应小于0.5。

非工作区的照度与工作区照度之比宜小于1/3。根据近年来对工作环境的研究发现,均匀无变化的环境影响人的觉醒程度,而觉醒程度又影响到工作效率,一般难度较高的工作要求觉醒程度低一些,环境应以均匀少变化为主,而难度低的工作则要求环境多一些变化,但觉醒程度太高后,又要分散注意力而降低工作效率,故均匀度的问题尚待深入研究。

5.5.1　一般照明

1. 高大厂房(一般高于15 m)

高大厂房一般照明采用高强气体放电灯作光源,采用较窄光束的灯具吊在屋架下弦,并与装在墙上或柱上的灯具相结合,以保证工作面上所需要的照度,见图5-14。

2. 中等高度的厂房(高5~15 m)

中等高度的厂房原则上采用小功率(35 W,50 W,70 W,100 W,125 W)的高强度气体放电灯,采用宽配光或较宽配光的灯具吊在屋架下弦。采用聚碳酸酯材料制成棱镜罩,配光较宽的工厂灯具就很适宜。

3. 一般高度为5 m及以下的厂房

较矮的厂房主要采用荧光灯,灯具布置可以与梁垂直,也可以与梁平行,见图5-15所示。不要用裸灯管,并应减小光源与顶棚的亮度对比。

在厂房若有传送带时,灯具可采用如图5-16所示的布置,在传送带上方和两旁的工作位置上,均应有光带。在连续或近于连续生产时,视线的主要方向应与灯管平行。工作中有时难以避免有光泽的表面,为了避免反射眩光,灯具下口应适当遮挡,例如使用格栅或棱镜面板等。

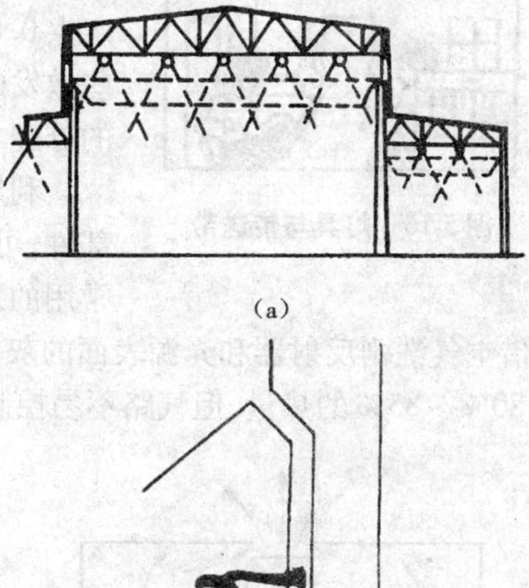

(a)

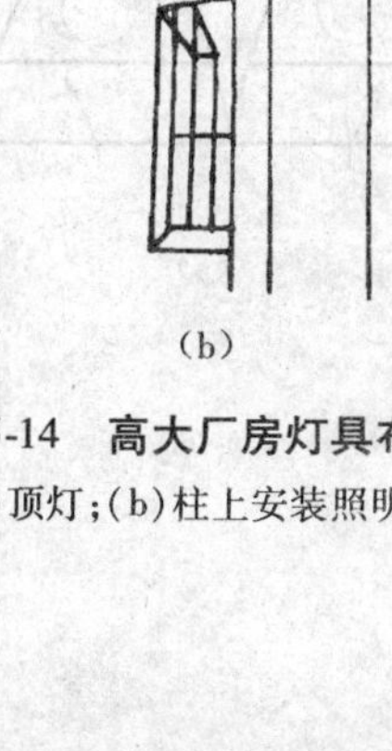

(b)

图5-14　高大厂房灯具布置

(a)顶灯;(b)柱上安装照明器

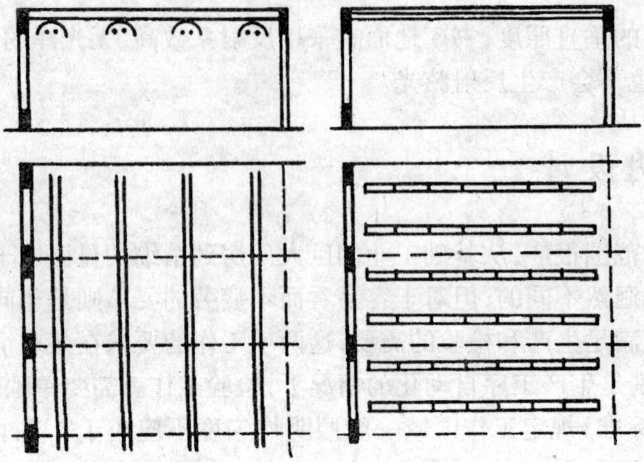

(a)　　　　　　　　(b)

图 5-15　一般厂房灯具布置

(a)灯具与梁垂直;(b)灯具与梁平行

4. 灯具热量的处理

图 5-16　灯具与传送带

灯具的热量被排除后,显然有利于荧光灯和镇流器的运行,使灯管光效提高,镇流器故障减少,寿命延长,同时又可节能。

灯具的发热量主要由光源产生,输入 1 W 的电能每小时将产生 0.86 W 的热量,通过对流、传导和辐射方式散发出来。这些散发的能量大部分消散在室内。嵌入式灯具散发出来的热量的分配与灯具的结构、所用材料以及室内与顶棚间的温差有关。

利用空调灯具,使空气按一定流向强制通过光源及其发热部件,可带走它们产生的热量或引入空调系统加以利用。目前常用的蝙蝠翼配光灯具和密闭式棱镜灯具的气路见图 5-17。前者借空气洗刷反射器和光源表面的灰尘,减少灰尘积聚,并带走 65% ~75% 的热量;后者可收集 80% ~85% 的热量,但气路不易控制。

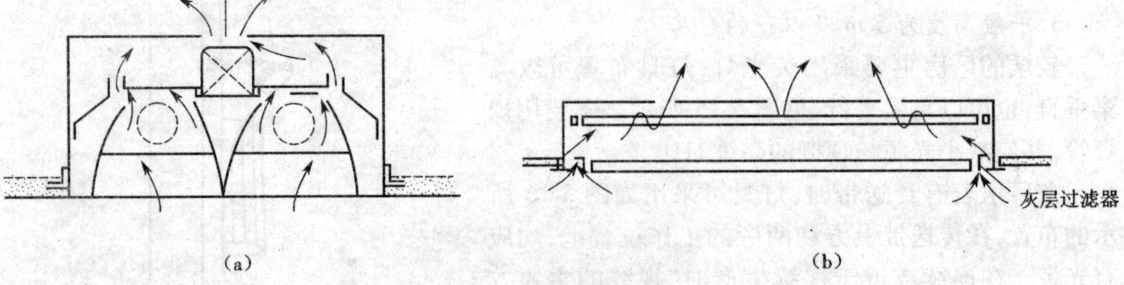

(a)　　　　　　　　(b)

图 5-17　两种空调灯具

(a)有格栅反射器式;(b)密封棱镜板式

5.5.2　控制室照明

工业控制室中主要装设直立的控制盘和有斜面或水平面的控制台，值班人员的视力工作是持续的且比较紧张的，所有控制室均要求较高的照度，一般照明的照度为 300～500 lx。并应有较好的亮度分布和色彩分布，应无直射眩光和反射眩光。同时，应与声、热等其他环境因素综合考虑，以创造一个良好的室内环境。控制室照明应有很高的可靠性和稳定性。垂直面上要有足够的照度，同时水平面与垂直面不要有过大的亮度差别。一般采用荧光灯。照明装置采用低亮度漫射照明装置或方向照明装置，即利用倾斜安装的带有方向性配光的灯具组成的发光顶棚、嵌入式或半嵌入式光带。

5.5.3　检验工作照明

对于一般的检验工作，检验人员的视力及其适应性、熟练程度是最重要的，其次是被检验物的性质以及照明方式。检验对象中，对于视觉工作最困难的情况一是被检验对象非常小，二是被检验对象与背影亮度和颜色的对比都很小，三是被检验物体高速运动着，四是要辨别微小的颜色差异。对于上述四种困难情况，采用合适的照明方式能使眼睛的辨别工作变得容易起来。取决于检验对象的性质的工作照明基本方式列于表 5-10。要观察物体有无光泽及明暗程度时，照明方式的影响很大。恰当地采用集中照明或漫射照明，调整照明与观察的方向和角度，都可以使观察的东西更加容易。

表 5-10　检查工作照明的基本形式

	(a)	(b)	(c)	(d)	(e)
基本形式					
光源	置于被检物上方	置于被检物前方	置于被检物前下方	漫射性面光源	漫透射面光源
漫射型灯具	光泽平面上的凹凸、弯曲（金属、塑料板等）	半光泽面上的亮斑、凹凸（铅字、活板等）	强调平面上的凹凸（布、丝织物的纺织不匀、斑点、起毛等）	光泽面上的一致性、瑕疵（金属、玻璃等），光泽面的翘曲、凹凸由反射像的变形来观察光源面上的条纹、格子的直线样子	透明体内的异物、裂痕、气泡（玻璃、液体等），半透明体的异物、不均匀（布、棉、塑料等），但是，对于带有白色的异物，要用黑色背景，以聚光性灯具照射
集光型灯具	光泽面的瑕疵、划线、冲孔、雕刻等	粗面上的光泽部分（金属磨损部、涂料的剥落等）	强调平面上的凹凸（板材、铅字、纸板等的翘曲、凹凸）		

5.5.4　特殊场所照明

工厂内的特殊场所一般指周围环境条件与一般常温干燥房间不同的场所，如多尘、潮湿、有腐蚀性气体、有火灾或爆炸危险的场所等。这些场所的照明要着重考虑安全性、可靠性，便于维护和有较好的照明效果。下面分别说明各种环境对灯具的防护要求。

1. 多尘场所

多尘场所的环境有下列的特征。

(1)生产过程中,空间常有大量尘埃飞扬并沉积在灯具上,造成光损伤,效率下降。(指普通粉尘场所,不包括可燃的火灾或有爆炸危险的粉尘场所)

(2)导电、半导电粉尘聚积在电气绝缘装置上,受潮时,绝缘强度下降,易发生短路。

(3)当粉尘积累到一定程度,并伴有高温热源时,可能引起火灾或爆炸。

灯具选用原则如下:

(1)采用整体密闭式防尘灯,将全部光源及反射器都密闭在灯具之内,这样被污染的机会少,灯具的效率高;

(2)灰尘不太多的场所用开启灯具;

(3)采用反射型灯泡,不易污染,维护工作量小。

2. 潮湿场所

特别潮湿的环境是指相对湿度在95%以上,充满潮气或常有凝结水出现的场所,它使灯具绝缘水平下降,易造成漏电或短路。人体电阻也因水分多而下降,增加触电危险,且灯具易锈蚀。为此,灯具的引入线处应严格密封,以保证安全。在选择灯具时应注意其外部防护等级要符合防潮气进入的要求(防潮型)。当地下室中灯具悬挂高度低于2.4 m且无防触电措施时,应采用36 V安全电压。

3. 腐蚀性气体场所

当生产过程中溢出大量腐蚀性气体或在大气中有大量盐雾、二氧化硫气体时,对于灯具或其他金属构件会造成侵蚀作用。因此,选用灯具时应注意下列几点。

(1)腐蚀场所密闭防腐灯,选择抗腐蚀性强的材料制成灯具。常用材料的性能是:钢板耐碱性好而耐酸性差,铝材耐酸性好而耐碱性差,塑料、玻璃、陶瓷等抗酸、碱腐蚀性均好。

(2)对内部易受腐蚀的部件实行密闭隔离。

(3)对腐蚀性不强烈的场所可用半开启式防腐灯。

4. 火灾危险场所

在生产过程中,产生、使用、加工、贮存可燃液(21区)或有悬浮状、堆积状可燃性粉尘纤维(22区)以及固体可燃性物质(23区)时,若有火源或高温热点,其数量或配置上能引起火灾危险的场所称为有火灾危险的场所。(21区指地下油泵间、贮油槽、油泵间、油料再生间、变压器拆装修理间、变压器油存放间等,22区指煤粉制造间、木工锯料间,23区指裁纸房、图书资料档案库、纺织品库、原棉库等。)

为防止灯泡火花或热点成为火源而引起火灾,灯具在22区场所应采用将光源隔离密闭的灯具,如IP—5X灯具;在21区场所使用的固定式安装灯具宜为IP—X5,移动式或便携式灯具宜为IP—55;在23区场所使用的灯具宜为IP—4X。

5. 有爆炸危险的场所

空间具有爆炸性气体、蒸汽(0区、1区、2区)、粉尘、纤维(10区、11区),且介质达到适当浓度,形成爆炸性混合物,在有燃烧源或热点温升达到闪点的情况下能引起爆炸的场所称为有爆炸危险的场所。这些场所的灯具防爆结构的选用见表5-11和表5-12。

表 5-11　气体或蒸汽爆炸危险环境的灯具防爆结构的选型

灯具及附件名称 \ 防爆结构 \ 爆炸危险环境	1 区		2 区	
	隔爆 d	增安 e	隔爆 d	增安 e
固定式灯	○	×	○	○
移动式灯	△	—	○	—
携带式电池灯	○	—	○	—
指示灯类	○	×	○	○
镇流器	○	△	○	○

注：○—适用；△—尽量避免；×—不适用；— —结构上不现实。

表 5-12　粉尘爆炸危险环境的灯具防爆结构的选型

爆炸危险环境防爆结构	10 区	11 区
	防爆(粉尘)	防尘
灯具	○	○

注：○—适用。

5.6　医院照明设计

医院建筑包括病房、门诊室、医学技术室及各种医疗服务设施用房，对照明的要求各不相同。因此，医院照明设计不仅要满足医疗技术的要求，充分发挥医疗设备的功能，有效地为医疗服务，而且也要考虑为病员创造一个宁静温馨的照明环境，有益病员的治疗和康复。

医院照明灯具有极高的功能性、清洁性和精密性。照明设计时应了解其工作性质和照明要求，采用各种措施来满足各医疗部门的要求。

5.6.1　光源的选择及照度标准

1. 光源的选择

色彩对于病员起着重要的心理治疗作用，光源与建筑装饰巧妙地配合，合理利用自然光，将有助于创造一种促使病人康复的气氛和环境。而色彩对于医护人员更为重要，光源应能真实地反映病人的肤色，也应满足手术及治疗的要求。不同功能的医疗部门对照明有着不同的要求，对于诊疗室、仪器检查室、手术室、ICU(监护中心)等部门必须考虑光源的显色性，应该选用显色性高的光源。

不同地区的医院环境照明，对光源色温的要求也有所区别，气候较寒冷地区的医院宜采用暖白色(低色温)光源，可给环境带来温暖的感觉。而热带地区的医院则应采用冷白色(高色温)光源，可给环境带来凉爽的感觉。因此，视觉环境既是生理的也是心理的要求，必须经过判断之后才能进行正确的照明设计。

照明光源应选择高效节能，光效高、显色性好的光源。医院大多数房间及应用场所应选用细管径直管荧光灯，配高品质的电子镇流器或节能电感镇流器。

2. 照度标准

照度标准值和单位功率密度值参见 GB 50034—2004《建筑照明设计标准》有关部分。

3. 照明负荷等级

医院各部门的照明负荷等级，见表5-13。

表5-13 医院各部门照明负荷等级

负荷等级	部门名称
一级	手术室、产房、血库、监护病房、CT诊断室、核磁共振室、血液病房的净化室、血液透析室、急诊室、疏散照明及疏散标志等
二级	普通病房、门诊诊室、X线放射科、治疗室、婴儿室等 辅助用房：营养部、供应室、解剖室、太平间及洗衣房等 附属用房：变配电室、热力站、锅炉房、集中供氧站等
三级	一、二级以外的建筑

5.6.2 门诊部照明设计

门诊部是医院的中枢，门诊部的照明设计，一般应以诊疗科室为单位来选择照明的方式和确定照度标准。门诊部的使用时间绝大部分是在白天，所以设计时要考虑与自然光的结合。

1. 大厅

大厅包括门厅、挂号厅、取药厅、候诊厅等场所。此类场所是人员较集中的地方，病员从挂号开始到候诊、治疗、交费、取药需要等待较长的时间。因此，照明设计要给病员创造一个安静的气氛，不宜选择豪华的装饰灯具，应以简洁明快的灯具为主。大面积的功能性照明，当采用荧光灯且灯具数量较多时，应采用三相配电或电子镇流器，克服荧光灯的频闪现象和噪声。有条件的场所应尽可能充分利用自然光，并设计照明节能控制。例如，采用间隔和分区控制方式或者采用照度传感器，根据厅内亮度的变化，自动控制灯的点灭。

当大厅部分采用自然采光时，要注意照度分布和克服眩光等问题。同时，应考虑到日落后整个大厅照度的均匀性，厅内不应有太大的照度差异。例如，采用顶棚自然采光的大厅，在采光顶棚应均匀布置照明灯具。层高较高的大厅，由于维护较困难，应采用寿命长的光源，如无极荧光灯、陶瓷金属卤化物灯等。此外，大厅四周的宣传栏内可设置内照式荧光灯具，灯具的设置不应产生眩光。图5-18是大厅平面灯具布置的两种形式，有吊顶的大厅应采用嵌入式灯具。

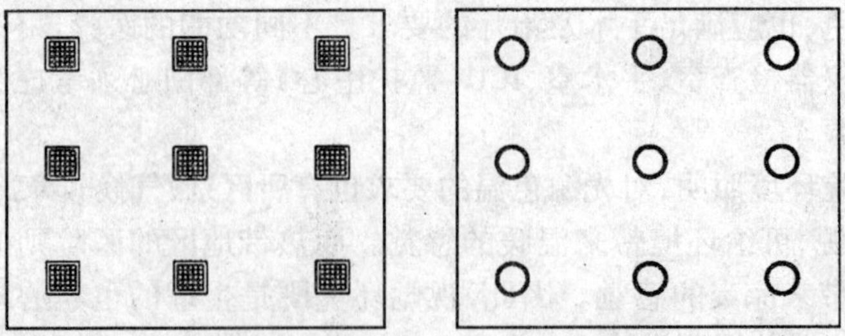

(a) (b)

图5-18 大厅灯具布置平面

(a)组合灯具均布方式；(b)高大空间灯具布置方式

2. 取药房、挂号室及病案室

取药房的药品储存柜、旋转取药架的照度为 500 lx；取药窗口内及天平等部位应设置局部照明工作灯，工作照明灯宜采用下反射型壁灯或顶灯方式，避免使用妨碍工作的台灯。药房照明的灯具布置见图 5-19。

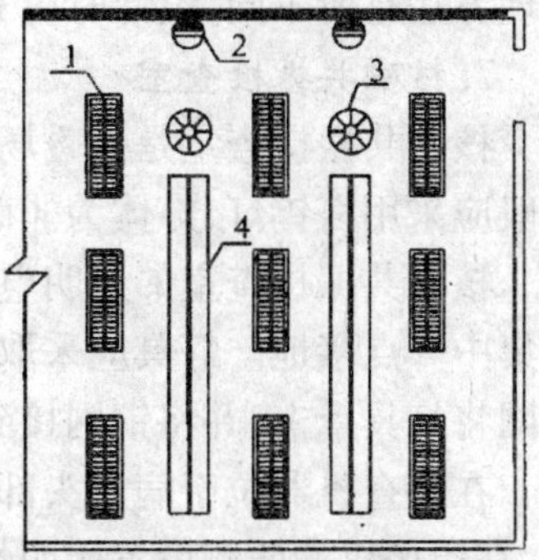

图 5-19　药房灯具布置平面

1—高效荧光灯；2—工作壁灯；3—旋转药品架；4—药品柜

挂号室的照明方式与药房大致相同，可参照图 5-19 的方式进行照明设计。病案室的照明灯具应与病案架排列的同方向布置。

3. 放射室

放射室的设备容易给病员造成一种压抑感，因此，在照明设计时应尽量创造一种舒畅、轻松的气氛。除工作照明外，还应附加一些装饰性照明，如设置壁灯等。X 光检查室照明应满足机器维修、调试时所需要的照度，建议照度值为 200 lx 左右；透视检查时室内不需要太高的照度，可根据需要进行有级或无级调光控制，使病员的视觉有一个明暗适应的过程。X 线诊断室、加速器治疗室、核医学科扫描室和 γ 照相机室等房间，应该设置防止误进入的 LED 红色信号灯标志，其电源信号应与机组连通，开机工作时红色信号标志灯亮。

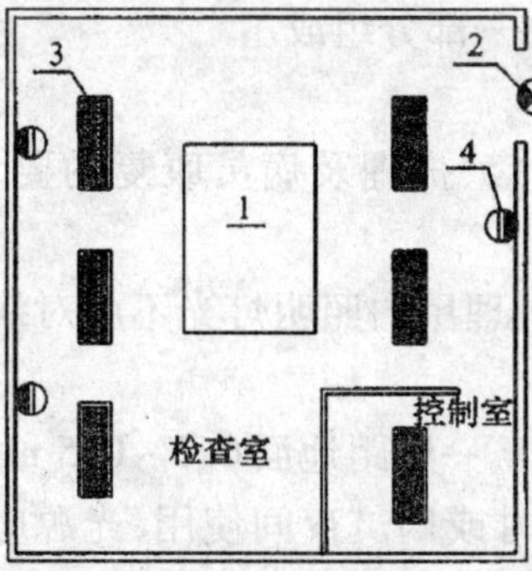

图 5-20　放射式灯具布置平面

1—放射线机；2—门信号灯；3—荧光灯；4—工作壁灯

放射线室的灯具一般在设备的四周均匀布置，并注意避免给病员造成的眩光，灯具不应布置在机器的正上方。图 5-20 是放射线治疗室内灯具布置参考平面图。

放射线室的暗室（洗片室）除设置顶灯外，还应设置暗室红色工作灯。红色工作灯多设在冲片池的上部，一般采取壁装方式，安装高度距地面 1.6～1.8 m，灯具的金属外壳应可靠接地。暗室的门外上部还应设置 LED 红色信号灯。

4. 眼科诊室

眼科诊室分为明室和暗室。明室照度一般低于其他诊室，建议照度值为 200 lx 左右，明室视力测试表及检查仪器设备均配备照明光源或照明灯具，在检查仪器设备位置预留 2～3 个电源插座。暗室一般需要连续调光照明，使病员的视觉有一个明暗适应的过程，调光应是连续平滑的，避免出现频闪现象。

5. 耳鼻喉科诊室

耳鼻喉科除听力检查室外，对照明没有特殊要求。听力检查室内建议照度值为 100 lx 左右，听力检查室内绝对不能有噪声。因此，一般采用白炽灯，如采用荧光灯时，应将节能电感镇流器安装在室外或采用电子镇流器。

诊室的检查治疗设备一般均配备照明工作灯，因此，诊室内每个诊位处，应设置 2～3 个供检查治疗仪器使用的插座。

6. 急诊室

急诊室是对各种疾病患者施行紧急诊断处置和进行简单手术的综合诊室。因此，需要设置施行小手术的照明设备及各种检查急救用的应急照明设备。不同规模的医院对门诊急救的处理方法有所不同,设计时应充分征求医院有关部门的意见。

7. 核磁共振检查室

核磁共振检查室是强磁场室。为了防止电磁感应影响仪器的图像和片子质量,照明灯具一般应采用卤钨灯,灯体为非磁性材料,如铜、铝、工程塑料等。

核磁共振检查室的照明电源一般应采用直流电源,如果采用交流电源供电方式,金属外壳应集中一点接地。灯具应采取屏蔽措施,可采用直径为0. 8 mm、网眼为5 ~ 10 mm 的磷青铜丝网将灯具罩上,并将铜网接到等电位的接地母线上。

在检查机器位于病人头部一侧的上方,距地面1. 2 ~1. 4 m 处,一般都设有闭路电视摄像机,在摄像机的两侧设置照明灯具,照度应满足摄像机的要求。摄像机及灯具的金属外壳应采用大于2. 5 mm^2的软铜线可靠接地。

室内照度值建议为150 lx 左右。

控制室的灯光应连续可调,机器在病检时,控制室内灯光需要有级的或无级的连续调光,照度为100 ~300 lx。

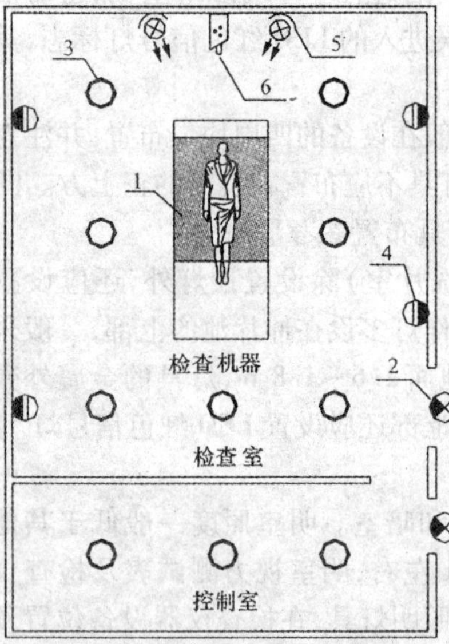

图 5-21 核磁共振检查室灯具布置平面

1—检查机器;2—门信号灯;3—顶灯;
4—工作壁灯;5—射灯;6—摄像机

核磁共振检查室的灯具布置平面见图 5-21。

5. 6. 3 病房的照明设计

病房楼是病员进行诊治康复的场所,主要由各类病室、病房走廊及护理站三部分组成。

1. 病室

病室照明应满足治疗、护理及病员康复的要求,一般应考虑如下几点。

(1)设置的治疗和护理用的照明灯光不应对病员产生眩光。

(2)设置的地脚夜灯,一般距地面0. 3 ~0. 5 m,供夜间医护人员查房护理时或病员夜间使用,光源应采用白光LED。

(3)设置局部照明灯,采用一床一灯的方式,灯具一般安装在病员床头的上方,距地面1. 4 ~1. 6 m 的高度。电源宜为低压电源,如果采用交流220 V 电源时,接地应可靠,配电线路应设置漏电保护装置。

病员床头灯具分固定式和活动式两种,亦可将灯具与医疗服务设备(如监测器、呼唤信号装置、医用气体装置及电源插座等)组合在一起。但不宜与给氧管道组装在一起,如果组装在一起,应采取隔离防火措施。病员床头固定式综合装置剖面图,如图5-22 所示。病人及医护人员可根据需要选择照明方式。

重症监护病房一般使用活动式灯具(伸缩式或摇臂式壁灯)。

(4)病室的顶灯不宜安装在病床的正上方,以免对病员产生眩光。病床单侧排列的病室,在护理通道上设置顶灯,病床双侧排列的病室,在中央通道设置顶灯。病室灯具布置平面图如

图 5-23 所示。

(5)设有滑动式围帘的病室,除了设置床头灯外,通道及病床的上方应分别设置顶灯,其灯具布置如图 5-24 所示。如果采用荧光灯照明,灯具应采用吊链安装。吸顶安装时,灯具底板可垫 4 ~6 mm 厚的橡皮垫圈,以减少镇流器的振动噪声,或采用电子镇流器,克服噪声对病员的影响。

(6)重症监护室还应在病床的一侧设置活动臂检查灯,灯的臂长 1 ~1.5 m。当设置闭路电视监视系统时,灯光照度应满足闭路电视摄像要求。

(7)儿科病房的灯具应选择适合儿童心理特征的灯具,且照度应适当高一些。

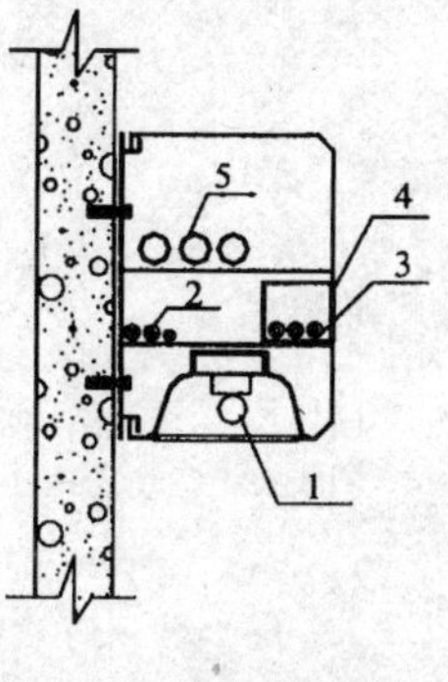

图 5-22　病员床头综合装置剖面图

1—床头灯;2—弱电线路;3—强电线路;4—电源插座;5—医用气体管道

2. 病室走廊

走廊照明应与其相邻房间的照明相协调,使人们通过走廊进入房间时不会感到太大的照度差异,因此,走廊的照度不应低于病房照度

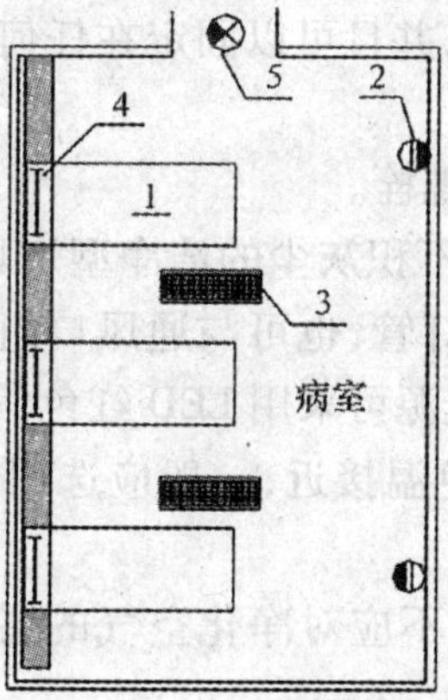

图 5-23　病室灯具布置平面图

1—病床;2—地脚夜灯;3—顶棚荧光灯;4—床头壁灯;5—门信号灯

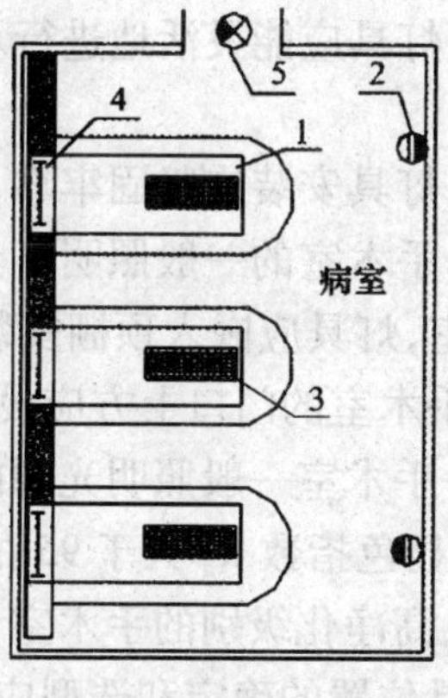

图 5-24　设有围帘病室灯具布置平面图

1—病床;2—地脚夜灯;3—顶棚荧光灯;4—床头壁灯;5—门信号灯

的 70%。同时还应注意夜间灯光不能射入病室内,以免影响病员的休息。灯具应布置在两病室门之间,不应布置在正对门和门上方的位置。夜间使用走廊地脚夜灯,光源应采用白光 LED 或使用不影响病房的顶灯。走廊内的灯具宜布置在走廊的侧面,以避免对躺在病员推车上的病员通过走廊时产生眩光的烦躁感。较宽的走廊可采用双侧布灯的方式。走廊灯具单侧布置的形式,如图 5-25 所示。

3. 护理站

护理站是诊断、治疗、护理准备和处理日常医疗事物的场所,也是护理人员与病员联系的枢纽,照明应给人一种明亮清洁的光环境。有吊顶的护理站应采用嵌入式的荧光灯。此外,还应在护理工作台上方或侧墙上设置夜间工作灯。护理站的灯具布置平面图,如图 5-27 所示。

5.6.4　手术室

手术室一般均为无窗房间,且为工作持续时间长、操作精细的地方,照明必须考虑减轻医

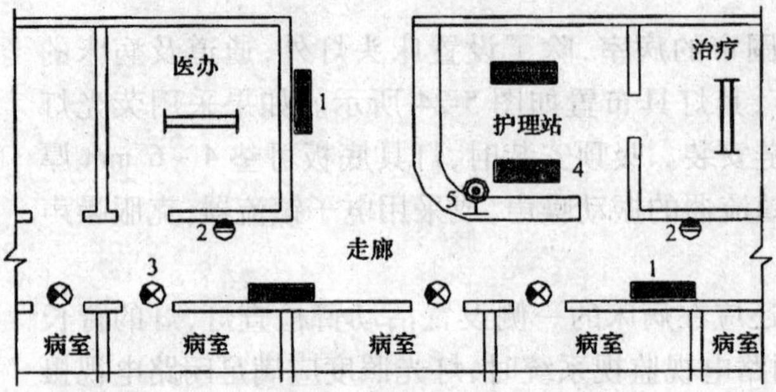

图 5-25 走廊、护理站灯具布置平面图

1—走廊顶灯;2—地脚夜灯;3—门信号灯;4—顶棚荧光灯;5—工作灯

护人员疲劳的问题。所以,照明质量及照度要求比较高,一般照明的照度为 750 lx。手术台是手术室的照明核心,其手术部位的照度为 2 000 lx 以上,并且要采用专用手术无影灯,一般由医务专业人员与设计人员共同研究确定。手术无影灯的选择及安装应注意以下几点。

(1)灯具安装位置应与其他固定安装的设备相协调,不应影响这些设备的使用功能。

(2)灯具应能灵活地进行水平和垂直调节,且可旋转 360°,并且可以固定在任何需要的位置。

(3)灯具安装应坚固牢靠,施工时在灯位上应预埋好固定螺栓。

(4)手术室的一般照明灯具布置在手术台四周,且应采用不积灰尘的洁净型灯具,有吊顶的手术室,灯具应嵌入顶棚安装,每个灯具内至少有两根以上灯管,也可与通风口组合在一起设置。手术室的门口上方应设置"正在手术"字样的标志灯,光源可采用 LED 红色信号灯。

(5)手术室一般照明光源的色温应与手术无影灯光源的色温接近,一般应选用色温4 500 K 左右,显色指数 R_a 大于 95 的直管荧光灯。

(6)高净化级别的手术室设有空气净化设备,灯具的设置不应对净化空气的层流产生影响。灯具位置的确定和选型应与空调、建筑专业设计密切配合。

(7)对于观摩教学的手术室、观摩室所设置的灯具不应在手术台的位置直接看见。设有闭路电视教学系统的,照明应满足电视摄像机的照度要求。图 5-26 为手术室照明灯具布置图。

(8)手术区内除了具有良好的照明设计外,还应有协调的建筑装修,这对于高等级的手术室是很重要的。室内装修的颜色不应影响光源的效果,墙面不宜采用深蓝、深绿等沉重颜色,以免反射光改变病人的肤色及组织颜色。但也不宜采用白色、黄色等高反射比的涂料。四周墙面宜采用浅绿、淡蓝等反射比为 0.5 ~0.6 的颜色,顶棚宜用乳白色或其他浅颜色的饰面。

5.6.5 紫外杀菌灯及看片灯

1. 紫外杀菌灯

紫外杀菌灯分固定式和移动式两种,在医院内各诊疗科室应用比较普遍,对空气中杀菌最为有效、方便。灯具应安装在空气容易对流循环的位置,同时还应注意紫外光线不能直接射到病人的视野内,避免强烈的紫外线射伤人的眼睛。

人员活动的场所,亮灯时应采用时间控制,亮灯延时开关的时间整定为 10 min 左右。

传染病的诊室及活动场所在无人时可进行杀菌灯的自动照射,照射时间根据需要由人工

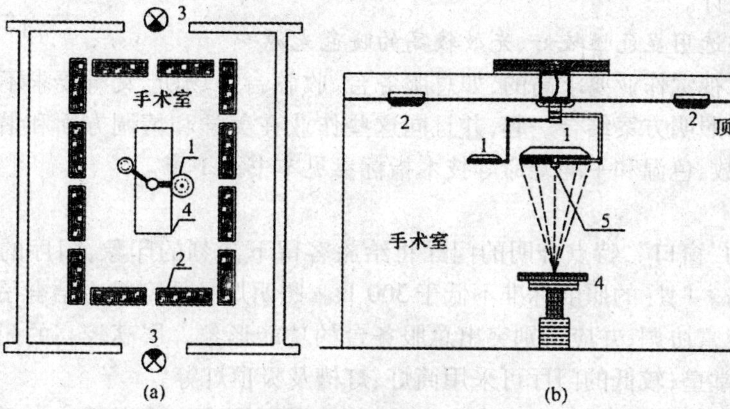

图5-26 手术室灯具布置图

(a)平面图;(b)剖面图

1—无影灯;2—顶棚洁净荧光灯;3—门信号灯;4—手术台;5—摄像头

控制。

按照一般卫生要求,房间灯具安装高度不高于2.7 m,灯具上部的空气消毒率达到99%时,灯具的安装功率可参考表5-14确定。

表5-14 安装功率参考值

房间面积(m^2)	安装功率(W)
10~20	30
21~30	60
31~40	90
41~50	120
51~60	150
>60	2.5 W/m^2

2. 看片灯

看片灯在医院中应用比较广泛,均为定型产品。选择看片灯箱时应注意两个问题:

(1)灯箱发光面亮度要均匀,光源色温应大于5 600 K;

(2)灯箱光源不能有频闪现象,箱内的荧光灯应采用电子镇流器。

5.7 旅馆照明设计

5.7.1 照明设计要点

旅馆照明应通过不同的亮度对比努力创造出舒适的环境气氛,避免单调的均匀照明。一味追求均匀照明,会导致被照物体没有立体感。照明与人的情感密切相关,较高照度有助于人的活动,并增强紧迫感;而较低照度容易产生轻松、沉静和浪漫的感觉,有助于放松。旅馆照明按下列原则进行设计。

1. 旅馆照明宜选用显色性较好、光效较高的暖色光源

旅馆照明既有视觉作业要求高的,如总服务台、收款台等场所,又有要求不高的场所。要把不同视觉作业的照明方案结合一起,并且同这些作业在美学和情调方面和谐一致。常用光源的光效、显色指数、色温和平均寿命等技术指标参见本书第1章。

2. 门厅照明

门厅是旅馆的"窗口",特点分明的门厅将给旅客留下深刻的印象,门厅的照明无疑会给旅客带来视觉冲击。门厅的照度标准不低于300 lx。照明灯具的型式应结合吊顶层次的变化使照明效果更加丰富协调,并应特别突出总服务台的功能形象。层高较高的门厅可以采用吊灯,突现门厅富丽堂皇;较低的门厅可采用筒灯、灯槽及吸顶灯等。

门厅入口照明的照度选择幅度应当大一些,并采用可调光方式以适应白天和傍晚对门厅入口照明照度的不同要求。照明控制部分详见本书第9章。

3. 大宴会厅或多功能厅照明

大宴会厅照明应采用豪华的建筑化照明,以提高旅馆的等级。目前高大空间的宴会大厅照明多采用显色性好、光效高的金属卤化物灯配合卤钨灯和荧光灯。据有关资料介绍,我国旅馆多功能厅重点实测照度多数在100~250 lx之间,平均照度为149 lx。CIE标准、德国、俄罗斯均为200 lx,而美国为500 lx,日本为200~500 lx,因此,在设计宴会厅、多功能厅照明时,应满足GB50034的要求,平均照度标准为300 lx。宴会厅可以采用吊灯,也可以采用吸顶灯、筒灯、槽灯等,这要取决于宴会厅的高度、装修的风格。

当宴会厅作多用途、多功能使用,如设有红外线同声传译系统时,应少用热辐射光源,因为热辐射光源的波长靠近红外线区,光热辐射对红外线同声传译系统产生干扰而影响传送效果。当采用热辐射光源时,照度水平允许值不宜大于500 lx。

大宴会厅照明应采用调光方式,设计照度需考虑满足彩色电视转播的要求。还应设置供小型演出用的可自由升降的灯光吊杆,对灯光的控制可以在厅内和灯光控制室两地操作。宴会厅实为多功能厅,可以举行大型宴会、学术报告、文艺演出等,照明设计应满足这些功能的要求。要对灯进行调光,可选择的光源较少,只有白炽灯、卤素灯、小功率金卤灯、荧光灯等,荧光灯要配有可调光的电子镇流器。

4. 客房照明

客房是旅馆的核心,对于远道而来的客人而言,客房是他(她)临时的家,这个"家"具有多功能:卧室、书房、起居室,因此,客房照明应充分考虑到这些因素。客房床头灯可用于临时性的阅读,也可作为看电视时的背景照明,因此,床头灯一般需要调光。写字台台面上应有重点照明,可以采用台灯,也可采用壁灯,灯具亮度不应大于510 cd/m^2。客房穿衣镜要有局部照明,其灯具应安装在视野立体角60°以外(即水平视线与镜面相交一点为中心,半径大于300 mm),灯具亮度不宜大于2 100 cd/m^2。沙发即会客区域,一般采用落地灯。

客房内尽量不设壁灯,壁灯虽然可点缀房间、活跃气氛,但不利于设备更新,不利于调整家具,特别是壁灯位置安装不够准确、灯具选型不当时,更显得与室内装修设计不协调。

临时"家"中还有另一类功能特别的地方——卫生间。卫生间一般采用筒灯,嵌入式安装。卫生间化妆镜照明的要求同穿衣镜照明相同。化妆镜照明可采用直管荧光灯,也可采用射灯,邻近化妆镜的墙面反射系数不宜低于50%。卫生间内灯具应防水防潮,控制宜设在门

外。

高档次的旅馆客房照明宜采用暖色调,色温在 3 300 K 以下,以营造温馨、安逸的环境,宜于客人休息。

客房床头应设置集中控制面板。客房进门处应设有切断除冰柜、充电专用插座、通道灯以外的全部电源的节能控制器;高级客房内的风机盘管宜随节能控制器转为低速运行。

5. 公共场所照明

公共场所照明指的是旅馆的休息厅、电梯厅、公共走廊、客房层走廊以及室外庭园等场所的照明。这些场所的照明宜采用智能系统进行控制,并在服务台(总服务台或层服务台)处进行集中遥控,但客房层走廊照明亦可就地控制。

这些场所通常采用嵌入式筒灯、吸顶灯、荧光灯槽灯等形式,楼梯也可采用壁灯,庭院可采用庭院灯,但要按室外环境选择灯具,IP 等级不低于 54,同时还要考虑温湿度的影响。公共场所经常布置一些艺术品、展品、名画等,对它们可采用商业照明中重点照明的手法加以突出。

6. 餐厅、茶室、咖啡厅、快餐厅等处的照明

餐厅、咖啡厅、快餐厅、茶室具有典型的文化色彩,这种文化可以是民族文化,也可以是企业文化,因此,不同国家、不同民族,甚至不同地区、不同品牌对这些场所有着不同的装修特点,照明的表现手法也不尽相同。灯具的式样、光源的颜色特征也与装修关系密切,因此,灯具常被称为灯饰,而光源色温又是营造餐厅、咖啡厅、茶室、快餐厅环境的主要手段。

自助餐厅或快餐厅的照度宜选用较高一些,因为明亮的环境有助于快捷服务,加快顾客周转,提高餐厅使用效率。同时餐厅应选用显色指数较高不低于 80 的光源。还要特别注意选用高效灯具,以符合 GB 50034—2004 的要求。餐厅、咖啡厅、快餐厅、茶室还应设有地面插座及灯光广告用插座。

7. 其他

旅馆建筑照明设计还包括其他一些内容:室外网球场或游泳池,宜设有正常照明,同时应设置杀虫灯(或杀虫器),具体要求可参见第 14 章相关内容;地下车库停车处按 75 lx 设计,修理间按 200 lx 设计。地下车库出入口处应设有适应区照明,以使明亮的室外与相对较暗的车库之间有一个缓冲、过渡空间,让司机顺利适应室内外照度的巨大差异。旅馆的疏散楼梯间应采用应急照明,可与楼层标志灯结合设计,这部分内容参见第 7 章相关内容。

5.7.2　照度要求

本书第 1 章介绍了我国各类建筑的照明标准,其中包括旅馆建筑照明标准。表 5-15 为我国旅馆照明标准与其他国家照明标准的比较,供参考。

表 5-15　旅馆建筑国内外照度标准值对比

房间或场所		CIE S008/E—2001	美国 IESNA—2000	日本 JIS Z9110—1979	德国 DIN5035—1990	俄罗斯 CH23—05—95	中国 GB50034—2004
客房	一般活动区	—	100	100 ~ 150	—	100	75
	床头					—	150
	写字台	—	300	300 ~ 750		—	300
	卫生间		300	100 ~ 200		—	150

续表

房间或场所	CIE S008/E—2001	美国 IESNA—2000	日本 JIS Z9110—1979	德国 DIN5035—1990	俄罗斯 CH23—05—95	中国 GB50034—2004
中餐厅	200	—	200～300	200	—	200
西餐厅、酒吧间	—	—	—	—	—	100
多功能厅	200	500	200～500	200	200	300
门厅、总服务台	300	100	100～200	—	—	300
休息厅		300(阅读处)				200
客房层走廊	100	50	75～100	—	—	50
厨房		200～500	—	500		200
洗衣房		—	100～200	—		200

从表5-15中可知,我国旅馆照明标准总体上与国际水平相当,这一标准便于我国星级旅馆与国际标准接轨。综合起来有以下特点。

(1)我国标准将客房照明分成一般活动区、床头、写字台、卫生间四个区,一般活动区照明标准低于美、日、俄三国,但我国对床头区域照明提出150 lx的要求,其他国家对此没有要求。根据实测调查,我国现有旅馆客房床头的实测照度多数为100 lx左右,平均照度为110 lx,标准值还是比较合理的。目前绝大多数宾馆客房无一般照明,即没有设置顶灯。

许多客人是商务旅行,出差在外还要办公,因此,写字台上的照度应有特别要求。目前我国现有旅馆写字台上的实际照度多在100～200 lx之间,离办公要求有差距;日本标准相对较高,为300～750 lx,这大概与日本工作节奏快有关。

卫生间的功能不言而喻,我国标准稍微低于国外标准,美国为300 lx,日本为100～200 lx,而我国为150 lx。

(2)中餐厅要稍微明亮一些,中国人喜欢明亮、富丽堂皇,因此,中餐厅照度比西餐厅要高。而西餐厅、酒吧间、咖啡厅照度,不宜太高,它追求宁静、优雅的气氛。在酒吧,伴随着特有的音乐,灯光"昏暗"更有情调,有时用烛光渲染这种氛围。

(3)门厅、总服务台、休息厅是旅馆的重要枢纽,是人流集中分散的场所,我国标准不低于国外标准。

(4)多功能厅由于功能的多样性,照明应有多种选择,以满足不同功能的需要,我国标准取各国标准的中间值,定为300 lx。

(5)我国客房层走道照明标准为50 lx,而国外多为50～100 lx之间,我国相对较低,但已能满足需要。

(6)旅馆餐厅很多用筒灯,光源为节能灯以替代白炽灯,客房用暖色的节能灯替代白炽灯,节能效果显著。

5.7.3　公共部分的照明设计

现代旅馆建筑要求给人提供一个舒适、安逸和优美的休息环境,通常应具备齐全的服务设施和完美的娱乐场所。因而旅馆照明设计,除满足功能要求外,还应满足装饰要求,对于四星级及以上等级的旅馆,还要满足酒店管理集团的要求,这也是旅馆照明设计的主要特点。

1. 入口照明

1)入口处常用的照明装置

入口处常用以下照明装置:

(1)一般照明采用吸顶灯、嵌入式筒灯、槽灯,或建筑师要求的其他类型的灯具;

(2)店徽照明灯光;

(3)车道照明;

(4)节日照明电源,便于节日期间悬挂彩灯等。

2)为达到安全舒适照明效果所采用的措施

为了达到安全舒适的照明效果,常采用如下措施:

(1)四星级以上旅馆常采用调光设备,根据室内外亮度差别进行调节,以避免宾客受光线突然变化造成的不舒适感;

(2)旅馆入口处宜选用色温低、色彩丰富、显色性好的光源,给人以温馨、和谐、亲切的感觉,同时,还要考虑入口与门厅照明的协调、统一。

2. 接待大厅照明

1)接待大厅照明设计

接待大厅照明设计应注意以下几点:

(1)根据装饰要求,一般都设有大型吊灯、花灯等个性化灯具,以显示旅馆的风格;

(2)接待大厅照度要求较高,以显示宾客的高贵,同时大厅还要进行登记和其他阅读、书写活动,其照度值应不低于300 lx,四星级以上的旅馆建议采用调光设备;

(3)一般照明可采用嵌入式筒灯作满天星布置;

(4)柱子四周及墙边常设有暗槽灯,以形成将顶棚托空的效果;

(5)三星级以上宾馆应设路标灯,以引导顾客步入要去的地方。

2)总服务台照明设计

总服务台区是汇聚客人的主要区域,入住、结账、问询、换汇等均在此完成,其照度要求较高,300 lx是最低要求,有时还要辅以局部照明。总服务台一般可选择如下照明方式:

(1)顶棚上可用筒灯,并作行列布置;

(2)柜台上方设吊杆式筒灯;

(3)每个服务项目的柜台上方设有灯光标牌,如登记处、询问处、货币兑换处等标牌;

(4)服务台内设有台灯或安装在柜台上的荧光灯;

(5)在服务柜台的外侧底部常设有小型暗槽灯;

(6)采用分区照明,以便将总服务台区域在视觉上从大厅中分离出来。

3)接待厅休息区照度要求

接待厅休息区主要是给来访者及顾客提供一个交谈及休息的场所,其照度为200 lx,宜设调光,晚间通过调光达到节能的目的。一般接待厅休息区设如下灯光:

(1)吸顶灯、吊灯或筒灯,可以与整个大厅统一布置,当休息区的顶棚装修与大厅分隔时,则应根据装修要求单独布置;

(2)有时在沙发后面安装台灯或柱灯;

(3)当设有花池时,常设置照射花草的灯。

3. 餐厅照明

餐厅照明设计应针对风味特点、地域要求,并满足灵活多变的功能,中餐厅(200 lx)照度高于西餐厅(100 lx)。不同就餐时间和顾客的情绪特点,也将影响着灯光及照度。

一般早餐时,照度不宜太高,100 lx 以下为宜,但广式早茶是个例外,照度可适当提高;午餐时要求明亮而热烈,照度选择在 75 ~ 150 lx 的范围内;晚餐时人数较多,有时为大型宴会,要求照明灯光能充分体现气氛,要选用色温低、显色指数高的光源,要求 $R_a \geqslant 80$,中餐厅照度要求达到 200 lx 以上。一般餐厅常设有如下灯光:

(1)均匀布置的顶光,采用吸顶灯或嵌入式筒灯作行列布置或满天星布置,也可采用吊杆灯与双吸顶灯配合;

(2)烘托气氛的槽灯,一般有周边槽灯或分块暗槽灯等形式;

(3)有的设置一些壁灯;

(4)餐厅铭牌灯光,如用 LED、霓虹灯组成“中餐厅”和“西餐厅”等字样;

(5)橱窗灯光,能烘托展示食品的鲜美;

(6)有壁画、花草、雕塑等饰物的,可设必要的射灯;

(7)小卖部应设柜台照明灯光。

4. 多功能厅照明

1)功能厅的功能

多功能厅的功能决定了它照明设计。多功能厅主要考虑以下活动的需要:

(1)大小规模不同的宴会;

(2)文艺演出;

(3)会议及学术交流活动;

(4)展览活动;

(5)时装表演。

由于用途广泛,功能经常变化,照度应可调,最高一档照度要求不低于 300 lx,还要预留供展览、文艺演出等临时照明电源。

2)多功能厅的灯具

多功能厅常设有如下灯具:

(1)大型组合灯具;

(2)嵌入式筒灯;

(3)周边或分层式槽灯;

(4)壁灯;

(5)轨道灯;

(6)讲台射灯;

(7)豪华吸顶灯;

(8)演出灯光和摄影灯光(通常要预留电源)。

3)多功能厅灯光控制

多功能厅灯光控制要考虑如下几点:

①多功能厅灯光应能集中控制又能分区(分厅)控制,以满足分隔为几个小厅的活动需要,大型多功能厅可设灯光控制室;

②设有调光设备,应能满足各种活动对灯光的不同要求;

③灯光变换控制,槽灯可以装设不同颜色的光源,并设自动变光控制;

④当有电影放映设备时,还应在电影放映室内控制灯光。

4)舞厅照明

舞厅灯光设计应以舞台或舞池为中心,周边为衬托,突出“动、色、悦、节”的效果。舞厅内的灯光五颜六色,并且不停地旋转、闪烁、摇摆、变化。

舞厅灯具分为动态和静态两种。动态灯具能在空间产生运动,有滚动、转动、平移等,也有产生空间幻境的灯具。动态灯具包括球面反射灯、扫描灯、飞碟幻彩灯、激光束灯、转灯、宇宙灯、太阳灯等。静态灯具为灯具本体保持不动,只是灯光变化,包括频闪灯、雨灯、歌星灯、聚光灯、紫光管等。

舞厅除设一般照明和上述舞厅灯具外,还有根据装饰要求所设的 LED 与霓虹灯组成的图案或字形灯饰。

舞厅灯光根据舞曲的需要来控制和调整强弱、增减,或迅速突变或缓慢渐变。常用的控制装置有下列几种。

(1)程序效果器。这种调光器可以控制和调整舞厅照明。

(2)音频调光器。这种调光器使灯光随着音乐频率而变化。

(3)声响效果器。这种调光器使灯光随着声音的强度而变化。

舞厅的照明设计参考标准,见表 5-16。

表 5-16　舞厅的照明设计参考标准

规模	建筑面积(m^2)	设备容量(kW)	灯具类型设置
小型	100 ~ 200	10	静态灯具为主
中型	200 ~ 350	15	动、静态灯具均设,增加霓虹灯设施
	350 ~ 500	25	
大型	500 以上	30 ~ 50	除以上动、静态灯具外,可增加激光、霓虹灯设施

舞厅的灯光要同舞蹈、音乐交融一体,不能过分明亮,也不宜太暗淡,一般照度在 10 ~ 50 lx 范围内可调,舞蹈时在 10 ~ 20 lx 之间,休场时调到 50 lx。

5.7.4　客房部分的照明设计

1. 客房

三星级以上的旅馆都设有标准双床间、标准单床间、双套间、三套间,以至总统豪华套间等。客房对照明灯光的要求是控制方便,就近开、关灯,亮度可调。图 5-27 为(客房照明平面标准的双床间客房布灯)示例,对照该图,对灯具要求列于表 5-17 中。

表 5-17　客房灯具要求

部位	灯具类型	要　求
过道	嵌入式筒灯或吸顶灯	
床头	台灯、壁灯、导轨灯、射灯、筒灯	
梳妆台	壁灯、筒灯	灯应安装在镜子上方并与梳妆台配套制作
写字台	台灯、壁灯	

续表

部位	灯具类型	要 求
会客区	落地灯	设在沙发、茶几处，由插座供电
窗帘盒灯	荧光灯	模仿自然光的效果，夜晚从远处看，起到泛光照明的作用
壁柜灯		设在壁柜内，将灯开关（微动限位开关）装设在门上，开门则灯亮，关门则灯灭，应有防火措施
地脚夜灯		安装在床头柜的下部或进口小过道墙面底部，供夜间活动用
顶灯		通常不设顶灯
卫生间顶灯	吸顶灯和嵌入式筒灯	防水防潮灯具
卫生间镜箱灯	荧光灯或筒灯	安装在化妆镜的上方，三星级旅馆，显色指数要大于80。设防水防潮灯具

客房灯光控制应满足方便、灵活的原则，采用不同的控制方式。具体控制方式如下。

(1)进门小过道顶灯采用双控，分别安装在进门侧和床头柜上；

(2)卫生间灯的开关安装在卫生间的门外墙上；

(3)床头灯的调光开关及地脚夜灯开关安装在床头柜上；

(4)梳妆台灯开关安装在梳妆台上；

(5)落地灯使用自带的开关和在床头柜上双控；

(6)窗帘盒灯在窗帘附近墙上设开关，也可在床头柜上双控。

现代旅馆客房还设有节能控制开关，控制冰箱之外的所有灯光、电器，以达到人走灯灭，安全节电的目的。其节电开关有如下几种。

(1)在进门处安装一个总控开关，出门关灯，进门开灯。优点是系统简单，造价低，但是要靠顾客操作。

(2)与门钥匙联动方式，即开门进房后需将钥匙牌插入或挂到门口的钥匙盒内或挂钩上，带动微动开关接通房间电源。人走时取出钥匙牌，微动开关动作，经10~30 s延时使电源断开。这种称为继电器式节能开关的优点是控制容量大，客人通过取钥匙就自动断电。

(3)直接式节能钥匙开关，是通过钥匙牌上的插塞直接动作插孔内的开关，通断电源，亦有30 s的延时功能，但控制功率较小。

(4)智能总线控制，是当移动传感器探测到有人时接通电源，灯亮；当没有人在房间里时，延时关断电源。

2. 走廊

走廊照明设计应考虑有无采光窗、走廊长度、高度及拐弯情况等，有些大型旅馆走廊多处弯折并无采光窗，全天亮灯，因而走廊照明不仅应满足照度要求，而且要有较高的可靠性及控制的灵活性。其照明方式常见的有以下几种。

(1)普通盒式荧光灯吸顶安装，优点是成本低、光效高，安装维修方便，用于低档旅馆。

(2)嵌入式荧光灯，用铝合金反光器，效率较高，但成本有所提高，用于中低档旅馆。

(3)吸顶灯，各种档次的旅馆都可采用。

(4)嵌入式筒灯，内装低色温紧凑型荧光灯或其他低色温光源，有反射器，灯具效率较高，适用于中高档星级旅馆。

(5)壁灯，适合各种档次旅馆。

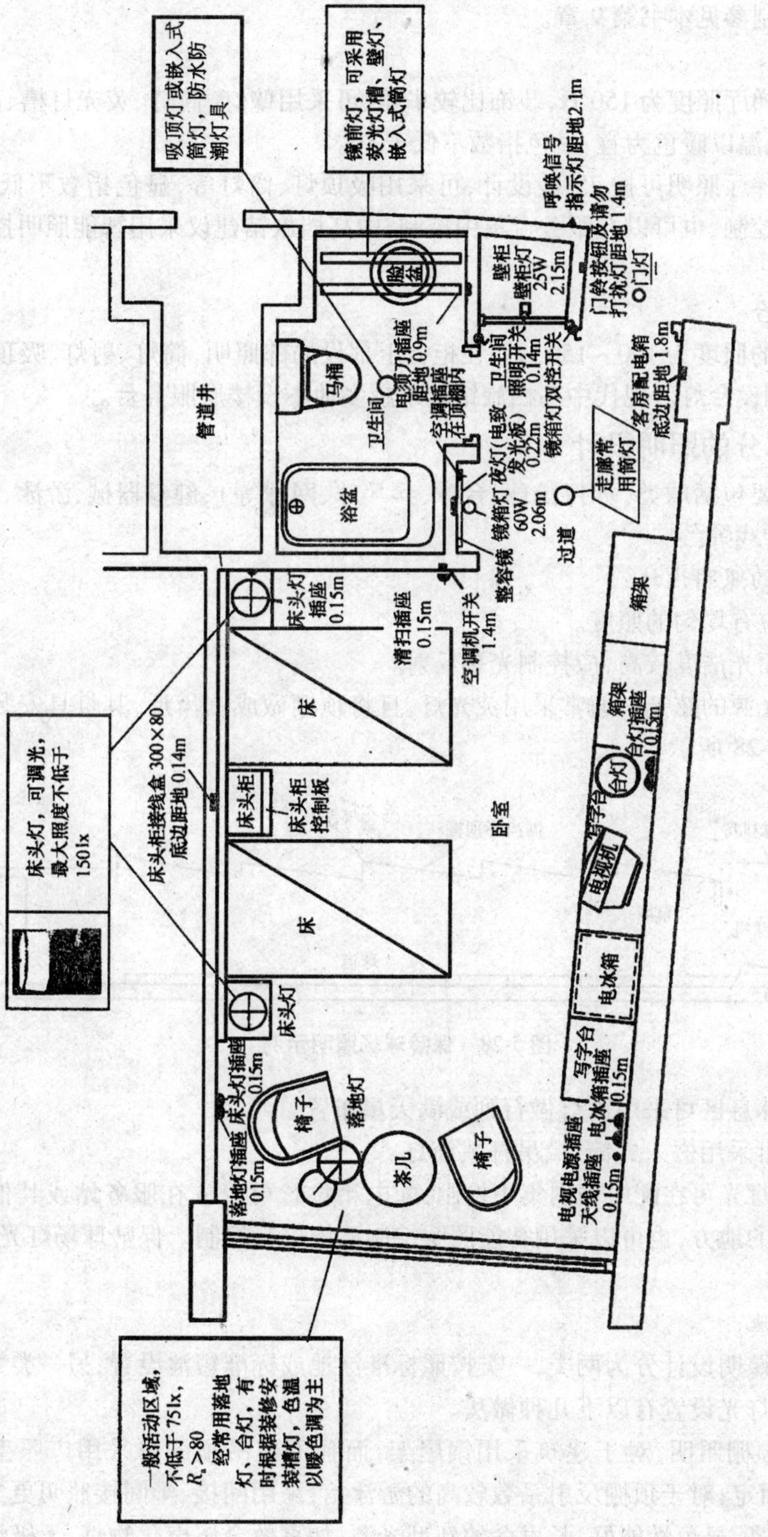

图 5-27　客房照明平面示例

无天然采光的走廊，应将照度提高一级。走廊灯的控制应考虑清扫及夜间值班巡视使用要求。走廊灯控制参见本书第9章。

3. 电梯厅

高档旅馆电梯厅照度为150 lx，装饰比较华丽，可采用壁灯、筒灯、荧光灯槽、高档吸顶灯、组合式顶灯等，色温以暖色为宜，显色指数不低于80。

低档旅馆电梯厅照明可按75 lx设计，可采用吸顶灯、筒灯等，显色指数不低于60。电梯厅照明可以就地控制，也可以在服务台集中控制，中高档旅馆建议采用智能照明控制系统进行控制。

4. 楼层服务台

楼层服务台的照度为100～150 lx。在柜台上部设局部照明，筒灯、射灯、吸顶灯经常被采用，有时柜台内侧设台灯。现代中高档旅馆越来越多地不设楼层服务台。

5.7.5 康乐部分的照明设计

康乐设施主要包括球类（如保龄球、台球、乒乓球、网球等）、健身器械、游泳、洗浴设施、牌类、棋类及电子游戏等。

1. 保龄球馆的照明设计

(1)球道上应有均匀的照度。

(2)球道表面光洁度较高，应控制光幕反射。

(3)应限制光源的眩光。通常采用荧光灯，且将顶棚做成锯齿形，其灯具安装在锯齿形的垂直面上，如图5-28所示。

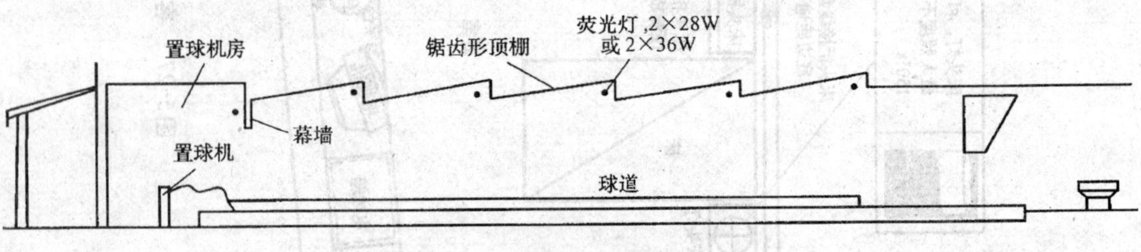

图5-28 保龄球场照明示例

(4)餐饮及休息区可采用筒灯做行列或满天星布置。

(5)服务台可采用嵌入式筒灯、吊杆式筒灯。

保龄球场的灯光可在配电箱内集中控制，配电箱位置可以放在服务站或其他控制方便且不影响装饰效果的地方，也可以采用智能照明控制系统进行控制。保龄球场灯光布置图实例，见图5-29。

2. 室内游泳池

室内游泳池照明设计分为两类，一类按照标准泳池或标准短池设置，另一类为戏水池。

室内游泳池灯光设置有以下几种做法。

(1)游泳池顶棚照明，对于建筑采用钢屋架，而且不作吊顶的可采用广照型或深照型灯具，视吊挂高度而定；对于顶棚反射系数较高的游泳馆，采用间接、半间接照明更为舒适。光源最好是选用光效高、显色性能好、长寿命的新型光源，如高效金属卤化物灯、无极灯等。

(2)根据建筑物本身的特点，采用合适的照明方式。

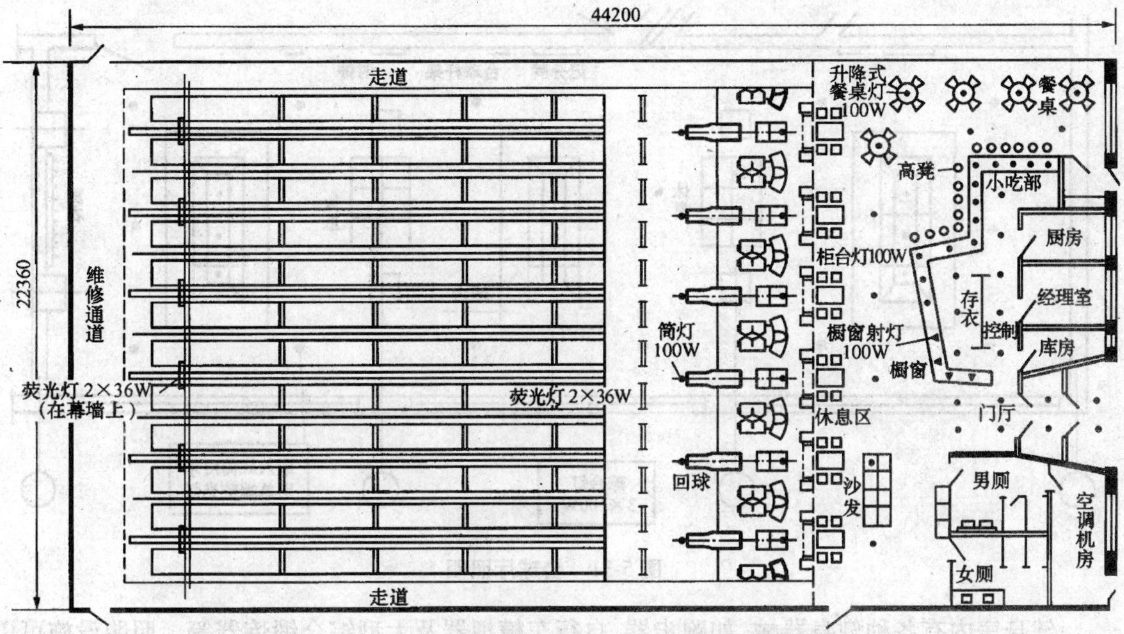

图 5-29 保龄球场灯光布置图实例

(3)岸边休息区可用嵌入式筒灯满天星布置,以加强华丽的气氛。

(4)休息区设有小卖部的应加强照明,并设柜台灯。

(5)如装水下照明灯的,其电源应为 12 V,泳池及其相关区域做好等电位联结。

3. 健身浴室

健身浴室内设有桑拿浴、涡流浴、热水浴、冷水浴及人工气候等设施。照明不要求过分华丽,以照明均匀为目的,常以筒灯、荧光灯为主,灯具要求防水防潮,IP 不低于 54,并耐热、防腐。可用普通照明开关就地控制,开关应设置在 Ⅱ 区及以外。浴室照明见图 5-30。

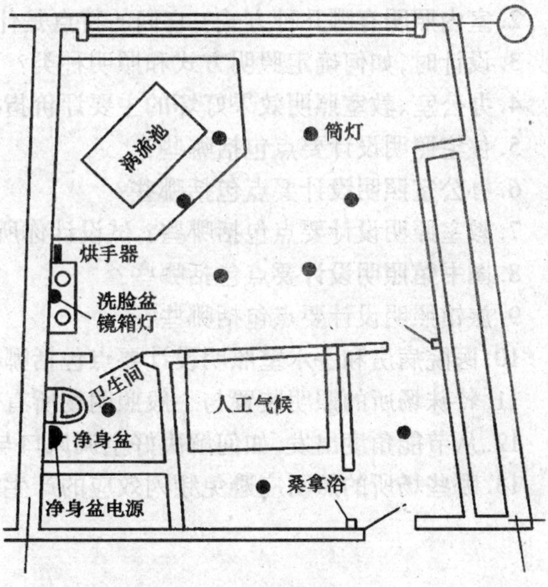

图 5-30 浴室照明

4. 台球房及健身房

台球房内的设施有球台、球杆架、记分牌等。另外还有更衣及休息场所。灯光主要有以下两种。

(1)一般照明。一般照明大多采用点光源均匀布置,图 5-31 采用的是嵌入式筒灯。

(2)球台灯。由于球台面的照度要求较高,一般为 150 ~ 300 lx,故采用大型灯罩,内装 3 只 100 W 灯泡,灯具距室内地面 1.5 m 左右。

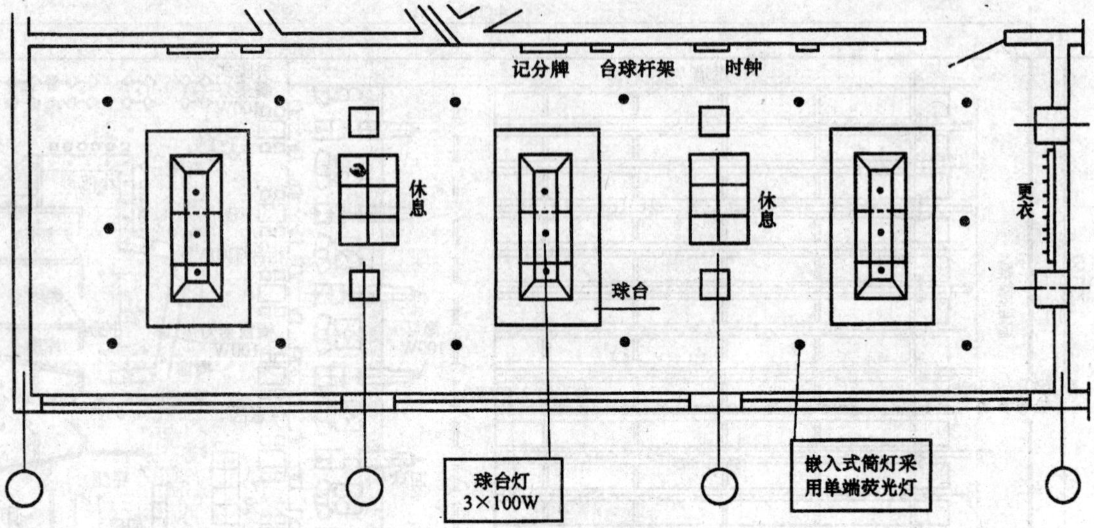

图 5-31　台球厅照明

健身房内有各种健身器械,如跑步器、自行车模拟器及大型综合锻炼器等。照明设施可以采用荧光灯、筒灯,色温可以偏冷点,模拟阳光色温,给人愉悦、充满活力的感觉。

思考题

1. 室内光照设计的要求是什么?其方法步骤如何?
2. 室内照明有哪几种方式?它们的特点是什么?
3. 设计时,如何确定照明方式和照明种类?
4. 办公室、教室照明效果好坏的主要评价指标有哪些?在照明设计中如何达到这些指标?
5. 住宅照明设计要点包括哪些?
6. 办公室照明设计要点包括哪些?
7. 教室照明设计要点包括哪些?试设计你所使用的教室的黑板照明?
8. 图书馆照明设计要点包括哪些?
9. 旅馆照明设计要点包括哪些?
10. 医院病房和手术室照明设计要点包括哪些?
11. 特殊场所的照明装置与一般照明场所有何区别?设计时应如何考虑?
12. 从节能角度出发,如何解决好空调风口与灯具安装位置的矛盾?
13. 哪些场所的照明应避免频闪效应的产生?应采取哪些措施来达到?

第 6 章　室外照明设计

室外照明的范围很广,包括建筑物的立面与装饰照明、庭院及广场照明、体育设施照明、道路照明等。本章仅就设计任务中经常遇到的部分作一般性的介绍。从总的方面说,室外照明大致分为以明视为主的明视照明,和以显出与白天不同的夜景为主的饰景照明。明视照明是为行走或进行各种体育活动等而设,因此,必须保证道路、场地有必要的照度,尽量减少对正常视线形成的眩光作用。饰景照明是要创造出夜间的景色和绚丽的气氛,它是由亮度对比来表现光的协调,而不是照度本身,因此需针对不同景物、不同环境的特点采取不同的照明手法,同时尽量避免由光源产生的眩光对视觉的影响。

关于明视照明方面主要介绍用于体育场地的投光照明及道路照明;关于饰景照明方面主要介绍建筑物的立面照明、夜景照明和道路照明。

6.1　道路照明

6.1.1　道路照明指标

1. 道路照明评价

道路照明是为机车驾驶员和路人提供一个良好又安全可靠的视觉条件,特别是保障车辆夜间在道路上能安全、迅速地行驶。驾驶员的视觉可靠性取决于照明条件下观察路面变化的能力和舒适感,即视功能和视舒适。如果照明条件恶劣,视觉分辨能力差,行车不舒适,则容易发生交通事故。确定视觉可靠性的照明评价指标见表 6-1。

表 6-1　确定视觉可靠性的照明评价指标

视觉可靠性的组成部分	照明评价		
	亮度水平	亮度均匀度	眩光
视功能	路面平均亮度 L_{av}	总亮度均匀度 U_0	阈值增量 TI
视舒适	路面平均亮度 L_{av}	纵向均匀度 U_1	眩光限制等级 GF

(1)亮度水平。道路表面亮度水平影响驾驶员的对比敏感度,因而也影响知觉的可靠性。通过一系列试验表明,路面平均亮度(在观察者前面 60 ~ 160 m 距离间)为 1.5 ~ 2 cd/m^2,对驾驶员是合适的。

(2)亮度均匀性。路面亮度的总均匀度是指路面上最小亮度与平均亮度的比值。为使路面亮度均匀,路灯的间距要小,或要求灯具的配光能更合理些,这势必增加照明设备的投资。从知觉可靠性的角度来看,路面总的亮度均匀度 $U_0 = L_{min}/L_{av} \geqslant 0.3 \sim 0.4$ 是合适的,然而,即使在这种情况下,路面仍有一块亮一块暗的现象。所以从知觉的舒适性出发,应考虑纵向均匀度 $U_1 = L_{min}/L_{max}$(沿每个车道中轴线方向的最小亮度与最大亮度之比),要求 $U_1 \geqslant 0.5 \sim 0.7$。

(3)眩光。CIE 关于交通道路照明设计的描述中，失能眩光被表示为“阈值增量(TI)”。TI 的计算公式如下：

$$TI=\frac{650\times E_{vert}\times MF^{0.8}}{\overline{L}^{0.8}\times Q^{2}} \tag{6-1}$$

式中：E_{vert}——新状态中的灯具在一个位于观察者眼睛处的平面上产生的照度，此平面与视线垂直(lx)；

$\overline{L}$——路面平均亮度，cd/m^2；

MF——计算$\overline{L}$的维护系数；

Q——视线与灯具中心之间的夹角，(°)。

观察者的眼睛位于路面水平上方 1.5 m 高度处。在英国的实际情况是，观察者在横向上位于人行道 1/4 车道宽度的地方，在纵向上位于在计算范围之内的第一个灯具或灯具组(交错布置的近侧和单侧安装一侧)之前 2.75(H－1.5) m 的距离上，其中 H 是以 m 为单位的安装高度，视线在水平以下 1°和经过观察者眼睛纵向的垂直平面上。

2. CIE 道路分类及各种道路照明的推荐值

国际照明委员会(CIE)道路照明技术委员会公布的《有关道路的质量标准的建议》中规定了相应道路的分类及道路照明的质量。

(1)城市道路分类。城市道路按车流量的大小和车速的快慢分为快速路(A)、主干道路(B)、次干道路(C)、支路(D)、居住区道路(E)五级，见表 6-2。

表 6-2 CIE 的道路分类

道路种类	交通量	车速	交通类型	道路状况	举例
A	大	高	机动车用	有中央隔离带，无平面交叉，在规定地点出入	高速公路
B				机动车专用，与行人道和低速交通工具隔开	干线环行线
C	大	中	机动车用	重要的人、车混用道路，它与主干道结合组成路网，起集散交通作用的道路	
			人车混用		放射线
D	较大	低	人车混用	市内特别是商业中心的道路，是次干路与居住区道路之间的连接道路	主要街道
E	中	低	人车混用	居住区内道路及主要供行人和非机动车通行的街巷	住宅区道路

(2)各种道路照明的推荐值。CIE 对各种道路照明的主要数据推荐值见表 6-3。

表 6-3 CIE 对各种道路照明的推荐值

道路种类	道路周围明暗程度	路面亮度 L_r	亮度均匀度		眩光控制指数 GF
			U_0	U_1	
A	明、暗	2	0.4	0.7	6
B	明	2	0.4	0.7	5
	暗	2	0.4	0.7	6
C	明	2	0.4	0.5	5
	暗	1	0.4	0.5	6

续表

道路种类	道路周围明暗程度	路面亮度 L_r	亮度均匀度		眩光控制指数 *GF*
			U_0	U_1	
D	明、暗	2	0.4	0.5	4
E	明	1	0.4	0.5	4
	暗	0.5	0.4	0.5	5

我国《城市道路照明设计标准》(CJJ45—2006)对各种道路照明的主要参数见表 6-4、表 6-5 和表 6-6。

表 6-4　机动车交通道路照明标准值

级别	道路类型	路面亮度			路面照度		眩光限制阈值增量 *TI*(%)最大初始值	环境比 *SR* 最小值
		平均亮度 L_{av} (cd/m^2)维持值	总均匀度 U_0 最小值	纵向均匀度 U_L 最小值	平均照度 E_{av} (lx)维持值	均匀度 U_E 最小值		
Ⅰ	快速路、主干路(含迎宾路、通向政府机关和大型公共建筑的主要道路,位于市中心或商业中心的道路)	1.5/2.0	0.4	0.7	20/30	0.4	10	0.5
Ⅱ	次干路	0.75/1.0	0.4	0.5	10/15	0.35	10	0.5
Ⅲ	支路	0.5/0.75	0.4	—	8/10	0.3	15	—

注:1. 表中所列的平均照度仅适用于沥青路面。若系水泥混凝土路面,其平均照度值可相应降低约 30%。根据附录 7 给出的平均亮度系数可求出相同的路面平均亮度,沥青路面和混凝土路面分别需要的平均照度。

2. 计算路面的维持平均亮度或维持平均照度时,应根据光源种类、灯具防护等级和擦拭周期,按照附录 8 确定维护系数。

3. 表中各项数值仅适用于干燥路面。

4. 表中对每一级道路的平均亮度和平均照度给出了两档标准值,"/"的左侧为低档值,右侧为高档值。

表 6-5　交会区照明标准值

交会区类型	路面平均照度 E_{av}(lx)维持值	照度均匀度 U_E	眩光限制
主干路与主干路交会	30/50	0.4	在驾驶员观看灯具的方位角上,灯具在 80°和 90°高度角方向上的光强分别不得超过 30 cd/1 000 lm 和 10 cd/1 000 lm
主干路与次干路交会			
主干路与支路交会			
次干路与次干路交会	20/30		
次干路与支路交会			
支路与支路交会	15/20		

注:1. 灯具的高度角是在现场安装使用姿态下度量的。

2. 表中对每一类道路交会区的路面平均照度给出了两档标准值,"/"的左侧为低档照度值,右侧为高档照度值。

表 6-6 人行道路照明标准值

夜间行人流量	区域	路面平均照度 E_{av}/lx 维持值	路面最小照度 E_{min}/lx 维持值	最小垂直照度 E_{vmin}/lx 维持值
流量大的道路	商业区	20	7.5	4
	居住区	10	3	2
流量中的道路	商业区	15	5	3
	居住区	7.5	1.5	1.5
流量小的道路	商业区	10	3	2
	居住区	5	1	1

注:最小垂直照度为道路中心线上距路面 1.5 m 高度处,垂直于路轴的平面的两个方向上的最小照度。

使用以上各表时应注意以下几点。

(1)对同一级道路选定照明标准值时,应考虑城市的性质和规模,中心城市可选择表 6-4 中的低档值。

(2)对同一级道路选定照明标准值时,交通控制系统和道路分隔设施完善的道路,宜选择表 6-4 中的低档值;反之则选择高档值。

(3)当各级道路选取低档照度值时,相应的交会区应选取表 6-5 中的低档照度值;反之则应选取高档照度值。

(4)机动车交通道路一侧或两侧设置的与机动车道路没有分隔的非机动车道路照明应执行机动车交通道路的照明标准;与机动车交通道路分隔的非机动车道路的平均照度值宜为相邻机动车交通道路的照度值的 1/2。

(5)机动车交通道路一侧或两侧设置的人行道路照明,当人行道路与非机动车道路混用时,人行道路的平均照度值与非机动车道路相同。当人行道路与非机动车道路分设时,人行道路的平均照度值宜为相邻非机动车道路的照度值的 1/2,但不得小于 5 lx。

3. 路面的平均亮度

道路表面或路面上的物体能被人们看清楚,主要取决于物体的反射光线。反射光线越多视感觉越强烈,物体看得越清楚。落到路面上的照度大小并不能直接说明视感觉的强烈程度,而应取决于路面或物体的表面亮度。该亮度取决于每一单位亮度区辐射出的光量总数以及相对观察者方向的立体角。平均亮度较好的路面能提高眼睛的视觉舒适程度和灵敏度,使人及时发现前方的物体。在较好的亮度条件下,出现突发情况时,司机能很快地观察到,并及时处理,避免事故发生。

4. 路面亮度分布的均匀程度

道路不仅要求有良好的平均亮度,而且要大于最低亮度值,如果在路面某一区域亮度很低,司机对物体的察觉能力会受到重大影响。路面亮度分布的均匀度包括亮度总均匀度、亮度纵向均匀度和亮度梯度。路面亮度总均匀度,一般要求该值不应低于 0.4,才能保持一个可以接受的察觉能力。纵向均匀度定义为平行于道路轴线的车行或人行道上路面最小亮度与路面最大亮度的比值,它对视舒适影响极大。如果这个亮度不均匀,在路面上会连续反复出现一系列亮与暗的横带,称之为“斑马效应”。此效应会引起司机的烦躁,视觉舒适程度下降。一般主要道路的纵向均匀度最小值为 0.7 左右,以保证足够的视舒适水平,次要的道路可降为 0.5 左右。亮度梯度指覆盖在路面上的亮度变化率,它对视舒适有重要影响。

5. 采用的照明器眩光程度

眩光有失能眩光和不舒适眩光两种。使视觉减弱的眩光称为失能眩光;使眼睛产生不舒适感的眩光称为不舒适眩光,其眩光程度用眩光控制等级 *GF* 表示。

对眩光的控制主要从正确选择灯具和调整其安装高度等方法着手。眩光控制等级 *GF* 分为9级。表6-7是眩光控制等级与主观评价对应关系。

表6-7　眩光控制等级与主观评价对应关系

GF	眩光	主观评价
1、2	无法忍受的眩光	感觉很坏
3、4	有干扰的眩光	感觉心烦
5、6	刚好容许的眩光	可以接受
7、8	能令人满意的眩光	感觉好
9	几乎感觉不到的眩光	感觉非常好

6. 路灯排列的诱导性指标

路面的诱导可分为视觉诱导和光学诱导。路面的诱导性好,驾驶员很容易看清楚道路的变化和正确理解道路前进的方向,并且能指出所处车道边界和这一车道与其他车道或道路的交叉点。视觉诱导性是靠道路、交通标志、防碰撞栏杆和照明设施来实现,司机可以通过灯具的布置看清道路的变化。常用的照明设施实现视觉诱导性的方法有下列几种。

(1)利用照明系统本身的改变实现诱导性。如在道路复杂汇合区,采用高杆照明给司机以明显的信号;在次要汇合区,干路用链式照明系统,支路用常规布灯方式,以便区分干线和支线。又如在道路弯曲部分,应将灯具单侧布置在弯曲部分的外侧。

(2)利用光源颜色变化实现诱导性。这是一种非常有效的方法。如在道路汇合区采用不同颜色的光源分别代表不同去向的道路。

(3)利用灯具的式样和安装高度不同实现诱导性。如在道路汇合区,通向高速公路停车场的支路采用不同的灯具和安装高度。

(4)照明布局。在照明汇集的地方,采用不同的布灯方法。如从中心对称布置变成双侧对称布置,使司机把这种布局当成一种信号,知道自己正在接近十字路口。

6.1.2　道路照明设施

1. 机动车交通道路的照明设施

(1)光源。机动车交通道路照明的光源主要根据光源的效率、光通量、使用寿命、光色和显色性、控制配光的难易程度及使用环境等因素综合选择,一般选用高强度气体放电灯。目前以高压钠灯作为首选。高压钠灯具有寿命长、光效高、质量稳定而且能够满足机动车交通道路照明指标要求的特点。在有些对显色性要求较高的场所,可以考虑采用金属卤化物灯。而对于高压汞灯则应限制使用。

(2)灯具。在常规道路路段,应该采用常规道路照明灯具。常规道路照明灯具按照其配光分为截光型、半截光型和非截光型三类灯具(在IESNA标准中则分为四类,即在前三种的基础上增加一种完全截光型灯具),见表6-8。在快速路、主干路上必须采用截光型或半截光型灯具;次干路上应采用半截光型灯具;支路上也可以采用半截光型灯具。

表 6-8 道路照明灯具按配光的分类

灯具类型	灯具最大光强角度范围/(°)	在指定方向上所发出的最大光强允许值	
		90°	80°
截光	0 ~ 65	10 cd/1 000 lm	30 cd/1 000 lm
半截光	0 ~ 75	50 cd/1000 lm	100 cd/1000 lm
非截光	—	1 000 cd	—

注:不论光源会产出多少光通量,光强最大值不得超过 1 000 cd。

宽阔的机动车交通道路,当采用高杆灯照明方式时,应该选择、配置光束比较集中的泛光灯。

采用密闭式道路照明灯具时,光源腔的防护等级不应低于 IP45。环境污染严重、维护困难的道路和场所,光源腔的防护等级不应低于 IP65。灯具电气腔的防护等级不应低于 IP43。

空气中酸碱等腐蚀性气体含量高的地区或场所,宜采用耐腐蚀性能好的灯具。

通行机动车的大型桥梁等易发生强烈振动的场所,采用的灯具应符合现行国家标准 GB7000.1《灯具一般安全要求与实验》所规定的防振要求。

高强度气体放电灯宜配用节能型电感镇流器,功率较小的光源可配用电子镇流器。

高强度气体放电灯的触发器、镇流器与光源的安装距离应符合产品的要求。

2. 人行道路的照明设施

(1)光源。此类道路可以使用高强度气体放电灯(高压钠灯、金属卤化物灯)、细管径荧光灯、紧凑型荧光灯。

(2)灯具。商业区步行街、人行道路、人行地道、人行天桥以及有必要单独设灯的非机动车道,宜采用功能性和装饰性相结合的灯具。当采用装饰性灯具时,其上射光通比不应大于 25%,且机械强度应符合现行国家标准 GB7000.1《灯具一般安全要求与实验》的规定。对于完全供行人或非机动车使用的居住区道路,在灯具选择方面有更大的空间,而且可以更多地采用装饰性灯具,如全漫射型玻璃灯具、多灯组合式灯具、反射式灯具等。但需要注意的是,装饰性灯具也有其特定的光分布,在使用时也应该根据被照明场所的特点和照明需要来进行有针对性的选择和布置,如全漫射型灯具的光分布所能产生的水平照度很低,但是,垂直照度或半柱面照度却比较高,因此,可将其使用在具有较大面积的被照场所;下射式灯具在水平面上的照明范围比较小,采用这种灯具若希望得到足够的地面照明均匀度,就应该把灯具间距布置得小一些。此外,这种灯具所产生的垂直照度或半柱面照度比较低,这对于满足人行道路的照明指标要求是不利的。

6.1.3 道路照明设计原则和方式

机动车交通道路照明可根据道路和场所的特点及照明要求选择常规照明方式或高杆照明方式。常规照明方式是在灯杆上安装 1 ~ 2 盏路灯,灯杆高度通常为 12 ~ 15 m。高度在 15 ~ 20 m 的称为半高杆照明,大于或等于 20 m 的称为高杆照明。还有一种链式照明是在悬挂的钢索上装置照明灯具的一种布灯方式。目前,主要用于高速公路,而在城市道路上基本不用。

1. 常规道路照明

道路照明中使用最为广泛的是照明灯具安装在高度为 15 m 以下的灯杆顶端，并沿道路布置灯杆。它的特点是可以在需要照明的场所任意设置灯杆，而且照明灯具可以根据道路线型变化而配置。由于每个照明灯具都能有效地照亮道路，所以不仅可以减少灯的光通量，减小灯泡功率，降低成本，而且能在弯道上得到良好的诱导性。因此，可以应用于道路本身、立体交叉点、停车场、桥梁等处。常规照明有图 6-1 所示的五种最基本的布置方式。

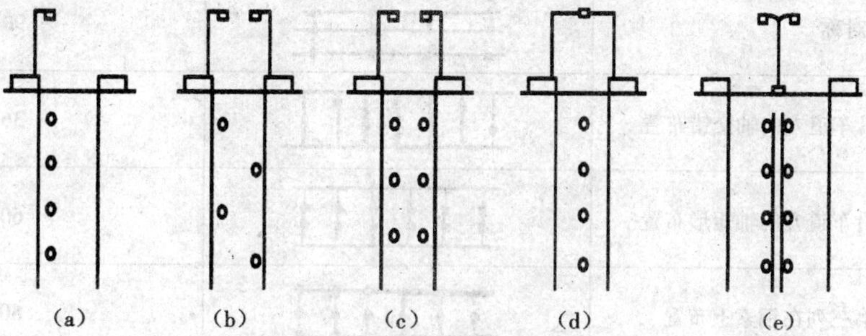

图 6-1　常规照明布灯方式

(a)单侧布置；(b)双侧交错布置；(c)双侧对称布置

(d)横向悬索布置；(e)中心对称布置

随着灯具安装高度的增加，眩光越来越少，整个照明的舒适感相应增加。但从另一角度来看，由于提高了安装高度，会使照明灯杆的成本相应增加，同时，溢向路面以外的光通量也会增加，使总效率降低。按照以往的经验，气体放电灯的灯杆高度在 10 ~ 15 m 较为经济。

在干燥路面情况下，照明器外伸部分长的路面平均亮度高。但在雨天路面潮湿时路侧亮度很低，灯具和光源易发生振动。这种灯杆既不美观，造价又高，故外伸部分不能很长，一般不宜超过安装高度的 1/4。

照明器宜尽量采用水平安装。考虑美观，倾角可以为 5°或 15°，一般在 5°以下。因为倾角过大会增加不舒适眩光，慢车道和人行道的亮度降低。故灯具的仰角不宜超过 15°。

要使路面亮度分布均匀，经济合理，很大程度上取决于灯具的合理配置。对不同宽度的道路，可采用不同排列方式的灯具组合，从而形成不同的配置方式。表 6-9 列出了推荐使用的配置情况。

表 6-9　道路照明灯具推荐布置方式

配置方式名称	图例	行车道的最大宽度/m
单侧排列	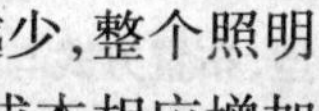	12
在钢索上沿行车道的中心轴成一列布置	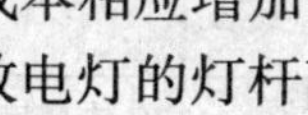	18
双侧交错排列	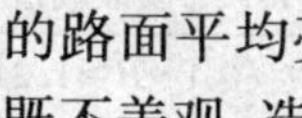	24
双侧对称排列		48

续表

配置方式名称	图例	行车道的最大宽度/m
中心对称配置	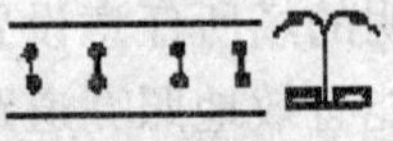	24
中心对称 + 交错		48
中心对称 + 双侧对称		90
两列在钢索上,沿车道方向轴交错布置	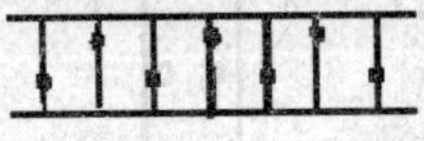	36
两列在钢索上,沿车道方向轴矩形布置		60
双侧对称布置,第三列在钢索上布置		80

灯具的布置方式、安装高度和间距可按表 6-10 经计算后确定。

表 6-10　灯具的配光类型、布置方式与灯具的安装高度、间距的关系

配光类型	截光型		半截光型		非截光型	
布置方式	安装高度 H/m	间距 S/m	安装高度 H/m	间距 S/m	安装高度 H/m	间距 S/m
单侧布置	$H\geqslant W_{eff}$	$S\leqslant 3H$	$H\geqslant 1.2W_{eff}$	$S\leqslant 3.5H$	$H\geqslant 1.4W_{eff}$	$S\leqslant 4H$
双侧交错布置	$H\geqslant 0.7W_{eff}$	$S\leqslant 3H$	$H\geqslant 0.8W_{eff}$	$S\leqslant 3.5H$	$H\geqslant 0.9W_{eff}$	$S\leqslant 4H$
双侧对称布置	$H\geqslant 0.5W_{eff}$	$S\leqslant 3H$	$H\geqslant 0.6W_{eff}$	$S\leqslant 3.5H$	$H\geqslant 0.7W_{eff}$	$S\leqslant 4H$

注:W_{eff}为路面有效宽度(m)。

2. 高杆照明方式

高杆照明就是在 15 ~ 40 m 的高杆上装多个有大功率光源的照明灯具,以少数高杆进行大面积照明的方式。这种照明方式适用于复杂的立体交叉点、会合点、停车场、高速公路的休息场、广场等大面积照明的场所。这种照明方式有以下优点:

(1)照明范围广阔,光通利用率高;

(2)使用高效率、大功率光源,经济性好;

(3)由于杆塔很高,下面亮度均匀度高;

(4)用于道路交叉或立体交叉点时,车辆驾驶人员很容易从远处看到高杆照明,便于预知前方情况;

(5)高杆一般在车道以外安装,易于维修、清扫和换灯,不影响交通秩序;

(6)可以兼顾附近建筑物、树木、纪念碑等的照明,以改善环境照明条件,并可兼作景物照明。

高杆照明的结构有柱式和塔式,灯架有能升降的和不能升降的两种。可升降灯盘的维修

比较方便，并可携带 1 ~ 2 人升到杆顶进行检修。其供电方式有触头式及可移动软电缆式。此种形式不便于调整灯具的瞄准角度。升降可用升降机、电动绞车实现，小型灯杆(3 ~ 4 只灯)还可用手动绞车。而固定式灯盘不可升降。检修时，只能靠爬梯或者高架车。其优点是有利于到灯盘上调整灯具的瞄准角度，缺点是上下不方便，尤其是天气恶劣时，危险性较大，不易维护。

高杆照明方式必须根据需要和具体条件，并进行技术经济比较才能做出抉择。所以在采用高杆照明方式时，应注意以下几个问题。

①按不同条件选择平面对称、径向对称和非对称三种灯具配置方式(图 6-2)。布置在宽阔道路及大面积场地周边的高杆灯宜采用平面对称配置方式；布置在场地内部或车道布局紧凑的立体交叉的高杆灯宜采用径向对称配置方式；布置在多层大型立体交叉或车道布局分散的立体交叉的高杆灯宜采用非对称配置方式。无论采取何种灯具配置方式，灯杆间距与灯杆高度之比均应根据灯具的光度参数通过计算确定，以达到既保证照明效果，又经济合理、节约能源的目的。

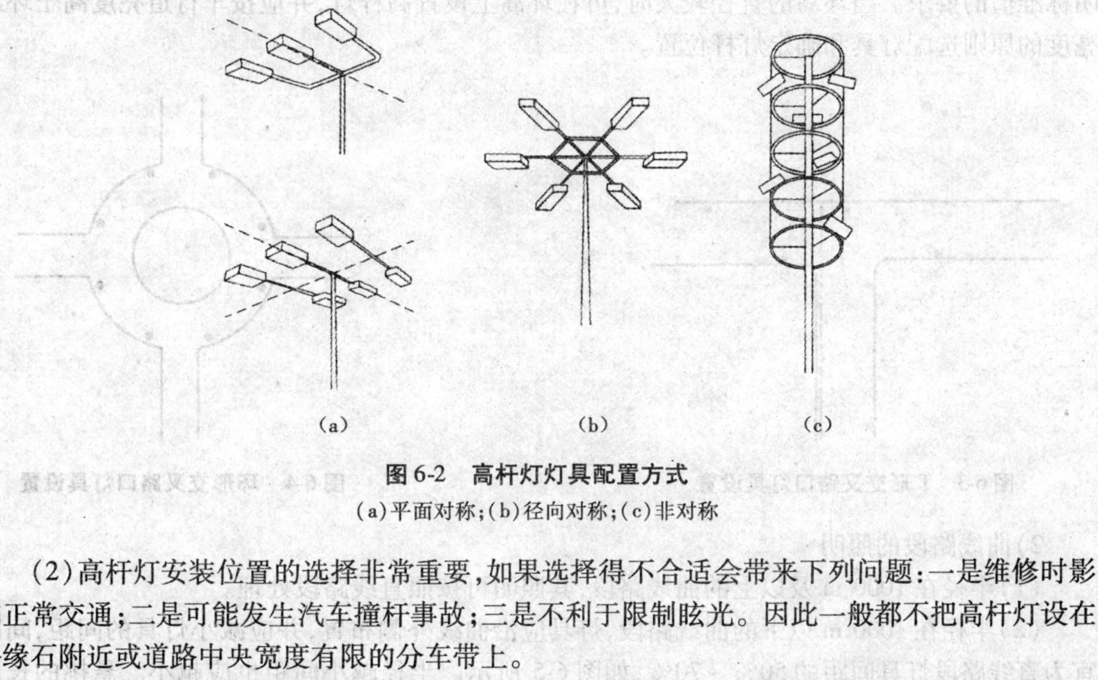

(a)　　(b)　　(c)

图 6-2　高杆灯灯具配置方式

(a)平面对称；(b)径向对称；(c)非对称

(2)高杆灯安装位置的选择非常重要，如果选择得不合适会带来下列问题：一是维修时影响正常交通；二是可能发生汽车撞杆事故；三是不利于限制眩光。因此一般都不把高杆灯设在路缘石附近或道路中央宽度有限的分车带上。

(3)灯具的最大光强投射方向和垂线夹角不宜超过 65°，确保眩光限制在规定的范围之内。

(4)高杆照明不是艺术照明而是功能性很强的一种照明方式。设计的基本原则首先要考虑功能，在满足功能要求的前提下尽量做到美观，决不能一味追求美观而牺牲功能。其次是不同的照明场所和环境对美观的要求应有所不同。在市区设置的高杆灯，对造型的要求高一些，应力求与环境协调，而在郊区的道路或立交道路设置的高杆灯应强调功能，以便节省费用。

3. 道路及其相连的特殊场所照明设计要求

1)平面交叉路口的照明

平面交叉路口分为十字交叉、T 形交叉和环形交叉几种。设计时应注意以下几点。

(1)平面交叉路口的照明水平应符合交会区照明标准值的规定,且交叉路口外5 m范围内的平均照度不宜小于交叉路口平均照度的1/2。这样才能突出交叉路口,使驾驶员在停车视距之外就可以清晰看见交叉路口,引起驾驶员的注意。

(2)为了提供良好的诱导性,交叉路口可采用与相连道路不同色表的光源、不同外形的灯具、不同的安装高度或不同的灯具布置方式。

(3)十字交叉路口的灯具可根据道路的具体情况,分别采用单侧布置、交错布置或对称布置等方式。大型交叉路口为了达到路口中心区的亮度(照度)标准,可另行安装附加灯杆和灯具,并应限制眩光。当有较大的交通岛时,可在岛上设灯,也可采用高杆照明。

(4)T形交叉路口在道路尽端设灯,如图6-3所示。这种设灯方式不但可以有效地照亮交叉区域,而且也有利于驾驶员识别道路的尽端,以免误认为道路继续向前延伸,从而减少发生交通事故的几率。

(5)环形交叉路口的照明应充分显现环岛、交通岛和路缘石。当采用常规照明方式时,宜将灯具设在环形道路的外侧。如图6-4所示。通向每条道路的出入口的照明应符合交会区照明标准值的要求。当环岛的直径较大时,可在环岛上设置高杆灯,并应按车行道亮度高于环岛亮度的原则选配灯具和确定灯杆位置。

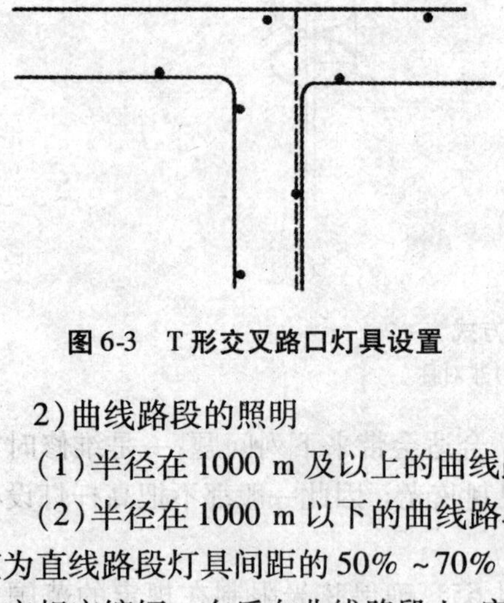

图6-3 T形交叉路口灯具设置

图6-4 环形交叉路口灯具设置

2)曲线路段的照明

(1)半径在1000 m及以上的曲线路段,其照明可按照直线路段处理。

(2)半径在1000 m以下的曲线路段,灯具应沿曲线外侧布置,并应减小灯具的间距,间距宜为直线路段灯具间距的50%~70%,如图6-5所示。半径越小间距也应越小。悬挑的长度也应相应缩短。在反向曲线路段上,宜固定在一侧设置灯具,产生视线障碍时可在曲线外侧增设附加灯具,如图6-6所示。

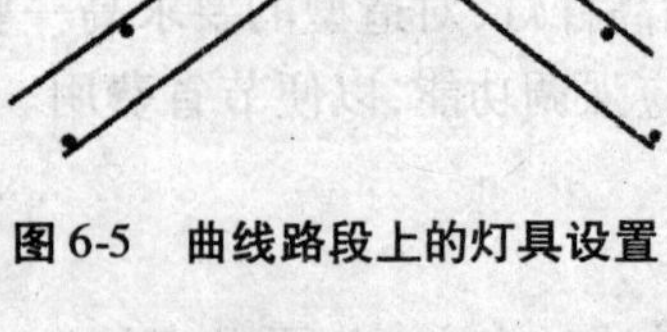

图6-5 曲线路段上的灯具设置

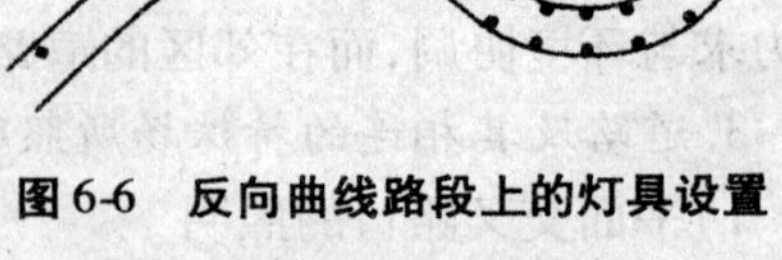

图6-6 反向曲线路段上的灯具设置

灯具沿曲线外侧布置比沿内侧布置具有如下优点。

(1)灯具对提高道路表面亮度的贡献更大。

(2)灯具能更好地标示道路的走向,即诱导性好。缩小灯具间距的目的是为了更清晰地标示道路走向,并确保路面亮度均匀度。曲率半径越小,灯具间距也需相应减小。基于同样原因也要缩短悬挑长度。在反向曲线路段上宜在固定的一侧设置灯具(即如果灯具布置在行进方向的左侧,就固定在左侧,而不应变为右侧),其目的是为了提高诱导性,也便于照明设施的安装和维护。

(3)当曲线路段的路面较宽需采取双侧布置灯具时,宜采用对称布置,不宜采用交错布置,因采用交错布置有可能失去诱导,导致交通事故。

(4)转弯处的灯具不得安装在直线路段灯具的延长线上(图6-7),以免驾驶员误认为是道路向前延伸而导致事故。

(5)在道路的急转弯处,由于视距短,一旦出现紧急情况,驾驶员没有从容的反应时间,因此需提高对照明的要求,让道路的形式及环境状况(如路缘石、护栏等)清楚地显示出来。

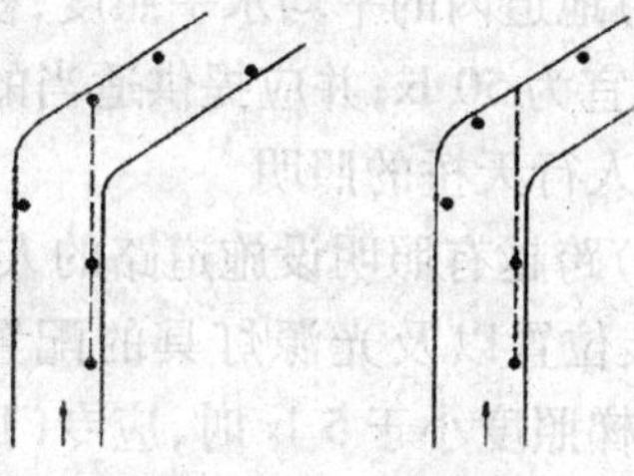

图6-7 转弯处的灯具设置

(a)不正确;(b)正确

3)立体交叉区域的照明

(1)由于立交区域的车道多,车道的转弯、起伏及穿叉很复杂,所以,当立体交叉区域采用常规照明时,不宜设置太多的光源和灯具,即要尽量减少发光点,以避免发光点太多引起驾驶员的视觉混乱,于诱导不利。

(2)小型立体交叉区域可采用常规照明。大型立体交叉区域采用高杆照明可以避免灯杆林立的现象,还可以使整个立交区域获得充分的环境照明,创造出类似于白天的照明条件,有利于提高驾驶员的视觉功效,降低撞杆事故发生几率,还可以减少维护点和维护工作量等。因此,大型立体交叉区域宜优先考虑采用高杆照明方式。

4)城市桥梁的照明

(1)较窄的桥面使得桥梁栏杆可能位于与其相连的道路内,所以,需要提供足够的栏杆立面照明或在入口处直接安装灯具以引起驾驶员的注意。

(2)大型桥梁和具有艺术、历史价值的中小型桥梁的照明应进行专门设计,应满足功能要求,并应与桥梁的风格相协调。

(3)桥梁照明产生眩光的可能性较大,而且所造成的危害也更严重,所以,桥梁照明限制眩光十分重要。特别是当桥面出现较陡的坡度、桥面的高度和与其连接的(或附近的)道路路面高度相差比较大,或为了突出大桥造型而采用一些装饰照明的情况下,尤其要注意这一点。一是要避免给桥上行车的驾驶员造成眩光影响,二是要避免给与其连接或邻近的道路上的驾驶员造成眩光影响,三是避免给桥下船只领航员造成眩光影响。为此,必要时应采用安装挡光板或格栅的灯具。

(4)将灯具直接安装在栏杆上的优点,是不会给在桥下汽车驾驶员或桥下船只领航员造成眩光,克服了灯杆林立现象,不太破坏桥梁及其附近环境景观,同时具有良好的诱导性;缺点是灯具安装位置低，导致桥面亮度和照度均匀度难以达到标准要求，驾驶员造成的眩光不易限制，并且容易受到污染而变脏，使照明效果大为降低，导致清扫周期缩短，维护工作量增加，灯具也容易遭到人为破坏，一次性投资大。因此，一般不宜将灯具直接安装在栏杆上，只有当桥面很窄（通常不超过 2 车道），对照明要求又高（如只要求起到导向作用）或将白天景观摆在首位的情况下才可使用这种灯杆。

5）人行地道的照明

（1）天然光充足的短直线人行地道，可只设夜间照明。

（2）附近未设路灯的地道出入口，应设照明装置。

（3）地道内的平均水平照度，夜间宜为 30 lx，白天宜为 100 lx；最小水平照度，夜间宜为 15 lx，白天宜为 50 lx；并应提供适当的垂直照度。

6）人行天桥的照明

（1）跨越有照明设施道路的人行天桥可不另设照明，紧邻天桥两侧的常规照明的灯杆高度、安装位置以及光源灯具的配置，应根据桥面照明的需要作相应调整。当桥面照度小于 2 lx、阶梯照度小于 5 lx 时，应专门设置人行天桥照明。

（2）专门设置照明的人行天桥桥面的平均水平照度不应低于 5 lx，阶梯照度宜适当提高，且阶梯踏板的水平照度与踢板的垂直照度的比值不应小于 2∶1。

（3）应防止照明设施给行人和机动车驾驶员造成眩光。

7）居住区道路照明

（1）居住区人行道路的照明水平应符合人行道路照明标准值。

（2）行人和非机动车交通道路对眩光限制的要求不是很严格，光线适当有点耀眼反而可以活跃气氛，增加环境的吸引力，因此，重点是要限制在视平线方向不能有太强的光线。

（3）随着国民经济和城市建设的发展，在居住区，光干扰问题越来越突出，应引起足够的重视。在设计阶段就要预防，在照明设施调试或投入运行初期就要加以解决。光污染和光干扰需要专门的标准来加以限制，其中 CIE 的有关建议见表 6-11。

表 6-11　CIE 关于限制光干扰的推荐值①

光度指标	适用条件	环境区域②			
		E1	E2	E3	E4
窗户垂直面上的照度 E_v/lx	夜景照明熄灭前，进入窗户的光线	2	5	10	25
	夜景照明熄灭后，进入窗户的光线	0③	1	2	5
朝居室方向的灯具的最大光强/cd	夜景照明熄灭前，适用于全部照明设备	2 500	7 500	10 000	25 000
	夜景照明熄灭后，适用于全部照明设备	0④	500	1 000	2 500
上射光通比的最大值/%	灯具的上射光通量与灯具总光通量之比	0	5	15	25
建筑物里面亮度或标识亮度 L/cd/m²	被照面的平均亮度	0	5	10	25
	由被照面的平均照度和反射比确定的标识亮度或自发光标志的平均亮度	50	400	800	1 000

续表

光度指标	适用条件	环境区域②			
		E1	E2	E3	E4
阈值增量(5)	非道路照明装置所产生的阈值增量最大值	15% ($L_A=0.1$)	15% ($L_A=1$)	15% ($L_A=2$)	15% ($L_A=5$)

注:①本表光度指标引自 CIE 干扰光技委会(CIE/TC5－12)《限制室外照明干扰光影响指南》(Guide on the limitation of the effects of obtrusive light from outdoor lighting installations. January 3,2003)。

②环境区域:E1 为环境暗的地区,如公园、自然风景区;E2 为环境亮度低的地区,如工业或乡村居住区;E3 为环境亮度中等的地区,如工业或近郊居住区;E4 为环境亮度高的地区,如城市中心和商业区。

③如果是公共(道路)照明灯具,此值可提高至 1 lx。

④如果是公共(道路)照明灯具,此值可提高至 500 cd。

⑤阈值增量中的 L_A(cd/m^2)为适应亮度。$L_A=0.1$ 为无道路照明,$L_A=1$ 为 M5 级道路照明,$L_A=2$ 为 M4/M3 级道路照明,$L_A=5$ 为 M2/M1 级道路照明。道路分级详见 CIE116—1995 出版物。

8)人行横道的照明

人行横道属于机动车和行人道交会区,是交通事故易发区域,因此,人行横道的照明十分重要。设计时应考虑以下几个方面。

(1)平均水平照度不得低于人行横道所在道路的 1.5 倍。

(2)人行横道应增设附加灯具。可在人行横道附近设置与所在机动车交通道路相同的常规道路照明灯具,也可在人行横道上方安装定向窄光束灯具,但不应给行人和机动车驾驶员造成眩光。为此可根据需要在灯具内配置专用的挡光板或控制灯具安装的倾斜角度。

(3)可采用与所在道路照明不同类型的光源。其目的是为了突出人行横道,以警示机动车和行人,有助于交通安全。

9)道路两侧设置非功能性照明时应注意的问题

(1)在机动车交通道路两侧的行道树、绿化带、人行天桥、行驶机动车的桥梁、立体交叉区域等处设置装饰性照明时,应将装饰性照明和功能性照明结合设计,装饰性照明必须服从功能性照明的要求。

(2)应合理选择装饰性照明的光源、灯具及照明方式。装饰性照明亮度应与路面及环境亮度协调,不应采用多种光色或多种灯光图式频繁变换的动态照明,应防止装饰性照明的光色、图案、阴影、闪烁干扰机动车驾驶员的视觉。

(3)设置在灯杆上及道路两侧的广告灯光不得干扰驾驶员的视觉和妨碍对交通信号及标识的辨认。

6.1.4　道路照明计算

道路照明计算通常包括路面上任意点的水平照度、路面平均照度、照度均匀度、路面上任意点的亮度、亮度均匀度(包括总均匀度和纵向均匀度)、不舒适眩光和失能眩光的计算等。

进行照明计算时应该预先知道所选用的灯具的光度数据、灯具的实际条件(安装高度、安装间距、悬挑长度、灯具仰角和灯具布置方式等)、道路的几何条件(道路横断面及各部分的宽度、路面材料特性等)以及所采用光源的类型和功率等。

1. 照度计算

1)路面上任意点照度的计算(逐点照度计算)

根据等光强曲线图进行计算,计算公式为

$$E_p = I_{\gamma c}\cos^2\gamma/h^2 \tag{6-2}$$

式中：$I_{\gamma c}$——灯具指向 γ 角和 c 角所确定的 P 点光强；

γ——高度角，见图 6-8；

c——方位角，见图 6-8；

h——灯具安装高度；

E_p——路灯在 P 点产生的照度。

N 个灯具在 P 点产生的总照度为各个灯具在该点照度的和。

2）路面平均照度的计算

道路平均照度 E_{av} 和灯间距 S 的计算公式为。

$$E_{av} = \frac{\Phi UKN}{SW} \tag{6-3}$$

$$S = \frac{\Phi UKN}{E_{av}W} \tag{6-4}$$

式中：Φ——光源的总光通量，lm；

U——利用系数，由灯具利用系数曲线查出；

K——维护系数；

W——道路宽度，m；

S——路灯安装间距，m；

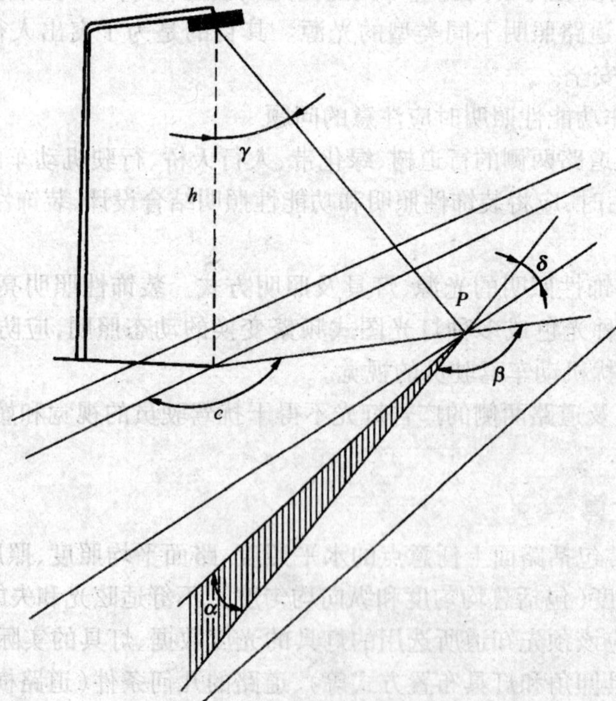

图 6-8 道路照明逐点计算法

P—路面上被观察点；α—道路使用者的观察角度（由水平线算起）；

β—光的入射平面与观察平面之间的夹角；δ—观察平面与道路轴线之间的夹角

N——与排列方式有关的数值，当路灯一侧排列或交错排列时 $N=1$，相对矩形排列时 $N=2$。

利用式(6-3)计算时，注意灯的照射范围，要在满足照度均匀度要求的前提下，才能计算出 S 值。

3)利用系数 U 的确定

路灯的利用系数曲线是以灯垂直路面的垂线为界，一侧为车道侧，另一侧为人行道侧的条件绘制得到的。利用系数的变化按照路宽 W 与灯的安装高度 h 之比 W/h 给出相关曲线值。路面总利用系数 U 可由图 6-9 求出。具有中央隔离带的车道上利用系数的计算可按图 6-10 求出。

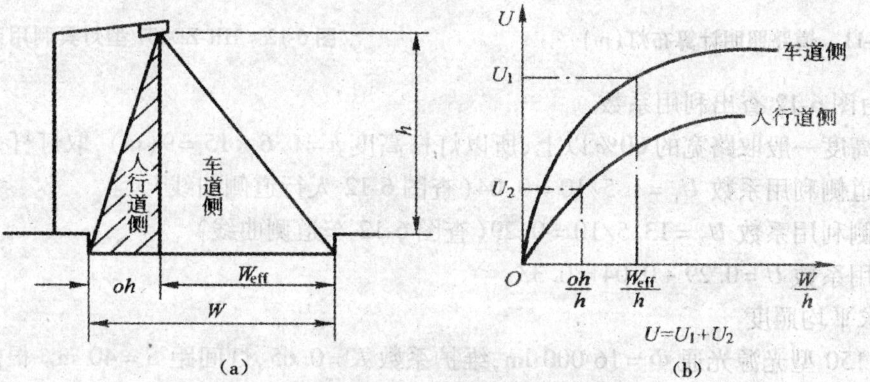

图 6-9　道路一侧路灯照明利用系数计算

(a)灯具布置；(b)利用系数曲线

图 6-10　有中央隔离带的车道利用系数计算

(a)灯具布置；(b)利用系数曲线

2. 道路照明计算举例

例 6-1　某道路宽 15 m，为次干道，选用半截光型灯具，路面为沥青混凝土，试设计道路照明。

解：(1)选用 HR-ZD407 型灯具，光源为 150 W 高压钠灯，照度设计为 10 lx，采用对称布灯方式，仰角 θ 为 15°，见图 6-11。

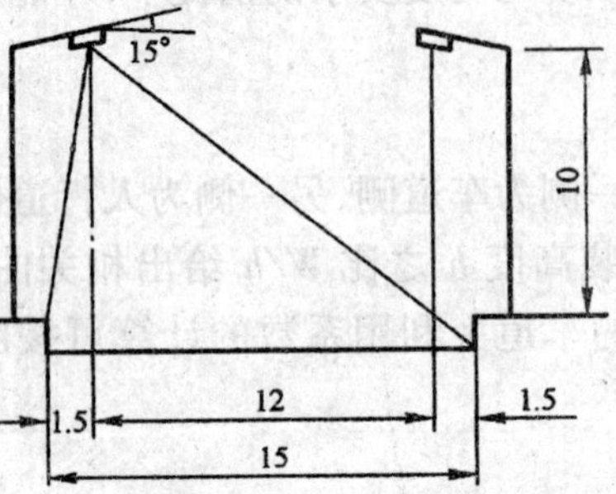

图 6-11 道路照明计算布灯(m)

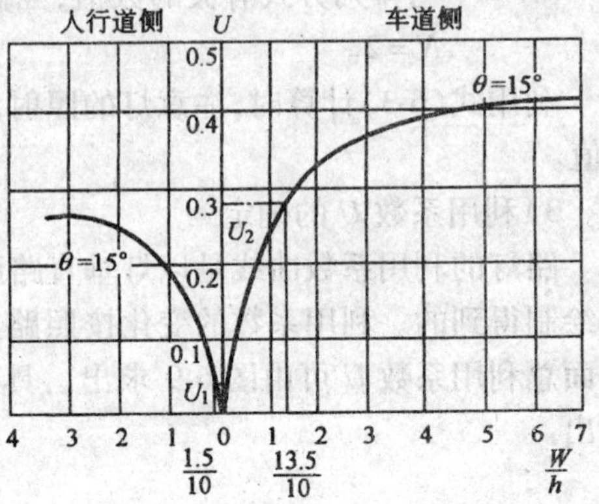

图 6-12 HR-ZD407 型灯具利用系数曲线

(2)由图 6-12 查出利用系数

灯杆高度一般取路宽的 60% 以上,所以灯杆高度 $h=0.6\times15=9$(m),取灯杆高为 10 m。

人行道侧利用系数 $U_1=1.5/10=0.04$(查图 6-12 人行道侧曲线)

车道侧利用系数 $U_2=13.5/10=0.29$(查图 6-12 车道侧曲线)

总利用系数 $U=0.29+0.04=0.33$

(3)求平均照度

NG-150 型光源光通 $\Phi=16\ 000$ lm,维护系数 $K=0.65$,灯间距 $S=40$ m。根据式(6-3),则

$$E_{av}=\frac{\Phi UKN}{SW}=\frac{16\ 000\times0.33\times0.65\times2}{40\times15}=11.4(\text{lx})$$

可见,设计结果大于设计标准 10 lx,是合理的。

6.2 夜景照明

夜景照明泛指除体育场场地、建筑工地、道路照明和室外安全照明外,还包括所有室外活动空间或景物的夜间景观的照明。夜景照明对美化城市,展现城市风采,增强城市的魅力,提高城市的知名度和美誉度,优化人们夜生活,促进旅游、商业、交通运输、服务业,特别是照明工业的发展,减少交通事故与夜间犯罪等均具有重要的意义和深远的影响。它一般包括:建筑物立面照明和景观照明两部分。

夜景照明是一项系统工程,涵盖了工程技术、环境艺术、人文历史、经济、文化、管理等多种学科,需要结合本地区的实际情况,总体规划,分步实施。

6.2.1 夜景照明设计的基本原则与要点

在夜景照明工程建设之前,设计者应根据建设单位的要求、工程特征和文化艺术内涵、环境状况、夜景照明的标准和规范,对照明的方法、器材、施工与验收做出统一的筹划,并用图像和文件表达设计。

夜景照明规划是以城市或地区的建设和发展规划为依据,结合其自然景观和人文景观的历史文化、艺术特征和发展现状,对夜景照明布局和设施建设做出的综合部署。夜景照明是利

用灯光重塑城市的夜间景观形象,将城市的规划区域特征、景观元素用灯光表现出来,突出城市的内涵和特征,服务于人们夜间活动的需要。

1. 夜景照明设计的基本原则

夜景照明设计的基本原则如下。

(1)根据城市规划区域功能的特点制定用灯、用光照明规划方案,体现点、线、面的规划特点,体现城市的特点。

(2)应满足功能性照明的需要,即道路照明、广场照明等功能的要求,保障市民生活、交通、夜晚活动的安全和方便。

(3)突出区域特征,如办公区、商业区、文化娱乐区、休闲区、居住区、自然风景区及文物古迹等。

(4)在特定的区域内突出景观元素,重点表现塑造有个性的照明对象,做出塑造地标性或精品性的景观照明设计,切忌主次不分,一般化;景观照明效果应该具有较高的艺术品位。把照明艺术作为夜景照明艺术设计的基本点、出发点和归宿点。

(5)重点表现的照明对象切忌照搬、照抄,千篇一律,没有创新,应做到高雅、舒适、安全,突出城市文化特色和内涵。

(6)照明设计中要强调节能原则,进行照明节能规划设计,控制大功率投光灯、大型和超大型组合光源灯饰的应用;采用高效、节能型的光源和灯具,采用节电的照明控制方式。有条件的地方可采用太阳能和风能等能源。

(7)控制光污染,特别应注意控制影响行人、机动车、居民生活的干扰光,控制灯光对动、植物生存和生长的影响。

(8)照明设计中要强调具有较高的科技含量,用现代科技的照明手法和控制手段演绎夜景照明的艺术效果。

(9)人造夜景观的设置应该慎重有节制,应特别注意其在白天的形象和艺术效果。尽量取消泛光灯的立杆,灯具应隐蔽安装,努力做到见光不见灯。

(10)照明设计应具有可操作性和可实现性,效果图与实际照明结果应基本相符,不应有较大的偏差。

(11)操作控制灵活、方便,具有多种场景,多种时段分级控制方式和良好的开放接口,便于实现区域性和整个城市集中监控。

(12)配电系统合理,电器设备必须有相关质量和安全认证,电器设备的安装应安全可靠。

(13)建筑物的夜景照明应与周围环境相协调。表6-12为国际照明委员会(CIE)对不同环境下照明区域与光环境的划分,在进行照明设计时,可供设计参考。

表6-12 环境照明区域分类

区域	周围环境	光环境	举例
E1	自然	天然黑夜	自然公园、保护区
E2	乡下、乡村	低区域亮度	工业或居住性的乡村
E3	郊区	中区域亮度	工业或居住性的郊区
E4	城市	高区域亮度	城市中心、商业区

2. 夜景照明设计的要求

夜景照明设计的要点如下。

(1)建筑物照明(building lighting)。用灯光重塑建筑物的夜间景观的照明。照明对象有房屋建筑,如纪念建筑、陵墓建筑、园林建筑和建筑小品等。建筑物夜景照明,应根据不同建筑的形式、布局和风格充分反映出建筑的性质、结构和材料特征、时代风貌、民族风格和地方特色。

(2)构筑物照明(structure lighting)。也称特殊景观元素照明。用灯光重塑构筑物(特殊景观元素)夜间景观的照明。照明对象(元素)有碑、塔、路、桥、隧道、河流、水库、矿井、烟囱、水塔、蓄水池等。构筑物夜景照明除考虑构筑物功能要求外,还必须注意构筑物形态以及与周围环境协调的要求。

(3)园林照明(garden lighting)。根据园林的性质和特征,对园林的硬质景观(山石、道路、建筑、流水及水面等)和软质景观(绿地、树木及花丛等植被)的照明进行统一规划、精心设计,形成和谐并富有特色的照明。

6.2.2 夜景照明方式

夜景照明的方式通常有以下几种。

(1)泛光照明(floodlighting),指通常用投光灯使场景或物体的亮度明显高于周围环境亮度的照明方式。

(2)轮廓照明(contour lighting,outline lighting),指利用灯光直接勾画建筑物和构筑物等被照对象的轮廓的照明方式。

(3)内透光照明(lighting from interior lights,interior floodlighting)指利用室内光线向外透射的照明方式。

(4)重点照明(accent lighting),指利用窄光束灯具照射局部表面,使之与周围形成强烈的亮度对比,并通过有韵律的明暗变化,形成独特的视觉效果的照明方式。

(5)建筑化夜景照明(architectural nightscape lighting),指将夜景照明光源或灯具和建筑立面的墙、柱、檐、窗、墙角或屋顶部分的建筑结构连为一体,并和主体建筑同步设计和施工的照明方式。

6.2.3 夜景照明设计程序

遵守设计程序,掌握设计规律,积累设计经验,是搞好夜景照明设计的重要保障,夜景照明项目按照设计程序进行,才能保障塑造出良好的照明效果以及精致的夜晚景观作品。图 6-13 是夜景照明设计的基本设计程序图。

6.2.4 夜景照明光源的选择

照明光源应适合室外工作的特点,其基本要求应满足以下几点。

(1)光源的寿命长。夜景照明光源要考虑气候影响。另外,室外灯具安装场所的环境较复杂,更换灯管比较困难,所以,选择长寿命光源是非常重要的。

(2)光源的效率高。高光效光源有利于照明节能。

(3)光源的色温与显色性适合需要。光源的光色对于不同的地区,不同的被照物有不同的运用手法,一般热带地区光源宜采用偏高色温,寒冷地区宜采用偏低色温,在商铺的橱窗和被照物体需要逼真显示某些部位时,对光源的显色性有较高要求。

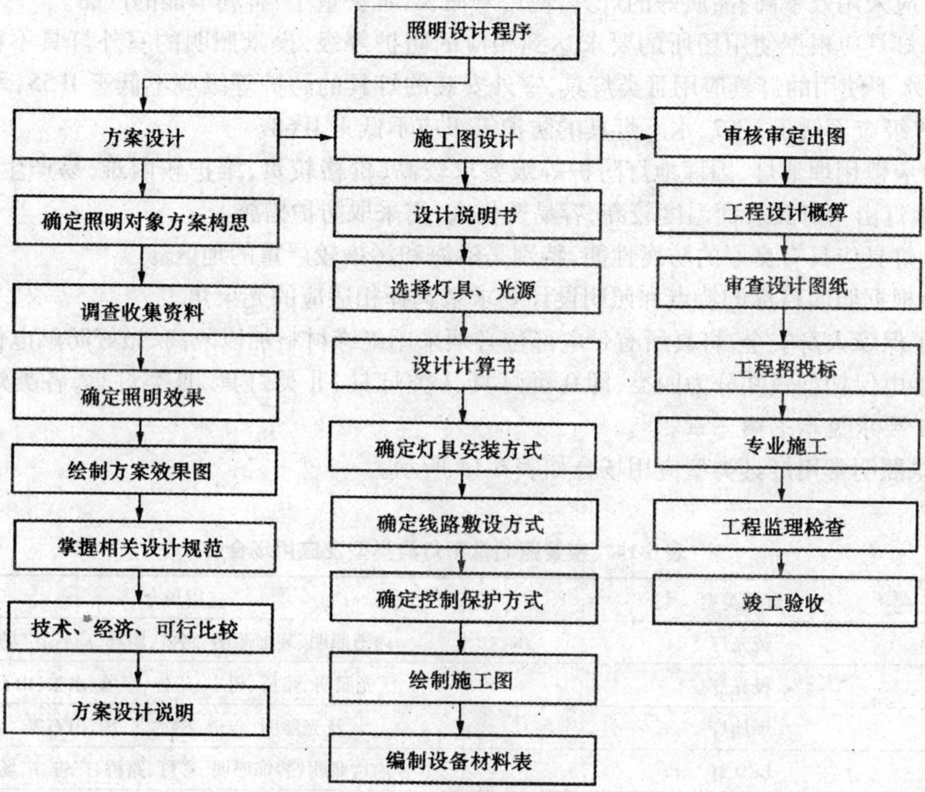

图 6-13 夜景照明设计程序流程图

夜景照明常用光源技术指标，如表 6-13 所示。

表 6-13 常用光源技术指标

光源种类	光效 /lm/W	显色指数 R_a	色温/K	平均寿命/h	应用场合
三基色荧光灯	>90	80~96	2 700~6 500	12 000~15 000	内透照明、路桥、广告灯箱、广场等
紧凑型荧光灯	40~65	>80	2 700~6 500	5 000~8 000	建筑轮廓照明、彩灯、园林、广场等
金属卤化物灯	75~95	65~92	3 000~5 600	9 000~15 000	泛光照明、路桥、园林、彩灯、广告、广场等
高压钠灯	80~130	23~25	1 700~2 500	>20 000	泛光照明、路桥、园林、广告、广场等
冷阴极荧光灯	30~40	>80	2 700~10 000 或彩色	>20 000	内透照明、装饰照明、彩灯、路桥、园林、广告
发光二极管(LED)	白光>40	70~80	白光或彩色	>60 000	内透照明、装饰照明、彩灯、路桥、园林、广告、广场等
无极荧光灯（电磁感应灯）	60~80	75~80	2 700~6 400	>60 000	内透照明、路桥、园林、广告、广场等

6.2.5 夜景照明灯具的选择

室外照明灯具的选择应遵守以下基本原则。

(1)除特殊要求外，一般应尽量采用定型产品，便于维护更换。

(2)应采用效率高、品质好的灯具,使用寿命长,维护量小,有利节能的产品。

(3)灯具应根据使用场所的要求达到相应的防护等级,夜景照明的室外灯具不得采用0类灯具,水下使用的灯具应用Ⅲ类灯具,室外安装的灯具的防护等级应不低于IP55,埋地灯具的防护等级应不低于IP67,水下灯具的防护等级应不低于IP68。

(4)应慎用埋地灯,因埋地灯防护等级要求较高,价格较贵,维护较困难,易产生眩光,大功率埋地灯由于灯具表面温度较高,容易烫伤人,需采取防护措施。

(5)灯具应具有良好的防腐性能,特别是沿海和污染较严重的地区。

(6)根据照明目标的特点和照明设计要求来选择相适应的光束角。

为了保障人身安全,灯具所有带电部位必须采用绝缘材料加以隔离,做好防触电保护。灯具按防触电保护型式共分为四类,即0类灯具、I类灯具、Ⅱ类灯具、Ⅲ类灯具,各类灯具的防触电保护要求见本书第三章。

夜景照明常用灯具类型应用场合如表6-14所示。

表6-14 夜景照明常用灯具类型及应用场合

灯具类型	应用场合
荧光灯	内透照明、装饰照明、路桥、园林、广告、广场等
投光灯	泛光照明、路桥、树木、广告、广场、水景、山石等
埋地灯	泛光照明、步道、树木、广场、山石等
LED灯	内透照明、装饰照明、彩灯、路桥、广告、广场等
光纤灯	装饰照明、彩灯、园林、水景、广场等
草坪灯	小路、园林、广场等
庭院灯	路桥、园林、广场、庭院等
太阳能灯	彩灯、路桥、园林、庭院、广场等

6.2.6 夜景照明配电及控制

1. 照明配电

夜景照明的配电设计应注意以下几点。

(1)夜景照明的供电电压宜为0.23/0.4 kV,供电半径不宜超过0.3 km。照明灯具端电压的偏差不宜高于其额定电压值的105%,不低于其额定电压值的90%。

(2)线路敷设和照明器具的安装应执行有关规范、标准的要求。

(3)变压器应采用Dynll连接方式,照明负荷计算时需用系数取1。

(4)三相配电系统,各相负荷分配宜平衡。中性线截面不应小于相线截面。单相分支回路的电流值不宜超过30A。

(5)超过250 W以上的大功率气体放电灯宜在每个灯具处设置单独的保护,避免短路时扩大事故面。

(6)室外配电箱、灯具等配电设备,应采取防雨、防腐及安全防护措施。

(7)室外照明灯具均应设接地故障保护,配电系统的接地应采用TT接地系统。采用剩余电流保护器作接地故障保护,剩余动作电流不宜大于100 mA。采用TN-S接地系统时,应与建筑物共用接地装置，宜采用剩余电流保护器作接地故障保护。为了防止雷电击毁配电设备，室外配电箱应加装电涌保护器(SPD)。

2. 照明控制

照明控制技术是夜景照明工程中的重要组成部分，良好的控制系统，不仅能增强照明工程的艺术表现力，还可提高管理水平，降低管理人员的劳动强度，有效地节约能源。控制方式应灵活，并具有手动、自动控制方式，大型照明工程还应具有智能控制方式，满足平日、节日、重大节日灯光组合变化的要求。照明工程中常用的控制方式主要有如下三种。

(1)手动控制方式。这种控制方式靠配电回路的开关元件来实现，主要应用在小型非重要的照明工程。其特点是投资少，线路简单，开关灯均需人工操作，灯光变化单调，不利节电。

(2)自动控制方式。这种控制方式主要应用在大中型照明工程及要求有灯光变化的照明工程。其特点是开关灯无需人工操作，一次可完成自动控制程序所设定的灯光场景，可实现灯光定时开启控制、灯光变化控制、节能控制。具体控制方式通常采用照度控制、时间控制、简单的程序控制等方式。

(3)智能控制方式。这种控制方式应用计算机技术和通信网络技术，一次投资较大，主要用在大中型和重要的照明工程。目前，产品和控制方式的组合较多，传输方式有无线、有线、无线与有线混合三种基本方式，设计时应根据工程的实际情况选择。夜景照明中的智能控制系统作为独立的系统，应采用国际标准的通信接口和协议，以便纳入局域网、城市网的系统或楼控网系统中，实现主系统和子系统之间的监控。智能照明控制应具有如下特点：

①实现灯光组合场景变化和照度变化的调节控制；

②实现节电控制，可根据环境照度变化、活动安排设定开灯方式和时间；

③具备标准的通信接口和协议，可实现局域网、城市网的联网控制；

④监测在线工作的各种参数，如灯光的演绎变化；电流、电压、有功、无功、零序电流等基本供电系统参数；

⑤监测故障状态，分析故障原因；

⑥系统结构灵活，修改、扩展方便；

⑦提高了管理水平，减轻了劳动强度，减少了管理人员。

图 6-14 是常用简易控制方式系统示意图。

图 6-15 是智能网络控制方式系统示意图。

6.2.7　夜景照明计算

被照面的照明计算一般采用单位面积容量法、光通法、逐点计算法三种方法。确定设计方案时，可采用单位面积容量法估算；初步设计时，可采用光通法计算；施工图设计时，采用逐点计算法计算。

单位面积容量法的基本公式为

$$N = \frac{PA}{P_L} \tag{6-5}$$

$$m = \frac{1}{\eta\eta_1 UU_1 K} \tag{6-6}$$

$$P = mE_{\min} \tag{6-7}$$

式中：N——投光灯盏数；

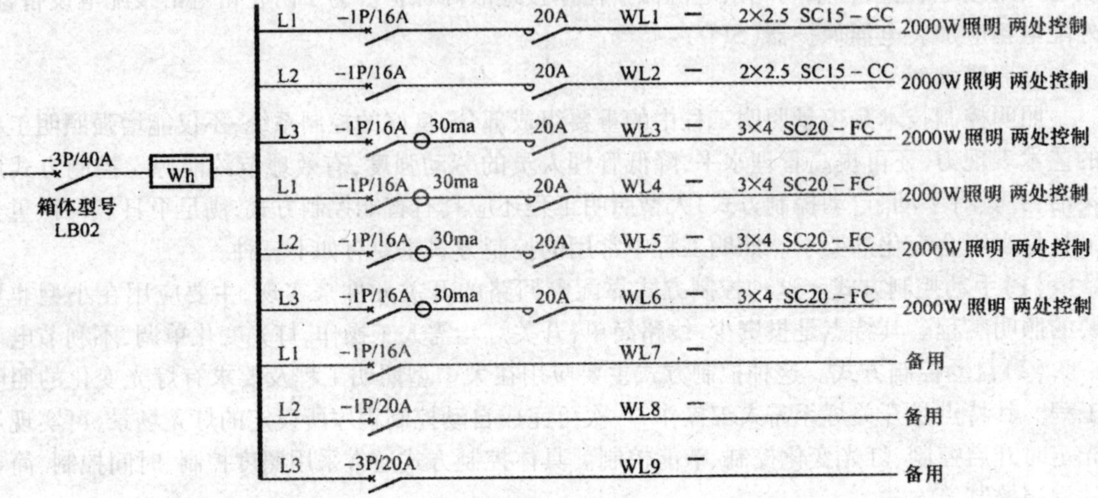

序号	回路编号	总功率/kW	需用系数	功率因数	额定电压/V	设备相数	视在功率/kVA	有功功率/kW	无功功率/kvar	计算电流/A
1	WL1	2.00	1.00	0.85	220	A相	2.35	2.00	1.24	10.70
2	WL2	2.00	1.00	0.85	220	B相	2.35	2.00	1.24	10.70
3	WL3	2.00	1.00	0.85	220	C相	2.35	2.00	1.24	10.70
4	WL4	2.00	1.00	0.85	220	A相	2.35	2.00	1.24	10.70
5	WL5	2.00	1.00	0.85	220	B相	2.35	2.00	1.24	10.70
6	WL6	2.00	1.00	0.85	220	C相	2.35	2.00	1.24	10.70
总负荷	同时系数:1.00	12.00	总功率因数:0.85		进线相序:三相		14.10	12.00	7.44	21.40
无功补偿			补偿前:0.85			补偿后:0.9			补偿量:1.40 kvar	

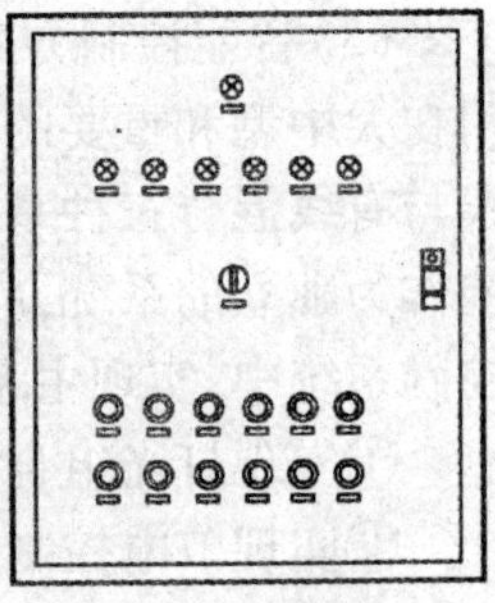

LB02箱面布置图

图 6-14 简易控制系统示意图

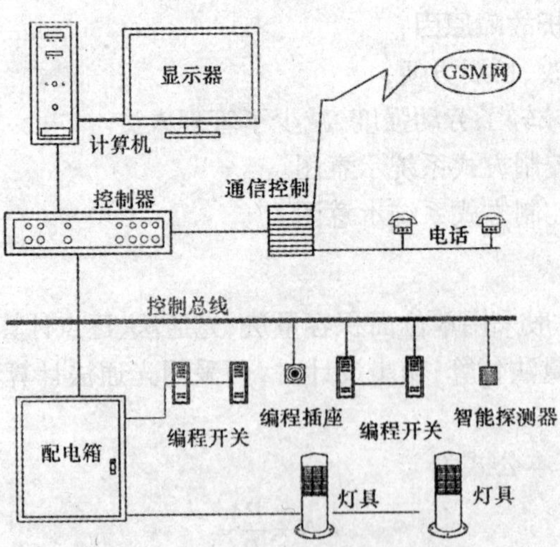

图 6-15 智能网络控制系统示意图

E_{min}——最小照度，lx；

P_L——每台投光灯功率，w；

P——单位面积功率,W/m^2;

A——被照面积,m;

η——灯具效率;

η_1——光源的光效率,lm/W;

U——利用系数;

U_1——照度均匀度;

K——灯具维护系数,一般取0.65~0.75;

m——简化系数。

为简化计算,按照$\eta=0.6$、$U=0.7$、$U_1=0.7$、$K=0.7$时,给出的不同光源的m值见表6-15。

表6-15　不同光源的m值

光源种类	白炽灯	卤钨灯	高压汞灯	金属卤化物灯	高压钠灯	氙灯
m	0.234	0.222	0.089	0.064	0.049	0.148

6.2.8　建筑物的立面照明

室外建筑物照明可使大型商业建筑、办公大楼、宾馆饭店、纪念馆等建筑物在夜间产生魅力动人、印象深刻的艺术效果,充分表现建筑作品的特征和建筑物的形象,使夜晚的城市显得生机勃勃,并为人们提供明亮舒适的生活空间。室外建筑物照明采用下列几种方式。

1.彩色串灯照明

这种照明方式一般适用于古建筑物或立面对称且较低的建筑。现在常用霓虹灯、导光管、光导纤维、发光管以及小功率彩灯管等现代新型灯具勾勒出建筑物轮廓。导光管外观为圆形管,管中安装有微小光学棱柱状结构的蚀刻镜照明薄膜,当灯光从一端入射时,蚀刻镜照明薄膜产生反射和透射使导光管发光。导光管具有光线柔和、美观耐用、省电、不发热、无污染、可弯曲、不怕水、不容易损坏等特点,提高了灯具的发光效率,大大减少了灯具的眩光和维修率,并且可独立方便地安装和维修。使用时可将多个导光管串接安装。

2.室内泛光照明

这种照明方式常用于办公楼或采用大玻璃、玻璃幕墙设计的现代高大建筑物,通常是利用建筑物内部照明透光将窗户等照亮,使建筑物各部位通过透出的灯光,与外面夜色形成强烈的明暗反差,加强装饰效果,建筑物在夜色中显现富有生气和立体感。这种照明方式节约了一次性投资,便于维修,但长期运行费用较高,在国内较少采用。

3.室外泛光照明

这种照明方式常用于有重要意义和观赏价值的现代化高楼大厦、商业建筑和塔式建筑物等。采用泛光照明应具有以下条件:被照建筑物的表面应具有一定的反射比,这样,投光灯就把光照射在建筑物立面上,再通过它的反射,使人们能在远距离看到建筑物;被照建筑表面的反射性质最好为漫反射或扩散反射。

1)泛光照明设计程序

(1)根据建筑物的性质和周围环境确定所希望的艺术效果。

(2)依据有关规范及建筑物的表面材料、位置、环境等因素和艺术效果要求确定建筑物各个面的照度值和色表。

(3)根据建筑物的体形、周围条件确定灯的位置。

(4)依据确定的灯位选择灯具的类型和光源。

(5)依据灯具、光源的类型以及灯具至建筑物立面的距离和角度计算照度,以确定灯具的数量、功率及投射方向。

(6)做泛光照明的供配电控制以及线路敷设等设计。

2)光源和照度的选择

建筑物泛光照明一般选用钠灯和金属卤化物灯作为光源。

泛光照明所需照度的大小应视建筑物墙面材料的反射率和周围的亮度条件而定。相同光通量的照明灯光投射到不同反射率的墙面上所产生的亮度是不同的。如果建筑物的周围环境较亮,则需要较多的灯光才能获得所要求的对比效果。建筑物泛光照明的照度推荐值见表6-16。

表6-16 建筑物泛光照明的照度推荐值

墙面色泽	墙面材料	反射系数(%)	周围环境条件		
			明亮的	暗的	很暗的
			推荐平均照度/lx		
明	明亮的大理石、白色或奶油色瓷砖、白色粉刷	75~85	150	50	25
中	混凝土、着淡色油漆、明亮的灰色或褐黄色石灰石、面砖	45~70	200	100	50
较暗	灰色石灰石、砂岩、普通黄褐色的砖块	20~45	300	150	75
暗	普通红砖、褐色砂岩、黑色或灰色的砖块	10~20	500	200	100

3)灯具的安装位置

选择灯具的安装位置时,要尽量使被照建筑物表面有比较均匀的照度,能够形成适当的阴影和亮度对比效果,还应注意建筑物本身的特点。投光灯可以安装在建筑物下方、上方、远处等隐蔽的地方。一般有下列几种位置。

(1)在邻近建筑物上设置,要注意隐蔽灯具,如图6-16所示。

(2)在靠近建筑物地面设置,一般设在花床、树丛等后面,如图6-17所示。

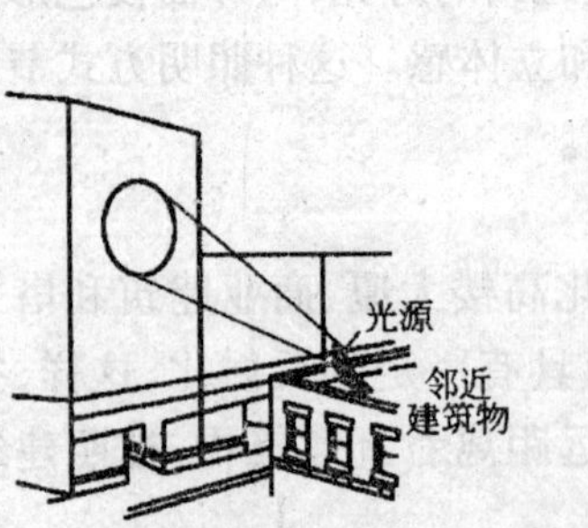

图6-16 灯具在邻近建筑物上设置

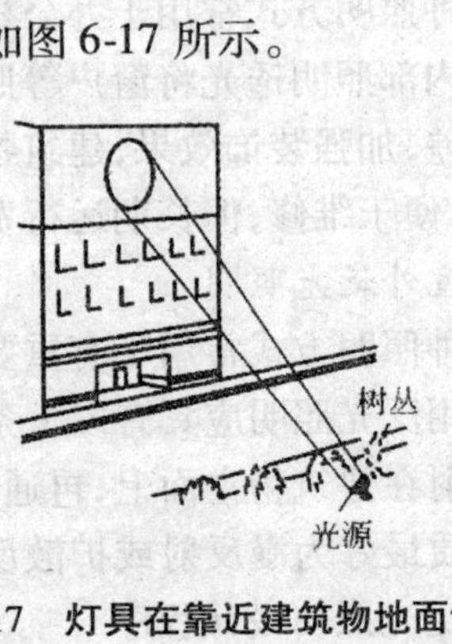

图6-17 灯具在靠近建筑物地面设置

(3)在建筑物本体上设置。可设在建筑物凸出部分,但不要破坏建筑物的表面形象,如图 6-18 所示。

(4)在街道两侧或建筑物前设置灯柱,时灯柱要与周围环境相协调,不能破坏建筑整体风格。如图 6-19 所示。这种方法的优点是:灯具装设高,避免了眩光对道路和行人的影响;灯具距建筑物不太远,节约了电能;设置灵活,安装方便,易于维修。

图 6-18　灯具在建筑物本体上设置

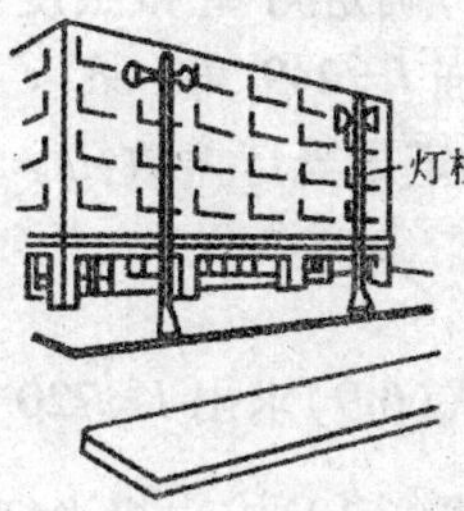

图 6-19　灯具在灯柱上设置

在运用上述四种方法时,还应注意:在离开建筑物设置灯具时,其距离 D 与建筑物高度 H 之比不小于 1/10,可得到较均匀的照明;在建筑物本体上安装灯具时,投光灯突出长度取 0.7 ~1.0 m,小于 0.7 m 时,会使被照建筑物照明均匀度变坏,超过 1.0 m 时,会在灯具附近出现暗角,使建筑物周边形成阴影区。

4)利用发光强度法计算投光灯盏数

发光强度为确定方向上光源辐射的光通量密度,建筑物立面所需的发光强度 I 用下面两个公式计算,并参见见图 6-20。

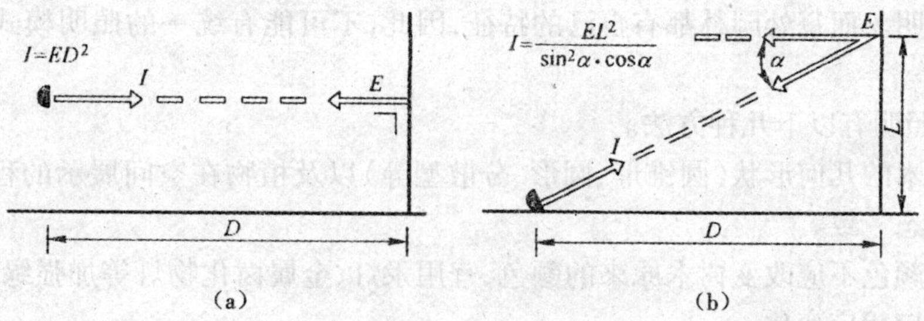

图 6-20　发光强度计算示意图

(a)正射;(b)斜射

正射时:
$$I = ED^2 \tag{6-8}$$

斜射时:
$$I = \frac{EL^2}{\sin^2\alpha \times \cos\alpha} \tag{6-9}$$

式中:E——立面上的垂直照度,lx;

D——投光灯距建筑物的距离,m;

L——投光灯投射高度,m;

α——光束在立面上的入射角,$\alpha = \arctan \times \frac{L}{D}$。

用计算出的 I 值除以单盏灯发光强度 I_0(从出厂数据中查出),就得到所需要的投光灯盏

数，即

$$N=\frac{I}{I_0} \tag{6-10}$$

例 6-2　某尖塔顶高度为 90 m。投光灯设置在距塔 75 m、高 20 m 的建筑物屋顶，试设计泛光照明。

解：(1)确定灯型和照度：选定照度为 50 lx。选用天津 812 型投光灯，光源为钪钠灯 400 W，光强 $I=249\ 300$ cd。

(2)确定投光灯盏数：$D=75$ m，$L=90-20=70$(m)

$$\alpha=\arctan\frac{L}{D}=\arctan\frac{70}{75}=43^\circ$$

由公式(6-9)求出 $I=720\ 000$ cd；

由公式(6-10)求出投光灯盏数 $N=\frac{I}{I_0}=\frac{720\ 000}{249\ 300}\approx 3$(盏)

选用 3 盏投光灯就能满足要求了。

这种高塔建筑应从两个方向或三个方向投射，所以本例宜用 3 盏投光灯为一组，设置两到三组投射，就能达到预期效果。

九、景观照明

1. 园林景观照明

在公园、庭院、绿化带、住居小区等处种植树木、灌木、花草等，用它们的颜色、排列等来装饰环境，使环境美化并有生气。如果在夜间对这些花草树木施以照明，则能再现或重塑环境的美色。但出于美学和经济的原因，照明整个绿色环境是不可能的。因此，要选择具有特色的景观进行夜晚照明。而每处园林都有自己的特征，因此，不可能有统一的照明模式，要根据具体特征确定方案。

(1)园林照明有以下几种方法。

①按照树木的几何形状(圆锥形、圆形、分散型等)以及植物在空间展示的程度进行照明。照明应与其形态一致。

②光源的颜色不应改变树木原来的颜色，宜用汞灯、金属卤化物灯等加强绿色。随着季节的变化灯光也应相应变化。

③在落叶树上装上灯串可起到装饰效果，但应避免烧毁树叶。

④灯具安装方法有 3 种：只有一个观察方向时，灯具固定在略高于水平面的混凝土基座上，但不得影响割草机的维护工作；当有多个观察点时，为了避免眩光可将灯具安装在低于水平面的沟内；在投光灯的背后种植灌木丛用来遮挡灯具，或用圆石、花盆、土山、假山等遮挡灯具。

⑤灯具应选用防水密封型，并能防虫、防除草剂和杀虫剂等。

⑥一般情况下，园林中哪里树木多，就在哪里安装少量适宜的照明。

⑦对树木从下部向上照，即向树丛中投射光，使树叶形成光彩的图案，令枝叶有奇妙的外观。

⑧窄小的或树叶茂密的树木，以传统的方式从正面进行泛光照明。这样在暗背景下，看起来更出色。

⑨若在亮背景上形成未被照亮的树木的剪影,更会引人注目。

⑩需要创造有趣的效果时,可以突出表现一棵树,把它独立出来,或对一组树中的一棵树,用特殊照明方式处理。当为一棵树照明时,不同的角度会有不同的效果,这样过路游人经过时可见到不断变化的图案。

(2)投光灯的布置及安装有以下几种方法。

①成排树木和组合式树群照明的灯光布置如图6-21所示。

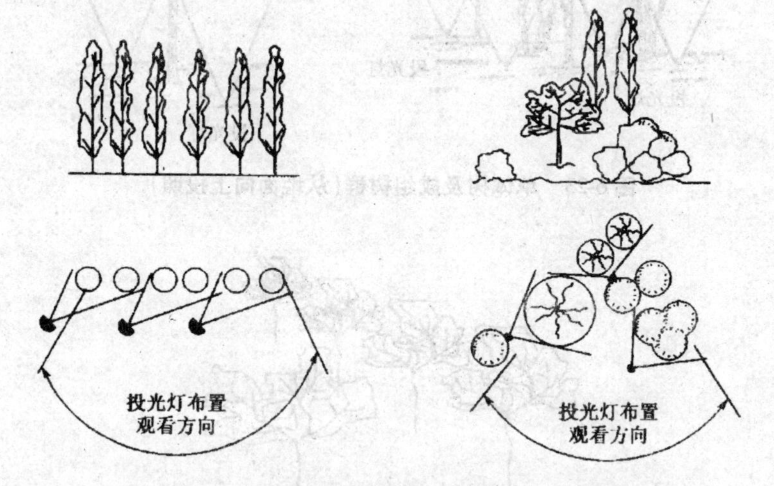

图6-21　成排树木和组合式树群照明的灯光布置图

②单体树及成组树群(斜照式投光)照明的灯光布置如图6-22所示。

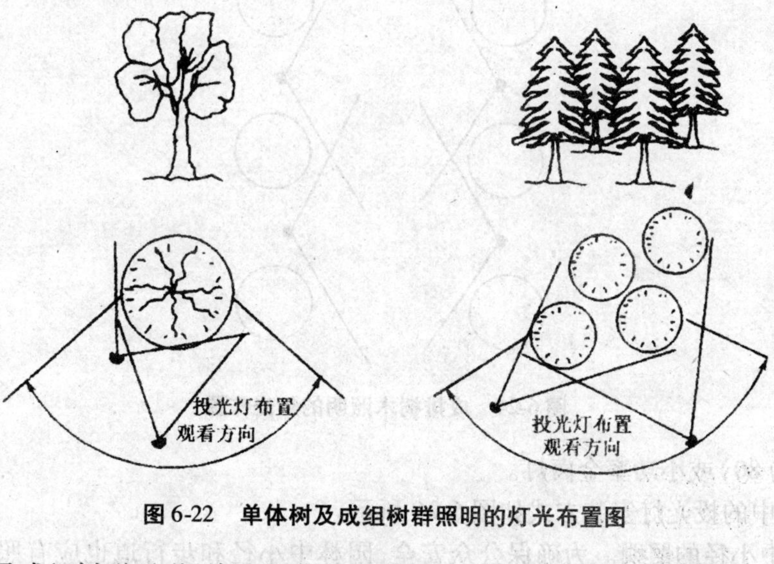

图6-22　单体树及成组树群照明的灯光布置图

③单体树及成组树群照明(从地面向上投照)的灯光布置如图6-23所示。

④成排树木照明的灯光布置如图6-24所示。

⑤花坛夜间照明投射方法如图6-25所示。将灯具装在花坛中央或侧边,灯的高度为0.5~1.0 m。灯为有蘑菇式,光线向下照射,也可向上照射。对低矮植物,用反射灯槽。由于花有各种颜色,要求使用显色指数高的光源,如白炽灯;也可采用小功率长寿的高显色高压钠灯

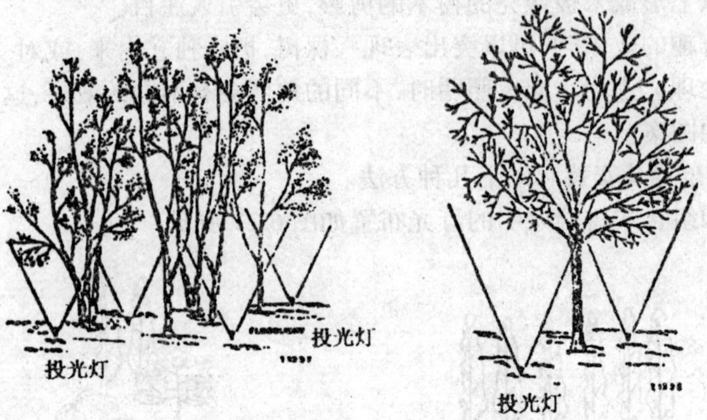

图 6-23 单体树及成组树群(从地面向上投照)

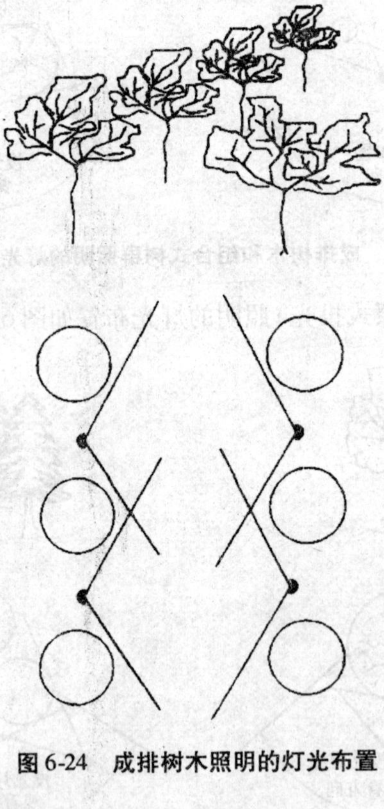

图 6-24 成排树木照明的灯光布置

(2 500 K,R_a为 80)或小功率金卤灯。

园林照明中的投光灯安装方式如图 6-26 所示。

(3)园林中小径的照明。为确保公众安全,园林中小径和步行道也应有照明。照明的目的是指明障碍物、道路转弯处、台阶等。其处理方法如下。

①在小径上设置庭院柱灯,注重其装饰性。

②在林荫道上使用部分隐蔽在树后分散布置的矮柱庭院照明。

③在树木枝干相互掩映的小路中,在树的主干及主干分叉处安装小型散射防水灯泡,以提

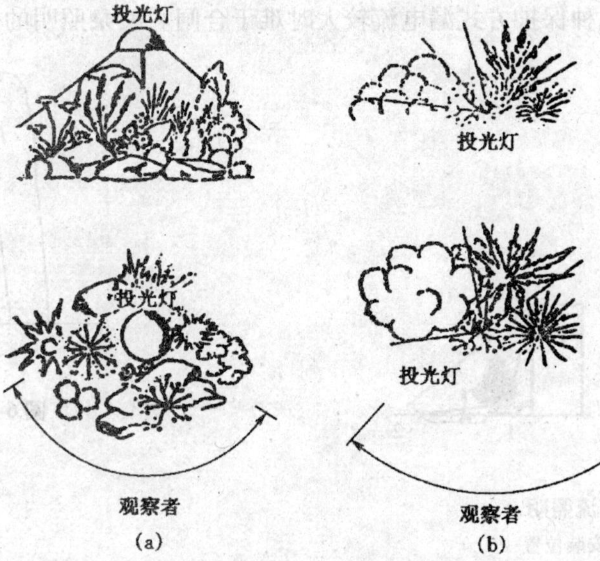

图 6-25　花坛夜间照明投射方法

(a)由上向下照射花坛;(b)灯具装在下部向上投射花坛

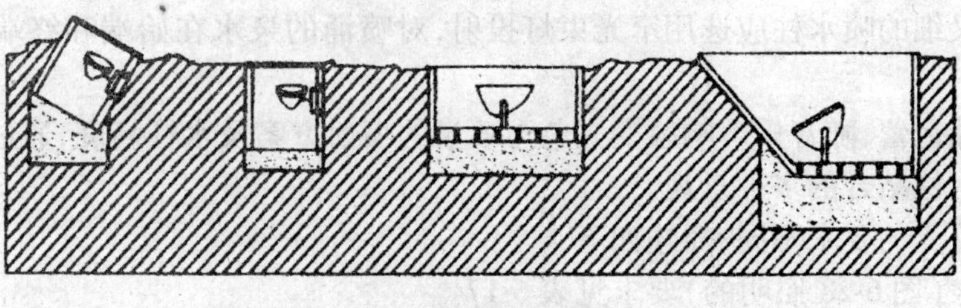

图 6-26　园林照明中的投光灯安装方式

供充分的间接照明。光线直接照射树叶,下面的小径会得到柔和的散射照明。

④在树脚下安装投射灯照亮树干,可以得到完美的景观。

2. 水景照明

水景分池塘、湖泊、河流、瀑布、喷水池等。

(1)静水池塘和湖泊照明。水面静止时形成镜面,可映出岸上的景物。对用泛光照明的建筑物、雕塑、树木等,尤其是桥梁,夜晚水面上的倒影会增添宁静的气氛。

布置照明时应注意以下几点:

①光线不能照射水面,使水面保持黑暗;

②光源设置愈低愈好,光束平射或向上斜射;

③水面需洁净,如有污物或水生植物会使反射变弱或变形。

(2)河流照明。河流照明如图 6-27 所示。处理方法如下:

①对于缓缓流淌的河面可用与湖面照明相类似的方法处理;

②如果是汹涌翻滚的水面,可以通过岸上的投光灯直接照射水面,反射光呈现不断变化的动态光,会自然产生令人感兴趣的效果。

(3)喷泉照明。喷泉照明采用水下灯具,一般为彩色灯泡,可为白炽灯、卤钨灯、PAR 灯。灯具浸在水中容易发生触电事故,故应采用超低压供电或采用隔离变压器 IT 系统供电,也可采用漏电开关保护,但此种保护方式漏电流较大时难于合闸。喷泉照明的处理方法如下。

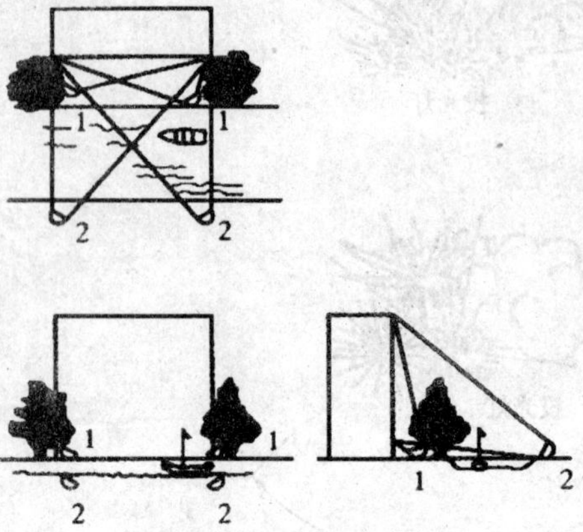

图 6-27 河流照明

1、2—投光灯安装位置

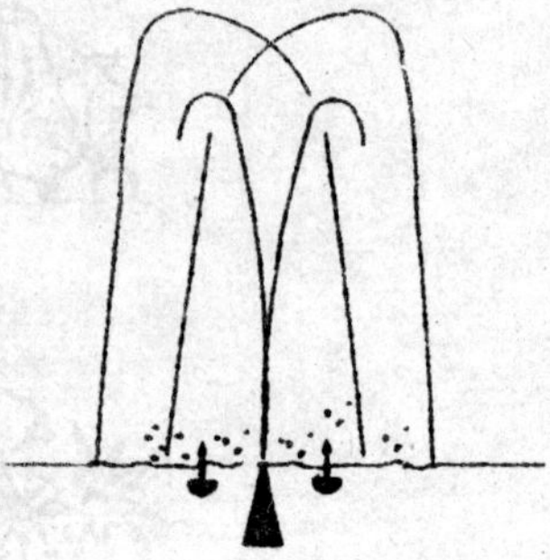

图 6-28 喷泉照明

①将投光灯设在水池内喷口的后面,在水池内喷水落下的水面下也装投光灯,灯具离水面不超过 10 cm,如图 6-28 所示。

②对又高又细的喷水柱应选用窄光束灯投射,对喷涌的泉水在始端和终端设置宽光束灯具照明。

③大型水晶芭蕾,随音乐声响改变光色与喷泉的喷射方案及水柱高度,通过方案的组合变换实现声、光、水柱结合的多种景观。

各类喷泉灯光的要求不同,简述如下:

①垂直喷泉(图 6-28 照明的)要求见表 6-17。

表 6-17 垂直喷泉照明的要求

喷射高度/m	窄光束投光灯/W
3	3 × 150
3 ~ 6	6 × 150
7 ~ 10	6 ~ 9 × 150
12	3 × 25(在中心) 6 × 250(在同心环内)

②非垂直喷泉(图 6-29)照明的要求见表 6-18。灯具可布置成两排,每排 3 只。

表 6-18 非垂直喷泉照明的要求

喷泉高度/m	喷水始端	喷水终端
1 ~ 3	1 × 150 W(窄光束)	1 × 150 W(宽光束)
3 ~ 5	2 × 150 W(窄光束)	3 × 150 W(宽光束)
5 ~ 10	3 × 250 W(窄光束)	3 × 250 W(宽光束)
10 ~ 20	3 × 250 W(窄光束)	6 × 500 W(宽光束)

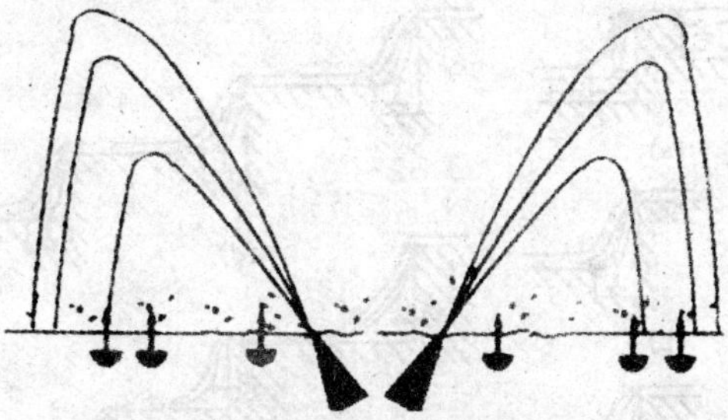

图 6-29　非垂直喷泉照明

③倾斜喷泉(图 6-30)照明的要求见表 6-19。

表 6-19　倾斜喷泉照明的要求

喷泉高度/m	喷水始端	喷水终端
1 ~ 3	1 × 150 W(窄光束)	1 × 150 W(宽光束)
3 ~ 6	2 × 150 W(窄光束)	2 × 250 W(宽光束)
6 ~ 10	3 × 250 W(窄光束)	2 × 250 W(宽光束)

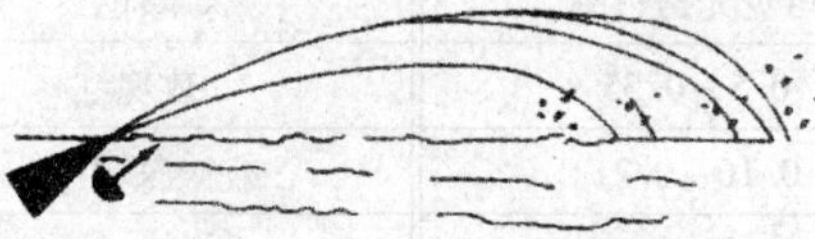

图 6-30　倾斜喷泉照明

④圆形喷泉是喷泉的组合形式之一,中间设一个垂直喷泉,外围设喷涌喷泉,投光灯兼顾垂直喷泉和喷涌喷泉,布置在喷泉出口附近,如图 6-31 所示。

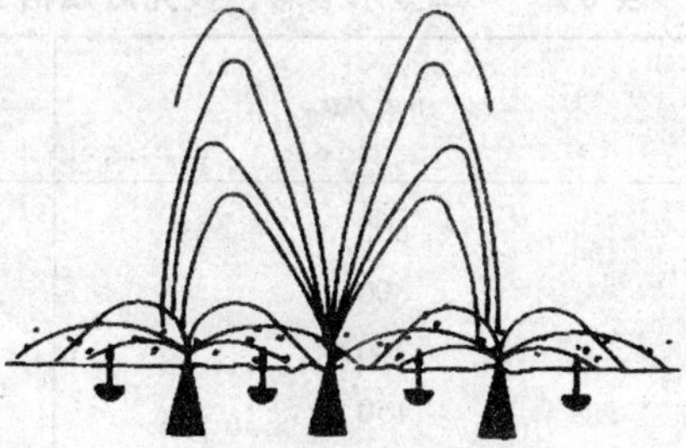

图 6-31　圆形喷泉照明

(4)瀑布照明。瀑布照明(图 6-32)中的灯具固定在水槽的台阶上,灯具应能承受落水的冲击。其处理方法如下。

①灯具应安装在水流下落处的底部。

②可以从水坝形成的水幕的后方照明,使水中折射的光产生多彩的景色。使用混合色光将会产生迷人的效果。颜色变化的灯应使用单独开关控制。

③灯的输出光通量取决于瀑布的落差、水流量、落水层厚度以及流水出口形状、水流散开

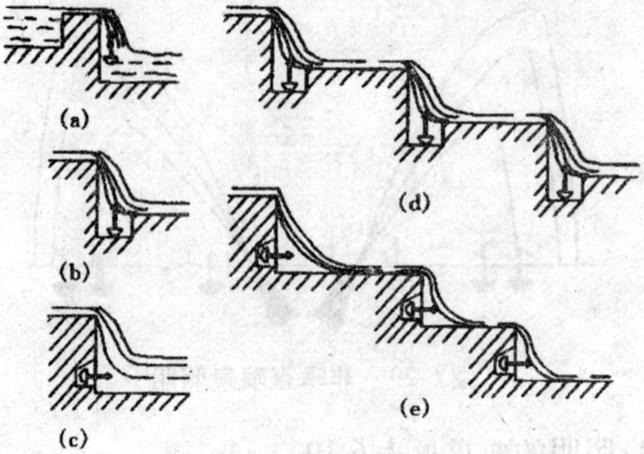

图 6-32 瀑布照明

的程度等。一般在瀑布宽度方向上每米装 3 只 500 W 灯泡,也可采用荧光灯。

④具有变色动感的照明可与水流的变化配合,实现艺术的水流、灯光、音响的自动控制。

(5)彩色投光灯种类。彩色投光灯的颜色种类见表 6-20,SD 型水下彩色投光灯规格见表 6-21,其结构见图 6-33。

表 6-20 彩色投光灯颜色种类及光透射率

颜色	可见光透过率	颜色	可见光透过率
黄	0.5~0.55	玫瑰红	0.22~0.27
大红	0.16~0.21	深绿	0.05~0.10
孔雀蓝	0.06~0.10	淡紫	0.25~0.30
淡蓝	0.15~0.20	深紫	0.06~0.11
天蓝	0.13~0.18	无色	1.0

表 6-21 SD 型水下彩色投光灯规格

型号	功率/W	尺寸/mm	
		D	*H*
SDA1—500	500	210	350
SDA2—300	300	210	
SDA3—200	200	210	
SDB1—150	150	210	320
SDB2—100	100	210	
SDC1—200	200	210	
SDE—60	60	125	300

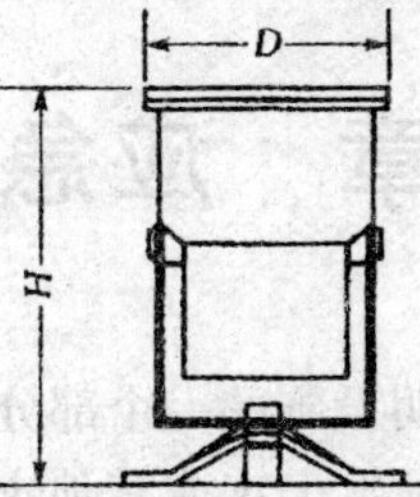

图 6-33　水下灯具图

思考题

1. 道路照明的照明质量应符合哪些要求？
2. CIE 对道路照明的照明水平为什么建议“亮度值”而不是“照度值”？
3. 简述选择道路照明光源和灯具时应注意哪几个问题？
4. 道路照明方式有几种？在何种情况下使用？
5. 道路照明设计应掌握哪些要点？
6. 常见的平面交叉路口有几种？照明设计时各应注意什么问题？
7. 曲线路段照明设计时应注意什么问题？
8. 立体交叉路面照明设计时应注意什么问题？
9. 城市桥梁照明设计时应注意什么问题？
10. 人行地道和人行天桥的照明设计应注意什么问题？
11. 居住区道路照明设计时应注意什么问题？
12. 人行横道照明设计时应注意什么问题？
13. 应如何预防道路两侧装饰性照明对道路照明的影响？
14. 城市夜景照明的作用是什么？简述其设计步骤。
15. 室外建筑物照明常采用哪几种方法？它们各有什么特点？
16. 什么是泛光照明？如何实施？结合你周围的泛光照明，分析其照明质量，并提出改进意见。
17. 什么是景观照明？如何实施？结合你周围的景观照明，分析其照明质量，并提出改进意见。
18. 景观照明有哪些形式？
19. 景观照明设计原则有哪些？
20. 景观照明如何选择？

第 7 章　应急照明

应急照明作为工业及民用建筑照明设施的一个部分，同人身安全和建筑物、设备安全密切相关。当电源中断，特别是建筑物内发生火灾或其他灾害而电源中断时，应急照明对人员疏散、保证人身安全、保证工作的继续进行、生产或运行中进行必须地操作或处置，以防止导致再生事故，都占有特殊地位。目前，国家和行业规范对应急照明都做了规定，随着技术的发展，对应急照明提出了更高要求

7.1　应急照明的基本要求

7.1.1　名词术语

(1)持续运行的应急照明，指随正常照明同时点亮，而正常照明故障熄灭时仍亮着的应急照明。

(2)非持续运行的应急照明，指正常照明故障时才点亮的应急照明。

(3)疏散照明灯，指为疏散通道提供照明的应急照明灯具。

(4)疏散标志灯，指灯罩上有疏散指示标志的应急照明灯具。

(5)出口标志灯，指灯罩上有图形或(和)文字标示安全出口位置的疏散标志灯具。

(6)指向标志灯，指灯罩上有用箭头或图形文字指示疏散方向的疏散标志灯。

(7)自带电源型应急灯，指在灯具内部或距灯具 500 mm 以内装有蓄电池和控制部件的持续式或非持续式应急灯。

(8)持续工作时间，指在应急工作情况下，灯具能连续工作保证发出最低光通的时间。

7.1.2　应急照明种类

应急照明包括备用照明、安全照明、疏散照明。

(1)备用照明。正常照明因故障熄灭后，需确保正常工作或活动继续进行的场所，应设置备用照明。

(2)安全照明。正常照明因故障熄灭后，需确保处于潜在危险中的人员安全的场所，应设置安全照明。

(3)疏散照明。正常照明因故障熄灭后，需确保人员安全疏散的出口和通道，应设置疏散照明。

7.1.3　应急照明照度

按照 GB 50034—2004《建筑照明设计标准》要求，应急照明照度标准值宜符合下列规定：

(1)备用照明的照度值除另有规定外，不低于该场所一般照明照度值的 10%；

(2)安全照明的照度值不低于该场所一般照明照度值的 5%；

(3)疏散通道的疏散照明的照度值不低于 0.5 lx。

备用照明还应视继续工作或生产、操作的具体条件、持续性和其他特殊需要，选取较大的

照度。如医院手术室内的手术台,由于其操作的重要性和精细性,而且持续工作时间较长,就需要和正常照明相同的照度;又如国家的大会堂、国际会议厅、贵宾厅、国际体育比赛场馆等,由于其重要性,需要和正常照明相等或接近的照度。在这些情况下,往往是利用全部正常照明,在电源故障时自动转换到应急电源供电。

对于大型体育建筑,应急照明除上述应急照明种类外,还应保证应急电视转播的需要,要求应急电视转播照明的垂直照度不应低于700 lx,并能同时满足固定摄像机和移动摄像机对照明的要求。

7.1.4 供电

1. 供电电源

应急照明为正常照明电源故障时使用,因此除正常照明电源外,尚应由与正常照明电源独立的电源供电,可以选用以下几种方式的电源。

(1)来自电力网有效的独立于正常电源的馈电线路。如分别接自两个区域变电所,或接自有两回路独立高压线路供电的变电所的不同变压器引出的馈电线。

(2)专用的应急发电机组。

(3)带有后备蓄电池组的应急电源(交流/直流),包括集中或分区集中设置的,或灯具自带的蓄电池组。

(4)上述三种方式中两种以至三种电源的组合。

2. 各种供电电源的特点

(1)独立的馈电线路。特点是容量大、转换快、持续工作时间长,但重大灾害时,有可能同时遭受损害。这种方式通常是由工厂或该建筑物的电力负荷或消防的需要而决定的。工厂的应急照明电源多采用这种方式,重要的公共建筑也常使用这种方式,或该方式与其他方式共同使用。

(2)应急发电机组。特点是容量比较大,持续工作时间较长,但转换慢,而且由于燃油的安全性对于发电机组而言需要特殊设计与维护。一般是根据电力负荷、消防及应急照明三者的需要综合考虑。单独为应急照明而设置往往是不经济的。对于难以从电网取得第二电源又需要应急电源的工厂及其他建筑,通常采用这种方式;高层或超高层民用建筑通常是和消防要求一起设置这种电源。

(3)带有后备蓄电池组的应急电源。特点是可靠性高、灵活、方便,目前有自带蓄电池组的应急灯具和集中蓄电池电源(EPS)型式。

(4)两种以上电源组合的方式。通常只限于在重要的或特别重要的公共建筑、超高层建筑中使用,由于其建设费用高,必须根据其重要性和特殊要求确定。

3. 设计原则

应急照明电源可采用集中式应急电源,亦可采用照明器具自带蓄电池组的分散应急电源,并应满足以下要求。

(1)当建筑物消防用电负荷等级为一级,采用交流电源供电时,宜由消防总电源提供双电源,采用双电源自动切换应急照明配电箱。

(2)消防用电负荷等级为二级采用交流电源时,宜由应急电源提供专用回路宜采用树干式或放射式供电。

(3)高层建筑楼梯间的应急照明,宜由消防总电源中的应急电源提供专用回路,采用树干式供电,每层或最多不超过5层设置应急照明配电箱。

(4)备用照明和疏散照明,不应由同一分支回路供电,当建筑物内设有消防控制室时,疏散照明宜在消防控制室控制。

(5)当疏散指示标志和出口标志所处环境的自然采光或人工照明能满足蓄光装置的要求时,可采用蓄光装置作为此类照明光源的辅助照明。

4. 应急照明转换时间和持续工作时间

1)转换时间

应急照明在正常供电电源终止供电后,其应急电源供电转换时间应满足:

(1)疏散照明、备用照明不大于5 s(金融商业交易场所不大于1.5 s);

(2)安全照明不大于0.5 s。

疏散照明平时应处于点亮状态,但在假日、夜间无人工作而仅由值班或警卫人员负责管理时可例外。当采用蓄电池作为其照明灯具的备用电源时,在上述例外非点亮状态下,应保证不能中断蓄电池的充电电源,以使蓄电池处于经常充电状态。

2)持续工作时间。

(1)疏散照明:按GBJ16—1987《建筑设计防火规范》(2001年版)规定,应急持续工作时间不应小于20 min。按GB 50045—1995《高层民用建筑设计防火规范》(2005年版)规定,应急持续工作时间不应小于20 min,高度超过100 m的高层建筑不应小于30 min。

(2)安全照明和备用照明:其持续工作时间应根据该场所的工作或生产操作的具体需要来确定。如生产车间某些部位的安全照明,一般不小于20 min可满足要求;而医院手术室的备用照明,持续时间往往要求达到3~8 h;生产车间的备用照明,作为停电后进行必要的操作和处理设备停止运转的,可持续20~60 min,按操作复杂程度而定,作为持续生产的,应持续到正常电源恢复;对于通信中心、重要的交通枢纽、重要的宾馆等,要求持续到正常电源恢复。

应急照明持续工作时间及照度要求,应满足根据建筑物内人员的疏散或暂时继续工作实际计算所需时间。应急照明最少供电时间及照度,见表7-1。

表7-1 应急照明最少供电时间及照度

名称	供电时间	照度水平	场所举例
疏散照明	小于100 m高层建筑为20 min,大于100 m高层建筑为30 min 人防:战时大于隔绝防护时间	一般场所:不应低于0.5 lx 人防:疏散通道不应低于5 lx	安全出口、疏散走道、主要疏散路线、台阶处等
备用照明	场所内工作或生产操作的具体需要时间一般大于20 min 人防:战时大于隔绝防护时间	一般场所、人防:高于正常照度的10%,最小不低于5 lx 重要场所:正常照明照度的50%,乃至100%	一般场所:展览厅、营业厅、歌舞娱乐放映游艺场所、餐厅、避难层等 重要场所:配电室、消防控制室、备用电源室、应急广播室、电话站、安全防范控制中心、计算机中心等
安全照明	场所内工作或生产操作的具体需要时间 人防:战时大于隔绝防护时间	一般场所、人防:大于正常照度的5% 重要场所:正常照明照度	一般场所:裸露的圆盘锯、放置炽热金属面而没有防护的场地 重要场所:重要手术室、急救室等

上述为设计标准要求的最短供电时间,按GB17945—2000《消防应急灯具》规定,消防应

急灯具的应急工作时间应不小于90 min,且不小于灯具本身标称的应急工作时间。

7.2 应急照明设计

7.2.1 疏散照明设计

1. 疏散照明的功能

(1)明确、清晰地标示疏散路线及出口或应急出口的位置。

(2)为疏散通道提供必要的照明,保证人员能安全向出口或应急出口行进。

(3)能容易看到沿疏散通道设置的火警呼叫设备和消防设施。

2. 需设疏散照明的场所

应该根据建筑物的层数、规模大小及复杂程度,更应考虑建筑物内聚集的人员多少,以及这些人员对该建筑物的熟悉程度等因素综合确定。下列场所应设置疏散照明。

(1)高层民用建筑:一类高层居住建筑的疏散走道和安全出口应设置疏散指示标志照明,二类高层居住建筑可不设置。

(2)影剧院、体育场馆、展览馆、博物馆、美术馆、公共娱乐场所、建筑面积大于1 000 m^2 的商店(开敞、半开敞式菜市场除外)、建筑面积大于500 m^2 的餐饮服务场所等人员密集的单层、多层公共建筑或场所。

(3)观众厅、宴会厅、歌舞娱乐放映游艺场所及每层建筑面积超过1 500 m^2 的展览厅、营业厅、建筑面积超过200 m^2 的演播室等。

(4)医院、疗养院、康复中心、幼儿园、托儿所、养老院(老年公寓)等单层、多层医疗保健和婴幼老弱残障人员服务设施。

(5)候机楼、长途汽车客运站、公共交通枢纽、火车站、地铁车站等公共服务设施。

(6)车位不少于50辆的单建、附建汽车库。

(7)综合楼、写字(办公)楼、旅馆、图书馆、档案馆、教学楼、科研楼、学生宿舍楼等其他多层公共建筑或场所。

(8)地下、半地下民用建筑(包括地下、半地下室)及平战结合的人民防空工程。

(9)特别重要、人员众多的大型工业生产厂房、大面积无天然采光的工业厂房等。

(10)公共建筑内的疏散走道和居住建筑内长度超过20 m的内走道,当疏散距离最近安全出口大于20 m或不在人员视线范围内时,应设置疏散指示标志照明。

3. 疏散照明的布置

1)出口标志灯的布置

(1)出口标志灯宜安装在疏散门口的上方,建筑物通向室外的出口和应急出口处;在首层的疏散楼梯应安装于楼梯口的里侧上方,距地不宜超过2.2 m。出口标志灯,应有图形和文字符号,在有无障碍设计要求时,宜同时设有音响指示信号。

(2)可调光型出口标志灯,宜用于影剧院、歌舞娱乐游艺场所的观众厅,在正常情况下减光使用,应急使用时,应自动接通至全亮状态。

(3)出口标志灯一般在墙上明装,如标志面与出口门所在墙面平行(或重合),建筑装饰有需要时,宜嵌墙暗装。

2)疏散指示标志灯的布置

(1)疏散走道(或疏散通道)的疏散指示标志灯具,宜设置在走道及转角处离地面 1.0 m 以下墙面上、柱上或地面上,且间距不应大于 20 m;当厅室面积太大,必须装设在天棚上时,则应明装,且距地不应大于 2.2 m。安装在 1 m 以下时,灯外壳应有防止机械损伤措施和防触电的措施;指示标志灯不应影响正常通行。

(2)高层建筑的楼梯间,还宜在各层设指示楼层层数的标志。

(3)应急照明灯具应设玻璃或其他非燃材料制作的保护罩。装设在地面上的疏散标志灯应防止被重物或受外力所损伤。出口标志灯、疏散指示标志灯的设置部位见图 7-1。

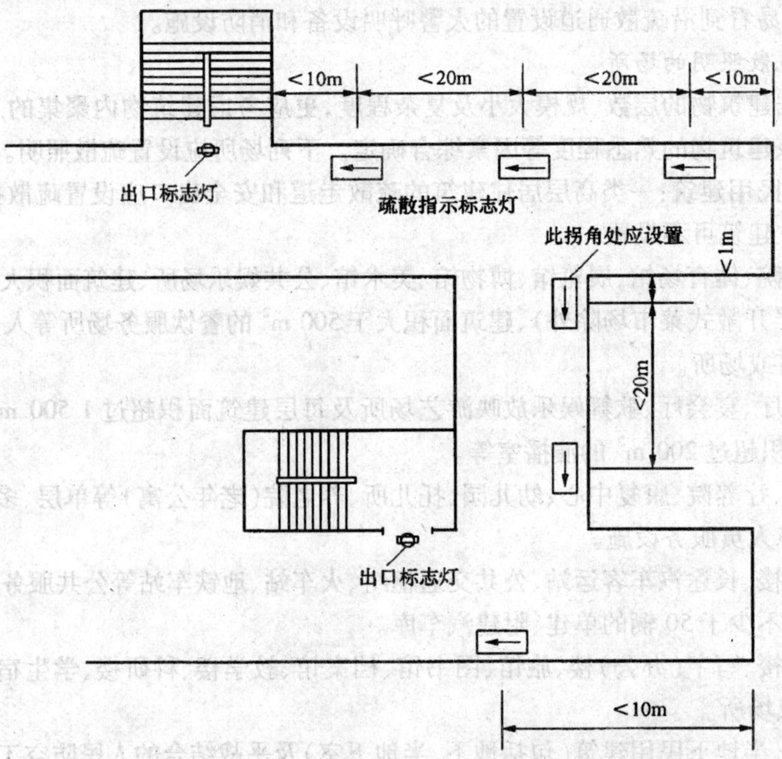

图 7-1 出口标志灯、疏散指示标志灯的设置部位示例

3)疏散照明灯的布置

(1)疏散通道的疏散照明灯通常安装在顶棚下,需要时也可以安装在墙上。

(2)应与通道的正常照明结合,一般是从正常照明分出一部分以至全部,作为疏散照明。

(3)灯的离地安装高度不宜小于 2.3 m,但也不应太高。

(4)疏散照明在通道上的照度应有一定的均匀度,通常要求沿通道中心线的最大照度不超过最小照度的 40 倍。为此,应选用较小功率灯泡(管)和纵向宽配光的灯具,适当减小灯具间距。

(5)楼梯的疏散照明灯应安装在顶棚下,并能够保持楼梯各部位的最小照度。

(6)疏散照明灯的装设位置应满足容易找寻在疏散路线上的所有手动报警器、呼叫通信装置和灭火设备等设施。

7.2.2 安全照明设计

1. 设置场所

(1)照明熄灭,可能危及操作人员或其他人员安全的生产场地或设备,需考虑设安全照明,如裸露的圆盘锯、放置炽热金属而没有防护的场地等。

(2)医院的手术室、抢救危重病人的急救室。

(3)高层公共建筑的电梯内。

2. 装设要求

安全照明往往是为某个工作区域某个设备需要而设置,一般不要求整个房间或场所具有均匀照明,而是重点照亮某个或几个设备,或工作区域。根据情况,可利用正常照明的一部分或专为某个设备单独装设。

7.2.3 备用照明设计

1. 需要装设的场所

(1)由于照明熄灭而不能进行正常生产操作,或生产用电同时中断,不能立即进行必要的处置,可能导致火灾、爆炸或中毒等事故的生产场所。

(2)由于照明熄灭不能进行正常操作,或生产用电同时中断,不能进行必要的操作、处置,可能造成生产流程混乱,或使生产设备损坏,或使正在加工、处理的贵重材料、零部件损坏的生产场所。

(3)照明熄灭后影响正常视看和操作,将造成重大影响或经济损失的场所,如重要的指挥中心、通信中心、广播电台、电视台,区域电力调度中心、发电与中心变配电站,供水、供热、供气中心,铁路、航空、航运等交通枢纽。

(4)照明熄灭影响活动的正常进行,将造成重大影响或经济损失的场所,如国家级大会堂、国宾馆、国际会议中心、展览中心、国际和国内比赛的体育场馆、高级宾馆、重要的剧场和文化中心等。

(5)消防控制室、自备电源室、配电室、消防水泵房、防排烟机房、电话总机房以及在火灾时仍需要坚持工作的其他房间等。

(6)照明熄灭将无法进行营运、工作和生产的较重要的地下建筑和无天然采光建筑,如人防地下室、地铁车站、大中型地下商场、重要的无窗厂房、观众厅、宴会厅、歌舞娱乐放映游艺场所及每层建筑面积超过 1 500 m^2 的展览厅、营业厅等。

(7)照明熄灭可能造成较大量的现金、贵重物品被窃的场所,如银行、储蓄所的收款处,重要商场的收款台、贵重商品柜等。

(8)疏散楼梯(包括防烟楼梯间前室)、消防电梯及其前室,合用前室,高层建筑避难层(间)等。

(9)通信机房、大中型电子计算机房、BAS 中央控制站、安全防范控制中心等重要技术用房。

(10)建筑面积超过 200 m^2 的演播室、人员较密集的地下室、每层人员密集的公共活动场所等。

(11)照明熄灭可能会产生严重交通事故的特殊场所,如较长隧道的照明。

(12)需要继续进行和暂时进行生产或工作的其他重要场所。

2. 装设要求

(1)利用正常照明的一部分以至全部作为备用照明，尽量减少另外装设过多的灯具。

(2)对于特别重要的场所，如大会堂、国宾馆、国际会议中心、国际体育比赛场馆、高级饭店，备用照明要求较高照度或接近于正常照明的照度，应利用全部正常照明灯具作备用照明，正常电源故障时能自动转换到应急电源供电。

(3)对于某些重要部位、某个生产或操作地点需要备用照明的，如操纵台、控制屏、接线台、收款处、生产设备等，常常不要求全室均匀照明，只要求照亮这些需要备用照明的部位，则宜从正常照明中分出一部分灯具，由应急电源供电，或电源故障时转换到应急电源上。

7.3　应急照明设备

7.3.1　光源

应急照明光源一般使用白炽灯、荧光灯、卤钨灯、LED、电致发光光源等，不应使用高强气体放电灯。

对于大型体育场馆可采用卤钨灯，也可采用带热触发装置的金属卤化物光源，或者使用可以使得高强气体放电灯不熄弧的其他供电设备，如 HEPS、UPS 等设备。

对于持续运行的应急照明，从节能考虑，宜采用荧光灯、LED、电致发光光源等。

对于非持续运行的疏散照明和备用照明，宜用荧光灯，但必须选用可靠的产品；对于非持续运行的安全照明，应采用白炽灯、卤钨灯或低压卤钨灯。

7.3.2　灯具

(1)按国家标准 GB 17945—2000《消防应急灯具》的规定，消防应急灯具分类见表 7-2。

表 7-2　消防应急灯具分类

分类方式	按供电形式	按用途	按工作方式	按实现方式
种类	自带电源型	标志灯	持续型	独立型
	集中电源型	照明灯	非持续型	集中控制型
	子母电源型	照明、标志灯		子母控制型

(2)疏散标志灯的标志面的背景应使用绿色，图形和文字使用白色。如因为室内装饰的需要，或为了与其他标志协调时，可用绿色图形、文字和白色背景。

(3)疏散标志面的亮度。疏散标志面面板的图形、文字呈现的最低亮度不应小于 15cd/m^2，而最高亮度不应超过 300 cd/m^2，并且要求任何一个标志面上的最高亮度不应超过最低亮度的 10 倍。

(4)应急照明灯具规格及要求应符合国家标准 GB 17945—2000《消防应急灯具》的规定。

7.3.3　集中型应急电源(简称 EPS)

集中型应急电源(EPS)目前应用十分广泛，(EPS)分为直流制式应急照明电源(EPS—DC)及交流制式应急照明电源 EPS—AC。由 EPS 供电的灯内不带蓄电池组。

(1)EPS—DC：正常状态时交流电网电源旁路输出，应急状态时输出为直流电。

(2)EPS—AC:正常状态时交流电网电源旁路输出,应急状态时输出为交流正弦波。

(3)EPS 容量选择:EPS 容量按下式选择:

$$S_N > K \cdot \sum P/\cos\varphi \tag{7-1}$$

式中:S_N——EPS 额定容量,kVA;

$\sum P$——EPS 所带全部负荷之和,kW;

$\cos\varphi$——功率因数;

K——可靠系数,EPS—DC 一般取 $K = 1.1 \sim 1.15$,EPS—AC 一般取 $K = 1.1 \sim 1.3$。

EPS 与自带电源型应急灯具的比较见表 7-3;EPS—DC 与 EPS—AC 的比较见表 7-4。

表 7-3　EPS 与自带电源型应急灯具的比较

比较项目	EPS	自带电源型应急灯具
构成特点	电源集中设置,灯具不带蓄电池	灯具自带蓄电池组
转换时间	安全级:不大于 0.25 s;一般级:不大于 5 s	安全级:不大于 0.25 s;一般级:不大于 5 s
寿命	较长	较短
电源故障率	低(集中)	高(分散)
电源故障影响	故障影响面大	单灯故障影响面小
检测与管理	容易	不易
适用场所	功能复杂、大型建筑物	较小建筑物
与消防系统联动	容易	不易

表 7-4　EPS—DC 与 EPS—AC 的比较

项目		EPS—DC	EPS—AC
相同点	转换时间	安全级:不大于 0.25 s;一般级:不大于 5 s	
	启动时过负荷	1.5 ~ 2.0 倍额定电流	
	后备电源	蓄电池组	
	输入电源	AC220/380 V,50 Hz	
	正常状态灯具支路输出	交流电网电源旁路,AC220 V,50 Hz	
不同点	效率	较高	
	应急输出	DC216V	AC220/380V,50Hz
	适用负荷	白炽灯、电子镇流器荧光灯、LED、电致发光灯	白炽灯、电子或电感镇流器荧光灯、LED、电致发光灯
	不适用负荷	电感镇流器荧光灯、HID 灯	HID 灯
	过载能力	200% ~300% 报警但不关断	长期过载 120%

7.3.4　HID 灯专用集中型应急电源(简称 HEPS)

高压气体放电灯(HID 灯)是公共建筑中高大空间以及特殊场所广泛使用的灯具,如体育场馆、展览馆、机场、地下铁路、公路隧道等场所。但由于 HID 灯的共同特点为断电熄灭后再点燃必须等待灯具冷却后才可以实现,因此,对于一些使用 HID 灯并且要求比较高的场所(体育场馆比赛用照明、公路隧道、机场跑道等）使用普通的后备应急电源 EPS，由于其能量转换的中断特性，无法满足 HID 灯的不熄弧要求，因此 EPS 不适应 HID 灯所应用的场所。

HEPS 是北京动力源科技股份有限公司开发生产的专门适应于 HID 灯所使用的应急后备电源，该设备的特点是不仅具备了普通 EPS 的所有特点及负载适应性，而且可以充分保证 HID 灯在市电转换时，HEPS 所提供光源两端的能量不中断，从而保证了 HID 灯的不熄弧。

1. HEPS 与 EPS 性能比较

HEPS 与 EPS 的比较见表 7-5。

表 7-5　HEPS 与 EPS 的比较

项目		HEPS	EPS
相同点	后备储能装置	蓄电池组	
	输入电源	AC220/380 V,50 Hz	
	正常状态灯具支路输出	交流电网电源旁路，AC220 V,50 Hz	
	应急输出	AC220/380 V,50 Hz	
	过载能力	长期过载 120%	
不同点	转换时间	内部转换时间 2.5～3 ms	安全级：不大于 0.25 s；一般级：不大于 5 s
	市电同步功能	有	无
	负载端能量特性	连续	中断 0.25～5 s
	适用负荷	白炽灯、荧光灯、LED、电致发光灯、HID 灯	白炽灯、荧光灯、LED、电致发光灯

2. HEPS 市电转换过渡过程 HID 灯光源两端能量

HEPS 市电转换过渡过程 HID 灯光源两端电压、电流波形见图 7-2。

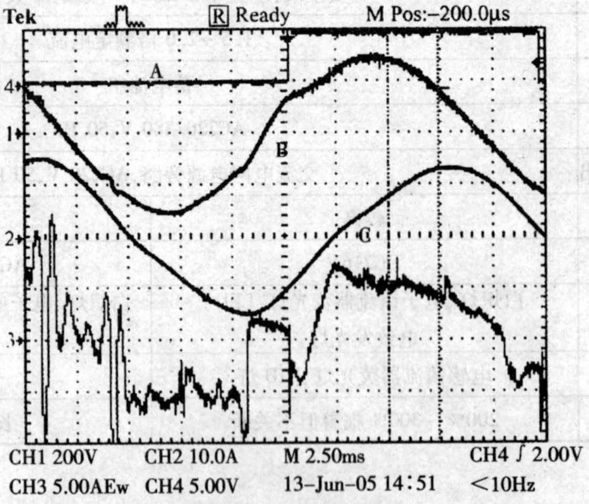

图 7-2　HEPS 市电转换过渡过程 HID 灯光源两端电压、电流波形

注：A—市电中断时的 HEPS 驻波形；B—HID 灯光源两端的电压波形；C—HID 灯光源两端的电流波形

由此可见 HEPS 在市电中断及市电恢复的过渡过程中始终保持 HID 灯光源两端能量的连续性，所以使得 HID 灯可以连续点亮而不产生熄弧现象。

3. 目前实现 HID 灯不熄弧的方法比较

目前解决 HID 灯在市电中断时不熄弧的后备供电方法有三种：HID 灯专用高压触发器、HEPS 及 UPS。尽管这三种方法在设计上均可以保证 HID 灯使用，但从产品的特性、负载的适应性、可维护性以及成本方面有很大的不同。其比较表 7-6。

表 7-6　HID 灯专用高压触发器、HEPS 及 UPS 性能比较

比较项目	HEPS	UPS	HID 灯专用高压触发器
工作形式	后备	在线	后备
负载适应类别	HID 灯及其他灯具	数据设备	HID 灯专用
适应负载特性	阴性及感性负载	阴性及容性负载	HID 灯专用
控制形态	集中控制	集中控制	单灯控制
效率	高	低	一
对灯寿命影响	无	无	每次触发都会减少灯具寿命
设计成本	低	高	高
维护成本	低	低	低
HID 灯的适应性	高	低	高

4. HEPS 使用建议

（1）设计容量时要充分考虑所用 HID 灯的功率因数。

（2）在有双路供电场所，为了降低成本并正常使用 HID 灯，HEPS 后备时间可适当减少，如可将两路市电转换的过渡时间适当加以延长作为 HEPS 的后备时间。

7.3.5　蓄光型疏散标志

蓄光型疏散标志不能单独使用，只能作为电光源型标志的辅助标志，其特点和要求如下。

（1）蓄光型疏散标志具有蓄光—发光功能，即亮处吸收日光、灯光、环境杂散光等各种可见光，黑暗处即可自动持续发光。

（2）蓄光型疏散标志是利用稀土元素激活的碱土铝酸盐、硅酸盐材料加工而成，无需电源，该产品无毒、无放射、化学性能稳定。

（3）设置蓄光型疏散标志的场所，其照射光源在标志表面的照度应符合下列要求：当光源为荧光灯等冷光源时，不应低于 25 lx；当光源为白炽灯等时，不应低于 40 lx。

（4）蓄光部分的发光亮度应满足表 7-7 的要求。

表 7-7　蓄光部分的发光亮度

时间/min	5	10	20	30	60	90
亮度/不小于，mcd/m^2	810	400	180	100	55	30

（5）在疏散走道和主要疏散路线的地面或墙上设置的蓄光型疏散导流标志，其方向指示

标志图形应指向最近的疏散出口，在地面上设置时，宜沿疏散走道或主要疏散路线的中心线设置；在墙面上设置时，标志中心线距地面高度不应大于0.5 m；疏散导流标志宜连续设置，标志宽度不宜小于8 cm；当间断设置时，蓄光型疏散导流标志长度不宜小于30 cm，间距不应大于1 m。

(6)疏散走道上的蓄光型疏散指示标志，宜设置在疏散走道及其转角处距地面高度不大于1 m的墙面上或地面上，设置在墙面上时，其间距不应大于10 m；设置在地面上时，其间距不应大于5 m。

(7)疏散楼梯台阶标志的宽度宜为20～50 mm。

(8)安全出口轮廓标志，其宽度不应小于80 mm。

(9)在电梯、自动扶梯入口附近设置的警示标志，其位置距地面宜为1.0～1.5 m。

(10)疏散指示示意图标志中所包含的图形、符号及文字应使用深颜色制作，图表文字等信息符号规格不应小于40 mm×40 mm。

7.3.6 集中控制型消防应急灯具

集中控制型消防应急灯具是一种智能型应急照明系统，代表了应急照明已向系统化方向发展，该系统特别适用于功能复杂、大型的建筑物。

1. 系统概况及要求

1)日常维护巡检功能

集中控制型消防应急灯具对底层灯具、上层主机以及集中控制型消防应急灯具各个环节的通信设备工作状态进行严格监控，实时主报工作状态。对较容易出现产品致命的环节具有监测功能，现分述如下。

(1)疏散指示标志灯具：

①检测灯具电池开路、短路；

②检测灯具内部每一路光源的开路、短路；

③检测灯具应急回路欠压状态。

(2)集中控制型消防应急灯具主机：

①检测主机备用电源开路、短路；

②检测主机光源(显示设备)的开路、短路；

③检测主机电压回路欠压状态。

(3)集中控制型消防应急灯具整体功能监测：具有通信自检功能，监测集中控制型消防应急灯具内部每一回路的通信线路。此外，一个回路中的通信故障不会影响其他回路正常通信。

(4)灯具定期自检：集中控制型消防应急灯具还必须定期进行灯具自检，自主设定灯具自检的周期，在人员较少的情况下，主机自动将灯具和其他设备切换到应急状态，检测设备的应急转换功能、应急时间等，将不符合规范标准的灯具筛选出来，声光报警提醒维护人员及时更换设备。

2)火灾疏散应急联动功能

(1)集中控制型消防应急灯具应具有与消防报警系统联动的接口。

(2)在火灾发生时，能根据联动信息调整疏散标志灯具指示方向。

(3)方向指示标志灯具具有换向功能，语言标志灯具具有语音功能，保持视觉连续的导向疏散标志具有换向功能。

(4)集中控制型消防应急灯具主机应能远程手动或自动控制疏散标志灯具的工作状态。

3)中央主机的功能

中央主机应具有日志记录功能、查询功能、打印功能、声光报警功能、实时显示现场设备工作状态的功能等。

2. 设置特点

设置场所见 7.2 应急照明设计,设置主要特点如下:

(1)中央主机应设置于消防控制中心或有人值班的场所;

(2)任一防火分区疏散通道末端应设置具有语音功能、频闪功能、灭灯功能以及故障自检功能的安全出口标志灯具;

(3)任一防火分区疏散通道内应设置具有频闪功能、换向功能的疏散指示标志灯具;

(4)任一防火分区疏散通道末端外侧应加设烟感探头;

(5)在楼梯休息平台应设置具有照明功能的楼层显示标志灯具,安装在距地面高度 1.0 m 以下的墙面上。

3. 设置示意图

语音出口标志灯见图 7-3,双向可调标志灯见图 7-4,导向光流标志灯见图 7-5,楼层照明标志灯见图 7-6。

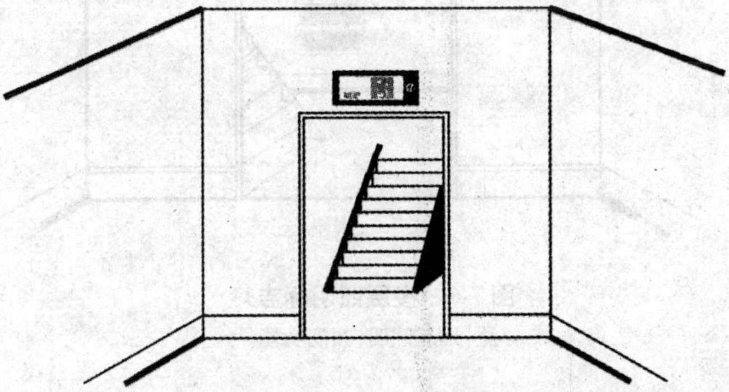

图 7-3　语音出口标志灯

注:具有语音功能、频闪功能、灭灯功能以及故障自检功能。

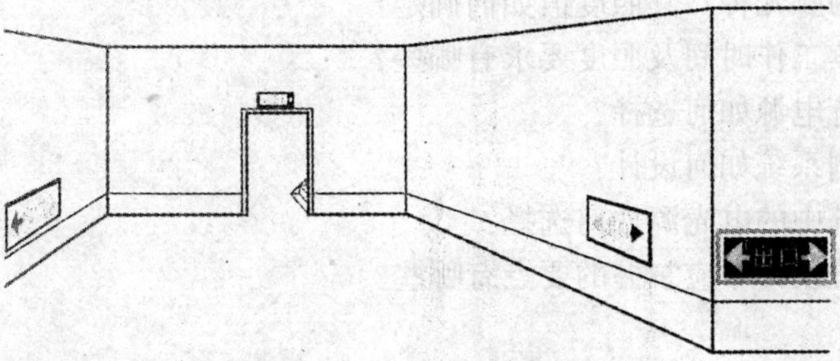

图 7-4　双向可调标志灯

注:具有频闪功能、换向功能。

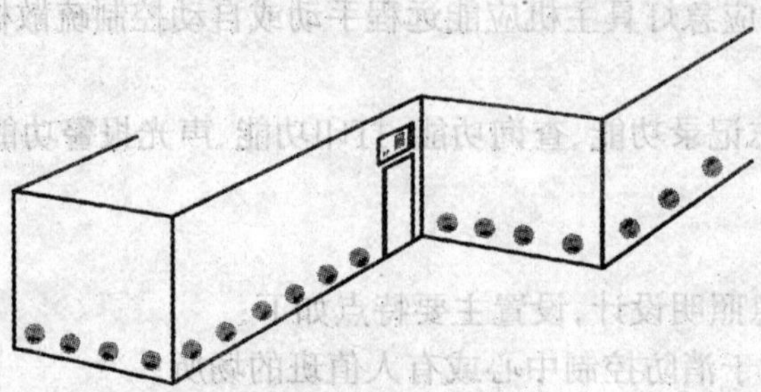

图 7-5　导向光流标志灯

注:具有保持视觉连续、可换向功能。

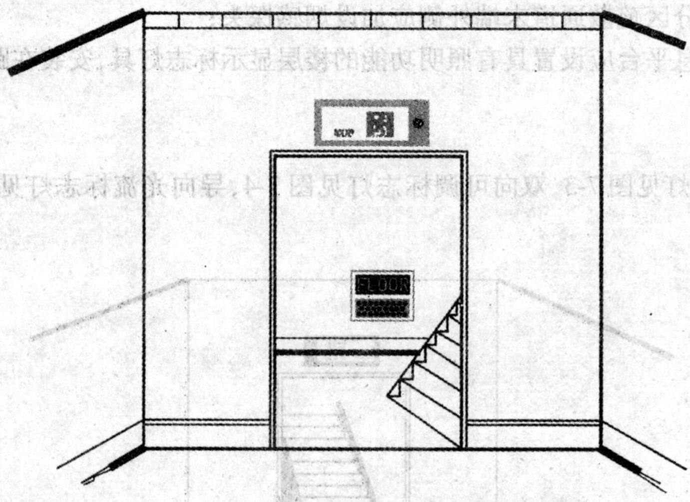

图 7-6　楼层照明标志灯

注:具有照明、频闪功能。

思考题

1. 应急照明分为哪几种?其照度值如何确定?
2. 应急照明持续工作时间及照度要求有哪些?
3. 应急照明系统电源如何选择?
4. 应急照明控制系统如何设计?
5. 应急照明系统中的电光源如何选择?
6. 应急照明系统设计中应掌握的要点有哪些?

第 8 章　照明电气设计

目前在照明装置中采用的都是电光源,为保证电光源的正常、安全、可靠地工作,同时便于管理维护,又利于节约电能,就必须有合理的供配电系统和控制方式给予保证。为此,照明电气设计就成了照明设计中不可缺少的一部分。

8.1　照明负荷分级及供电要求

8.1.1　照明负荷等级的划分及供电要求

按照供电的可靠性、中断供电所造成的损失或影响程度,将照明负荷分为三级,即一级负荷、二级负荷、三级负荷。

符合下述情况之一即为一级负荷:

①中断供电将造成人身伤亡;

②中断供电将在政治、经济上造成重大损失;

③中断供电将影响有重大政治、经济意义的用电单位的正常工作。

在一级负荷中,当中断供电将发生中毒、爆炸和火灾等情况的负荷,以及特别重要场所的不允许中断供电的负荷,应视为特别重要的负荷。

符合下述情况之一即为二级负荷:

①中断供电将在政治、经济上造成较大损失;

②中断供电将影响重要用电单位的正常工作。

不属于一级负荷和二级负荷者为三级负荷。民用建筑常用照明负荷分级见表 8-1。

夜景照明负荷分级:具有重大社会影响区域的用电负荷应为二级负荷,经常举办大型夜间游园、娱乐、集会等活动的人员密集场所的用电负荷为二级负荷,其余为三级负荷。

对城市中的重要道路、交通枢纽及人流集中的广场等区段的照明应采用双电源供电。每个电源均应能承受 100% 的负荷。

表 8-1　民用建筑常用照明负荷的分级

序号	建筑物名称	用电负荷名称	负荷等级
1	国家级大会堂、国宾馆、国家级国际会议中心	主会场、接见厅、宴会厅照明	一级 *
		总值班室、会议室、主要办公室、档案馆照明	一级
2	国家及省部级政府办公建筑	主要办公室、会议室、总值班室、档案室及主要道路照明	一级
3	地、市级办公建筑	主要办公室、会议室、总值班室、档案室及主要道路照明	二级
4	地、市级及以上气象台	气象绘图及预报照明	一级
5	电视台、广播电台	直播电视演播厅、中心机房、录像室、微波设备及发射机房用电	一级 *
		语音播音室、控制室的电力和照明	一级
		洗印室、电视电影室、审听室、楼梯照明	二级

续表

序号	建筑物名称	用电负荷名称	负荷等级
6	剧场	特甲等剧场的舞台照明、贵宾室、演员化妆室照明	一级
		甲等剧场的观众厅照明、空调机房及锅炉房电力和照明、乙等丙等剧场火灾应急照明及疏散指示标志	二级
7	电影院	甲等电影院的照明与放映用电	二级
8	博物馆、展览馆	珍贵展品展示照明	一级 *
9	图书馆	藏书超过100万册及重要图书馆照明	二级
10	体育建筑	特级体育场(馆)及游泳馆的比赛场(厅)、主席台、贵宾室、接待室、新闻发布厅、广场及主要通道照明	一级 *
		甲级体育场(馆)及游泳馆的比赛场(厅)、主席台、贵宾室、接待室、新闻发布厅、广场及主要通道照明	一级
		特级及甲级体育场(馆)及游泳馆中非比赛用电、乙级以下体育建筑比赛用电	二级
11	商场、超市	大型商场及超市应急照明、门厅及营业厅部分照明	一级
		中型商场及超市营业厅、门厅部分照明	二级
12	银行、金融中心、证交中心	大型银行营业厅及门厅照明、安全照明	一级
		小型银行营业厅及门厅照明	二级
13	民用航空港	助航灯光系统设施和台站用电,为飞行及旅客服务的办公场所用电,旅客活动场所的应急照明	一级 *
		候机楼、外航驻机场办事处、机场宾馆及旅客过夜用房、站坪照明、站坪机务用电	一级
		其他用电	
14	铁路旅客站	大型站和国境站的旅客站房、站台、天桥、地道照明	一级
15	水运客运站	港口重要作业区、一级客运站照明	二级
16	汽车客运站	一、二级客运站照明	二级
17	旅游饭店	四星级及以上旅游饭店的宴会厅、餐厅、厨房、康乐设施、门厅及高级客房、主要通道等场所的照明	一级
		三星级旅游饭店的宴会厅、厨房、、康乐设施、门厅及高级客房、主要通道等场所的照明用电,除上栏所述之外的四星级及以上旅游饭店的其他用电	二级
18	科研院所、高等院校	四级生物安全实验室等供电连续性要求极高的国家重点实验室用电	一级
		除上栏所述之外的其他重要实验室用电	一级
		主要通道照明用电	二级
19	二级及以上医院	重要手术室、重症监护等涉及患者生命安全的设备(如呼吸机等)及照明	一级 *
		急诊部、监护病房、手术室、分娩室、婴儿室、血液病房的净化室、血液透析室、病理切片分析、磁共振、介入治疗用CT及X光机扫描室、血库、高压氧仓、加速器机房、治疗室及配血室的电力照明用电,走道照明	一级
		除上栏所述之外的其他手术室、高级病房、肢体伤残康复病房照明	二级
20	一类高层建筑	走道照明、值班照明、警卫照明、障碍照明	一级

续表

序号	建筑物名称	用电负荷名称	负荷等级
21	二类高层建筑	主要通道及楼梯间照明	二级

注:1. * 为一级负荷中特别重要负荷。
2. 各类建筑物的分级见现行的有关设计规范。
3. 各类建筑物中应急照明负荷等级应为该建筑中最高负荷等级。

8.1.2　照明线路电压的选择与质量要求

1. 照明线路供电电压选择

照明线路的供电电压,直接影响到配电方式和线路敷设的投资费用。当负荷相同时,若采用较高的电压等级,线路负荷电流便相应减小,因而就可以选用较小的导线截面。我国的配电网络电压,在低压范围内的标准等级为 500 V、380 V、220 V、127 V、110 V、36 V、24 V、12 V 等。而一般照明用的白炽灯电压等级主要有 220 V、110 V、36 V、24 V、12 V 等。所谓光源的电压是指对光源供电的网络电压,不是指灯泡(灯管)两端的电压降。供电电压必须符合标准的网络电压等级和光源的电压等级。

从安全方面考虑,照明的电源电压一般按下列原则选择。

(1)在正常环境中,一般照明光源的电源电压应采用 220 V。1 500 W 及以上的高强度气体放电灯的电源电压宜采用 380 V。

(2)在有触电危险的场所,例如地面潮湿或周围有许多易触及金属结构的房间,当灯具的安装高度距地面小于 2.4 m 时,无防止触及措施的固定式或移动式照明的供电电压不宜超过 36 V。

(3)移动式和手提式灯具应采用Ⅲ类灯具(Ⅰ类灯具:灯具的防触电保护不仅靠基本绝缘,还包括附加安全措施,即把外露可导电部件连接到保护线上。Ⅱ类灯具:防触电保护不仅依靠基本绝缘,且具有附加安全措施,如双重绝缘或加强绝缘。Ⅲ类灯具:防触电保护依靠电源电压为安全特低电压 SELV),用安全特低电压供电,其电压在干燥场所应不大于 50 V;在潮湿场所不大于 25 V。

(4)由专用蓄电池供电的照明电压,可根据容量的大小和使用要求,分别采用 220 V、24 V 或 12 V 等。

2. 允许的电压偏移

电压偏移是指光源两端实际电压偏离光源额定电压的程度。照明光源只有在额定电压下工作才有最好的照明效果。照明设备所受的实际电压如与其额定电压有偏移时,其运行特性将恶化。例如,白炽灯在低于额定值 10% 电压下运行,其使用寿命大大增长,但其光通量却较额定电压时降低 30% 左右。反之,电压升高 10%,则其光通量增加 30%,但使用期限便迅速缩短。

在供电网络的所有运行方式中,维持用电设备的端电压始终等于额定值是很困难的。因此,在网络设计和运行时,必须规定用电设备端电压的容许偏移值。一般来说,各类灯泡(管)的端电压偏移,不宜高于其额定电压的 105%,亦不宜低于其额定电压的下列数值:

(1)一般工作场所的室内照明为 95%;

(2)远离变电所的小面积工作场所难于满足 95% 时,可降低到 90%;

(3)应急照明和用安全特低电压供电的照明为90%；

(4)正常情况下，室外道路照明灯具端电压不应低于90%。

照明器的端电压不宜过高或过低，电压过高，会缩短光源寿命，电压低于额定值，会使光通量下降，照度降低。当气体放电灯的端电压低于额定电压的90%时，甚至不能可靠地工作。当电压偏移在-10%以内，长时间不能改善时，计算照度应考虑因电压不足而减少的光通量，光通量降低的百分数见表8-2。

表8-2　电压在100%～90%额定电压范围内每下降1%时光通量降低百分数

灯具	白炽灯	卤钨灯	荧光灯	高压汞灯	高压钠灯	金属卤化物灯
降低百分数/%	3.3	3.0	2.2	2.9	3.7	2.8

例如采用金属卤化物灯照明，端电压为额定电压的90%，则该金属卤化物灯实际光通量为原光通量的72%(即1-10×2.8%)。

3. 电压波动与闪变

电压波动是指电压的快速变化，而不是单方向的偏移，冲击性功率负荷引起连续电压变动或电压幅值包络线周期性变动，变化速度不低于0.2%/s的电压变化为电压波动。

闪变是指照度波动的影响，使人眼对灯闪达到生理感觉。闪变电压时冲击性功率负荷造成供配电系统的波动频率大于0.01 Hz的电压波动值最为敏感。

电压波动和闪变会引起人的视觉不舒适，也会降低光源寿命。目前，我国照明设计对电压波动没有提出具体要求，以下为国外在照明设计时对电压波动的要求，供参考。

当电压波动值小于额定电压的1%时，灯具对电压波动次数不限制；当电压波动值大于额定电压的1%时，允许电压波动次数按下式限定

$$n=6/(U_t\% -1) \tag{8-1}$$

式中：n——在1 h内最大允许电压波动次数；

$U_t\%$——电压波动百分数绝对值。

如电压波动数值$U_t\%=4$时，每小时内最大允许电压波动次数$n=6/(U_t\%-1)=2$；电压波动值$U_t\%=7$时，每小时内最大允许电压波动次数$n=6/(U_t\%-1)=1$。

8.1.3　配电系统的接地型式

建筑物内照明配电系统接地型式应与建筑物供电系统统一考虑，一般采用TN-S、TN-C-S系统。

户外照明宜采用TT接地系统。

8.1.4　供照明用的配电变压器设置要求

(1)照明负荷宜与带有冲击性负荷(如大功率接触焊机、大型吊车的电动机等)的变压器分开供电。

(2)无窗厂房或工艺设备对电压质量要求较高的场所，宜采用有载自动调压变压器。

(3)在照明负荷容量较大的场所，在技术经济合理的情况下，宜采用照明专用变压器。

(4)采用共用变压器的场所，正常照明线路宜与电力线路分开。

(5)合理减少系统阻抗，如尽量缩短线路长度、适当加大导线和电缆的截面积等。

8.2　照明负荷供电方式与照明配电系统

8.2.1　照明负荷的供电方式

1. 一级负荷电源

一级负荷应由两个电源供电,当一个电源发生故障时,另一个电源可以照常供电。照明一级负荷与电力一级负荷应结合一起考虑。如果一级负荷功率较大时,应采用两路高压供电;如果一级负荷功率不大,应优先从电力系统或从临近单位取得第二路电源,也可采用应急发电机组。如果一级负荷仅为照明负荷时,宜采用蓄电池组作备用电源。

对一级负荷中的特别重要负荷,除上述两个电源外,还必须增设应急电源,以保证对特别重要负荷的供电。严禁将其他负荷接入应急供电系统。常用的应急电源有:独立于正常电源的发电机组,供电网络中有效独立于正常电源的专门馈电线路,蓄电池。

根据允许中断供电时间,选择应急电源如下:静态交流不间断电源装置适用于允许中断供电时间为毫秒级的供电;带有自动投入装置的独立于正常电源的专门馈电线路,适用于允许中断供电时间为 1.5 s 以上的供电;快捷自启动的柴油发电机组适用于允许中断供电时间为 15 s 以上的供电。

一级负荷照明电源供电方式如图 8-1 ~ 图 8-4 所示。

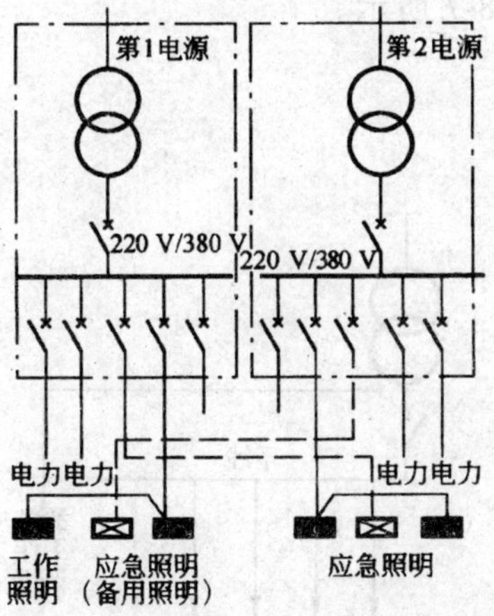

图 8-1　单变压器变电所供电方式

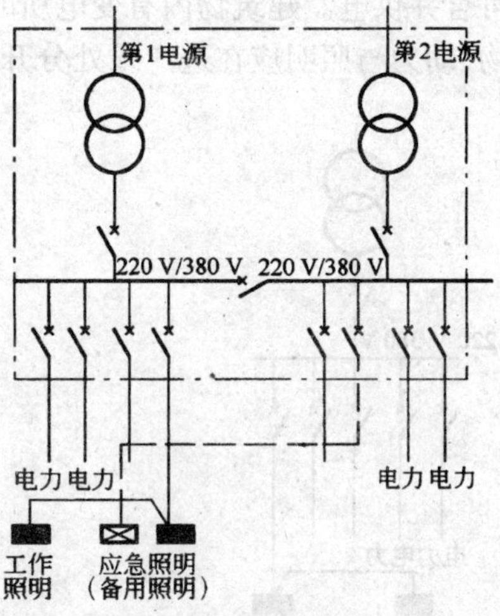

图 8-2　双变压器变电所供电方式

图 8-1 所示电源来自两个单变压器变电所,并且两个变压器电源是互相独立的高压电源。图 8-2 所示电源来自双变压器变电所,两台变压器的电源是独立的,设有联络开关。图 8-3 所示照明负荷为单台变压器供电,应急照明电源引自蓄电池组、柴油发电机组或邻近单位的第二路电源。图 8-4 所示是特别重要负荷的供电方式,它由两个独立电源的变压器供电,低压母线设联络开关并可自动投入,工作照明与应急照明分别接在不同低压母线上,并应设第三独立电源。此电源可引自备用发电机组、在电网中有效地独立于正常电源的专门馈电线路或蓄电池。应急照明电源应能自动投入。选择何种方式应根据中断供电时间确定。

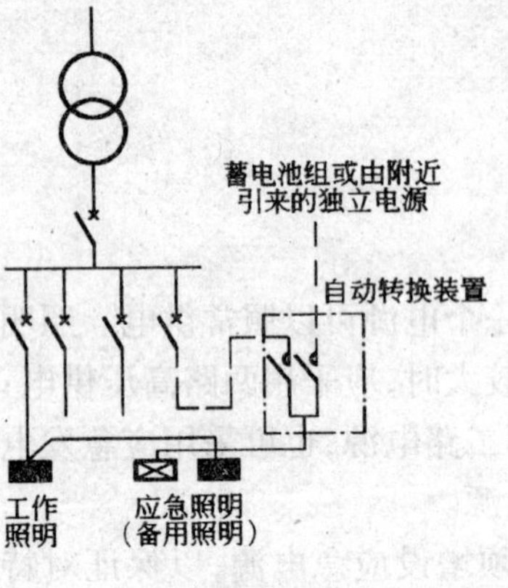

图 8-3 负荷容量小时供电方式

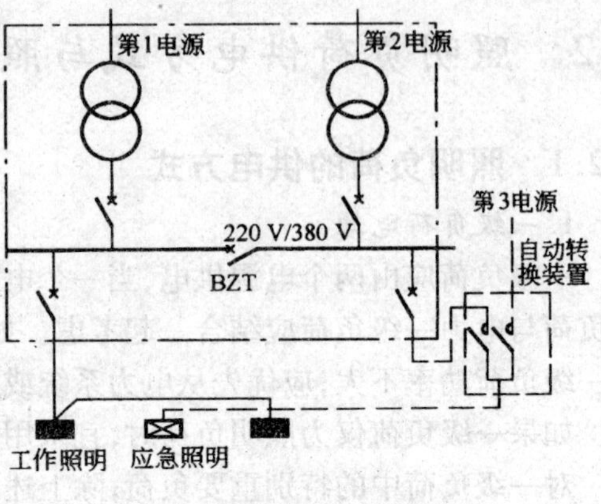

图 8-4 特别重要负荷供电方式

2. 二级负荷电源

对二级负荷供电的要求是：当电力变压器或线路发生故障时不致中断供电，或中断后能迅速恢复。与一级负荷供电的差别在于二级负荷的高压电源可以是一个电源，但应做到变压器和线路均有备份。二级照明负荷的供电方式同图 8-1、图 8-2 所示。

3. 三级负荷(一般负荷)电源

对照明无特殊要求者可由单电源供电，动力和照明负荷功率较大时应分开供电，功率较小时可合并供电。建筑物内有变电所时，照明与动力由低压屏以放射形式供电；没有变电所的建筑物，动力与照明应在进户线处分开。供电方式如图 8-5 ~ 图 8-7 所示。

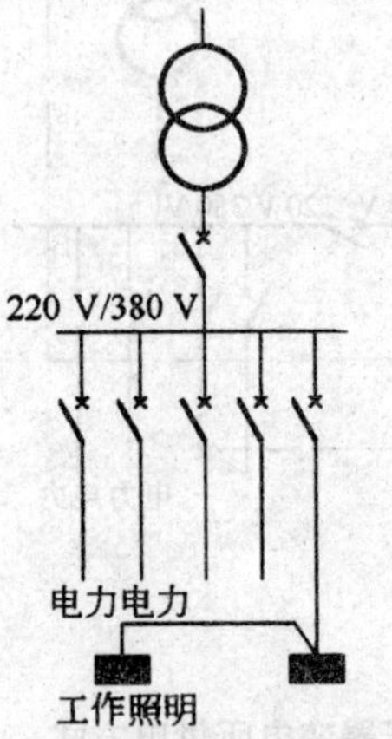

图 8-5 建筑物内有变电所的供电方式

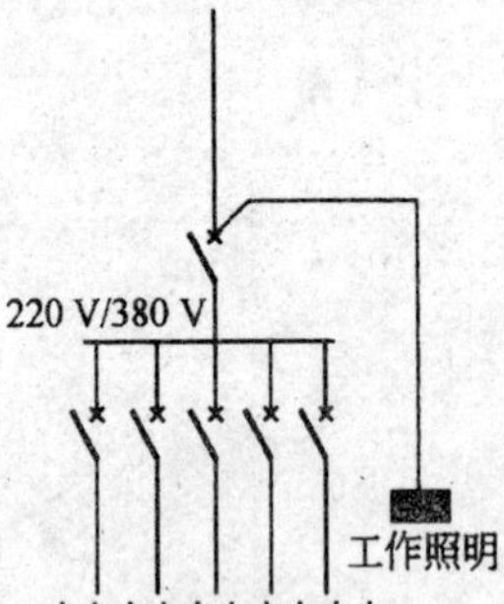

图 8-6 建筑物内没有变电所时动力、照明混合供电

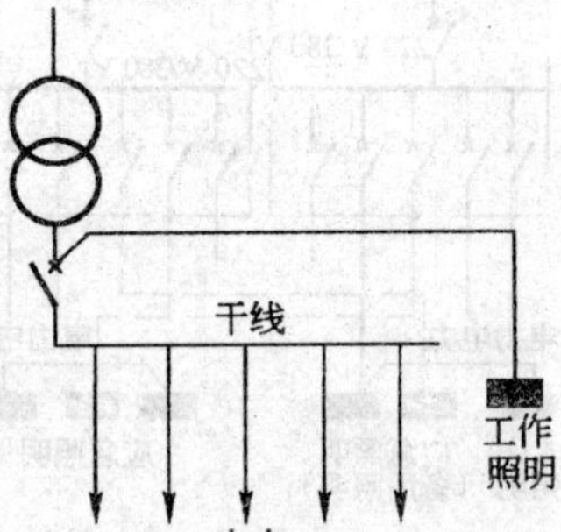

图 8-7 建筑物内动力采用母干线供电时照明接线

8.2.2 照明配电系统

照明供电网络主要是指照明电源从低压配电屏到用户配电箱之间的接线方式。主要由馈电线、干线、分支线及配电盘组成。汇集支线接入干线的配电装置称为分配电箱，汇集干线接入总进户线的配电装置称为总配电箱。馈电线是将电能从变电所低压配电屏送到区域(或用户)总配电箱(柜)的线路；干线是将电能从总配电箱(柜)送至各个分照明配电箱的线路；分支线是将电能从各分配电箱送至各户配电箱的线路。如图 8-8 所示。

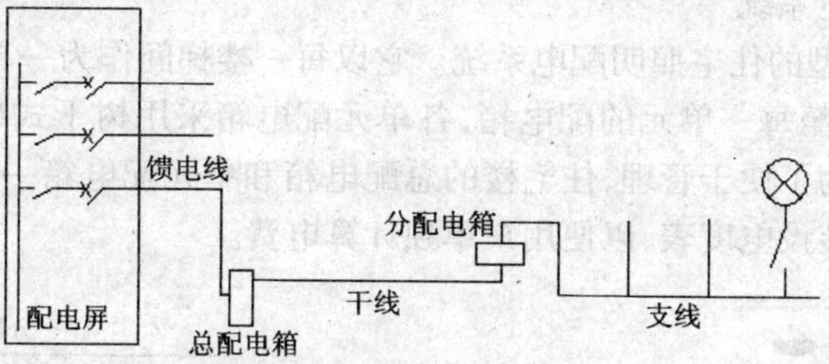

图 8-8　照明供电网络的组成形式

1. 常用的配电方式

配电方式有多种,可根据实际情况选定。而基本的配电方式有放射式、树干式、混合式、链式四种,如图 8-9 所示。

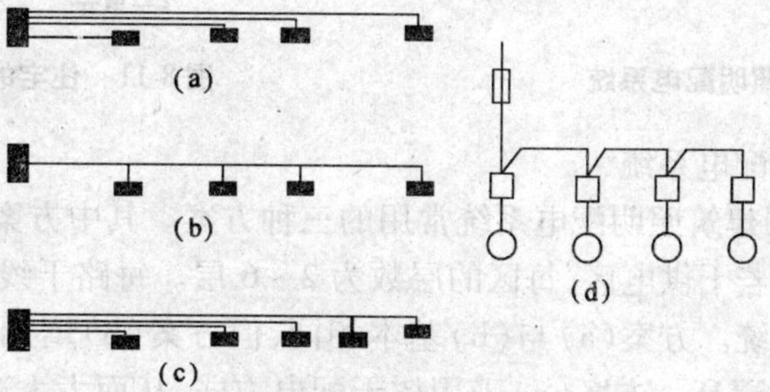

图 8-9　基本的配电方式

(a)放射式;(b)树干式;(c)混合式;(d)链式

(1)放射式。图 8-9(a)所示是放射式配电系统,其优点是各负荷独立受电,线路发生故障时,不影响其他回路继续供电,故可靠性较高;回路中电动机启动引起的电压波动,对其他回路的影响较小。但建设费用较高,有色金属耗量较大。放射式配电一般用于重要的负荷。

(2)树干式。图 8-9(b)所示是树干式配电系统。与放射式相比,其优点是建设费用低。但干线出现故障时影响范围大,可靠性差。

(3)混合式。图 8-9(c)所示是混合式配电系统。它是放射式和树干式的综合运用,具有两者的优点,所以在实际工程中应用最为广泛。

(4)链式。图 8-9(d)所示是链式配电系统。它与树干式相似,适用于距离配电所较远,而彼此之间相距又较近的不重要的小容量设备,链接的设备一般不超过 3 ~4 台。

照明配电宜采用混合式系统。

2. 典型的配电系统

在实际应用中,各类建筑的照明配电系统都是上述四种基本方式的组合。下面介绍几种典型的照明配电系统。

1)多层公共建筑的照明配电系统

图 8-10 所示是多层公共建筑(如办公楼、教学楼等)的配电系统。其进户线直接进入大楼的配电间的总配电箱,由总配电箱采取干线立管式向各层分配电箱馈电,再经分配电箱引出支线向各房间的照明器和用电设备供电。

2)住宅的照明配电系统

图 8-11 所示是典型的住宅照明配电系统。它以每一楼梯间作为一单元,进户线引至楼的总配电箱,再由干线引至每一单元的配电箱,各单元配电箱采用树干式(或放射式)向各层用户的分配电箱馈电。为了便于管理,住宅楼的总配电箱和单元配电箱一般装在楼梯公共过道的墙面上。分配电箱装设电度表,以便用户单独计算电费。

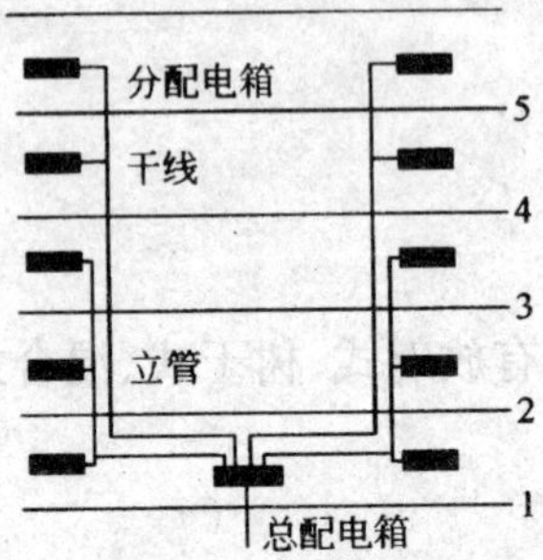

图 8-10 多层公共建筑的照明配电系统

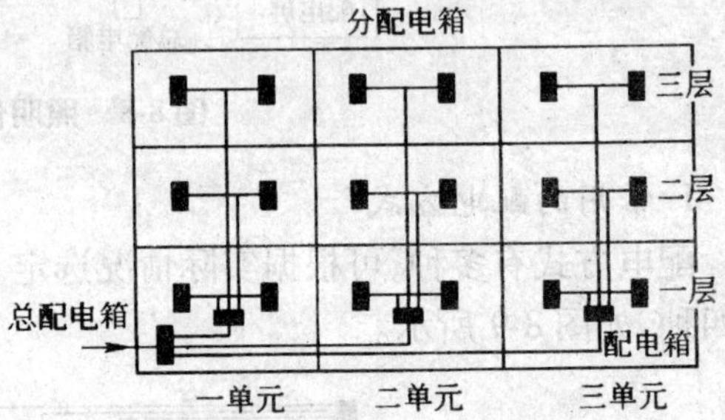

图 8-11 住宅的照明配电系统

3)高层建筑的照明配电系统

图 8-12 所示是高层建筑照明配电系统常用的三种方案。其中方案(a)、(b)为混合式,它们先将整幢楼按层分为若干供电区,每区的层数为 2 ~6 层。每路干线向一个供电区配电,故称为分区树干式配电系统。方案(a)与(b)基本相同,但方案(b)增加了一个分区配电箱,它与方案(a)比较,可靠性更高。方案(c)采用树干配电方式,从而大大减少了低压配电屏的数量,安装、维护方便,适用于楼层楼量多,负荷较大的大型建筑物。

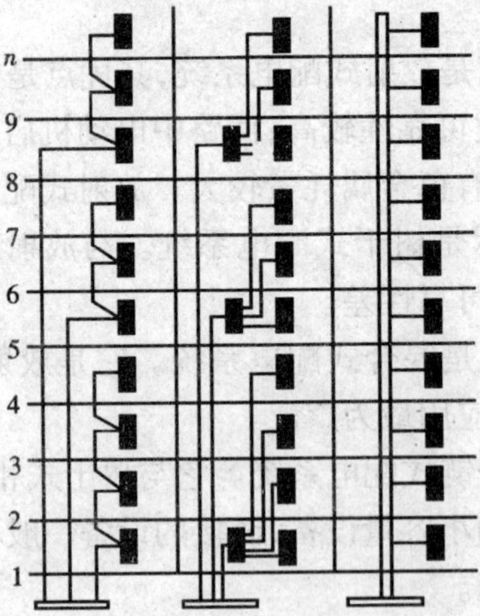

图 8-12 高层建筑的照明配电系统

(a)、(b)混合式;(c)树干式

8.3 照明负荷计算及导线的选择

8.3.1 照明负荷计算

照明用电负荷计算的目的,是为了合理地选择供电导线和开关设备等元件,使电气设备和材料得到充分的利用,同时也是确定电能消耗量的依据。计算结果准确与否,对选择供电系统的设备、有色金属材料的消耗,以及一次投资费用有着重要的影响。

照明供配电系统的负荷计算,通常采用需要系数法。需要系数是有关部门通过长期实践和调查研究,统计计算得出的。随着技术和经济的发展,需要系数也不断地修改。

1. 按需要系数法计算

按需要系数法计算照明计算负荷 P_j,就是把照明负荷安装总容量 P_Σ 乘以需要系数 K_x,其计算公式为

$$P_j = K_x P_\Sigma \tag{8-2}$$

式中:P_j——计算负荷,W;

P_Σ——照明设备安装容量,包括光源和镇流器所消耗的功率,W;

K_x——需要系数,它表示不同性质的建筑对照明负荷需要的程度(主要反映各照明设备同时点燃的情况)。

照明干线需要系数见表8-3。民用建筑照明负荷需要系数见表8-4。照明灯具及照明支线的需要系数为1。

表8-3 照明干线需要系数

建筑类别	K_x	建筑类别	K_x
住宅区、住宅	0.6~0.8	由小房间组成的车间或厂房	0.85
医院	0.5~0.8	辅助小型车间、商业场所	1.0
办公楼、实验室	0.7~0.9	仓库、变电所	0.5~0.6
科研楼、教学楼	0.8~0.9	应急照明、室外照明	1.0
大型厂房(由几个大跨度组成)	0.8~1.0	厂区照明	0.8

表8-4 民用建筑照明负荷需要系数

建筑物名称		需要系数 K_x	备 注
一般住宅楼	20户以下	0.6	单元式住宅,多数为每户两室,两室户内插座为6~8个,装户表
	20~50户	0.5~0.6	
	50~100户	0.4~0.5	
	100户以上	0.4	

续表

建筑物名称	需要系数 K_x	备 注
高级住宅楼	0.6~0.7	
集体宿舍楼	0.6~0.7	
一般办公楼	0.7~0.8	
高级办公楼	0.6~0.7	
科研楼	0.8~0.9	
发展与交流中心	0.6~0.7	
教学楼	0.8~0.9	一开间内1~2盏灯,2~3个插座
图书馆	0.6~0.7	一开间内2盏灯,2~3个插座
托儿所、幼儿园	0.8~0.9	
小型商业、服务业用房	0.85~0.9	一开间内2盏灯,2~3个插座
综合商业、服务楼	0.75~0.85	
食堂、餐厅	0.8~0.9	三开间内6~11盏灯,1~2个插座
高级餐厅	0.7~0.8	
一般旅馆、招待所	0.7~0.8	
高级旅馆、招待所	0.6~0.7	
旅游宾馆	0.35~0.45	
电影院、文化馆	0.7~0.8	
剧场	0.6~0.7	
礼堂	0.5~0.6	一开间一盏灯,2~3个插座,集中卫生间
体育练习馆	0.7~0.8	带卫生间
体育馆	0.65~0.75	单间客房4~5盏灯,4~6个插座
展览馆	0.5~0.7	
门诊楼	0.6~0.7	
一般病房楼	0.65~0.75	
高级病房楼	0.5~0.6	
锅炉房	0.9~1	

各种气体放电光源配用的镇流器,其功率损耗通常用功率损耗系数 α(或光源功率的百分数)来表示。气体放电光源镇流器的功率损耗系数见表8-5。

表8-5 气体放电光源镇流器的功率损耗系数

光源种类	损耗系数 α	光源种类	损耗系数 α
荧光灯	0.2	金属卤化物灯	0.14~0.22
荧光高压汞灯	0.07~0.3	涂荧光物质的金属卤化物灯	0.14
自镇流荧光高压汞灯	—	低压钠灯	0.2~0.8
高压钠灯	0.12~0.2		

对于有镇流器的气体放电光源,考虑镇流器的功率损耗,其设备容量计算应为

$$P_{气} = P_e(1 + a) \tag{8-3}$$

式中:$P_{气}$——气体放电光源照明设备安装容量,kW;

P_e——气体放电光源的额定功率,kW;

α——镇流器的功率损耗系数。

2. 照明负荷的估算

在初步设计时,为计算用电量和规划用电方案,需估算照明负荷。估算公式为

$$P_j = P_d \times A \tag{8-4}$$

式中：P_d——单位建筑面积照明负荷，W/m^2，可参考表 8-6 所列的单位建筑面积照明负荷指标；

A——被照建筑面积，m^2。

表 8-6 单位建筑面积照明负荷

建筑物名称	计算负荷/(W/m^2)		建筑物名称	计算负荷/(W/m^2)	
	白炽灯	荧光灯		白炽灯	荧光灯
一般住宅楼	6～12		餐厅	8～16	
单身宿舍		5～7	高级餐厅	15～30	
一般办公楼		8～10	旅馆、招待所	11～18	
高级办公楼	15～23		高级宾馆、招待所	20～35	
科研楼	20～25		文化馆	15～18	
技术交流中心	15～20	20～25	电影院	12～20	
图书馆	15～25		剧场	12～27	
托儿所、幼儿园	6～10		体育联系馆	12～24	
大、中型商场	13～20		门诊楼	12～15	
综合服务楼	10～15				
照相馆	8～10		病房楼	12～25	
服装店	5～10		服装生产车间	20～25	
书店	6～12		工艺品生产车间	15～20	
理发店	5～10		库房	5～7	
浴室	10～15		车房	5～7	
粮店、副食店、邮政所、洗染店、综合修理店		8～12	锅炉房	5～8	

3. 照明线路的电流计算

计算电流是选择导线截面的直接依据，也是计算电压损失的主要参数之一。在进行照明供电设计时，要注意照明设备多数是单相设备。若采用三相四线 380 V/220 V 供电，按建筑电气设计技术规范规定：单相负载应逐相均匀分配。当回路中单相负荷的总容量小于该网络三相对称负荷总容量的 15% 时，全部按三相对称负荷计算，超过三相负荷平均值 15% 时应将单相负荷换算为等效三相负荷。等效三相负荷为最大单相负荷的 3 倍。

（1）当采用一种光源时，线路计算电流可按以下两式计算。

三相线路电流

$$I_j = \frac{P_j}{\sqrt{3}\ U_L \cos\varphi} \tag{8-5}$$

式中：P_j——三相照明线路计算负荷，W；

U_L——照明线路的额定线电压，V；

$\cos\varphi$——光源的功率因数。

单相线路电流

$$I_j = \frac{P_s}{U_P \cos\varphi} \tag{8-6}$$

式中：P_s——单相照明线路计算负荷，W；

U_P——照明线路的额定相电压，V；

$\cos\varphi$——光源的功率因数。

（2）对于白炽灯、卤钨灯与气体放电灯混合的线路，其计算电流可由下式计算：

$$I_j = \sqrt{(I_{j1} + I_{j2}\cos\varphi)^2 + (I_{j2}\sin\varphi)^2} \tag{8-7}$$

式中：I_{j1}——混合照明线路中，白炽灯、卤钨灯的计算电流，A；

I_{j2}——混合照明线路中，气体放电灯的计算电流，A；

φ——气体放电灯的功率因数角。

例 8-1 某厂房的 220 V/380 V 三相四线制照明供电线路上接有 250 W 高压汞灯和白炽灯两种光源，各相负荷的分配情况如下：

A 相：250 W 高压汞灯 4 盏，白炽灯 2 kW；

B 相：250 W 高压汞灯 8 盏，白炽灯 1 kW；

C 相：250 W 高压汞灯 2 盏，白炽灯 3 kW。

试求线路的电流和功率因数。

解：查表 8-5 可知高压汞灯镇流器的损耗系数 $\alpha = 0.15$，各相支线的需要系数 $K_x = 1$，查表 8-3 可知厂房照明干线的需要系数 $K_x = 0.85$，高压汞灯的功率因数取为 0.6，A 相白炽灯组的计算负荷和计算电流为

$$P_{j1} = K_x \times P_\Sigma = 1 \times 2\,000\ \text{W} = 2\,000\ \text{W}$$

$$I_{j1} = \frac{P_{j1}}{U_P} = \frac{2\,000}{220}\ \text{A} = 9.1\ \text{A}$$

A 相高压汞灯的计算负荷及计算电流为

$$P_{j2} = K_x \times P_{\Sigma 2}(1+\alpha) = 1 \times 4 \times 250 \times (1+0.15)\ \text{W} = 1\,150\ \text{W}$$

$$I_{j2} = \frac{P_{j2}}{U_P \cos\varphi} = \frac{1\,150}{220 \times 0.6}\ \text{A} = 8.71\ \text{A}$$

则 A 相的计算电流为

$$I_{jA} = \sqrt{(I_{j1} + I_{j2}\cos\varphi)^2 + (I_{j2}\sin\varphi)^2}$$
$$= \sqrt{(9.1 + 8.71 \times 0.6)^2 + (8.71 \times 0.8)^2} = 15.93\ \text{A}$$

$$\cos\varphi_A = \frac{I_{j1} + I_{j2}\cos\varphi}{I_{jA}} = 0.9$$

同理，可计算出 B 相和 C 相的计算电流和功率因数如下

$$I_{jB} = 20.26\ \text{A}, \cos\varphi_B = 0.74; I_{jC} = 16.61\ \text{A}, \cos\varphi_C = 0.98$$

因 B 相的计算电流（负荷）最大，故在干线的计算中以它为基准，则干线的计算电流为

$$I_j = \frac{3K_x P_{jB}}{\sqrt{3}U_L \cos\varphi_B} = \frac{3 \times 0.85 \times [1\,000 + 250 \times 8 \times (1+0.15)]}{\sqrt{3} \times 380 \times 0.74}\ \text{A} = 17.28\ \text{A}$$

8.3.2 照明线路导线的选择

照明线路一般具有距离长、负荷相对比较分散的特点，所以配电网络导线和电缆的选择一

般按照下列原则进行:按使用环境和敷设方法选择导线和电缆的类型,按线缆敷设的环境条件选择线缆和绝缘材质、按机械强度选择导线的最小允许截面;按允许载流量选择导线和电缆的截面,按电压损失校验导线和电缆的截面。按上述条件选择的导线和电缆具有几种规格的截面时,应取其中较大的一种。

1. 导线类型的选择

(1)导体材料选择。导线一般可采用铜芯或铝芯的线,照明配电干线和分支线,应采用铜芯绝缘电线或电缆;分支线截面不应小于 2.5 mm^2。

(2)绝缘及护套的选择。塑料绝缘线的绝缘性能良好,价格较低,无论明设或穿管敷设均可代替橡皮绝缘线。由于不能耐高温,绝缘容易老化,所以塑料绝缘线不宜在室外敷设。

橡皮绝缘线根据玻璃丝或棉纱原料的货源情况选配编织层材料,其型号不再区分而统一用 BX 及 BLX 表示。

氯丁橡皮绝缘线的特点是耐油性能好,不易霉,不延燃,光老化过程缓慢,因此可以在室外敷设。

在各类导线中,氯丁橡皮线耐气候老化性能和不延燃性能良好,并且有一定的耐油、耐腐蚀性能。聚氯乙烯绝缘导线价格较低,但易于老化而变硬;橡皮绝缘线耐老化性能良好,但价格较高。

照明线路常用的导线型号及用途见表 8-7。

表 8-7　照明线路常用的导线型号及用途

导线型号	名称	主要用途
BX(BLX)	铜(铝)芯橡皮绝缘线	固定明、暗敷
BXF(BLXF)	铜(铝)芯氯丁橡皮绝缘线	固定明、暗敷,尤其适用于户外
BV(BLV)	铜(铝)芯聚氯乙烯绝缘线	固定明、暗敷
BV-105(BLV-105)	耐热 105 ℃铜(铝)芯聚氯乙烯绝缘线	用于温度较高的场所
BVV(BLVV)	铜(铝)芯聚氯乙烯绝缘、聚氯乙烯护套线	用于直贴墙壁敷设
BXR	铜芯橡皮绝缘软线	用于 250 V 以下的移动电器
RV	铜芯聚氯乙烯绝缘软线	用于 250 V 以下的移动电器
RVB	铜芯聚氯乙烯绝缘扁平线	用于 250 V 以下的移动电器
RVS	铜芯聚氯乙烯绝缘软绞线	用于 250 V 以下的移动电器
RVV	铜芯聚氯乙烯绝缘、聚氯乙烯护套软线	用于 250 V 以下的移动电器
RVX-105	铜芯耐热聚氯乙烯绝缘软线	同上,耐热 105 ℃

2. 按机械强度要求选择导线截面

导线截面必须满足机械强度的要求,见表 8-8。

表 8-8　按机械强度要求的导线允许最小截面

导线敷设方式		最小截面/mm^2		
		铜芯软线	铜线	铝线
照明用灯头线	室内	0.5	0.8	2.5
	室外	1	1	2.5
穿管敷设的绝缘导线		1	1	2.5

续表

导线敷设方式		最小截面/mm²		
		铜芯软线	铜线	铝线
塑料扩套线沿墙明敷设			1	2.5
敷设在支持件上的绝缘导线	室内,支持点间距为 2 m 及以下		2.5	2.5
	室外,支持点间距为 2 m 及以下		2.5	2.5
	室外,支持点间距为 6 m 及以下		2.5	4
	室外,支持点间距为 12 m 及以下		2.5	6
电杆架空线路 380 V 低压			16	25
架空引入线 380 V 低压(绝缘导线长度不大于 25 m)			6	10(绞线)
电缆在沟内敷设、埋地辐射、明敷设 380 V 低压			2.5	4

3. 按允许载流量选择导线截面

电流在导线中通过时会产生热而使导线温度升高,温度过高会使绝缘老化或损坏。为了使导线具有一定的使用寿命,各种电线根据其绝缘材料特性规定其最高允许工作温度。导线在持续电流的作用下,其温升不得超过允许值。

在已知条件下,导线的温升可以通过计算确定,但是这种计算是复杂的,所以在照明配电设计中一般使用已经标准化了的计算和试验结果,即所谓载流量数据。导线的载流量是在使用条件下、温度不超过允许值时允许的长期持续电流,表 8-9 ~ 表 8-12 列出部分常用导线的载流量。

表 8-9 BV、BLV、BVR 型单芯电线单根敷设载流量(在空气中敷设)

导线截面积/mm²	长期连续负荷允许载流量/A		相应电缆表面温度/℃	导线截面/mm²	长期连续负荷允许载流量/A		相应电缆表面温度/℃
	铜芯	铝芯			铜芯	铝芯	
0.75	16		60	25	138	105	60
1.0	19		60	35	170	130	60
1.5	24	18	60	50	215	165	60
2.5	32	25	60	70	265	205	60
4	42	32	60	95	325	250	60
6	55	52	60	120	375	285	60
10	75	59	60	150	430	325	60
16	105	80	60	185	490	380	60

表 8-10 RV、RVV、RVB、RVS、RFB、RFS、BVV、BLVV 型
塑料软线和护套线单根敷设载流量

导线截面积/mm²	长期连续负荷允许载流量/A					
	一芯		二芯		三芯	
	铜芯	铝芯	铜芯	铝芯	铜芯	铝芯
0.12	5		4		3	
0.2	7		5.5		4	

续表

导线截面积/mm²	长期连续负荷允许载流量/A					
	一芯		二芯		三芯	
	铜芯	铝芯	铜芯	铝芯	铜芯	铝芯
0. 3	9		7		5	
0. 4	11		8. 5		6	
0. 5	12. 5		9. 5		7	
0. 75	16		12. 5		9	
1. 0	19		15		11	
1. 5	24		19		12	
2	28		22		17	
2. 5	32	25	26	20	20	16
4	42	34	36	26	26	22
6	55	42	47	33	32	25
10	75	50	65	51	52	40

表 8-11　BV、BLV 型单芯电线穿钢管敷设载流量

导线截面积/mm²	长期连续负荷允许载流量/A					
	穿二根		穿三根		穿四根	
	铜芯	铝芯	铜芯	铝芯	铜芯	铝芯
1. 0	14		13		11	
1. 5	19	15	17	12	16	12
2. 5	26	20	24	18	22	15
4	35	27	31	24	28	22
6	47	35	41	32	37	28
10	65	49	57	44	50	38
16	8	63	73	56	65	50
25	107	80	95	70	85	65
35	133	100	115	90	105	80
50	165	125	140	110	130	100
70	205	155	183	143	165	127
95	250	190	225	170	200	152
120	300	220	260	195	230	172
150	350	250	300	225	265	200
185	380	285	340	255	300	230

表 8-12　BV、BLV 型单芯电线穿塑料管敷设载流量

导线截面/mm²	长期连续负荷允许载流量/A					
	穿二根		穿三根		穿四根	
	铜芯	铝芯	铜芯	铝芯	铜芯	铝芯
1. 0	12		11		10	
1. 5	16	13	15	11. 5	13	10
2. 5	24	18	21	16	19	14
4	31	24	28	22	25	19
6	41	31	36	27	32	25
10	56	42	49	38	44	33
16	72	55	65	49	57	44
25	95	73	85	65	75	57
35	120	90	105	80	93	70
50	150	114	132	102	117	90

续表

导线截面/mm²	长期连续负荷允许载流量/A					
	穿二根		穿三根		穿四根	
	铜芯	铝芯	铜芯	铝芯	铜芯	铝芯
70	185	145	167	130	148	115
95	230	175	205	158	185	140
120	270	200	240	180	215	160
150	305	230	275	207	250	185
185	355	265	310	235	280	212

以上 4 个表中导线最高允许工作温度 65 ℃，环境温度 25 ℃。

有了这些载流量数据表，便可按下列关系式根据导线允许温升选择导线截面：

$$I \geqslant I_{j1} \tag{8-8}$$

式中：I_{j1}——照明配电线路计算电流，A；

I——导线允许载流量，A。

表 8-13～表 8-15 给出了不同环境温度和敷设条件下导体载流量的校正系数，当环境温度和敷设条件不同时，所列载流量均应乘以相应的校正系数。

表 8-13　不同环境温度时载流量的校正系数

线缆最高允许工作温度/℃	环境温度/℃								
	5	10	15	20	25	30	35	40	45
90	1.14	1.11	1.08	1.03	1.0	0.960	0.920	0.875	0.830
80	1.17	1.13	1.09	1.04	1.0	0.954	0.905	0.853	0.798
70	1.20	1.15	1.10	1.05	1.0	0.940	0.880	0.815	0.745
65	1.22	1.17	1.12	1.06	1.0	0.935	0.865	0.791	0.707
60	1.25	1.20	1.13	1.07	1.0	0.926	0.845	0.756	0.655
50	1.34	1.26	1.18	1.08	1.0	0.895	0.775	0.633	0.447

表 8-14　电缆在空气中并列敷设时载流量校正系数

电缆中心距离 s/mm	根数及排列方式						
	1	2	3	4	5	4	6
	○	○○	○○○	○○○○	○○○○○	○○ ○○	○○○○○○
d	1.0	0.9	0.85	0.82	0.80	0.8	0.75
$2d$	1.0	1.0	0.98	0.98	0.90	0.9	0.90
$3d$	1.0	1.0	1.0	1.0	0.96	1.0	0.96

注：d—电缆直径。

表 8-15　土壤热阻系数不同时的载流量校正系数

电缆线芯截面积/mm^2	土壤热阻系数/(℃·cm/W)				
	60	80	120	160	200
2.5 ~ 16	1.06	1.0	0.90	0.83	0.77
25 ~ 95	1.08	1.0	0.88	0.80	0.73
120 ~ 240	1.09	1.0	0.86	0.78	0.71
土壤情况	潮湿地区:沿海、湖、河畔地带,雨量多的地区,如华东地区等		普通土壤:如东北大平原夹杂的黑土或黄土,华北大平原黄土、黄黏土、砂土等	干燥土壤:如高原地区,雨量少的地区、丘陵、干燥地带	

(1)环境温度校正。表 8-9 ~ 表 8-12 中所列导线和电缆载流量是按环境温度为 25 ℃和规定的最高允许温度给出的,当环境温度不是 25 ℃时,载流量应按表 8-13 给出的校正系数进行校正。

(2)并列敷设校正系数。当电缆在空气中多根并列敷设时,由于散热条件不同,允许载流量也将不同。因此,当多根电缆并列敷设时,表列载流量应乘以表 8-14 所列的校正系数。

(3)土壤热阻系数不同的校正系数。"直接埋地"是指电缆在土壤中直埋,埋深 >0.7 m,并非地下穿管敷设。土壤温度采用一年中最热月份地下 0.8 m 的土壤平均温度;土壤热阻系数取 80 ℃·cm/W。当土壤热阻系数不同时,应乘以表 8-15 所列的土壤热阻系数不同时载流量校正系数。

例 8-2　有一个混凝土加工场,环境温度为 25 ℃,负载总功率为 176 kW,平均功率因数 $\cos\varphi = 0.8$,需要系数 $K_x = 0.5$,电源线电压为 380 V,用 BV 线,请用安全载流量求导线的截面积。

解:根据照明负荷的需要系数法,三相线路中每相负载的计算电流

$$I_j = \frac{P_j}{\sqrt{3}U_L\cos\varphi} = \frac{K_x P_\Sigma}{\sqrt{3}\ U_L\cos\varphi} = \frac{0.5 \times 176 \times 1\ 000}{\sqrt{3} \times 380 \times 0.8}\ \text{A} = 166\ \text{A}$$

查表 8-9 可知,25℃时导线明敷设可得截面积为 35 mm^2,它的安全截流量为 170 A,大于实际电流 166 A。

4. 按线路电压损失选择

任何导线都存在着阻抗,当导线中有电流通过时,就会在线路上产生电压降,当线路压降较大时,就会使照明设备电压偏离额定电压。为了保证用电设备运行,用电设备的端电压必须在要求的范围内,所以对线路的电压损失也必须限定在允许值内。

1)照明线路允许的电压损失

电压损失是指线路的始端电压与终端电压有效值的差。即

$$\Delta U = U_1 - U_2 \tag{8-9}$$

式中:U_1——线路始端电压,V;

U_2——线路终端电压,V。

ΔU是电压损失的绝对值,在实际应用中,常用相对值来表示电压损失,工程上通常用与线路额定电压的百分比来表示电压损失。即

$$\Delta u\% = \frac{\Delta U}{U_L} \times 100\% \tag{8-10}$$

式中:U_L——线路(电网)额定电压,V。

控制电压损失就是为了使线路末端灯具的电压偏移符合要求。照明线路电压的允许损耗值见表8-16。

表8-16 照明线路电压的允许损耗值

照明线路	允许电压损耗/%
对视觉作业要求高的场所,白炽灯、卤钨灯及钠灯的线路	2.5
一般作业场所的室内照明,气体放电灯的线路	5
露天照明、道路照明、应急照明、36 V及以下照明线路	10

2)照明线路电压损失的计算

(1)三相平衡的照明负荷线路。对于三相负荷平衡的三相四线制照明线路,中性线没有电流通过,所以其电压损失计算与无中性线的三相线路相同。考虑线路电抗时其线路电压损失计算公式为

$$\Delta U\% = \frac{\sqrt{3}}{10U_L}(R\cos\varphi + X\sin\varphi)IL = \Delta U_L\% IL \tag{8-11}$$

不考虑线路电抗,即$\cos\varphi = 1$时线路电压损失计算公式为

$$\Delta U\% = \frac{\sqrt{3}}{100U_L}R\sum IL \tag{8-12}$$

当$\cos\varphi = 1$,且负荷分布均匀时,上述公式可简化为

$$\Delta U\% = \frac{1}{10U_L^2\gamma S}\sum PL = \frac{\sum M}{CS} \tag{8-13}$$

式中:$\Delta U_L\%$——三相线路每安培千米的电压损失百分数,[%/(A·km)];

I——照明负荷计算电流,A;

R——三相线路单位长度的电阻,Ω/km;

X——三相线路单位长度的电抗,Ω/km;

L——各段线路的长度,km;

U_L——标称额定线电压,kV;

$\cos\varphi$——照明负荷功率因数;

M——负荷矩,为负荷P与线路长度L的乘积,kW·m;

S——导线截面,mm^2;

γ——导线的导电率,Ω·m;

C——功率因数为1时的计算系数,$C = 10U_L^2\gamma$,见表8-17。

表 8-17　计算系数 C 值

线路额定电压/V	供电系统	C 值计算公式	C 值	
			铜	铝
380/220	三相四线	$10\gamma U_n^2$	77	46.2
380/220	二相三线	$\frac{10\gamma U_n^2}{2.25}$	34.0	20.5
220	单相或直流	$5\gamma U_{n\varphi}^2$	12.8	7.75
110			3.2	1.9
36			0.34	0.21
24			0.153	0.092
12			0.038	0.023

(2)单相负荷线路。在单相线路中,负荷电流流过相线和中性线,中性线上的电阻和电抗也引起电压损失。线路的电压损失等于相线电压损失和中性线电压损失之和。在单相线路中,中性线的材料和截面与相线相同。考虑线路电抗时,单相线路电压损失计算公式为

$$\Delta U\% = \frac{2}{10U_{L\varphi}}(R\cos\varphi + X\sin\varphi)IL \approx \Delta u_L\% IL \tag{8-14}$$

不考虑线路电抗,即 $\cos\varphi = 1$ 时线路电压损失简化计算公式如下:

$$\Delta U\% = \frac{2}{10U_{L\varphi}^2\gamma S}\sum PL = \frac{\sum M}{CS} \tag{8-15}$$

式中:$U_{L\varphi}$——标称额定相电压,kV;

其他符号意义同上。

例 8-3　试计算图 8-15 所示照明网络的电压损失。图中 AB 段(三相)长 20 m,导线截面为 6 mm^2,分支线均为单相,导线截面为 4 mm^2;分支线所接的各个照明灯具负荷为 750 W(白炽灯),由各个负荷分成的线段长度如图 8-13 所示;网络电压为 220 V/380 V,所有导线均为铜芯导线。

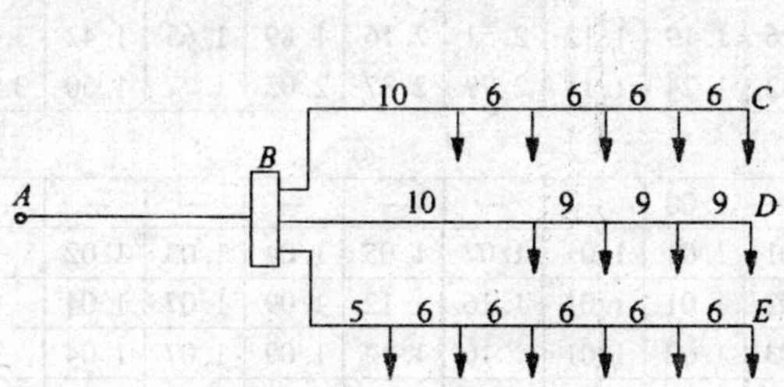

图 8-13　例题电压损失计算图

解:计算 AB 段的电压损失。查表 8-17,$C = 77$,由式(8-13)有

$$\Delta U\% = \frac{\sum M}{CS} = \frac{15 \times 0.75 \times 20}{77 \times 6}\% = 0.49\%$$

计算线段 BC、BD、BE 的电压损失。查表 8-17,$C = 12.8$,由式(8-13)有

$$\Delta U\% = \frac{\sum M}{CS} = \frac{5 \times 0.75 \times (10 + 12)}{12.8 \times 4}\% = 1.61\%$$

$$\Delta U\% = \frac{\sum M}{CS} = \frac{4 \times 0.75 \times (10 + 13.5)}{12.8 \times 4}\% = 1.38\%$$

$$\Delta U\% = \frac{\sum M}{CS} = \frac{6 \times 0.75 \times (5 + 15)}{12.8 \times 4}\% = 1.76\%$$

至线路末段的电压损失等于干线 AB 段上的电压损失与分支线上的电压损失之和。例如支线 BE(电压损失最大)末端的总电压损失为

$$\Delta U_{AE}\% = \Delta U_{AB}\% + \Delta U_{BE}\% = 0.49\% + 1.76\% = 2.25\%$$

(3)当 $\cos\varphi \neq 1$,线路电压损失的计算。由于气体放电灯的大量采用,实际照明负载 $\cos\varphi \neq 1$,照明网络每一段线路的全部电压损失可用下式计算:

$$\Delta U_f\% = \Delta U\% R_c \tag{8-16}$$

式中:R_c——计入“由无功负荷及电抗引起的电压损失”的修正系数,查表 8-18。

表 8-18 计算电压损失的修正系数 R_c 数值表

截面/mm²	电缆、穿管导线当 cos φ					明敷导线当 cos φ									
						0.5	0.6	0.7	0.8	0.9	0.5	0.6	0.7	0.8	0.9
	0.5	0.6	0.7	0.8	0.9	室内线间距离 150/mm					室外线间距离 400/mm				
铝芯															
2.5	1.01	1.01	1.01	1.01	1.00	1.04	1.03	1.02	1.02	1.01	—	—	—	—	—
4	1.02	1.01	1.01	1.01	1.01	1.06	1.05	1.04	1.03	1.02	—	—	—	—	—
6	1.03	1.02	1.02	1.01	1.01	1.09	1.07	1.05	1.04	1.03	—	—	—	—	—
10	1.04	1.03	1.02	1.02	1.01	1.14	1.11	1.08	1.06	1.04	1.18	1.14	1.11	1.08	1.05
16	1.05	1.04	1.03	1.02	1.02	1.22	1.17	1.13	1.09	1.06	1.29	1.22	1.17	1.12	1.08
25	1.08	1.06	1.05	1.04	1.02	1.32	1.25	1.19	1.14	1.09	1.43	1.33	1.25	1.19	1.12
35	1.11	1.09	1.07	1.05	1.03	1.43	1.33	1.25	1.19	1.12	1.59	1.45	1.34	1.25	1.16
50	1.16	1.12	1.09	1.07	1.04	1.59	1.45	1.34	1.25	1.16	1.81	1.62	1.48	1.35	1.23
70	1.21	1.16	1.13	1.09	1.06	1.78	1.60	1.46	1.34	1.22	2.10	1.85	1.65	1.48	1.31
95	1.29	1.22	1.17	1.12	1.08	2.02	1.78	1.60	1.44	1.29	1.44	2.11	1.85	1.62	1.40
120	1.36	1.28	1.21	1.16	1.10	2.25	1.90	1.73	1.54	1.35	2.79	2.37	2.10	1.78	1.50
150	1.45	1.34	1.26	1.19	1.12	2.51	2.16	1.89	1.65	1.42	3.18	2.67	2.28	1.94	1.61
185	1.55	1.42	1.32	1.24	1.15	2.79	2.37	2.05	1.77	1.50	3.62	3.01	2.54	2.13	1.73
铜芯															
1.5	1.01	1.01	1.01	1.00	—	—	—	—	—	—	—	—	—	—	—
2.5	1.02	1.02	1.01	1.01	1.01	1.07	1.05	1.04	1.03	1.02	—	—	—	—	—
4	1.03	1.02	1.02	1.01	1.01	1.16	1.12	1.09	1.07	1.04	—	—	—	—	—
6	1.05	1.03	1.03	1.02	1.01	1.16	1.12	1.09	1.07	1.04	—	—	—	—	—
10	1.06	1.05	1.04	1.03	1.02	1.24	1.18	1.14	1.10	1.07	1.31	1.24	1.18	1.13	1.09
16	1.09	1.07	1.05	1.04	1.03	1.36	1.28	1.21	1.16	1.10	1.48	1.37	1.28	1.21	1.14
25	1.14	1.11	1.08	1.06	1.04	1.54	1.41	1.32	1.23	1.15	1.73	1.56	1.43	1.32	1.20
35	1.19	1.14	1.11	1.08	1.05	1.72	1.56	1.43	1.31	1.20	1.99	1.76	1.58	1.43	1.28
50	1.26	1.20	1.15	1.11	1.07	1.99	1.76	1.58	1.43	1.28	2.37	2.05	1.80	1.59	1.38
70	1.36	1.28	1.21	1.16	1.10	2.32	2.01	1.78	1.57	1.37	2.85	2.42	2.08	1.80	1.51
95	1.48	1.37	1.28	1.21	1.13	2.72	2.32	2.01	1.74	1.48	3.43	2.87	2.43	2.05	1.68
120	1.61	1.47	1.36	1.26	1.17	3.09	2.61	2.23	1.91	1.59	4.00	3.30	2.76	2.29	1.84
150	1.75	1.58	1.44	1.33	1.21	3.54	2.95	2.49	2.10	1.71	4.65	3.81	3.15	2.58	2.02

5. 中性线(N)截面的选择

中性线截面可按下列条件选定:在单相或二相的线路中,中性线截面应与相线相等;在三相四线制的平衡线路中(如负荷均为白炽灯、卤钨灯),其中性线截面应不小于相线截面的50%,但当相线截面为 10 mm^2 及以下时,中性线截面宜与相线相同;在荧光灯、高压钠灯等气体放电灯三相四线供电线路中,即使三相平衡,由于各相电流中存在着三次谐波电流,使正弦波的电压波形发生畸变,中性线中会流过 3 的倍数的奇次谐波电流,因此,截面应按最大一相的电流选择。例如路灯配电系统的中性线的截面就不应小于相线的导线截面,且应满足不平衡电流及谐波电流的要求。

8.3.3　照明线路的保护

沿导线流过的电流过大时,由于导线温升过高,会对其绝缘、接头、端子或导体周围的物质造成损害。温升过高时,还可能引起着火,因此,照明线路应具有过电流保护装置。过电流的原因主要是短路或过负荷(过载),因此过电流保护又分为短路保护和过载保护两种。

照明线路还应装设能防止人身间接电击及电气火灾、线路损坏等事故的接地故障保护装置。间接电击是指电气设备或线路的外壳,在正常情况下它们是不带电的,在故障情况下由于绝缘损坏导致电气设备外壳带电,当人身触及时,会造成伤亡事故。因此,应装设短路保护、过载保护和接地故障保护,用以切断供电电源或发出报警信号,一般采用熔断器、断路器和剩余电流保护装置。

1. 保护装置的选择

1)短路保护

线路的短路保护是在短路电流对导体和连接件产生的热作用和机械作用造成危害前切断短路电流。

所有照明配电线路均应设短路保护,通常用熔断器或低压断路器的瞬时脱扣器作短路保护。

对于持续时间不大于 5 s 的短路,绝缘导线或电缆的热稳定应按下式校验:

$$S \geqslant \frac{I}{K}\sqrt{t} \tag{8-17}$$

式中:S——绝缘导线或电缆的线芯截面/mm^2;

I——短路电流有效值/A;

t——在已达允许最高工作温度的导体内短路电流作用的时间/s;

K——计算系数,不同绝缘材料的 K 值见表 8-19。

表 8-19　不同绝缘材料的计算系数 K 值

绝缘材料		聚氯乙烯	普通橡胶	乙丙橡胶	油浸纸
不同线芯材料的 K 值	铜芯	115	131	143	107
	铝芯	76	87	94	71

当短路持续时间小于 0.1 s 时,应考虑短路电流非周期分量的影响。此时按以下条件校验:导线或电缆的 K^2S^2 值应大于保护电器的焦耳积分(I^2t)值(由产品标准或制造厂提供)。

2)过载保护

照明配电线路除不可能增加负荷或因电源容量限制而不会导致过载者外,均应装过载保护。通常用断路器的长延时过流脱扣器或熔断器作过载保护。

过载保护的保护电器动作特性应满足下列条件:

$$I_j \leqslant I_n \leqslant I_z \tag{8-18}$$

$$I_2 \leqslant 1.45 I_z \tag{8-19}$$

式中:I_j——线路计算电流/A;

I_n——熔断器熔体额定电流或断路器的长延时过流脱扣器整定电流/A;

I_z——导线或电缆允许持续载流量/A;

I_2——保护电器可靠动作的电流。(即保护电器约定时间内的约定熔断电流或约定动作电流),A。

熔断器熔体额定电流或断路器长延时过电流脱扣器整定电流与导体允许持续载流量之比值符合表8-20规定时,即满足式(8-18)及式(8-19)要求。

表8-20 I_n/I_z值

保护电器类别	I_n/A	I_n/I_z	保护电器类别	I_n/A	I_n/I_z	保护电器类别	I_n/A	I_n/I_z
熔断器	<16	≤0.85①	熔断器	≥16	≤1.0	断路器		≤1.0

注:①对于 $I_n \leqslant 4$ A 的刀形触头和圆筒帽形熔断器.要求 $I_n/I_z \leqslant 0.75$。

3)接地故障保护

(1)接地故障及保护通用要求。接地故障是指相线对地或与地有联系的导电体之间的短路。它包括相线与大地,及PE线、PEN线、配电设备和照明灯具的金属外壳、敷线管槽、建筑物金属构件、水管、暖气管以及金属屋面等之间的短路。接地故障是短路的一种,需要及时切断电路,以保证线路短路时的热稳定。不仅如此,若不切断电路,则会产生更大的危害性,当发生接地短路时在接地故障持续的时间内,与它有联系的配电设备(照明配电箱、插座箱等)和外露可导电部分对地、对装置外导电部分间存在故障电压,此故障电压可使人身遭受电击,也可因对地的电弧或火花引起火灾或爆炸,造成严重的生命财产损失。由于接地故障电流较小,保护方式还因接地形式和故障回路阻抗不同而异,所以接地故障保护比较复杂。其原则是:

①切断接地故障的时限,应根据系统接地形式和用电设备使用情况确定,但最长不宜超过5 s。

在正常环境下,人身触电时安全电压限值 U_L 为50 V。当接触电压不超过50 V时,人体可长期承受此电压而不受伤害。允许切断接地故障电路的时间最大值不得超过5 s。

②应设置总等电位联结,将电气线路的PE干线或PEN干线与建筑物金属构件和金属管道等导电体联结。

单一的切断故障保护措施因保护电器产品的质量、电器参数的选择和其使用过程中性能变化以及施工质量、维护管理水平等原因,其动作并非完全可靠。采用接地故障保护时,还应采用等电位联结措施,以降低电气装置或建筑物内人身触电时的接触电压,提高电气安全水平。

(2)TN系统的接地故障保护。TN电力系统有一点直接接地,电气设备的外露可导电部分用保护线与该点连接。根据中性线(N)与保护线(PE)的组合情况,TN系统有三种类型:

TN-S、TN-C-S、TN-C(图8-14)。但不管哪一种类型,其接地故障保护应满足下式:

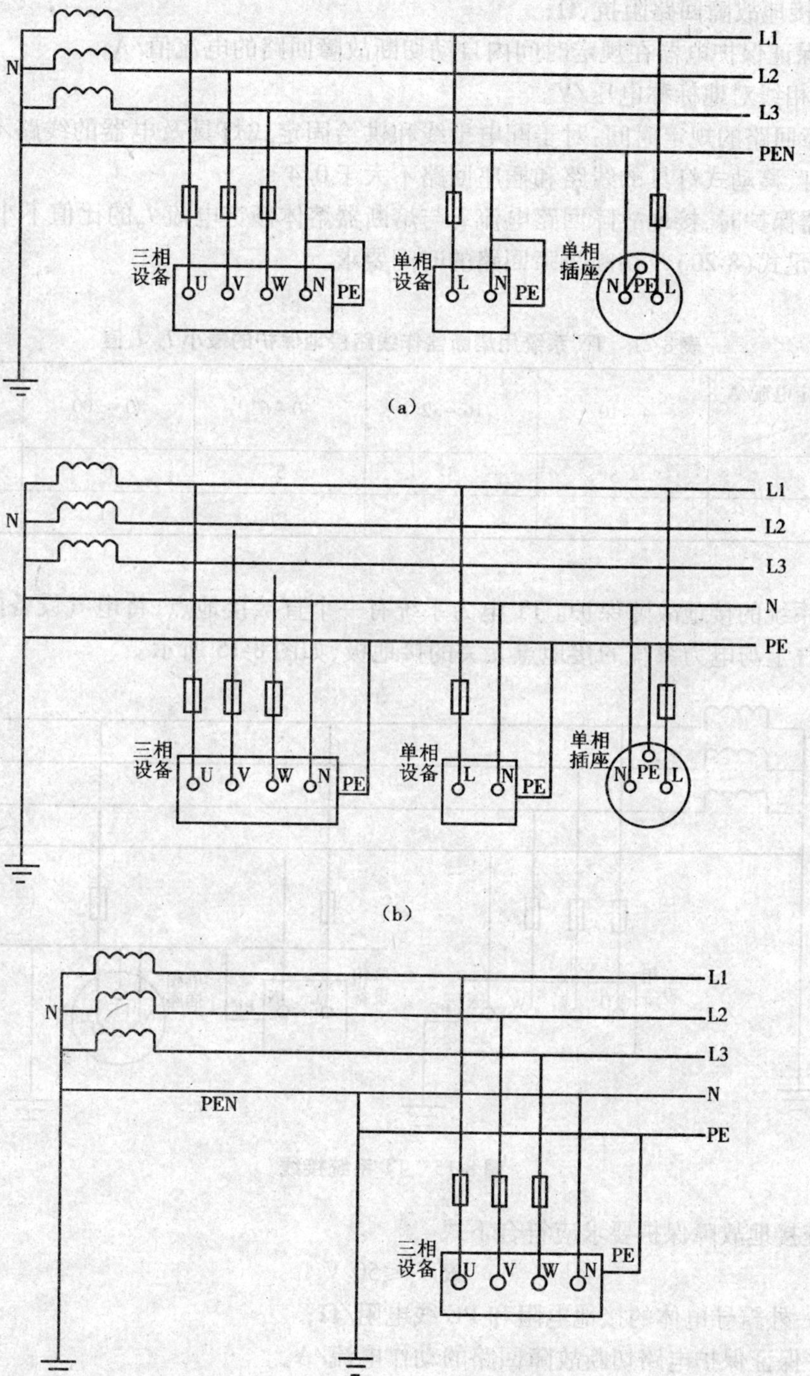

(c)

图8-14　TN系统图

(a)TN-C系统接线;(b)TN-S系统接线;(c)TN-C-S系统接线

$$Z_s \cdot I_a \leqslant U_0 \tag{8-20}$$

式中：Z_s——接地故障回路阻抗，Ω；

I_a——保证保护电器在规定时间内自动切断故障回路的电流值/A；

U_0——相线对地标称电压/V。

切断故障回路的规定时间：对于配电干线和供给固定式灯具及电器的线路不大于 5 s；对于供给手提灯、移动式灯具的线路和插座回路不大于 0.4 s。

用熔断器保护时，接地故障回路电流 I_d 与熔断器熔体额定电流 I_n 的比值不小于表 8-21 的数值，即可满足式(8-20)及切断故障回路的时间要求。

表 8-21　TN 系统用熔断器作线路接地保护的最小 I_d/I_n 值

熔体额定电流/A 切断时间/s	4~10	16~32	40~63	80~200	250~500
5	4.5	5	5	6	7
0.4	8	9	10	11	—

(3) TT 系统的接地故障保护。TT 电力系统有一个直接接地点，将电气设备的外露可导电部分接至电气上与电力系统的接地点无关的接地极，如图 8-15 所示。

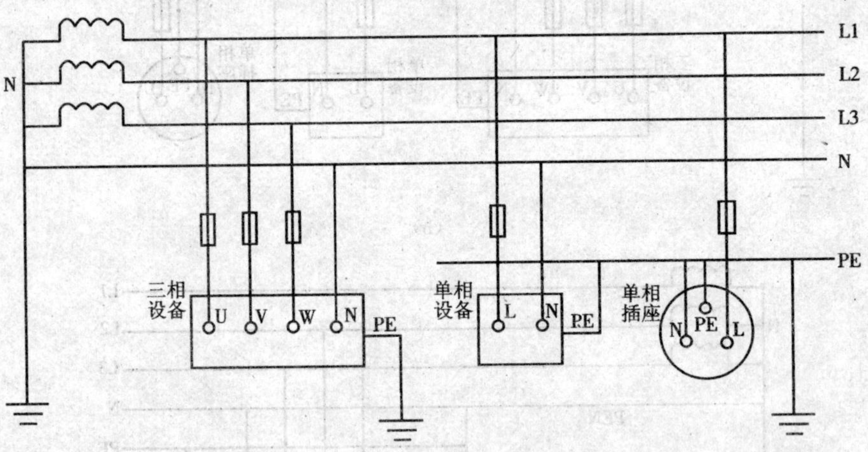

图 8-15　TT 系统接线

TT 系统接地故障保护要求应符合下式

$$R_A I_a \leqslant 50\ \text{V} \tag{8-21}$$

式中：R_A——外露导电体的接地电阻和 PE 线电阻/Ω；

I_a——保证保护电路切断故障回路的动作电流/A。

I_a 值的具体要求如下：

①当采用熔断器或断路器长延时过流脱扣器时为在 5 s 内切断故障回路的动作电流；

②当采用断路器瞬时过流脱扣器时为保证瞬时动作的最小电流；

③当采用漏电保护时，为漏电保护器的额定动作电流。

(4) 当用瞬时（或短延时）动作的短路器保护时，动作电流应取瞬时（或短延时）过流脱扣器整定电流的 1.3 倍。

2. 保护电器的选择

保护电器包括熔断器和断路器两类，其选择的一般原则如下。

1）按正常工作条件

（1）电器的额定电压不应低于网络的标称电压，额定频率应符合网络要求。

（2）电器的额定电流不应小于该回路计算电流，即

$$I_n \geqslant I_j \tag{8-22}$$

2）按使用场所环境条件

根据使用场所的温度、湿度、灰尘、冲击、振动、海拔高度、腐蚀性介质、火灾与爆炸危险介质等条件选择电器相应的外壳防护等级。

3）按短路工作条件

（1）保护电器是切断短路电流的电器，其分断能力不应小于该电路最大的预期短路电流。

（2）保护电器额定电流或整定电流应满足切断故障电路灵敏度要求，即符合本节“保护装置选择”条款。

4）按启动电流选择

考虑光源启动电流的影响，照明线路，特别是分支回路的保护电器，应按下列各式确定其额定电流或整定电流：

对熔断器

$$I_n \geqslant K_m I_j \tag{8-23}$$

对断路器

$$I_n \geqslant K_{k1} I_j \tag{8-24}$$

$$I_{n3} \geqslant K_{k3} I_j \tag{8-25}$$

式中：I_{n3}——断路器瞬时过流脱扣器整定电流/A；

K_m——选择熔体的计算系数；

K_{k1}——选择断路器长延时过流脱扣器整定电流的计算系数；

K_{k3}——选择断路器瞬时过流脱扣器整定电流的计算系数。

其余符号含义同上。

K_m、K_{k1}、K_{k3}取决于光源启动性能和保护电器特性，其数值见表 8-22。

表 8-22　不同光源的照明线路保护电器选择的计算系数

保护电器类型	计算系数	白炽灯、卤钨灯	荧光灯	荧光高压汞灯	高压钠灯	金属卤化物灯
螺旋式熔断器	K_m	1	1	1.3～1.7	1.5	1.5
插入式熔断器	K_m	1	1	1～1.5	1.1	1.1
断路器的长延时过流脱扣器	K_{k1}	1	1	1.1	1	1
断路器的瞬时过流脱扣器	K_{k3}	6	6	6	6	6

注：荧光高压汞灯的计算系数，400 W 及以上的取上限值，175～250 W 取中间值，125 W 及以下的取下限值。

5）常用的保护装置

常用的照明线路的保护装置主要是熔断器、自动空气断路器（自动开关）和成套保护装

置，如照明配电箱等。

(1)熔断器。熔断器是一种保护电器，它主要由熔体和安装熔体用的绝缘器组成。它在低压电网中主要用于短路保护，有时也用于过载保护。熔断器的保护作用是靠熔体来完成的，一定截面的熔体只能承受一定值的电流，当通过的电流超过规定值时，熔体将熔断，从而起到保护作用。熔体熔断所需时间与电流的大小有关，即通过熔体的电流越大，熔断的时间越短。

最常用的低压熔断器的系列产品设备有：RC 系列瓷插式熔断器，用于负载较小的照明电路；RL 系列螺旋式熔断器，适用于配电线路的过载和短路保护，也常作为电动机的短路保护电器；RM 无填料密封管式熔断器；RT 系列有填料密封闭管式熔断器，灭弧能力强，分断能力高，并有限流作用。

(2)低压断路器。低压断路器又称自动空气开关，属于一种能自动切断电路故障的控制兼保护的电器，按其用途可分为：配电用断路器、电动机保护用断路器、照明用断路器。按其结构可分为塑料外壳式、框架式、快速式、限流式等。但基本类型主要有万能式和装置式两系列，分别用 W 和 Z 表示。

为了满足保护动作的选择性，过电流脱扣器的保护方式有：过载和短路均瞬时动作；过载具有延时，而短路瞬时动作；过载和短路均为长延时动作；过载和短路均为短延时动作。

目前常用低压断路器的型号主要有 DW16、DW15、DZ5、DZ20、DZ12、DZ6 等系列，近年来一些厂家生产出了一些具有国际先进水平的新产品，如施耐德有限公司生产的 C65 N 系列产品，具有体积小、重量轻，工作可靠等特点。C65 N 系列断路器的主要技术数据见表 8-23。

表 8-23　C65 N 系列断路器的主要技术数据

型号	极数	额定电压/V	脱扣器额定电流/A	分断能力
C65 N	单极	230/400	1、2、4、6、10、16、20、25、32、40、50、63	6 000
	双极			
	三极			
	四极			
C65a	单极	230/400	6、10、16、20、25、32、40、50、63	4 500
	双极			
	三极			
	四极			
C65H	单极	230/400	1、2、4、6、10、16、20、25、32、40、50、63	10 000
	双极			
	三极			
	四极			
C65L	单极	230/400	1、2、4、6、10、16、20、25、32、40、50、63	15 000
	双极			
	三极			
	四极			

(3)漏电保护装置。对于照明线路,无论是采用TN还是采用TT系统保护,都有不足之处。如三种TN系统的保护装置对于线路绝缘损坏所引起的漏电就不一定能正常工作。在家用电器种类日益增多,使用愈来愈普遍的情况下,在各种保护系统中另加漏电保护装置的优点十分明显。漏电保护器又称配电保护器,主要用来对有致命危险的人身触电进行保护,以及防止因电气设备或线路漏电而引起的火灾。

漏电保护器分类很多,比如按其动作原理可分为电压型、电流型和脉冲型;按其脱扣的形式可分为电磁式和电子式;按其保护功能及结构又可分为漏电继电器、漏电断路器、漏电开关及漏电保护插座。

(4)照明配电箱。标准照明配电箱是按国家标准统一设计的全国通用的定型产品。照明配电箱内主要装有控制各支路的刀闸开关或低压断路器、熔断器,有的还装有漏电保护开关等。近年来推出的照明配电箱种类繁多,如XM—4型、XM(R)—7型、XM(R)—8型和GXM(R)型照明配电箱。

6)各级保护的配合

为了使故障限制在一定的范围内,各级保护装置之间必须能够配合,使保护电器动作具有选择性。配合的措施如下。

(1)熔断器与熔断器间的配合。为了保证熔断器动作的选择性,一般要求上一级熔断电流比下一级熔断电流大2~3级。

(2)自动开关与自动开关之间的配合。要求上一级自动开关脱扣器的额定电流一定要大于下一级自动开关脱扣器的额定电流;上一级自动开关脱扣器瞬时动作的整定电流一定要大于下一级自动开关脱扣器瞬时动作的整定电流。

(3)熔断器与自动开关之间的配合。当上一级自动开关与下一级熔断器配合时,熔断器的熔断时间一定要小于自动开关脱扣器动作所要求的时间;当下一级自动开关与上一级熔断器配合时,自动开关脱扣器动作时间一定要小于熔断器的最小熔断时间。

7)保护线(PE)截面的选择

保护线(PE)截面选择,按规定其电导不得小于相线电导的50%,且要满足单相接地故障保护的要求。

对于兼有保护线(PE)和中性线(N)双重功能的PEN线,其截面选择应同时满足上述保护线和中性线的截面要求,即按它们的最大者选取。采用单芯导线作PEN线干线时,铜芯导线截面不应小于10 mm^2,铝芯导线截面不应小于16 mm^2。采用多芯导线或电缆作PEN线干线时,其截面不应小于4 mm^2。

3. 保护装置的装设位置

保护电器(熔断器和自动空气断路器)是装在照明配电箱或配电屏内的。箱或屏装设在操作维护方便、不易受机械损伤、不靠近可燃物的地方,并避免保护电器运行时意外损坏对周围人员造成伤害,譬如可装在大楼各层的配电间内等。

保护电器装设在被保护线路与电源线路的连接处,但为了操作与维护方便可设置在离开连接点的地方,并应符合下列规定:

(1)线路长度不超过3 m;

(2)采取将短路危险减至最小的措施;

(3)不靠近可燃物。

当将从高处的干线向下引接分支线路的保护电器装设在连接点的线路长度大于3 m的地方时，应满足下列要求：

①在分支线装设保护电器前的那一段线路发生短路或接地故障时，离短路点最近的上一级保护电器应能保证符合规定的要求动作；

②该段分支线应敷设于不燃或难燃材料的管或槽内。

在TT或TN-S系统中，当N线的截面与相线相同，或虽小于相线但已能为相线上的保护电器所保护时，N线上可不装设保护，当N线不能被相线保护电器所保护时，应另在N线上装设保护电器，将相应相线电路断开。但不一定要断开N线。

在TT或TN-S系统中，N线上不宜装设电器将N线断开，当需要断开N线时，应装设相线和N线一起切断的保护电器。当装设漏电电流动作的保护电器时，应能将其所保护的回路所有带电导线断开。在TN系统中，当能可靠地保持N线为地电位时，N线不需要断开。在TN-C系统中，严禁断开PEN线，不得装设断开PEN线的任何电器。当需要在PEN线装设电器时，只能相应断开相线回路。

8.4 照明设计施工图

8.4.1 设计总则

按我国目前的设计程序，多数采用两阶段设计：初步设计和施工图设计。各阶段的设计深度和有关的设计内容、图纸、说明等要求分述如下。

1. 初步设计

1）初步设计深度的要求

（1）综合各项原始资料经过比较，确定电源、照度、布灯方案、配电方式等初步设计方案，作为编制施工图设计的依据。

（2）确定主要设备及材料规格和数量作为订货的依据。

（3）确定工程造价，据此控制工程投资。

（4）提出与其他工种的设计及概算有关系的技术要求（简单工程不需要），作为其他有关工种编制施工图设计的依据。

2）说明书内容

（1）照明电源、电压、容量、照度标准（应列出主要类别场所的照度要求）及配电系统形式。

（2）光源及灯具的选择：工作照明、装饰照明、应急照明、障碍灯、特种照明及道路照明的装设及其控制方式。使用气体放电灯时若用电子镇流器，应予以说明。

（3）配电箱等的选择及安装方式。

（4）导线的选择及线路敷设方式。

3）图纸应表达的内容、深度

（1）平面布置图：一般工程只绘内部作业草图（不对外出图）。使用功能要求高的复杂工程应出主要平面图，写出工作照明和应急照明等的灯位、配电箱位置等布置原则。

（2）复杂工程和大型公用建筑应绘制系统图（只绘至分配电箱）。

4）计算书

（1）大、中型公用建筑主要场所照度计算（该计算书作为内部归档）。

（2）负荷计算及导线截面与管径的选择。

(3)电缆选择计算。

(4)照明节能计算(LPD)。

2. 施工图设计

1)施工图设计深度的要求

(1)据此编制施工图预算;

(2)据此安排设备材料和非标准设备的定货或加工;

(3)据此进行施工和安装。

2)图纸应表达的内容与深度

(1)照明平面图。照明平面图,一是要画出建筑门窗、轴线、主要尺寸、比例、各层标高,底层应有指北针,注明房间名称,主要场所照度标准,绘出配电箱、灯具、开关、插座、线路等平面布置,表明配电箱、干线及分支线回路编号;二是标注线路走向、引入线规格、敷设方式和标高、灯具容量及安装标高;三是复杂工程的照明,应画局部平剖面图,多层建筑标准层可用其中一层表示;四是图纸说明。具体是:

①电源电压,引入方式;

②导线选型和敷设方式;

③设备安装方式及高度;

④保护接地措施及阻值;

⑤注明所采用的标准图或安装图编号、页次。

(2)照明系统图(简单工程可画在平面图上)。用单线图绘制,标出配电箱、开关、熔断器、导线型号规格、保护管径和敷设方法,标明各回路用电设备名称、设备容量、计算电流等。

(3)照明控制图。对照明有特殊控制要求的应给出控制原理图。

(4)设备材料表。应列出主要设备规格和数量。

说明书、图纸的内容、深度等根据各工程的特点和实际情况会有所增减,但一般对上述每个阶段设计深度的要求应能达到。

8.4.2　照明施工图

电气照明施工图的主要作用是用来说明建筑电气工程中照明系统的构成和功能,描述系统的工作原理,提供设备的安装技术数据和实用维护数据等。

1. 电气照明施工图的符号及标注

1)图形符号

照明施工图中常用的图形符号见表 8-24。

表 8-24　照明施工图中常用的图形符号

图例	名称	图例	名称	图例	名称	图例	名称
○	灯具一般符号		探照灯		双联单控防水开关		单相三极防水插座
	天棚灯		墙上座灯		双联单控防爆开关		单相三极防爆插座
	四火装饰灯		疏散指示灯		三联单控暗装开关		三相四极暗装插座
	六火装饰灯		疏散指示灯		三联单控防水开关		三相四极防水插座
	壁灯		出口标志灯		三联单控防爆开关		三相四极防爆插座
	单管荧光灯		应急照明灯		声光控延时开关		双电源切换箱

续表

图例	名称	图例	名称	图例	名称	图例	名称
	双管荧光灯		应急照明灯		单联暗装拉线开关		明装配电箱
	三管荧光灯		换气扇		声光控延时开关		暗装配电箱
	防水防尘灯		吊扇		吊扇调速开关		漏电断路器
	防爆灯		单联单控暗装开关		单相两极暗装插座		低压断路器
	泛光灯		单联单控防水开关		单相两极防水插座		弯灯
	单联单控防爆开关		单相两极防爆插座		广照灯		双联单控暗装开关
	单相三极暗装插座						

2）文字符号

照明工程中常用导线敷设方式的标注符号见表8-25，导线敷设部位标注符号见表8-26，照明灯具安装方式标注符号见表8-27。

表8-25 导线敷设方式的标注符号

名　称	旧代号	新代号
穿焊接（水煤气）钢管敷设	G	SC
穿电线管敷设	DG	TC
穿硬聚氯乙烯管敷设	VG	PC
穿阻燃半硬聚氯乙管敷设	ZVG	FPC
用绝缘子（瓷瓶或瓷柱）敷设	CP	K
用塑料线槽敷设	XC	PR
用钢线槽敷设	CC	SR
用电缆桥架敷设	—	CT
用瓷夹板敷设	CJ	PL
用塑料夹板敷设	VJ	PCL
穿蛇皮管敷设	SPG	CP
穿阻燃塑料管敷设	—	PVC

表8-26 导线敷设部位标注符号

名　称	旧代号	新代号
沿钢索敷设	S	SR
沿屋架或跨屋架敷设	LM	BE
沿柱或跨柱敷设	ZM	CLE
沿墙面敷设	QM	WE
沿天棚面或顶板面敷设	PM	CE
在能进入的吊顶内敷设	PNM	ACE
暗敷设在梁内	LA	BC

续表

名　称	旧 代 号	新 代 号
暗敷设在柱内	ZA	CLC
暗敷设在墙内	QA	WC
暗敷设在地面或地板内	DA	FC
暗敷设在屋面或顶板内	PA	CC
暗敷设在不能进人的吊顶内	PNA	ACC

表 8-27　照明灯具安装方式标注符号

名称	旧代号	新代号
线吊式	X	CP
自在器线吊式	X	CP
固定线吊式	X1	CP1
防水线吊式	X2	CP2
吊线器式	X3	CP3
链吊式	L	CH
管吊式	G	P
吸顶式或直附式	D	S
嵌入式(嵌入不可进人的顶棚)	R	R
顶棚内安装(嵌入可进人的顶棚)	DR	CR
墙壁内安装	BR	WR
台上安装	T	T
支架上安装	J	SP
壁装式	B	W
柱上安装	Z	CL
座装	ZH	HM

3)照明配电线路的标注

照明配电线路的标注一般为

$$a—b(c \times d)e—f$$

若导线截面不同时,应分别标注,如两种芯线截面的配电线路可标注为

$$a—b(c \times d + n \times h)e—f$$

式中:a——线路的编号(亦可不标);

b——导线或电缆的型号;

n、c——导线的根数;

d、h——导线或电缆截面,mm^2;

e——敷设方式及管径,mm;

f——敷设部位。

例如,某照明系统图中标注有 BLV(3×50+2×35)SC50—FC,表示该线路采用的导线型

号是铝芯塑料绝缘导线，三根截面 50 mm^2，两根截面 35 mm^2，穿管径为 50 mm 的焊接钢管沿地面暗装敷设。

4）照明灯具的标注

照明灯具的一般标注方法为

$$a—b\frac{c\times d\times L}{e}f$$

若灯具为吸顶安装，可标注为

$$a—b\frac{c\times d\times L}{-}f$$

式中：a——灯具数量；

b——灯具型号或编号；

c——每套照明灯具的灯泡（管）数量；

d——每个灯泡（管）容量，W；

e——灯具的安装高度，m；

f——安装方式；

L——光源种类。

例如，照明灯具标注为

$$10—YZ40RR\frac{2\times 30}{2.8}P$$

表示这个房间或某个区域安装 10 套型号为 YZ40RR 的荧光灯（Z—直管型，RR—日光色），每套灯具装有 2 根 30W 灯管，管吊式安装，安装高度 2.8 m。

而标注为

$$6—JXD6\frac{2\times 60}{-}S$$

则表示这个房间装有 6 套型号为 JXD6 的灯具，每套灯具装有 2 个 60W 的白炽灯，吸顶安装。

5）开关及熔断器的标注

一般的标注方法为

$$a\frac{b}{c/i}\text{或 } a—b—c/i$$

当需标注引入线的规格时为

$$a\frac{b—c/i}{d(e\times f)—g}$$

式中：a——设备编号；

b——设备型号；

c——额定电流，A；

i——整定电流，A；

d——导线型号；

e——导线根数；

f——导线截面，mm^2；

g——敷设方式。

进行照明工程设计时，若将灯具、开关及熔断器的型号随图例标注在材料表中，则这部分内容可不在图上标出。

2. 电气照明施工图的种类及绘制

1)电气照明施工图的种类

当工程规模大小不同时,图纸数量相差可能很大,但图纸种类却大致相同。电气照明施工图一般由首页、照明系统图、照明平面图等组成。

2)各种图纸的内容及绘制

(1)首页。一般由以下四部分组成。

①图纸目录:注明图纸序号、名称、编号、张数等,以利于图纸的保存和查找。

②图例:一般画出本套图纸所使用的图形符号,以便于阅读。

③设计说明:对图纸中尚未表达清楚或表达不清楚的问题进行说明。例如:工程设计依据,建筑特点及等级,图纸设计范围,供电电源,接地形式,配电设备及线路的型号规格、安装及敷设方式等。

④设备材料表:列出该项工程所需主要设备和材料的型号规格和数量等有关的重要数据。设备材料表一般与图例一同按序号进行编写,并要求与图纸一致,以便于施工单位计算材料、采购电气设备、编制工程概(预)算和编制施工组织计划等。

(2)照明系统图。图 8-16 为一照明系统图示例。

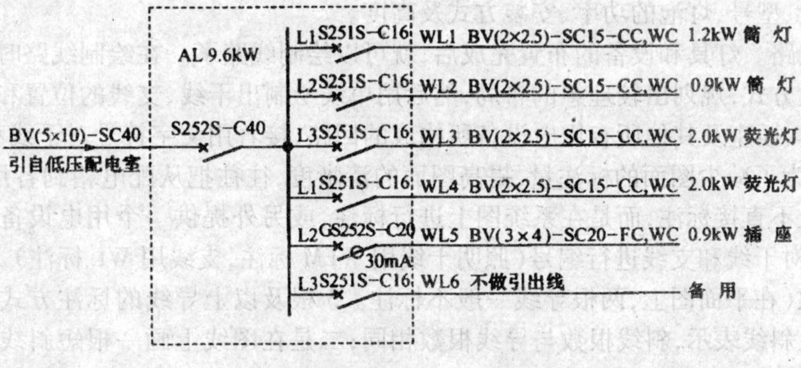

图 8-16　照明系统图示例

照明系统图应在照明平面图的基础上绘制,用图形符号和文字符号表示建筑物照明配电线路的控制关系。系统图只画出各设备之间的连接,并且一般采用单线图。照明配电图一般由配电箱系统图组成,表达的内容主要有以下几项。

①电源进线回路数、导线或电缆的型号规格、敷设方式及穿管管径。

②总开关及熔断器、各分支回路开关及熔断器的规格型号,各照明支路分相情况(用 A、B、C 或 L1、L2、L3 标注),出线回路数量及编号(用文字符号 WL 标注),各支路用途及照明设备容量(用 kW 标注),其中,也包括电风扇、插座和其他用电器具的容量。

③系统总的设备容量、需要系数、计算容量、计算电流、配电方式等用电参数。

(3)照明平面图。照明平面图是表示建筑物照明设备、配电线路平面布置的图样。需要表达的内容主要有:电源进线的位置,导线的根数及敷设方式,灯具及各种用电和配电设备的安装位置、安装方式、规格型号及数量。某楼层照明平面局部图如图 8-17 所示。

照明平面图的一般绘制步骤如下。

①照明平面图应按建筑物不同标高的楼层分别在其建筑平面轮廓图上进行设计。为了强

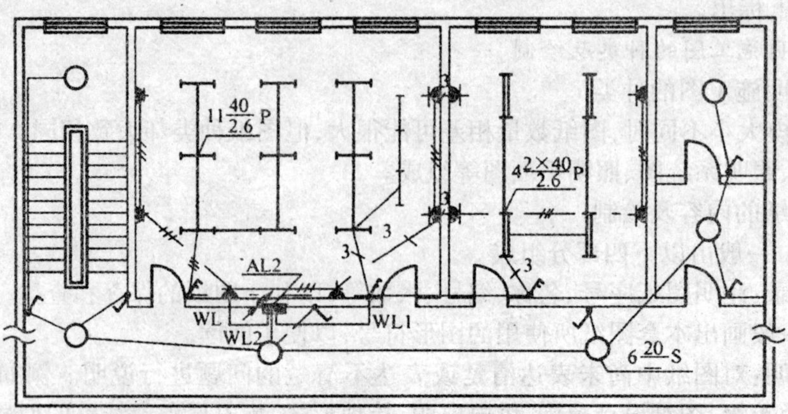

图 8-17 照明平面局部图

调设计主题,建筑平面轮廓图采用细线条绘制,电气照明部分采用中粗线条绘制。

②布置灯具和设备。应遵循既保证灯具和设备的合理使用并方便施工的原则,在建筑平面图的相应位置上,按国家标准图形符号画出配电箱(盘)、灯具、开关、插座及其他用电设备。在照明配电箱旁应用文字符号标出其编号(AL),必要时还应标注其进线;在照明灯具旁标注出灯具的数量、型号、灯泡的功率、安装方式及高度。

③绘制线路。灯具和设备的布置完成后,就可以绘制线路了。在绘制线路时,应首先按室内配电的敷设方式,规划出较理想的布局,然后用单线绘制出干线、支线的位置和走向,连接配电箱至各灯具、插座及其他所有用电设备所构成的回路,接着用文字符号对干线和支线进行标注(注:有时,为了减少图面的标注量,提高图面的清晰度,往往把从配电箱到各用电设备的管线在平面图上不直接标注,而是在系统图上进行标注,或另外提供一个用电设备导线、管径选择表)。然后对干线和支线进行编号(照明干线用 WLM 标注,支线用 WL 标注)。最后还要标注导线的根数(在平面图上,两根导线一般不标注。3 根及以上导线的标注方式有两种:一是在图线上打上斜线表示,斜线根数与导线根数相同;二是在图线上画一根短斜线,在斜线旁标以与导线根数相同的阿拉伯数字)。

④撰写必要的文字说明,交代未尽事宜,便于阅读者识图。

3. 常用照明基本线路的阅读和分析

1)阅读顺序

实践中,照明施工图的阅读一般按设计说明、照明系统图、照明平面图与详图、设备材料表和图例顺序进行。其中照明系统图、照明平面图的阅读顺序一般又按电源入户方向依次阅读,即:

进户线→配电箱(盘)→支线→支线上的用电设备

2)分析举例

由于照明灯具一般都是单相负荷,其控制方式多种多样,加上施工配线方法的不同,对相线、中性线(N 线)、保护线(PE 线)的连接各有要求,由于其连接关系比较复杂,如相线必须经开关后再接于灯座,零线可以直接进灯座,保护线则应直接与灯具的金属外壳相连接等。这样就会在灯具之间、灯具与开关之间出现导线根数的变化。对于初学者来说,必须搞清基本照明线路的配线要求。关于控制灯的方式如下。

(1)一只开关控制一盏灯。最简单的照明控制线路是在一间房内采用一只开关控制一盏灯，如采用管配线暗敷设，其照明平面图如图 8-18 所示，实际接线图如图 8-19 所示。

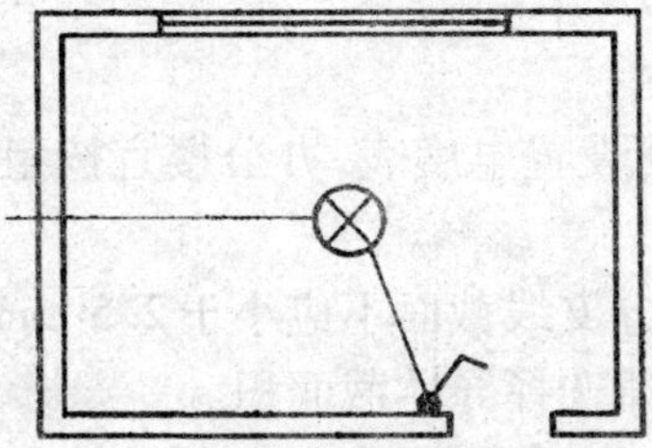

图 8-18　一只开关控制一盏灯的照明平面图

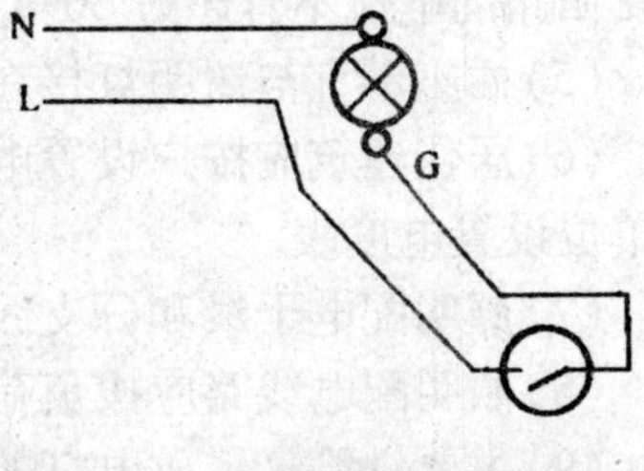

图 8-19　一只开关控制一盏灯的实际接线图

平面图和实际接线图是有区别的，由图 8-19 可知，电源与灯座的导线和灯座与开关之间的导线都是两根，但其意义是不同的：电源与灯座的两根导线，一根为直接接灯座的中性线（N），一根为相线（L），相线必须经开关后再接于灯座；所以，灯座与开关的两根导线，一根是相线，一根是受控线（G）。

（2）多只开关控制多盏灯。图 8-20 为两个房间的照明平面图，图中有一个照明配电箱，三盏灯，一个双联单控开关和一个单联单控开关，采用管配线。大房间的两灯之间为三根线，中间一盏灯与双联单控开关之间为三根线，其余都是两根线，因为线管中间一般不许有接头，故接头只能放在灯座盒内或开关盒内。详见与之对应的实际接线图 8-21。

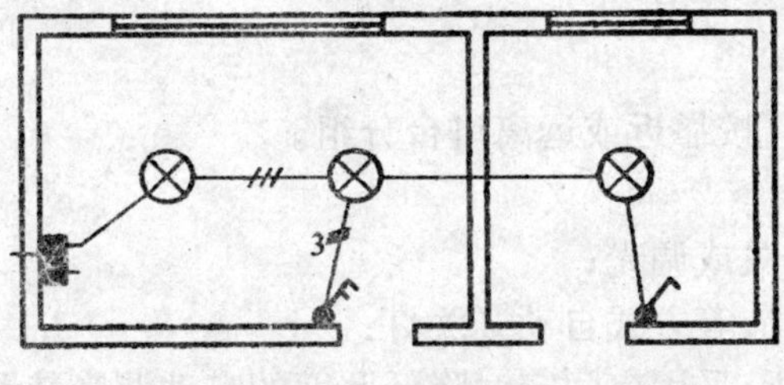

图 8-20　多只开关控制的照明平面图

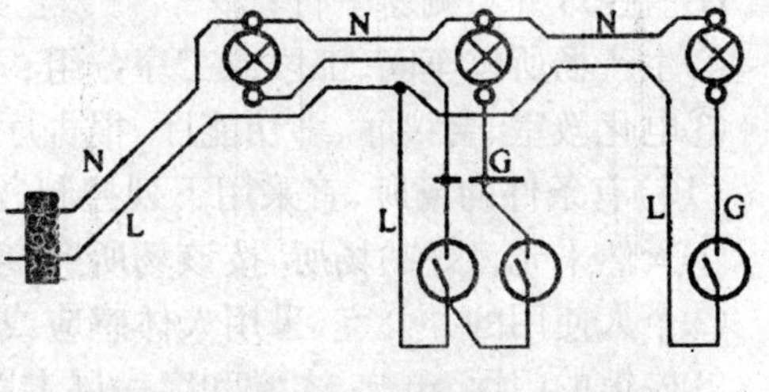

图 8-21　多只开关控制的实际接线图

由以上的分析可见，在绘制或阅读照明平面图时，应结合灯具、开关、插座的原理接线图或实际接线图对照平面图进行分析。借助于照明平面图，了解灯具、开关、插座和线路的具体位置及安装方法；借助于原理接线图了解灯具、开关之间的控制关系；借助于实际接线图了解灯具、开关之间的具体接线关系。开关、灯具位置、线路接头位置发生变化时，实际接线图也随之发生变化。只要理解了原理，就不难看懂任何复杂的平面图和系统图，在施工中穿线、并头、接线就不会搞错了。

8.4.3　照明电气设计注意事项

搞好照明电气设计应按《建筑照明设计标准》（GB50034）和《城市道路照明设计标准》（CJJ45）进行，并注意以下几点。

（1）照明配电宜采用放射式和树干式结合的系统。

（2）三相配电干线的各相负荷宜分配平衡，最大相负荷不宜超过三相负荷平均值的 115%，最小相负荷不宜小于三相负荷平均值的 85%。

（3）照明配电箱宜设置在靠近照明负荷中心便于操作维护的位置。

（4）每一照明单相分支回路的电流不宜超过 16 A，所接光源数不宜超过 25 个；连接建筑组合灯具时,回路电流不宜超过 25 A,光源数不宜超过 60 个;连接高强度气体放电灯的单相分支回路的电流不宜超过 30 A。

(5)插座不宜与照明灯接在同一分支回路。

(6)居住建筑应按户设置电度表,工厂在有条件时宜按车间设置电度表,办公楼宜按租户或单位设置电度表。

(7)照明配电干线和分支线,应采用铜芯绝缘电线或电缆,分支线截面不应小于 2.5 mm^2。

(8)照明配电线路应按负荷计算电流和灯端允许电压损失值选择导体截面积。

(9)主要供给气体放电灯的三相配电线路,其中性线截面应满足不平衡电流及谐波电流的要求,且不应小于相线截面。

(10)办公建筑和工业建筑的走廊、楼梯间、门厅等公共场所的照明,宜采用集中控制,并按建筑使用条件和天然采光状况采取分区、分组控制措施。

(11)体育馆、影剧院、候机厅、候车厅等公共场所应采用集中控制,并按需要采取调光或降低照度的控制措施。

(12)旅馆的每间(套)客房应设置节能控制型总开关。

(13)居住建筑有天然采光的楼梯间、走道的照明,除应急照明外,宜采用节能自熄开关。

(14)每个照明开关所控光源数不宜太多。每个房间灯的开关数不宜少于 2 个(只设置 1 只光源的除外)。

(15)房间或场所装设有两列或多列灯具时,宜按下列方式分组控制:

①所控灯列与侧窗平行;

②生产场所按车间、工段或工序分组;

③电化教室、会议厅、多功能厅、报告厅等场所,按靠近或远离讲台分组。

(16)有条件的场所,宜采用下列控制方式:

①天然采光良好的场所,按该场所照度自动开关或调光;

②个人使用的办公室,采用人体感应或动静感应等方式自动开关灯;

③旅馆的门厅、电梯、大堂和客房层走廊等场所,采用夜间定时降低照度的自动调光装置;

④大中型建筑,按具体条件采用集中或集散的、多功能或单一功能的自动控制系统。

(17)道路照明配电回路应设保护装置,每个灯具应设有单独保护装置。

(18)道路照明应根据所在地区的地理位置和季节变化合理确定开关灯时间,并应根据天空亮度变化进行必要修正。宜采用光控和时控相结合的控制方式。

(19)道路照明采用集中遥控系统时,远动终端宜具有在通信中断的情况下自动开关路灯的控制功能和手动控制功能。

(20)道路照明开灯时的天然光照度水平宜为 15 lx;关灯时的天然光照度水平,快速路和主干路宜为 30 lx,次干路和支路宜为 20 lx。

8.4.4 照明施工图设计案例

【案例 1】 试为某教学楼做出照明设计。其平面图见图 8-22,每间教室和办公室要求安装单相插座 2 只。

1. 电光源及灯具的选择

教室和卫生间选用 YG2—2 型,每套灯具容量 $P = 2 \times 40$ W 的管吊式荧光灯(也可选用新型的 30 W 或 36 W 荧光灯);办公室选用 YG2—3 型 3×40 W 管吊式荧光灯,走道和雨篷初步选用 JXD5—2 型吸顶灯。

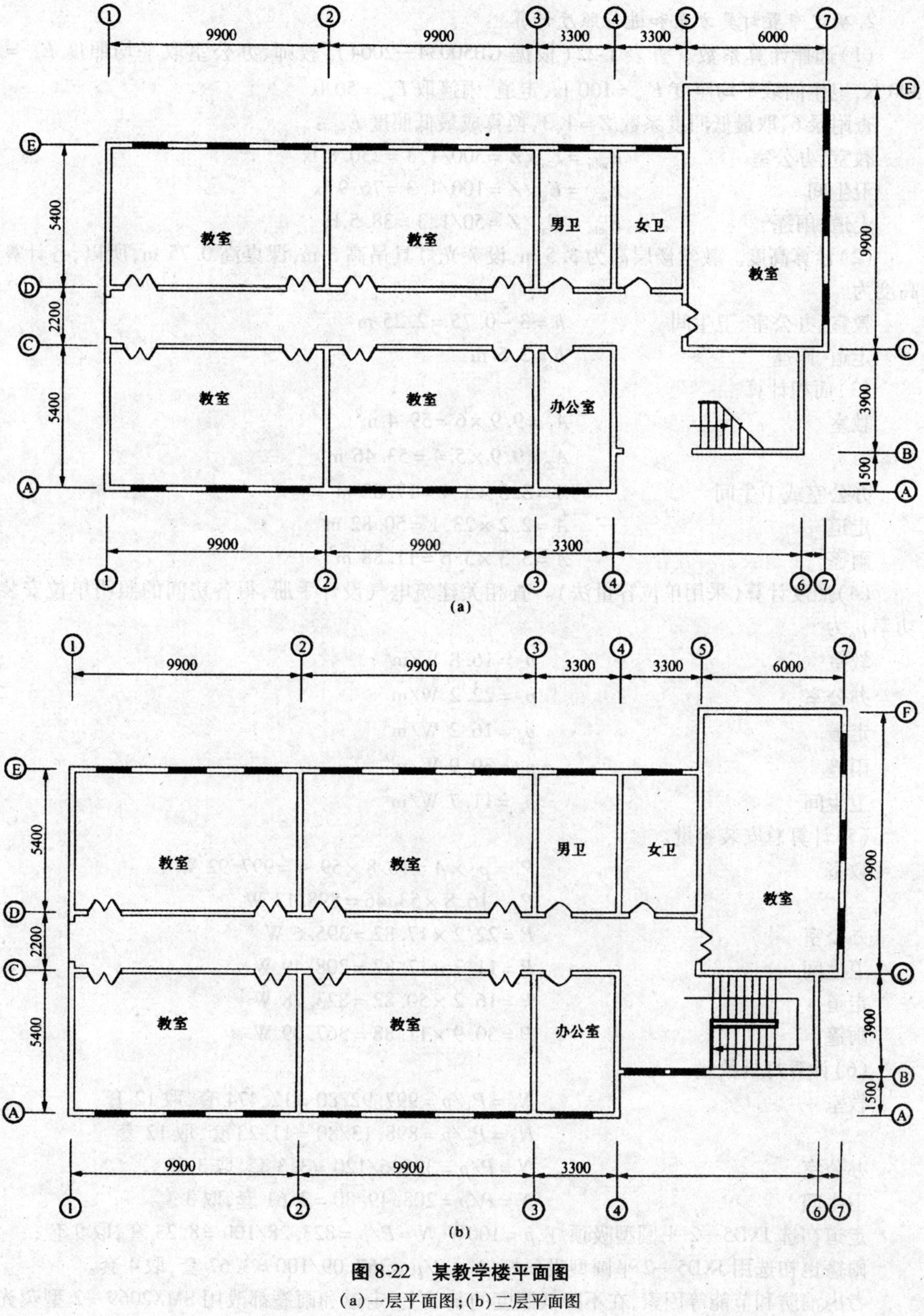

图 8-22　某教学楼平面图

(a)一层平面图；(b)二层平面图

2. 确定布置灯具方案和进行照度计算

(1)选择计算系数。查表1-22(根据 GB50034—2004),教师、办公室取平均照度 $E_{av}=300\ lx$,卫生间取平均照度 $E_{av}=100\ lx$,走道、雨篷取 $E_{av}=50\ lx$

查附录6,取最低照度系数 $Z=1.3$,换算成最低照度 E_{min}:

教室、办公室 $E_{min}=E_{av}/Z=300/1.3=230.8\ lx$

卫生间 $E_{min}=E_{av}/Z=100/1.3=76.9\ lx$

走道、雨篷 $E_{min}=E_{av}/Z=50/1.3=38.5\ lx$

(2)计算高度。教学楼层高为3.5 m,设荧光灯具吊高3 m,课桌高0.75 m,所以,各计算高度为

教室、办公室、卫生间 $h=3-0.75=2.25\ m$

走道、雨篷 $h=3.5\ m$

(3)面积计算。

教室 $A_1=9.9\times6=59.4\ m^2$

$A_2=9.9\times5.4=53.46\ m^2$

办公室或卫生间 $A=3.3\times5.4=17.82\ m^2$

走道 $A=2.2\times23.1=50.82\ m^2$

雨篷 $A=3.3\times3.6=11.88\ m^2$

(4)照度计算(采用单位容量法)。查相关建筑电气设计手册,得各房间的照明单位安装功率 p_o 为

教室 $p_o=16.8\ W/m^2$

办公室 $p_o=22.2\ W/m^2$

走道 $p_o=16.2\ W/m^2$

雨篷 $p_o=30.9\ W/m^2$

卫生间 $p_o=11.7\ W/m^2$

(5)计算总安装容量。

教室 $P_1=p_o\times A=16.8\times59.4=997.92\ W$

$P_2=16.8\times53.46=898.13\ W$

办公室 $P=22.2\times17.82=395.6\ W$

卫生间 $P=11.7\times17.82=208.49\ W$

走道 $P=16.2\times50.82=823.28\ W$

雨篷 $P=30.9\times11.88=367.09\ W$

(6)计算灯具数量。

教室 $N_1=P_1/p=997.92/80=12.474$ 套,取12套

$N_2=P_2/p=898.13/80=11.23$ 套,取12套

办公室 $N=P/p=395.6/120=3.3$ 套,取3套

卫生间 $N=P/p=208.49/80=2.61$ 套,取3套

走道初选 JXD5—2 平圆型吸顶灯,$p=100W$,$N=P/p=823.28/100=8.23$ 套,取9套;

雨篷也初选用 JXD5—2 平圆型吸顶灯,$N=P/p=367.09/100=3.67$ 套,取4套。

考虑消防和节能等因素,在不降低照度的基础上,走道和雨篷都改用 SMX2069—2 型荧光吸顶灯,该型号灯具每套功率为32 W+22 W,共13套。

(7)各布灯方式如照明平面图 8-23 所示。

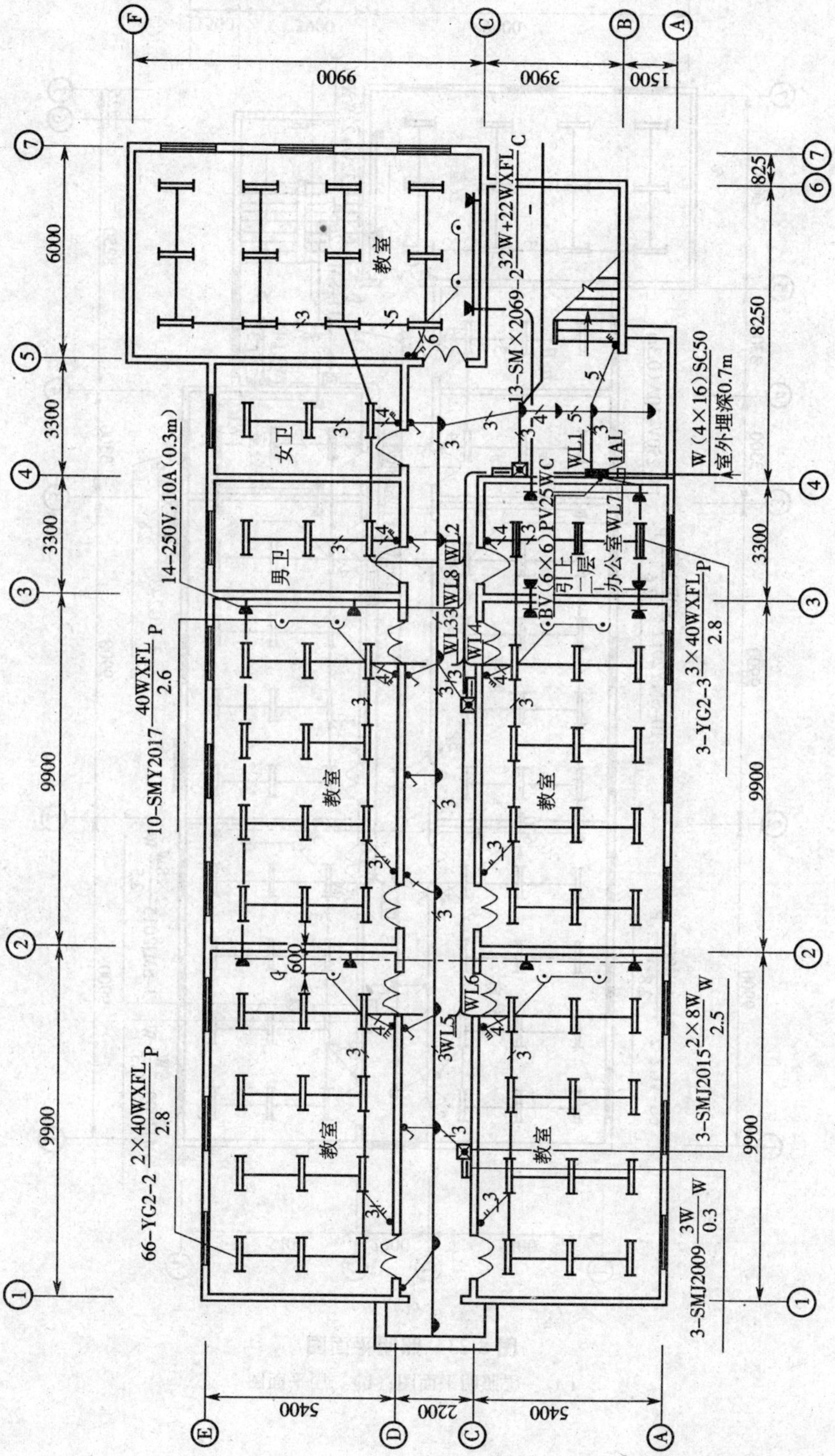

(a)

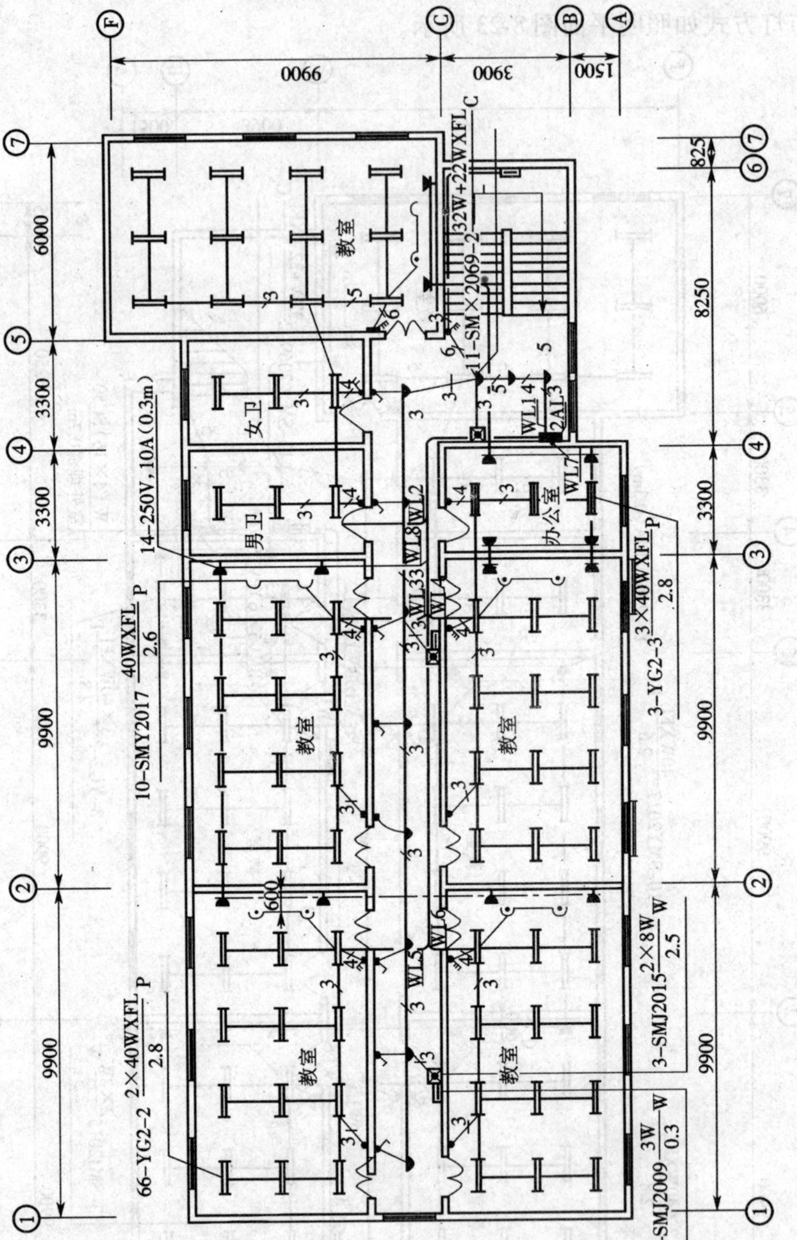

(b)

图 8-23 照明平面图

(a)一层照明平面图;(b)二层平面图

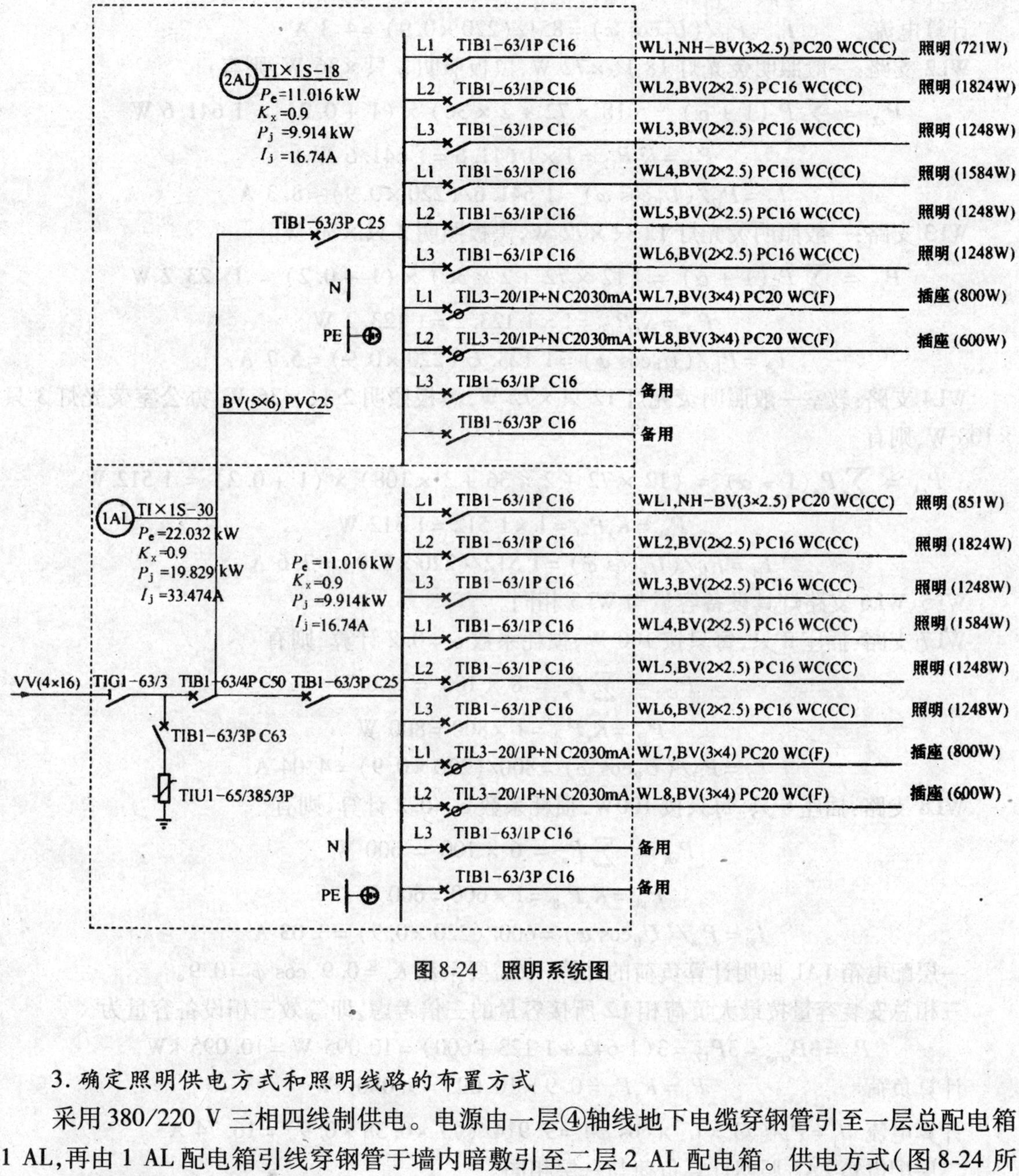

图 8-24　照明系统图

3. 确定照明供电方式和照明线路的布置方式

采用 380/220 V 三相四线制供电。电源由一层④轴线地下电缆穿钢管引至一层总配电箱 1 AL,再由 1 AL 配电箱引线穿钢管于墙内暗敷引至二层 2 AL 配电箱。供电方式(图 8-24 所示)照明系统图,由各配电箱引出 8 条单相支路,供各教室、办公室照明和插座等用电。

4. 计算照明负荷

该教学楼各层照明负荷的计算相同,下面主要以一层为例,阐述照明负荷的计算过程。

一层照明设备容量:

WL1 支路:荧光灯 13 只 ×54 W,荧光灯的损耗系数 $\alpha=0.2$;指向标志灯 3 只 ×3 W,$\alpha=0$;需用系数取 $K_x=1$;按将功率因数提高到 $\cos\varphi=0.9$ 计算,则有

灯具设备容量　$P_{e1}=\sum P_a(1+\alpha)=13\times54(1+0.2)+3\times3=851$ W

计算负荷 $P_{j1}=K_xP_{e1}=1\times851=851\ \mathrm{W}$

计算电流 $I_{j1}=P_{j1}/(U_P\cos\varphi)=851/(220\times0.9)=4.3\ \mathrm{A}$

WL2 支路:一般照明荧光灯 18 只 ×72 W,黑板照明 2 只 ×36 W,则有

$$P_{e2}=\sum P_a(1+\alpha)=(18\times72+2\times36)\times(1+0.2)=1\ 641.6\ \mathrm{W}$$

$$P_{j2}=K_xP_{e2}=1\times1\ 641.6=1\ 641.6\ \mathrm{W}$$

$$I_{j2}=P_{j2}/(U_P\cos\varphi)=1\ 641.6/(220\times0.9)=8.3\ \mathrm{A}$$

WL3 支路:一般照明荧光灯 12 只 ×72 W,黑板照明 2 只 ×36 W。

$$P_{e3}=\sum P_a(1+\alpha)=(12\times72+2\times36)\times(1+0.2)=1\ 123.2\ \mathrm{W}$$

$$P_{j3}=K_xP_{e3}=1\times1\ 123.2=1\ 123.2\ \mathrm{W}$$

$$I_{j3}=P_{j3}/(U_P\cos\varphi)=1\ 123.2/(220\times0.9)=5.7\ \mathrm{A}$$

WL4 支路:教室一般照明荧光灯 12 只 ×72 W,黑板照明 2 只 ×36 W;办公室荧光灯 3 只 ×108 W,则有

$$P_{e4}=\sum P_a(1+\alpha)=(12\times72+2\times36+3\times108)\times(1+0.2)=1\ 512\ \mathrm{W}$$

$$P_{j4}=K_xP_{e4}=1\times1\ 512=1\ 512\ \mathrm{W}$$

$$I_{j4}=P_{j4}/(U_P\cos\varphi)=1\ 512/(220\times0.9)=7.6\ \mathrm{A}$$

WL5、WL6 支路灯具设备容量与 WL3 相同。

WL7 支路:插座 8 只,每只按 100 W,损耗系数 $\alpha=0.2$ 计算,则有

$$P_{e7}=\sum P_a=8\times100=800\ \mathrm{W}$$

$$P_{j7}=K_xP_{e7}=1\times800=800\ \mathrm{W}$$

$$I_{j7}=P_{j7}/(U_P\cos\varphi)=800/(220\times0.9)=4.04\ \mathrm{A}$$

WL8 支路:插座 6 只,每只按 100W,损耗系数 $\alpha=0.2$ 计算,则有

$$P_{e8}=\sum P_a=6\times100=600\ \mathrm{W}$$

$$P_{j8}=K_xP_{e8}=1\times600=600\ \mathrm{W}$$

$$I_{j8}=P_{j8}/(U_P\cos\varphi)=600/(220\times0.9)=3.03\ \mathrm{A}$$

一层配电箱 1AL 照明计算负荷的计算:取需要系数 $K_x=0.9$, $\cos\varphi=0.9$。

三相总安装容量按最大负荷相 L2 所接容量的三倍考虑,即等效三相设备容量为

$$P_e=3P_{em\varphi}=3P_{L2}=3(1\ 642+1\ 123+600)=10\ 095\ \mathrm{W}=10.095\ \mathrm{kW}$$

计算负荷 $P_j=K_xP_e=0.9\times10.095=9.086\ \mathrm{kW}$

计算电流 $I_j=P_j/(\sqrt{3}\times U_e\times\cos\varphi)=9.914/(\sqrt{3}\times0.38\times0.9)=16.74\ \mathrm{A}$

二层配电箱 2AL 照明计算负荷与一层相同。

电源进线总的计算负荷

三相总安装容量 $P_{e\Sigma}=2P_e=2\times10.095=20.19\ \mathrm{kW}$

计算负荷 $P_j=K_xP_{e\Sigma}=0.9\times20.19=18.17\ \mathrm{kW}$

计算电流 $I_j=P_j/(\sqrt{3}\times U_e\times\cos\varphi)=18.17/(\sqrt{3}\times0.38\times0.9)=30.675\ \mathrm{A}$

5. 选择照明线路的导线和开关

(1)支路导线的选择:采用 3 根单芯铜线穿硬塑料管。由于线路不长,故可按允许温升条件选择导线截面,一般也能满足导线机械强度和允许电压损失要求。现以最大的支路计算电

流，即 WL2 支路的 $I_j=8.3$ A 为依据，查《民用建筑电气设计手册》，选用 3 根截面 2.5 mm^2 的 BV 型聚氯乙烯绝缘电线，在 35℃时，$I_N=20$ A > 8.3 A，满足要求。

(2)二层配电箱 2AL 电源进线导线的选择：采用 BV 型聚氯乙烯绝缘铜线穿钢管暗敷。据负荷计算结果，计算电流 $I_j=15.34$ A，查《民用建筑电气设计手册》，选用 5 根截面 6 mm^2 的 BV 型聚氯乙烯绝缘电线，在 35 ℃时，$I_N=30$ A > 15.34 A，满足要求。

(3)总电源进线导线的选择。电源进线采用 380/220 V 三相四线制供电，并采用地下电缆穿保护管(钢管或碳素管)进线，据负荷计算结果，计算电流 $I_j=30.68$ A，查《民用建筑电气设计手册》，选用 VV 型截面为 4 × 16 mm^2 的电缆，在 35 ℃时，$I_N=86$ A > 30.68 A，满足要求。

(4)开关的选择。目前广泛采用小型塑壳式低压断路器(MCCB)作为照明供电的电源开关，它兼有过载、低电压和短路保护之功用。查有关设计手册或产品目录，支线可选用 TIB1—63/1P　C16 型，$I_N=16$ A 的自动开关；各层配电箱电源进线可选用 TIB1—63/3P　C25 型，$I_N=25$ A 的自动开关，总电源进线可选用 TIB1—63/4P C50 型，$I_N=50$ A 的自动开关。

6. 绘制照明平面布置图

建筑照明平面布置图的绘制方法可参考有关规定绘制，本案例的照明平面布置图如图 8-25 所示。

【案例 2】

1. 施工说明

1)工程概况

本工程为二层建筑物，首层层高为 3.6 米，二层层高为 3.9 米，吊顶高 0.5 米。

2)设计范围

本工程包括室内照明、插座及接地设计。本工程室内配电部分，具体灯具待装修后确定。

3)电源

电源由室外变电站经室外电缆柜直接引入，采用 YJV_{22} 直埋电缆。进户管穿墙处预留套管，埋深室外地坪下 0.7 米。进户电缆采用三相四线制，供电电压 380/220 V。室外电缆柜具体数量及位置待供电部门确定。

4)线路敷设

由电表箱至各配电箱及应急照明线路均采用 BV—500 V 型铜芯阻燃导线穿 PVC 阻燃塑料管沿墙及现浇楼板内暗敷设。照明线路均为 BV—2.5 mm^2 铜芯导线穿 PC 阻燃塑料管，2 根线穿 ϕ20。所有插座回路均为 BV—3 × 4—PC25WC。

配电箱内所有预留回路均引至吊顶高度，以备装修时使用。

5)灯具、开关、插座

(1)灯具除需装修部分由甲方确定外，应急照明灯吸顶安装，疏散指示灯距地 0.3 m 暗装，各门出口指示灯在门口以上 0.2 m 安装，应急照明灯采用带蓄电池灯具。

(2)开关选用白色按键式，距地 1.4 m 暗装。插座距地 0.3 m 暗装。

6)接地保护与等电位联结

(1)本工程接地装置采用联合接地方式，接地电阻小于 1 Ω。

(2)进户处设 MEB 等电位联结端子箱，并用 40 × 4 镀锌扁钢与基础钢筋可靠连接。

(3)入户处各种金属管道做总等电位联结。等电位具体做法参照《等电位联结安装》05D501—2。

2. 光照设计

为了简单说明问题，只计算办公室的照度。

已知：房间长5.4 m，宽4.2 m，窗户高2.1 m，窗户宽1.05 m和2.1 m，窗户总宽度为3.15 m，门的面积忽略不计，二层层高3.9 m，吊顶高0.5 m，工作面高0.75 m。此办公室初选FAC42651P型（见附录3）T8—2×36 W双管嵌入式荧光灯，每个灯具内有光源2个，每管荧光灯为36 W，其光通量为3 250 lm，办公室的照度要求是300 lx；根据已知：地面反射系数为0.2，玻璃窗反射系数为0.1，墙面和顶棚的反射比均为0.7，照度维护系数$K=0.8$（见表1-28）。

①室空间比：$RCR=\dfrac{5h\ (L+W)}{LW}=\dfrac{[5\times(3.9-0.75-0.5)\times(5.4+4.2)]}{5.4\times4.2}=5.608$

②室形指数：$RI=\dfrac{5}{RCR}=\dfrac{5}{5.608}=0.89$

③顶棚有效反射比：$\rho_{cc}=0.7$

④墙面平均反射比：$\bar{\rho}_w=\dfrac{\rho_w(A_w-A_g)+\rho_g A_g}{A_w}$

$$=\frac{0.7\times[(5.4+4.2)\times(3.9-0.75-0.5)\times2-3.15\times2.1]+(0.1\times3.15\times2.1)}{(5.4+4.2)\times(3.9-0.75-0.5)\times2}=0.62$$

⑤根据$RI=0.89$，$\bar{\rho}_w=0.62$，$\rho_{cc}=0.7$，查附录3利用系数表，利用内插法计算，得$U=0.74$。

⑥$\rho_{fc}=0.2$，所以不用修正U。

⑦根据规范查得，办公室的照度要求是300 lx，系数取0.8

$$N=\frac{E_{av}A}{\phi_s UK}=\frac{300\ \times5.4\ \times4.2}{3\ 250\times2\ \ \times0.74\times0.8}=1.8\ \text{盏}$$，综合考虑各种情况，取$N=2$盏。

⑧根据计算出的灯具数量检验办公室的照度

$$E_{av}=\frac{N\phi_s UK}{A}=\frac{2\times3\ 250\ \times2\times0.74\times0.8}{5.4\ \times4.2}=339\ \text{lx}$$ 满足要求。

虽然339 lx超过了办公室照度300 lx的10%，但10盏以下的房间可适当加大。

⑨校验功率密度

$$LPD=\frac{n_1 n_2\dfrac{P}{A}}{\dfrac{E_2}{E_1}}=\frac{2\times\dfrac{(36+4)\times2}{5.4\ \times4.2}}{\dfrac{339}{300}}=6.24<11$$ 满足功率密度要求（见表9-15）。

3. 电气设计

下面以AL—2-1配电箱设计加以说明。

二层的照明配电箱AL—2-1内照明回路的需要系数为1，插座回路的需要系数为0.85，功率因数$\cos\varphi=0.85$，从AL—2-1配电箱引出6条支路。

1）选择导线截面与断路器型号

WL1：照明支路，包括6盏2×36 W的双管荧光灯$\alpha=0.2$，6盏18 W的普通灯$\alpha=0.2$，1个安全出口标志灯0.5 W，1个单向疏散指示灯0.5W，1个自带电源事故照明灯8 W。

设备容量$P_e=[6\times2\times36+6\times18)\times(1+0.2)+0.5+0.5+8]=648+9=0.657\ \text{kW}$

$$P_j=P_e K_x=0.657\times1=0.657\ \text{kW}$$

$$I_j = \frac{P_j}{0.22\cos\varphi} = \frac{0.657}{0.22 \times 0.85} = 3.5\ \text{A}$$

通过计算电流，选取导线 BV—2×2.5—PVC20，断路器 S261—C10/0.03。

WL2、WL3、WL4、WL5、WL6 支路计算方法同上。

按照各相负荷尽可能均匀分配的原则（在 10% 以内均算满足要求）

A 相：（L1）包括 WL2，WL6 两个支路

WL2 支路：插座 $P = 4 \times 300 = 1.2\ \text{kW}$，$\cos\varphi = 0.85$

WL6 支路：空调 $P = 1 \times 900 = 0.9\ \text{kW}$，$\cos\varphi = 0.85$

$$P_A = 1.2 + 0.9 = 2.1\ \text{kW}$$

B 相：（L2）包括 WL1，WL4，WL5 三个支路

WL1 支路：照明 $P = 0.657\ \text{kW}$，$\cos\varphi = 0.85$

WL4 支路：空调 $P = 1 \times 900 = 0.9\ \text{kW}$，$\cos\varphi = 0.85$

WL5 支路：空调 $P = 1 \times 900 = 0.9\ \text{kW}$，$\cos\varphi = 0.85$

$$P_B = 0.657 + 0.9 + 0.9 = 2.457\ \text{kW}$$

C 相：（L3）包括 WL3 一个支路

WL3 支路：插座 $P = 8 \times 300 = 2.4\ \text{kW}$，$\cos\varphi = 0.85$

$$P_C = 2.4\ \text{kW}$$

$$P_{总} = 3P_B = 3 \times 2.457 = 7.371\ \text{kW}$$

计算配电箱主断路器

$$P_{j1} = P_{总} K_x = 7.371 \times 0.85 = 6.265\ \text{kW}$$

$$I_{j1} = \frac{P_{j1}}{\sqrt{3} \times 0.38 \times \cos\varphi} = \frac{6.265}{1.732 \times 0.38 \times 0.85} = 11.199A$$

选取断路器 S263—C20，照明导线选取 BV—2.5，插座导线选取 BV—4。

2）校核

取最长线路（WL1）计算其电压损失，只要最长导线的电压损失符合要求，其他的导线就能符合要求。

计算公式
$$\Delta U\% = \frac{\sum_{1}^{n} Pl}{CS}$$

最长一支路长 36 m，功率为 0.916 kW，导线截面积 2.5 mm^2，线路系数 C 取 12.8，通过公式计算电压损失为 0.74%。干线长 17.7 m，功率为 6.93 kW，导线截面积为 6 mm^2，线路系数 C 取 77，通过公式计算干线电压损失为 0.27%。故总的电压损失为 0.74% + 0.27% = 1.01%。

查表 8-18，$\cos\varphi = 0.85$（表内没有，可按 $\cos\varphi = 0.8$ 考虑），取 $R_c = 1.01$，则

$$\Delta U_f\% = \Delta U\% \times R_c = 1.03\% \times 1.01 = 1.04\% < 5\%$$，满足要求。

案例 2 的电气照明平面图如图 8-25 所示，电气照明系统图如图 8-26 所示，电气照明设备材料表如图 8-27 所示。

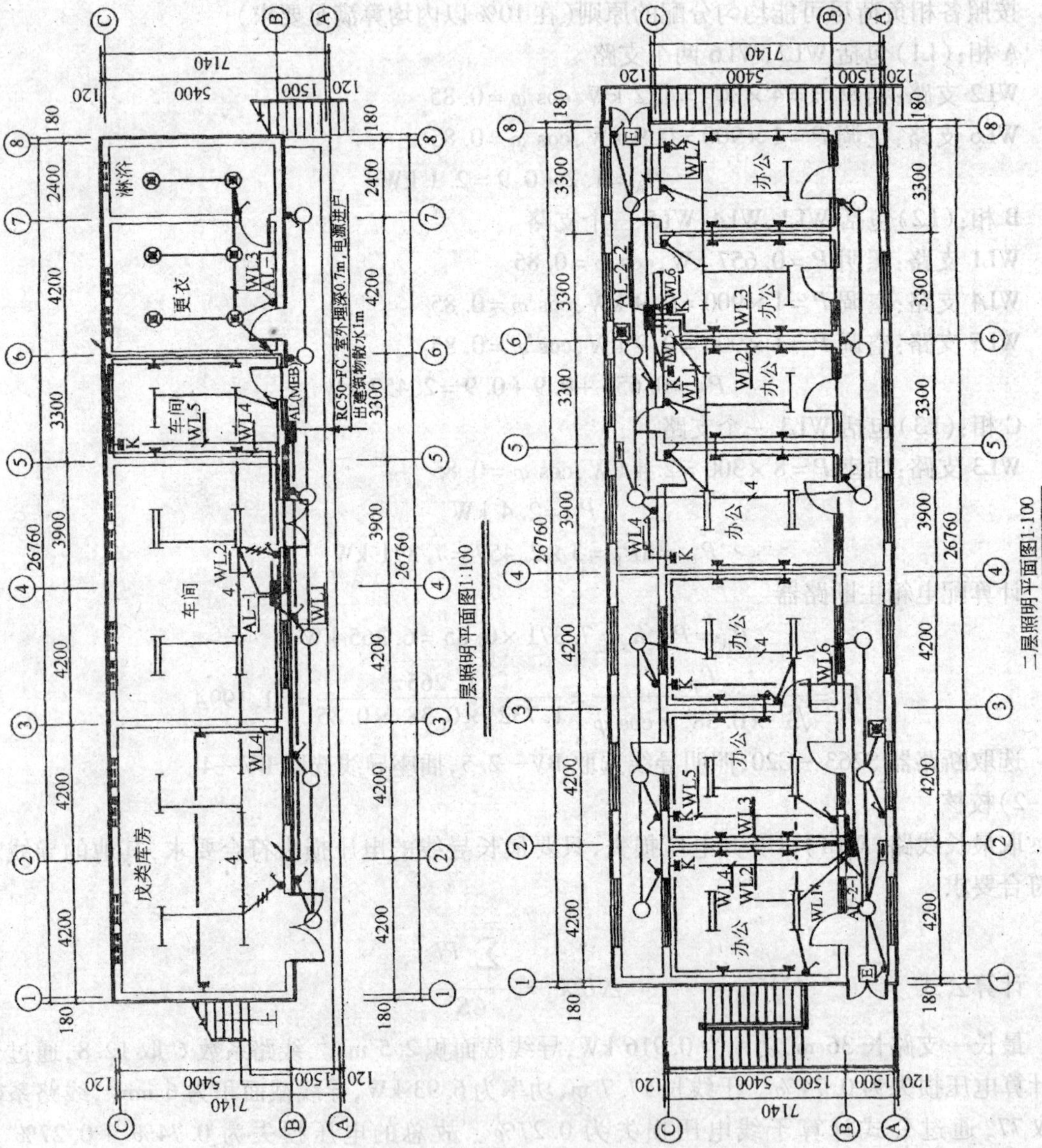

图 8-25 案例 2 电气照明平面图

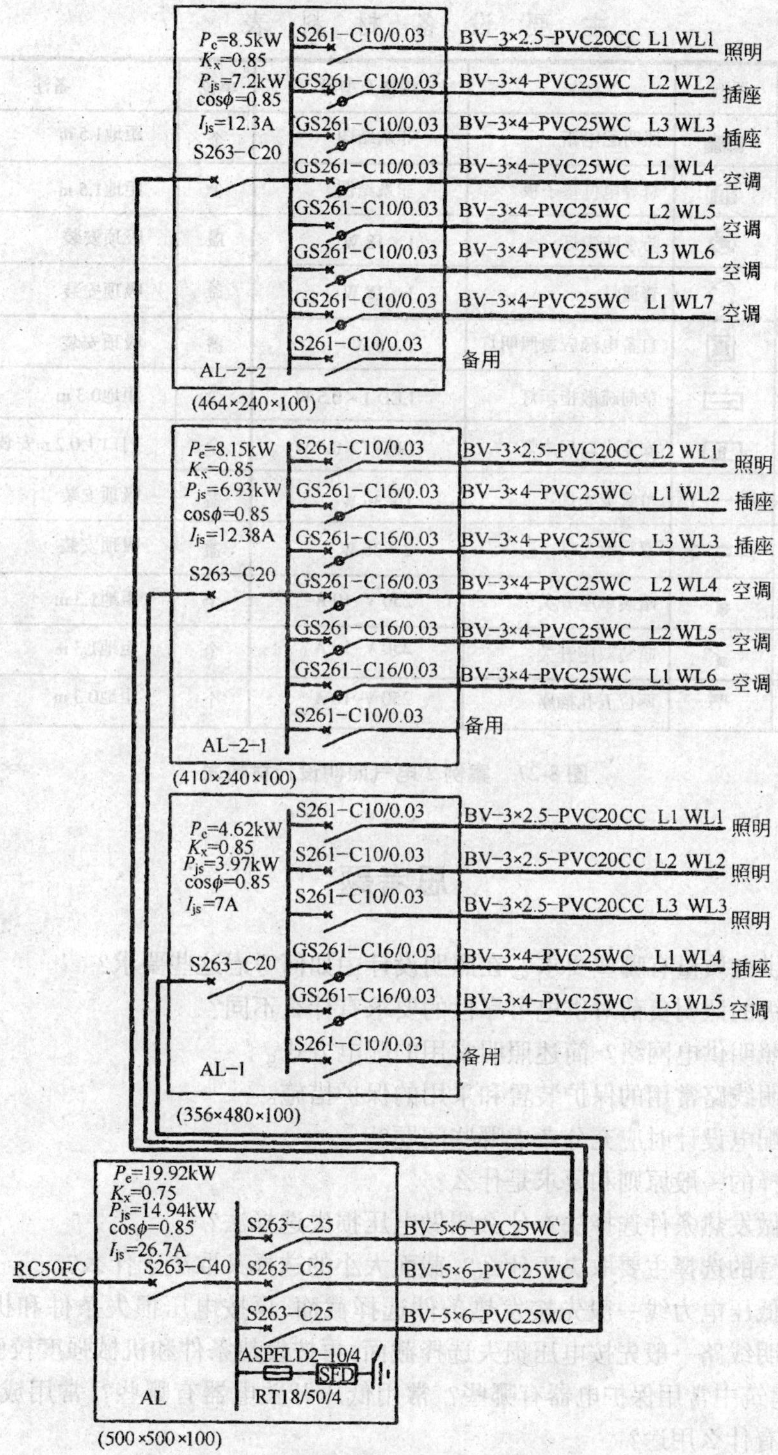

图 8-26　案例 2 电气照明设计系统图

主 要 设 备 材 料 表

序号	图例	名称	规格及型号	单位	备注
1		照明配电籍	非系结图	个	距地1.5 m
2		总等电位垫子板	非系结图	个	距地1.5 m
3		防水防尘灯	1×18 W	盏	吸顶安装
4		普通灯	1×18 W	盏	吸顶安装
5		自备电源应急照明灯	1×8 W	盏	吸顶安装
6		单向疏散指示灯	LED 1×0.5 W	个	距地0.3 m
7		安全出口标志灯	LED 1×0.5 W	个	门口上0.2 m安装
8		单管荧光灯	1×36 W	盏	吸顶安装
9		双管荧光灯	2×36 W	盏	吸顶安装
10		暗装单座开关	250 V-10 A	个	距地1.3 m
11		暗装双座开关	250 V-10 A	个	距地1.3 m
12		两位五孔插座	250 V-10 A	个	距地0.3 m

图 8-27 案例 2 电气照明设计材料表

思考题

1. 照明对供电质量有哪些要求？在照明设计中如何考虑这些要求？

2. 不同等级的照明负荷对供电可靠性的要求有什么不同？

3. 什么是照明供电网络？简述照明常用的配电方式。

4. 简述照明线路常用的保护装置和采用的保护措施。

5. 在照明配电设计时应充分考虑哪些问题？

6. 导线选择的一般原则和要求是什么？

7. 什么叫做发热条件选择法？什么叫做电压损失选择法？

8. 导线型号的选择主要取决于什么？截面大小的选择又取决于什么？

9. 为什么低压电力线一般先按发热条件选择截面，再按电压损失条件和机械强度校验？为什么低压照明线路一般先按电压损失选择截面，再按发热条件和机械强度校验？

10. 民用建筑中常用保护电器有哪些？常用低压开关电器有哪些？常用成套低压电气设备有哪些？各有什么用途？

11. 有一条三相四线制380/220 V低压线路，长度为200 m，计算负荷为100 kW，功率因数为$\cos\varphi=0.9$，线路采用铝芯橡皮线穿钢管暗敷。已知敷设地点的环境温度为30 ℃，试按发热条件选择导线截面。

12. 有一条220 V的单相照明线路，采用绝缘导线架空敷设，线路长度为400 m，负荷均匀分布在其中的 300 m 上，即 3 W/m，如图 8-28 所示。全线路截面大小一致，允许电压损失为 3%，环境温度为 30 ℃。试选择导线截面。（提示：将均匀分布负荷集中在分布线段中点处，然后按电压损失条件进行计算）

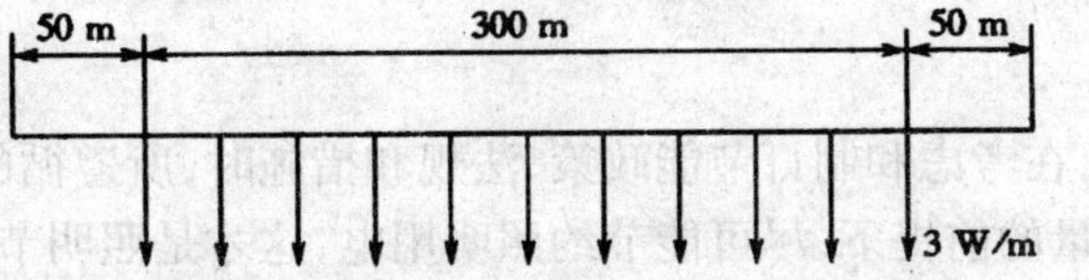

图 8-28　习题 12 用图

13. 某住宅区按灯泡统计的照明负荷为 27 kW，电压 220 V，由 300 m 处的变压器供电，要求电压损失不超过 5%。试选择导线截面及熔丝规格。

14. 试为你所在的教室和宿舍重新进行照明设计。

第 9 章　照明节能

当前国际上认为,在考虑和制订节能政策、法规和措施时,所遵循的原则是,必须在保证有足够的照明数量和质量的前提下,尽可能节约照明用电,这才是照明节能的唯一正确原则。照明节能主要是通过采用高效节能照明产品,提高质量,优化照明设计等手段,达到受益的目的。

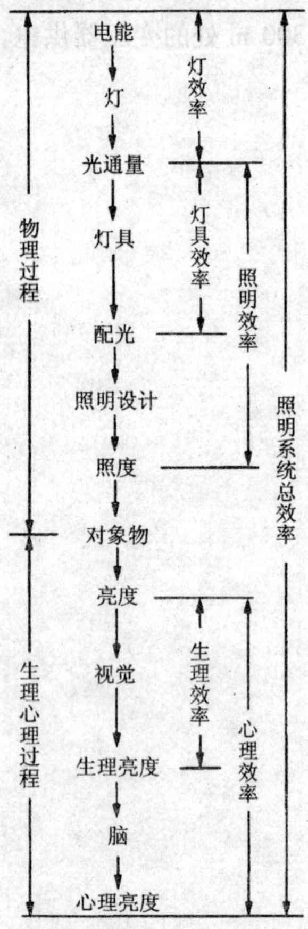

图 9-1　照明过程与效率

为节约照明用电,一些发达国家相继提出节能原则和措施。如美国照明学会提出 12 条节能原则措施,日本照明普及会提出 7 条原则,均大同小异。现仅将国际照明委员会(CIE)所提出的 9 条原则叙述如下:

(1)根据视觉工作需要,决定照明水平;

(2)得到所需照度的节能照明设计;

(3)在考虑显色性的基础上采用高光效光源;

(4)采用不产生眩光的高效率灯具;

(5)室内表面采用高反射比的材料;

(6)照明和空调系统的热结合;

(7)设置不需要时能关灯或灭灯的可变装置;

(8)不产生眩光和差异的人工照明同天然采光的综合利用;

(9)定期清洁照明器具和室内表面,建立换灯和维修制度。

进入 20 世纪 90 年代前后,一些国家先后制订照明节能的数量标准,对于节约照明用电在技术上立法,作为检验是否节能的评价依据。

照明节能是一项系统工程,要从提高整个照明系统的效率来考虑。照明光源的光线进入人的眼睛,最后引起光的感觉,这是复杂的物理、生理和心理过程,该照明过程与效率如图 9-1 所示。由图 9-1 可知,欲达到节能的目的,必须从组成节能系统的各个因素加以分析考虑,以提出节能的技术措施。

照明节能是建筑节能的一部分,是一项不断发展的技术。在本章中仅粗略地讨论节能光源、节能灯具、节能照明控制和照明节能计算。

9.1　节能光源

推广使用高光效光源。各种照明光源的电能转换中,高压钠灯的光效最高,而荧光灯和金属卤化物灯次之,高压汞灯不高,而白炽灯为最低。为节约电能要合理选择光源,其主要措施如下:尽量减少白炽灯的使用量;优先使用细管荧光灯和紧凑型荧光灯;逐步减少高压汞灯的使用量,特别是不应随意使用自镇流高压汞灯;积极推广高效、长寿命的高压钠灯和金属卤化物灯。

9.1.1 新型光源

1. 直管荧光灯

过去,我国制造技术落后的T12(40 W、ϕ38)直管荧光灯,几十年来一贯制地使用。20世纪80年代末引进T8(36 W、ϕ26)直管荧光灯,它以其光效高(提高27%~44%)、寿命长(延长60%)、耗费材料少(ϕ26取代ϕ38)而成为节能的环保新一代产品。20世纪90年代得到较快的推广。更令人振奋的是,T5(32 W、ϕ16)荧光灯从提出至今已趋于成熟,前几年T5均为直管,现在T5环形管(单环、双环)增多,特别是汞和荧光灯粉的用量大大减少,不但有利于保护环境,而且带来可观的经济效益,被称为真正的绿色照明光源。它以其发光效率高、节能效果好、显色性好、无频闪、无噪声、寿命长、光衰低,已成为国家重点推荐的节能光源之一。

2. 紧凑型荧光灯

20世纪80年代中期,我国研制出多种型式(U、H等)的紧凑型荧光灯,其管径小,易于使用三基色荧光粉和电子镇流器,以进一步提高显色性、光效及消除噪声。适于取代白炽灯,其光效略低于T8直管荧光灯。它的品种规格繁多,欧洲近几年的应用明显增加,在公共场所取代白炽灯的比例在逐年增大,应用范围也愈加广泛。由于紧凑型荧光灯已形成面、线、点三种结构许多品种,目前使用的螺旋型紧凑型荧光灯,其光效与灯管长之比达到最高值。

3. 直流荧光灯

20世纪90年代,青岛海洋大学领先于发达国家,成功地研制出直流荧光灯。它以其高光效(相当于工频荧光灯)、无频闪和无电磁辐射等优良性能,具有上佳的视觉效果,且利于用户身体健康。这项成果提高了光环境质量。

4. 混光照明灯

近20年来,该灯发展迅速,先后出现了高压汞灯、高压钠灯、高显钠灯、金属卤化物灯。尽管这些光源各具特点,但仍不能满足工程设计的广泛需求,因此,出现了混光照明技术。混光光源是国际上20世纪70年代开始的一项新兴照明技术,它将两种及以上不同光源安装在同一个灯具内,发挥不同光源的各自优势,从而达到提高光效,改善光色的作用。混光照明方式有两种:一种为场所内混光,一种为灯具内混光,后者又包括双灯混光和单灯混光。双灯混光照明已广泛用于各种场所,并取得了较好的效果。其中以高压钠灯与高压汞灯(或金属卤化物灯)混光的光效较高、节电较显著。但在使用中还存在着诸多问题:两种光源混光不均匀,分别接入镇流器、触发器,且安装接线复杂,平均寿命也不同。当一种光源损坏,如维护更换不及时,另一种还在运行,会降低显色指数和光效,然而单灯混光照明恰恰能弥补以上的不足。表9-1为两种混光方式的性能比较。

受到光源制造水平限制,对于既具有光效高、光色好、显色性好,又具有长寿命的光源很难制造出来。例如:高压钠灯光效很高、寿命长,但光色和显色性却很差;镝灯的光效高、显色性很好,而寿命却较短;高显色高压钠灯的光色较好、显色性好,但光效低很多。使用混光照明则可兼顾节能和改善光色及显色性。混光照明有下列优点:使用高压钠灯混光能发挥钠灯高光效、长寿命的特点,节能效果显著,运行费用低;混光光色一般均为中间色,比冷色、暖色更易被人们接受,调整方便,照明环境舒适性好;混光光源光谱丰富,显色性得到了改善,适用于显色性要求较高的场所(目前单光源尚无法满足需求)。各类混光的节能效果详见表9-2。

此外,还有前面提到的场致发光灯和LED发光二极管。

表 9-1 单灯与双灯混光照明技术参数

名称	双灯混光	单灯混光	名　称	双灯混光	单灯混光
光效/(lm/W)	61	77	体积百分比/%	100	50
显色指数 R_a	50	58	造价百分比/%	100	80 ~ 90
色温/K	3 000	3 100	节能效率/%	100	120
混光效果	较差	好	安装复杂系数	1	0.5
配光效果	差	好	灯具效率/%	70	80.6

表 9-2 混光照明节能技术参数

混光种类	为白炽灯耗电的比率/%	节电率/%	较单独使用高强气体放电灯节电率/%
荧光高压汞灯高压钠灯	20	80	NGX 型灯比混光节能 6,混光比 ZJD 型灯节能 3
金属卤化物灯高压钠灯	16	83	混光比 NGX 型灯节能 11,混光比 ZJD 型灯节能 19.5
金属卤化物灯中显钠灯	18.5	81	NGX 型灯比混光节能 6,混光比 ZJD 型灯节能 3

注:1. 表中为与白炽灯比较多节电率。

2. NGX 为中显钠灯,ZJD 为金属卤化物等。

9.1.2 光源选型

1. 慎用白炽灯

目前,白炽灯在国际上的生产和使用量仍占光源的首位,但因其光效低、能耗大、寿命短,应尽量减少使用数量,无特殊需要不应采用大于 150 W 的大功率灯。白炽灯的节能主要是提高光利用率,通过涂复介质层反射红外线加热灯丝,减少灯丝电耗;光源外配反光罩,提高光的定向利用率。如有需要宜采用光效高的双螺旋、涂反射层白炽灯或小功率的冷反射单端卤钨灯。这是继紧凑型荧光灯后于 20 世纪 80 年代获得迅速发展的一种热辐射光源,功率为 10 ~ 75 W。它具有光效高、寿命长、体积小、装饰性强、显色性好等优点,在欧美各国已获广泛应用。此外,地下室、电梯出(入)口、影剧院安全门及座位排号等处疏散指示照明,可考虑采用低电耗的电(场)致发光灯。

2. 推广细管、紧凑型荧光灯

荧光灯光效较高,寿命长,获得普遍应用,目前重点推广细管径(26 mm)的荧光灯和各种形状的紧凑型荧光灯以代替粗管径(38 mm)荧光灯和白炽灯。美国 1992 年已禁止销售 40 W 粗管径荧光灯。当然,新型光源质量以及品种不全,也是一个问题。如 T8 型灯性能较好,仅有 18 W 和 36 W 两个型号,且多数是 6 200 K、69.4 lm/W。

选型时,层高小于 4.5 m 适于低压气体放电荧光灯,可通过对直管型和紧凑型的光效、显色性、使用寿命、装饰性和费用进行比较后,择优选取。

(1)光效:36 W 直管型灯为 70 ~ 90 lm/W,15 ~ 36 W 紧凑型灯为 55 ~ 80 lm/W。前者光效高于后者。

(2)显色性:直管型灯 R_a = 60 ~ 85,紧凑型灯多数 R_a 为 82,少数 R_a 75 ~ 80。后者优于前者。

(3)使用寿命:T8 直管型灯 8 000 h,紧凑型灯多为 5 000 h(飞利浦 8 000 ~ 10 000 h)。前

者优于后者。

(4)装饰性:紧凑型灯尺寸小,在公共建筑中优于直管型灯。

(5)费用:按单位比价,直管型灯明显优于紧凑型灯。

3. 选择优质直管荧光灯类

如前所述,T8 管荧光灯应广泛推广。一般房间及场所优先采用荧光灯。以 36 W 为例,根据色温、显色性和光效,选择下面的三种类型灯。

(1)TLD—36W/33 型:色温 4 100 K,$R_a = 63$,光效 79.2 lm/W。对于办公、教室等生产场所,其照度多为中等水平,配以中等色温,且光效较高,只是显色性能差一点。

(2)TLD—36W/29 型:色温 2 900 K,$R_a = 51$,光效 79.2 lm/W。对于宾馆、饭店、餐厅、家庭比较适合,虽然显色性差一点,但光效较高。

(3)TLD—36W/840、TLD—36W/835 型:$R_a = 85$,光效 93 lm/W。对于商店(特别是服装、纺织品销售部)、展览馆等显色性要求高的场所,非常适宜用超级 T8 管。虽然价位高昂,但单位比价仍低于普通 T8 管,它能获得显色好、光效高、比价低三方面的效益。根据目前照明国标要求,办公、教室、车库等场所均可全面采用此种光源。

4. 直流荧光灯潜力巨大

这种灯较交流荧光灯优势显著。特别是作为书写等作业的台灯,不会受到电磁波的危害。因为光源闪烁会降低视觉功效,加深疲劳的程度。国内外许多专家经过潜心研究后,测试出电感镇流器和电子镇流器对人体的健康的影响是不同的,后者引起的疲劳较前者减少 50%。可以预言,直流荧光灯这项绿色照明的典型产品是今后的发展方向。

5. 推广高光效、长寿命的高压钠灯和金属卤化物灯

钠灯光效大于 120 lm/W,寿命 12 000 h。金属卤化物灯光效可达 90 lm/W,寿命 10 000 h。高强气体放电灯(HID)适于层高不小于 4.5 m 建筑,它的三个品种可因地制宜:广场、道路等无显色性要求的选用高压钠灯;有较高显色性要求的场所,宜用金属卤化物灯和高显钠灯;至于荧光高压汞灯无多少优点,应停止使用。

6. 混光光源方案选择

主要是根据使用场所对光源光度和色度的要求而定。了解与比较各种光源的光度与色度特性,是正确选择光源的前提条件。表 9-3 给出了几种常用光源各个参数性能的对比。

表 9-3　单灯混光照明技术参数

参数	荧光高压汞灯	高压钠灯	金属卤化物灯	中显钠金卤混光灯	中显钠汞混光灯	钠汞混光灯	双内管金卤灯
光效/(lm/W)	50	100	90	95	85	77	90
显色指数 R_a	30	25	65	80	70	>50	60
色温/K	5 500	2 000	4 300	3 500	3 400	3 100	4 300
平均寿命/h	6 000	2 400	10 000	10 000	10 000	10 000	20 000

(1)对显色性要求不高的场所,可以选用钠汞或中显钠汞混光灯,这两种光源虽然显色指数不太高,但配光均匀,比高压汞灯和高压钠灯双灯混光的照明效果大有改善。不仅光效高,且寿命长,显色指数提高显著,光源特性稳定,节能效果明显。适用于工业厂房、港口、道路等场所。

(2)对光度和光色要求较高的场所,可以选用中显钠金卤混光灯,其显色指数、光效、寿命都较高。适用于对显色性要求较高的精密加工、装配车间及有运行设备的高大厂房。

(3)中显钠汞灯,不易受电源电压波动的影响,其启动电压低(180 V以下),在20%额定电压时,能保证灯泡的正常启动。而气体放电灯在低电压时如不能正常启动,触发器产生的高压冲击就会对灯泡拉弧,这对灯泡的寿命影响很大。此外该光源寿命长,其熄弧电压小于160 V,不会因电压低导致该启动触发器的高压冲击而损坏灯泡及减少寿命。适用于有大功率的电动机频繁地运行在启动、制动状态中及电压经常波动的场所。

(4)中显钠金卤灯,在近几年来使用较多,金卤灯以其显色性较好、光效高、光色好、寿命长等优点受到肯定(在单色光源中是较好的一种),只是要求电源电压波动在±5%的范围内,电源电压过高或过低,都将会影响灯泡的正常点燃寿命。此外,金卤灯还存在显色指数及光衰严重的不足,不适于对显色性要求较高的场所。而中显钠金卤灯 R_a 大于90,光衰减得慢。由于在该灯中金卤灯和钠灯各占一半,虽然金卤灯有同样的光衰,但钠灯在使用中,能弥补金卤灯中钠元素的渗透减少,钠元素是红光补充了低端光谱,使整个光源光衰减少。由于光衰少,中显钠金卤灯在使用中显色性基本不变,这样就保持了优良的光环境。适用于体育场馆、候机候车大厅、工企厂房的照明。

9.1.3 绿色照明经济效益

有的地区认为现在电力供应不那么紧张了,照明节电不重要了,这就是没有从环保的高度去认识节能。虽然设计人已经具有诸多的工程实践经验,还应及时按照国际间共识修正个人的见解。譬如,我国目前的光源产品结构不合理,高光效气体放电灯仅占总产量的12%~15%,比美国、日本等国低得多,而光效低的白炽灯占领着市场。这里有主管部门调控政策力度不够的问题,更重要的是设计人员等使用者的内在因素。在照明设计中应从光源的七大要素(光效、显色性、色温、使用寿命、启动性能、装饰性、单位比价)出发,在满足头两条的前提下,兼顾其余因素进行选择。

照明工程选型中光源效率是一项重要的指标,和照明节能有直接关系。除白炽灯、卤钨灯以外,气体放电灯还要考虑镇流器的电损耗,求出光源的总效率。常用的光源效率列在表9-4、表9-5中,气体放电灯效率为包括镇流器的总效率。为了说明光效的高低,表中将气体放电灯与200 W白炽灯作比较。从表中可以看出光源功率越大比值越高,即越节能。其节能值的多少又因光源而异。

表9-4 光源效率与比值技术参数

名称	功率/W	发光效率/(lm/W)	比值	备注
白炽灯	40	8.45	0.6	
	60	10.5	0.72	
	100	12.5	0.86	
	200	14.6	1	
荧光灯	30	35	4	
	40	50	5.7	

续表

名称	功率/W	发光效率/(lm/W)	比值	备注
荧光高压汞灯	50	27	1.84	
	80	32.7	2.2	
	125	34.4	2.4	
	250	39.7	2.7	
	400	48.7	3.3	
	1 000	50	3.4	
高压钠灯	35	54.9	3.8	
	50	66.7	4.6	
	70	72.3	5	
	100	77.6	5.3	
	150	91.4	6.3	
	250	97.2	6.7	
	400	104.8	7.2	
	1 000	117.1	8	
中显钠灯	100	62.1	4.3	
	150	74.3	5.1	
	250	78.1	5.3	
	400	83	5.7	
高效金属卤素灯	175	66.7	4.6	
	250	70.7	4.8	
	400	78.3	5.4	
	1 000	102.8	7	
钪钠灯	125	51.7	3.5	
	250	72.1	4.9	
	400	74.2	5.1	
	1 000	66.7	4.6	
紧凑型荧光灯	7	40	4.57	H 型灯
	9	41.7	4.77	
	11	59.2	6.8	
	13	62.7	7.2	
	18	48	5.5	
	24	54.8	6.3	
	36	55.8	6.4	
	13	40.63	4.64	SL 型灯
	18	38.64	4.42	
	16	50	5.71	2D 型灯
	28	50	5.71	

注:(1)光源功率越大光效越高,使用瓦数高的灯泡比较节能。

(2)本表以 200 W 白炽灯作为 1,而计算出各类光源的对比值。以 40 W 白炽灯作为和荧光灯、紧凑型荧光灯的对比值。

表 9-5 光源节能技术参数

各类光源	电力消耗与白炽灯比率/%	节电率/%	各类光源	电力消耗与白炽灯比率/%	节电率/%
高压钠灯	25 ~ 12.5	75 ~ 87	荧光灯	25 ~ 16	75 ~ 84

续表

各类光源	电力消耗与白炽灯比率/%	节电率/%	各类光源	电力消耗与白炽灯比率/%	节电率/%
改进型高压钠灯	25～16	75～83	紧凑型荧光灯	22～14.3	77～86
金属卤化物灯	20～14.3	80～86			

当采用高效光源时，所需灯数虽减少，但对低天棚的房间会使照度不均匀，因此，在设计时还应综合考虑其他条件。为了节能，在设计中应采用节能光源。以节能为目标的光源选择见表9-6；在照度相同条件下，用紧凑型荧光灯取代白炽灯的效益见表9-7。（未计镇流器功耗）

表9-6　光源选择节能技术参数

原始光源	推荐光源	节能效果/%		应用场所
		对比率	节电率	
白炽灯	荧光灯及紧凑型荧光灯	耗电为白炽灯的22～14.3	27～86	办公室、商业、实验室、餐馆、旅馆等
白炽灯荧光高压钠灯	功率较大的灯泡采用高强气体放电灯	耗电为白炽灯的25～14.3	75～86	各类车间、体育馆、厅堂等耗电为荧光高压汞灯的50%
白炽灯荧光高压汞灯	金属卤化物灯与中显钠灯混光照明	耗电为白炽灯的18.5	81	对光色、显色性要求较高的各类车间或体育设施
荧光灯	小于150 W小功率高强气体放电灯	耗电为荧光灯的75～66	25～33	高度不小于4 m的场所
上型白炽投光灯	冷光定向照明低压卤钨灯	—	66%	展示橱窗、旅馆、家庭等

注：白炽灯、荧光高压汞灯采用推荐光源后，节电50%。

表9-7　紧凑型荧光灯取代白炽灯的效益

普通照明白炽灯/W	紧凑型荧光灯/W	节电效果/W，(节电率，%)	节省电费/%
100	25	75(75)	75
60	16	44(73)	73
40	10	30(75)	75

直管形荧光灯升级换代的效益见表9-8。（未计镇流器功耗）

表9-8　直管形荧光灯升级换代的效益

灯种	镇流器型式	功率/W	光通量/lm	光效/(lm/W)	替换方式	照度提高/%	节电率/%
T12(38 mm)	电感式	40	2 850	71	—	—	—
T8(26 mm)	电感式	36	3 350	93	T12→T8	17.54	10
T8(26 mm)	电子式	32	3 200	100	T12→T8	12.28	20
T5(16 mm)	电子式	28	2 900	104	T12→T5	1.75	30

高强度气体放电灯的相互替换的效益见表9-9。（未计镇流器功耗）

表 9-9　高强度气体放电灯的相互替换的效益

序号	灯种	功率/W	光通量/lm	光效/(lm/W)	寿命/h	显色指数 R_a	替换方式	照度提高/%	节电率/%
1	荧光高压汞灯	400	22 000	55	15 000	40	—	—	—
2	高压钠灯	250	22 000	88	24 000	65	1→2	0	37.5
3	金属卤化物灯	250	19 000	76	20 000	69	1→3	-13.6	37.5
4	金属卤化物灯	400	35 000	87.5	20 000	69	1→4	37.1	0

对于室外照明，若选用低压卤钨灯作为投光照明光源，比传统投光灯节能约 66%，瓦数为 20、35、50 和 78 W 的低压卤钨灯，相当于传统投光灯的 60、100、150 和 250 W。

9.2　节能灯具

在正确选择照度标准值、合理选择照明方式及高光效照明光源后，就要选用高效节能灯具了。

9.2.1　高效节能灯具的特点

1. 灯具应是高效率灯具

在满足眩光限制和配光要求条件下，荧光灯具效率不应低于：开敞式的为 75%，带透明保护罩的应为 65%，带磨砂或棱镜保护罩的为 55%，带格栅的为 60%。高强度气体放电灯灯具效率不应低于：开敞式的为 75%，格栅或透光罩的为 60%，常规道路照明灯具不应低于 70%，泛光灯具不应低于 65%。

2. 灯具应是控光合理灯具

根据使用场所条件，采用控光合理的灯具，如蝙蝠翼式配光灯具、块板式高效灯具等，块板式灯具可提高灯具效率 5% ~20%。

3. 灯具应是光通量维持率好的灯具

如选用涂二氧化硅保护膜、反射器采用真空镀铝工艺和蒸镀银光学多层膜反射材料以及采用活性碳过滤器等，以提高灯具效率。

4. 灯具应是利用系数高的灯具

使灯具发射出的光通量最大限度地落在工作面上，利用系数值取决于灯具效率、灯具配光、室空间表面装修色彩等。

5. 尽量选用不带附件的灯具

灯具所配带的格栅、棱镜、乳白玻璃罩等附件引起光输出的下降，灯具效率降低约 50%，电能消耗增加，不利于节能，因此最好选用开敞式直接型灯具。

6. 采用照明与空调一体化灯具

采用此灯具的目的在于在夏季时将灯所产生的热量可排除 50% ~60%，以减少空调制冷负荷 20%；在冬季利用灯所排出的热量，以降低供暖负荷。利用此灯具，可节能约 10%。

9.2.2　常规灯具的选用

1. 露明式荧光灯

露明式荧光灯有 YG6—2、YG6—3、YG31—2 型灯，和三角形吸顶灯、盒式荧光灯 YGl—1、山字型荧光灯 PKY503、板式荧光灯 PKY502—1 等。此类灯具属半直接型灯，下半球光通多于上半球光通，灯具效率大于 80%。由于灯具上半球光有一定的比例，室内空间亮度高，光环境亮度对比小，舒适而不易疲劳，宜用于室内各面反射率较高的场所（办公室、商店、公共场所）。选用此类灯具时应注意以下两点：灯具效率及空间亮度高，当工作面上的利用系数不高，又要得到高照度时不宜选用。而且对室内各面反射条件好的适于使用，反射条件不好的不宜使用；对于两条灯管以上的灯具，灯管间距离过小者，其出光率很低则不宜选用。

2. 控照型荧光灯

采用铁板制成反射罩，内涂白色烤漆，或采用高纯铝反射罩包括蝙蝠翼配光灯具，白漆涂装灯具配光为中照型，如要求窄配光应使用铝反射灯罩。此类灯具适用于工作面要求照度高，室内反射条件较差的场所。单管控照灯效率为 84.2%，双管仅有 69.2%，这是因为两个灯管之间距离太近造成的，所以双管灯需进一步改进。蝙蝠翼配光灯具主要用于教室照明。

3. 格栅式荧光灯

这种灯具装饰作用与功能要兼顾，由于格栅的保护角对灯具效率影响极大，因此要慎重选取。密格栅荧光灯由于效率极低，目前逐渐被淘汰。格栅的作用是减少眩光并形成类似天空光的模式，对建筑的装饰效果也十分重要。在选择时应注意以下方面：灯具效率小于 50% 者不宜采用；应优先选用大格栅（抛物线格片），稀格栅灯具，这种灯具立体和豪华感突出，装饰性强，灯具效率高，节能效果明显；灯具内上反射罩尽量采用镜面反射，以提高灯具效率而节能；密格栅灯具不宜使用，应注意灯具内反射罩型式对灯具效率的影响。

4. 漫射式荧光灯

此类灯具特点是光线柔和，但是当选用有机塑料板材时，因其透过率较低，灰尘污染以后光效下降严重，其应用在逐渐减少。开启式荧光灯效率为 82%，透明棱镜灯效率为 66%，乳白玻璃板灯效率为 53%。

5. 框架式荧光灯

该灯是当前国际上流行的一种灯具，采用铝合金拉伸工艺制成，特点是灯具为单元组合形式，造型简洁明快，灵活性适应性强，对建筑物装饰效果好。灯具的光分布有少量上射光，水平方向的光较多，因此空间亮度高，适于公共场所照明。目前国内有圆形和方形两种形式框架灯，灯具有标准连接件，可以组成光带或各种图案。

6. 高照度白炽灯

不用灯罩，正下方照度比传统灯提高 50%。

7. 节电型荧光灯

新装灯初期光通量与普通荧光灯相同，但亮度下降少，保持率高，故所用灯数比一般要少；灯的完好率高，总光通量提高 23%。

8. 高显色荧光灯

平均显色指数 $R_a=84$，比白色荧光灯的显色性好；色温在白色和日光色之间为 5 000 K，光色清新明亮，因此亮度感提高。与一般白色灯相比，末期光通量相同。

9. 高照度环形荧光灯

与环形灯具组合，正下方照度比传统型提高 15%。

10. 球形荧光灯

亮度大致与 60 W 白炽灯相同，但寿命提高 4 倍，节电 50%。拧入白炽灯用灯座就能点燃。

11. 新型金属卤化物灯

属于最高效率显色性光源。内装双金属开关,因为启动电压低,所以可用普通汞灯镇流器。

12. 高效高压钠灯

在目前光源中,它的效率是最高的。内装双金属开关,启动电压低,可用普通汞灯镇流器。

13. 小太阳灯

该灯是照明系统中的新型产品。高端落地灯采用的这项技术,是由一对15 W白炽灯泡和一套68 W金属卤化物灯的复合,能提供6 000 lm光通量和3 000 K色温的一束强光。其灯的成本显然比卤钨灯高,目前仅适于宾馆、科研单位和豪华住宅等场所,待成本降低后会得到广泛地应用。

此灯只用卤钨灯30%的功率,就可以提供像卤钨灯那样的高光输出和良好的显色性。点灯顺序是,接通电源,最初由白炽灯提供短时间低流明输出的光照,然后,金属卤化物灯延时30~45 s后,达到全部的光输出。在相同条件下测试发现,100 W的落地灯所提供的照度,较300 W普通卤钨灯提供的照度还略高。再就是该灯的紫外线较低。通常在高级装修的房间内采用卤钨灯时,大量紫外线令人难以忍受,尤其对光敏感的纤维(如丝和某些合成纤维)、花挂毯和油画等,如长期暴露在卤钨灯发射出或透过窗户射入阳光发射的紫外线光中,会遭到严重的损坏。卤钨灯若未设有效的遮光罩,其光源中紫外线光很强。这时小太阳灯便显示出低紫外线的优越性了,不但提供了高质量照明又保护了家具和展览品,是一种很有价值的灯具。

它还非常适宜于那些长时间用灯的单位,如科研设计、金融机构等,由于灯的能量效率很高,因此有利于补偿高额的初始费用。如果每年照明时间以4 000 h计,该灯节约的电费在3~4年便能回收初期投资所增加的部分。更何况使用寿命较卤钨灯要长得多,可减少更换灯管和维修灯管的费用。

14. 太阳能路灯

它利用太阳能转化为电能后,存储在蓄电池内,当光线暗到一定程度时,光控开关会自动释放能源,启动照明设备。

9.2.3 改进灯罩涂膜技术

在通常工作环境中,灯具的反射器和保护玻璃有可能会受到不同程度的污染,导致灯具效率的下降,在隧道、地铁、地下商场等污染严重的场合问题尤其严重。而要在这些公共场所清洁灯具又很不方便的。在20世纪20年代Fujishimito等发现半导体二氧化钛电极在紫外线照射下的光催化作用,可有效地分解有机物,并用于水和空气的净化处理,也用于除臭、杀菌和消毒。近年来,又发现了锐钛矿石结构的TiO_2透明薄膜也具有这种光催化特性。Honda等在1998年尝试把这种膜用于照明灯具,使附在反射器或防护玻璃上的有机污染物降低,从而达到灯具自洁的作用,取得了较好的效果。

随着人们生活水平的提高,普遍对生活质量也有较高的要求。为保持室内空气的清洁,去除室内家具等释放的有害气体,出现了一种用紫外线激活的光催化型空气清新器。就是用涂有TiO_2膜的灯具,可以同时起照明和空气清新器的作用。

9.2.4 气体放电灯启动设备的选用

作为气体放电灯的配套产品,电子镇流器与传统电感镇流器在工作原理和功能上没有质的区别,只是前者工作在25~50 kHz段,后者则在工频50 Hz工作,其任务都是在灯的两端电极上产生较高的点火电压。当气体放电发光现象产生后,使其保持稳定的工作点,不至于失控延续到弧光放电将灯烧坏,而起到镇流作用。镇流器的选择与比较参见本书第2章。

9.3 合理照明控制

合理使用现成的天然光、补偿灯具流明的衰减、补偿空间设计、减少空调浪费是省钱的好办法。一个无级(连续)灯光控制系统的总节电量为20%~50%。天然光不是室内省电所必需的,重要的是照明控制系统不能干扰用户,也就是说一个成功的控制系统对于使用者来说应当是毫无感觉的。控制系统可在新安装的照明设施中使用,也可用于改造工程。合理的设计与运转有利于省电。灯光控制系统完全可以与建筑设备监控系统连接在一起,经验表明,系统越简单就越容易操作,也就越可靠,详见表9-10。

表9-10 照明控制节能

序号	方案	内容	分析
1	流明衰减	所有放电灯都会"老化"或在使用过程中光通量降低,在照明设计中维护系数为0.6~0.8,假定系数是0.7,新灯的亮度水平比其应有水平高出30%	采用调节亮度系统,便可补偿这种老化过程,使其保持在目标水平。一套合适的控制系统可节省12%~25%的能源
2	空间设计补偿	照明设计时,有许多未知因素,所以要作出一些评估,往往偏于保守,空间设计只要选择加上一套合理系统,便可补偿空间设计的费用	如天棚格栅,或设计规定要求采用可连续反光的灯槽等,的确可以提高照度水平
3	天然光利用	虽然天然光节能量难以预测,但只要和建筑设计配合,便可大致了解到。为了最大限度地提高天然光节能,以同样的方式来控制灯光很重要	线路走向应与窗户保持平行,办公室里适当的布线和合理的采光可节电20%~30%。有天然采光的房间,白天节电可达40%
4	特定时间内减少照度	在清扫或不使用时可通过调暗灯光的办法(如调低50%),采用时间控制的办法便可获得可观的节能量	控制可由定时器或人员感应器来实现。其节电量取决于人进出楼宇的次数
5	无级系统节能	该控制系统从整体上测算可节能25%~50%,典型节能量为35%	天然光并不能达到最佳的节能效果
6	开关式照明控制	系统通常是以人、时间或日光控制为基础来取得好的效果,但可能会干扰他人(取决于人员出入模式),选择采用该系统前应谨慎决策	在许多情况下,人员会受到干扰或对系统产生不满。节能量在很大程度上取决于人员出入状况,所以难以预测

具体来说,当前节约能源的方式有一条重要标准,即以"合理的投资回报"来衡量。每年节省1 000元,所花费的成本在2 000~4 000元之间,最好是少于3 000元。3年内收回投资,包括资金成本,这才是可行的。当然,这只是可量化部分的要求。节约能源还应考虑改善现有的工作环境,而不对工作造成干扰。除了节能之外,一套成功的照明控制系统应符合下列要求:对在照明区域的人员不造成干扰,可靠性高,符合照度标准,必须有合理的偿还期。照明控

制系统可基于下面两种或至少一种技术:无级灯光控制或开关灯光控制。这两项技术都起着重要的作用,但在不同的应用中不一定都要满足上述各项要求。

虽然良好的视功能同相应的最低照度功率是人们追求的目标,但是,当大厦投入使用后,便渐渐忽略这一点了。实际上,完全可以在午休或人们离去时不开灯,集中控制的场所予以拉闸,单独控制的开敞办公等场所,将开关靠近入口处安装,便于在离开的阶段关灯。据核实,即使在短暂的午休等时刻,关灯所节省的电费,远远超过光源因增加启动次数而缩短寿命的损失。

从美国办公照明来看,他们越来越多地使用装载家具内的灯具和工作照明,既降低变更工作地点重新布局的费用,又便于操作灯具。开敞空间中,则趋向于采用便于重新布置的定型设计工作台。经测试,某办公楼因使用了装载灯具的家具,使灯具减少了 50% 以上的照明负荷,其能量消费降低率大于 30%,单位面积仅为 17.75 W/m^2 和 13.5 W/m^2,初投资只有 15.17 美元$/m^2$。

9.3.1 手动控制

跷板开关控制是一种常见的手动控制方式。跷板开关设置于门口,对于面积较大的房间灯具较多时,采用双联、三联、四联开关或多个开关,其原理接线图见图 9-2。对于楼道和楼梯照明,多采用双控方式(有的长楼道采用三地控制),在楼道和楼梯入口安装双控跷板开关,其特点是在任意入口处都可以开闭照明装置,其原理接线图见图 9-3。

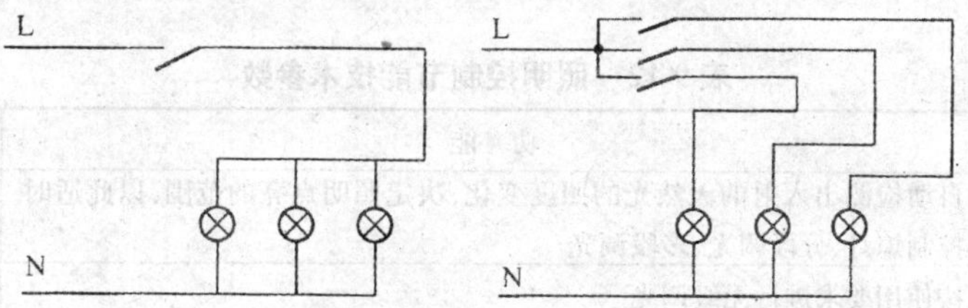

图 9-2 跷板开关控制

(a)单联单控开关控制;(b)三联三控开关控制

环境调光是利用先进电子技术制作的高新质量产品,用来对日常生活和工作照明环境的灯光亮度进行控制和调节。一方面,它可任意调节各个回路灯的照明强度从 0~100% 连续变化;另一方面,它将一个区域(空间)内的各回路照明组合在一起,形成一个总体要求的“场景”,该“场景”随着各路灯光亮度的强弱变化,再加上对灯具的色彩处理,其组合必然是呈现丰富多彩的效果,就像人们通常在舞台上看到变幻多端的灯光一样。居民也可以在创造出不同的灯光场面:热闹的宴会、舒适的阅读、温馨的家庭以及浪漫梦幻的气氛。它将一般照明、重点照明、装饰照明集于一体。各“场景”可预先设置在控制器中,调用时,只需按下按钮就能方便选择。

调光不仅使用方便,还有显著的节能功效。根据美国照明学会提供的资料,光亮度和节约的电能以及灯泡寿命的关系如表 9-11 所示。采用各种类型的节电开关和管理措施,如定时开关、调光开关、光电自动控制器、节电控制器、限电器、电子控制门锁节电器以及照明自控管理系统(表 9-12)等。

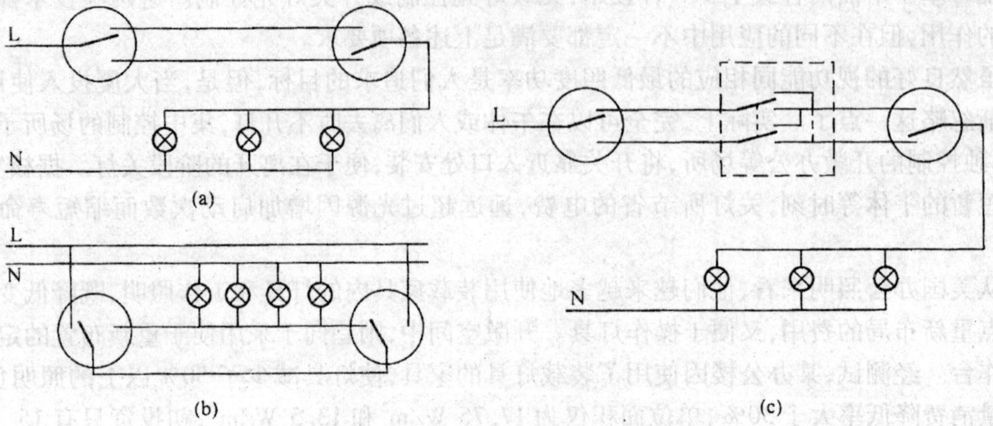

图 9-3　跷板开关双控或三地控制

(a)两地控制;(b)有穿越相线的两地控制;(c)三地控制

表 9-11　环境调光节能技术参数

序号	光亮度/%	节电率/%	延长灯泡寿命/倍	序号	光亮度/%	节电率/%	延长灯泡寿命/倍
1	90	10	2	3	50	40	20
2	75	20	4	4	25	60	>20

表 9-12　照明控制节能技术参数

序号	方　法	功　能	节电率/%
1	利用天然光	自动检测出入射的天然光的照度变化,决定照明点亮的范围,以此适时控制熄灯、分段调光、多段调光	20～25
2	调节光亮度	按使用要求进行无级调光	10～60
3	设定时间程序	制作若干时间程序,一天和一年分别适时控制空间照明,减少无用的灯光	15～20
4	人体传感器	感知人员是否存在,而实现室内有人点灯,无人熄灭	46
5	光电传感器	感知照度达到某种程度时开、熄灯	50
6	确立点灯模式	依据运行及空间等状况,决定控制照明的点灯模式	40～50
7	保持空间照度	正常工作状态使各个照明区域均保持规定照度	8
8	调整初期照度	自动调整照明设备初期使用及清洁后产生的照度过剩现象	30
9	便利灯具操作	公共场所、室外照明可由人工就地遥控或按按钮进行照明节能控制的开、关、调光等操作	>10

9.3.2　自动控制

1. 传统灯具控制缺陷

在建筑电气设计中,控制对象最多的要属照明灯具,一直采用跷板开关或拉线开关,但在设计及应用过程中,这种方式有许多缺陷。

(1)开关位置。开关位置通常设在位于入口处的墙上。不在人们生活或工作的中心,使用起来有诸多不便。如:夜幕降临,天然光线变暗时,到门口开灯;入睡时要起身去关灯;晚上起夜在黑暗中找开关;老人可能更加感觉不便;儿童因够不着开关而在昏暗的光线下学习、生活;现代化办公大空间中受开关地点的限制,不得不到远离工作区的墙上,在一排开关中找到控制你所需灯具的那一个,最后还必须到那里关掉它,这似乎与现代化的办公环境不尽协调。

同时,开关位置设置更不易满足二次分隔或装修的需要,装修时可能还需改造线路,在墙(尤其在钢筋混凝土墙)上重新布置开关控制管线,很不方便。

(2)房间分隔材料。遇到铝合金玻璃等分隔材料时,很难找到设置开关的合适位置,另外在一些分隔材料中敷设开关控制管、线、盒,也颇费工时。

(3)开关并非是美化室内环境的装饰。尤其在装修质量要求较高的场所,对室内环境的影响更加明显。由此可见,传统的灯具控制方法弊端多,遥控功能值得效仿。

2. 照明"遥控"优越性

(1)"遥控"开关特性。红外线遥控器由发射器和接收器两部分组成,发射器向接收器发出指令信号,接收器按指令对设备实施功能控制。只实现这一功能控制的遥控器为单通道遥控器,称之为红外线遥控开关。它具有良好的抗干扰性及指向性,其有效工作距离一般为8~10 m,增加聚光系统时可以达到12 m。在无线电技术发达的今天,红外线遥控技术其所控制的最大负载功率为400 W,其接收频率为38 kHz。

所以发射器也可以用家电遥控器来代替,此接收器既可以遥控也可以手控。此手控开关视实际情况可单设跷板开关或设在灯具上。接收器视实际情况可以设在灯具上,也可以设在跷板开关上。

(2)"遥控"开关应用。由红外遥控开关的功能可以看出,如果电气设计中引入红外线遥控开关来克服传统控制方式的缺陷,无疑会使设计和电气功能提高一步。尤其是家用电器的控制大多采用了红外线遥控器(如电视机、空调、音响、影碟机等),遥控器为人们带来使用上的方便。

将遥控接收器设在灯具上,还可以省掉开关控制管线,使设计简化。由于控制管线的减少,即减少了管线交叉和导线保护管的管径,又降低了对地面垫层厚度的土建要求。对于施工而言其优越性也很明显,如:在砖混结构中它可以减少在板缝中开关控制管线的曲曲弯弯,以及减少在墙上为敷设开关控制管线而必须的剔槽,在框剪结构中,只需在顶板敷设线而不必再向后砌墙上预留管线盒,并减少由于穿线而造成的接线麻烦,同时房间拉线盒及开关的减少也使墙面变得"干净"。另外,红外开关操作上的灵活,使面控变成点空,有利于节能。

9.3.3 光电照明控制

(1)一个开关控制的灯数不宜太多,小办公室应每灯一个开关,开关位置要合适,以便随手关灯。

(2)根据不同功能场所设置开关。如按班组设开关;体育设施按不同运动项目分区设开关,并提供不同的照度水平。

(3)靠窗一侧的灯具单独控制。天然光充足时关灯,或采用断路器控制方式,如图9-4所示。

(4)采用调光、定时、光控开关。限制照明使用时间、调节照度等实现节电。定时开关(电子式、气囊式、时钟式等)的控制时间由1 min到数小时,用于住宅楼梯照明、路灯、广告照明、标志灯、庭园灯、值班照明等。其原理接线图见图9-5所示。消防电源Le由消防值班室控制或与消防泵联动。

(5)按不同时间顺序增减照明。如商店的照明依控制顺序图,在一天内可根据客流量的

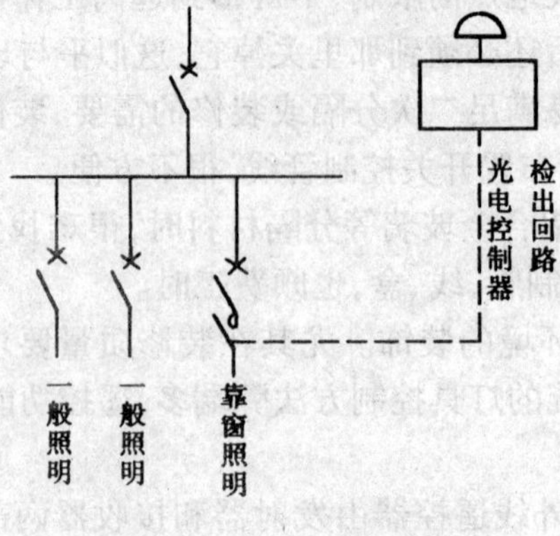

图 9-4　光电自动控制

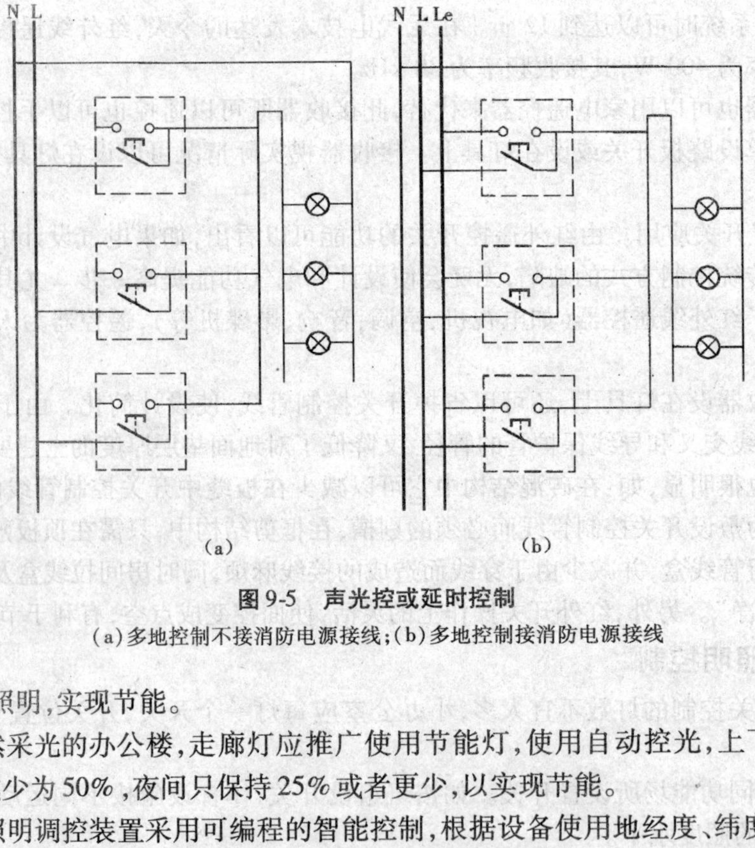

图 9-5　声光控或延时控制

(a)多地控制不接消防电源接线;(b)多地控制接消防电源接线

多少适当增减照明,实现节能。

(6)无天然采光的办公楼,走廊灯应推广使用节能灯,使用自动控光,上下班时 100% 开灯,工作时间减少为 50%,夜间只保持 25% 或者更少,以实现节能。

(7)户外照明调控装置采用可编程的智能控制,根据设备使用地经度、纬度准确地自动预知每天日升日落时间,控制线路的开闭;也可设定独立节能时间段,专门用于后半夜节能控制。其调控装置的降低电压调节电流的节能功能不仅普遍适用于白炽灯,而且适用于气体放电的高效光源(高压汞灯、高压钠灯等)。可见,使用该调控装置可以完成特定场合的照明时间控制。

在主干路、次干路采取这一措施时,应注意的以下问题:

①采用双光源灯具是一种合理的办法。深夜的交通流量小,关闭一支光源,既可以达到节能目的,又不影响路面亮度(或照度)均匀度。

②也可以采用深夜能自动降低路灯光源功率的装置,如双功率镇流器或有载调压变压器等。

③采用深夜关掉不超过半数灯具的办法,其优点是简单实用,缺点是会导致路面亮度(或照度)均匀度降低。采用这种办法时需注意的是不允许关掉道路纵向相邻的两盏灯具,以避免均匀度降低得过多。

9.3.4　中央控制系统

1. 硬件构成

可采用中央控制或分散控制系统。前者是通过一个电源控制器控制整个照明线路,而后者则只将控制器作为照明器中的一部分使成本费用降低,在许多情况下,中央控制会更为经济。一个基本的中央灯光控制系统由两个部分组成。

(1)电源控制器,安装在线路的源头(通常是在配电盘或天棚范围)和一个光电感应器(安装在线路中央的天棚上)中。

(2)光电感应器,在现场用于校准,以保持一个恒定的照度水平。它将信号发送给电源控制器,而控制器则调节输送至线路的电流。所有的照明器都配有标准的电感镇流器、启辉器和光源。

2. 系统控制范围

采用这种技术可将灯光控制在50%～100%的范围内,在荧光灯的情况下相当于42%～100%的功率范围。

3. 实施方式

在一个较大的具有均匀空间照明的房间里,所有的线路都可通过同一只光电感应器来控制,然而中央控制单元安放在光电感应器和电源控制器之间,因为一开始这个光电感应器设定值就不能轻易确定(房间的高度通常大于4 m),对光电感应器作任何校正就不实际了。由于中央控制单元是装在配电盘内,所以很容易变更照度设定值。

4. 控制要求

采用这种特别技术,甚至连高强气体放电的光源均能控制。光源的控制挡必须是标准的类型,而绝对不含任何功率因数校正电容,因为它们会干扰电源控制器。功率因数的调整是在电源控制器集中进行的。根据不同灯的类型,调光范围可达20%～100%。

9.3.5　智能照明控制

目前市场上出现全数字、模块化、分布式照明控制系统,它包括调光器及数字传感器等,集合成一个多功能装置,如表9-13所示。其适用的照明环境比较广泛,具有很高的可靠性,易于实现节能。对不必要的灯具需调暗或是自动关灭,有效利用天然光,优化运行费用,同时可以保护灯具,使其光源不受电压波动的影响而损坏。对于建筑设备自动化系统可以监控照明、节约能源、延长照明灯寿命,大厅、公共活动区及各层走道、停车场、立面广告的照明由电脑控制,按每天预先编排的时间程序来进行开关控制,并监视其状态,而工作状况可用文字及图形显示于彩色显示屏上,经打印出来后作为记录。

表 9-13 智能照明控制

序号	名 称	内 容	备 注
1	调光模块	荧光灯、白炽灯、节能灯,调光模块分别有 1、2、4、6、12 回路	每回路负载有 2、4、5、10、15、20A 等
2	非调光模块	有 4(10A/路)、6(2A/路)、12 回路(4、10A/路) 以上模块都是数字式,可编程且兼有电压波动限制、软启动开关等功能	运用于任何灯具
3	控制面板	控制多个调光模块、可编程、预置各种灯光场景	可取代传统开关
4	智能传感器	具有动静探测、光感探测、遥控接收功能	可取代传统开关
5	智能控制器	全自动控制系统可根据不同日期、时间,对所控制的不同区域分布进行灯光变化调节	控制多达 256 个区域的灯光变化,存储 96 种预设置

灯具的使用寿命也是直接影响照明系统运行费用的重要因素。譬如大厦内用得较多的气体放电荧光灯,电网电压过高和电涌电压是损坏灯管灯丝的致命因素,现代智能照明的软启动(关断)技术,有效地抑制了电网的冲击电压和电涌电压,避免了灯丝的热冲击。同时可通过系统人为地限制电压等措施延长灯具的使用年限。如果应用智能照明系统,尽管照度还是偏高设计,但由于在初始使用时就可以设定照度在标准值,而在灯具老化或墙面反射率降低时,系统可以智能调光,仍能恒定设定照度,对衰减因素起到自动补偿作用,从而避免了初始使用时的高照度能源浪费,如图 9-6 所示。

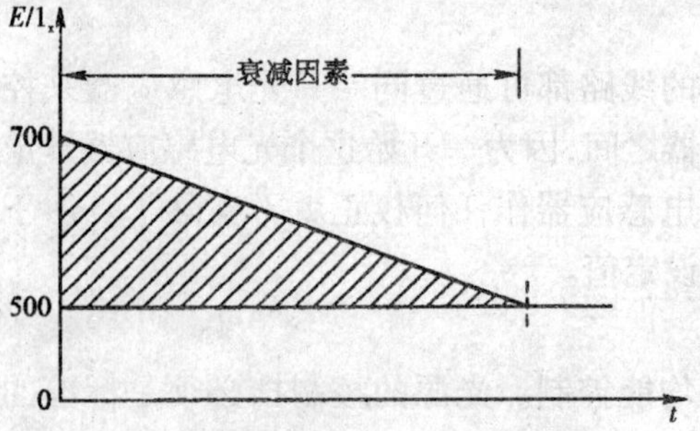

图 9-6 智能照明系统衰减因素比较

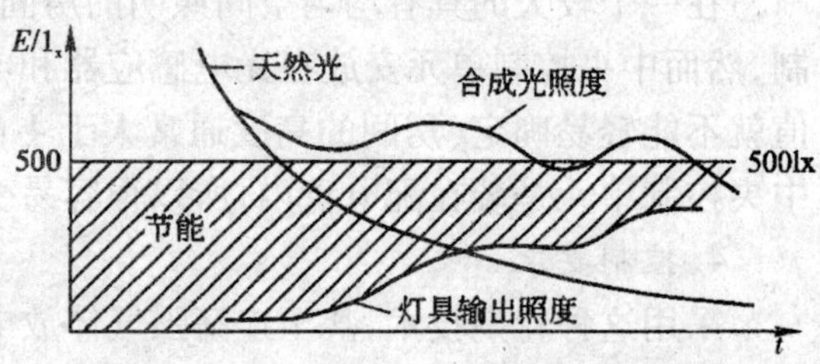

图 9-7 利用天然光室内照度合成曲线

此外,照明系统的能耗仅次于供热、通风与空调系统,并导致冷气负荷的增加,照明控制显得更加重要,只有在现代办公大楼等采用照明系统智能化控制,才能合理地实现有效节能。如用程序设定灯的开关时间,在需要时才把灯点亮。利用动静传感器的测量,一旦人离开室内 5 min 以上时便自动关灯。智能照明控制系统能自动调节光照度。当室外天然光强(弱)时,室内灯光自动调暗(亮)。靠近窗户的办公灯比靠内廊的办公灯光照度相对降低,保持办公室有恒定的照度,用最少的能源创造最佳的工作环境(见图 9-7)。同时结合智能照明对"衰减因素"的自动补偿作用。按以上方式的照明智能化设计时,可节约 30% ~50% 的照明用电。

目前智能照明控制已经有比较成熟的系统,具有模块化结构和分布控制的特点。"标准模块"可以实现灯光设计的照明构想,"功能模块"可以独立使用,也可以利用网络控制软件组成大型照明系统。例如,应用于某个区域的设计,如图 9-8 所示。由两个调光模块和一个控制面板组成一个 8 回路模块,操作面板可预置多种灯光场景,只需要按面板上的键盘编号任意调用。也可将各区域控制回路用计算机组成一个大型控制系统,如图 9-9 所示。

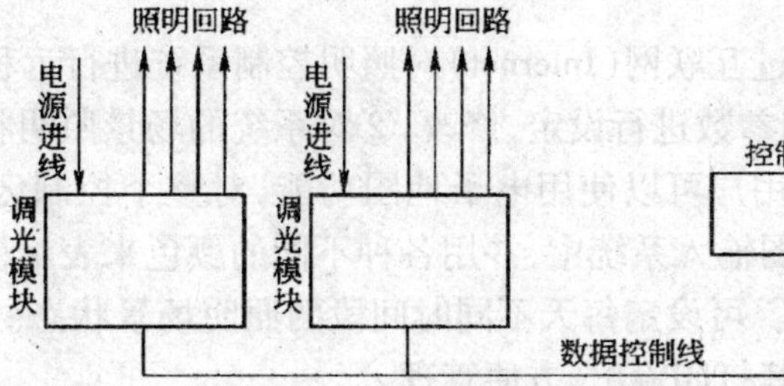

图 9-8 某区域调光设计框图

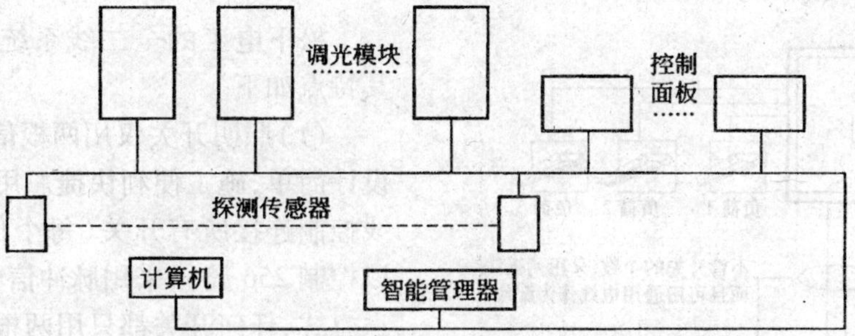

图 9-9 大型调光系统控制框图

但在设计的方案阶段,应注意这样一个问题:较高级的楼宇,一般设有建筑设备监控系统(BA 系统),利用 BA 系统控制照明已为大家所接受,基本上采用 DDC 控制。由于 BA 系统不是专为照明而做的,其功能及操作有局限性,一是很难做到调光控制,二是没有专用控制面板,完全在计算机上控制,灵活性较差,对于值班人员素质要求也较高,所以建议不采用此种方案。现在有不少公司生产的智能照明控制系统在照明控制中得到应用,如松下公司的二线系统,广州河东电子公司的 HDL-BUS 系统,施耐德公司的 C-BUS 系统,ABB 公司的 i-BUS 系统,邦奇公司的 Dynalite 系统等都有不少用户,其控制方式也大同小异。其常用控制功能一般有如下几种。

(1)场景控制功能。用户预设多种场景,按动一个键,即可调用需要的场景。多功能厅、会议室、体育场馆、博物馆、美术馆、高级住宅等场所多采用此种方式。

(2)恒照度控制功能。根据探头探测到的照度来控制照明场所内相关灯具的开启或关闭。写字楼、图书馆等场所,要求恒照度时,靠近外窗的灯具宜根据天然光的影响进行开启或关闭。

(3)定时控制功能。根据预先定义的时间,触发相应场景,使灯具打开或关闭。一般情况下,系统可根据当地的经纬度,自动推算出当天的日出、日落时间,根据这个时间来控制照明场景的开关。定时控制特别适用于夜景照明和道路照明。

(4)就地手动控制功能。正常情况下,控制过程按程序自动控制,在系统不工作时,可使用控制面板来强制调用需要的照明场景模式。

(5)群组组合控制功能。一个按钮,可定义为打开/关闭多个箱柜(跨区)中的照明回路,可一键控制整个建筑照明的开关。

(6)应急处理功能。在接到安保系统、消防系统的报警后,自动将指定区域照明全部打开。

(7)远程控制功能。通过互联网(Internet)对照明控制系统进行远程监控,能实现:①对系统中各个照明控制箱的照明参数进行设定、修改;②对系统的场景照明状态进行监视或控制。

(8)图示化监控功能。用户可以使用电子地图功能,对整个控制区域的照明进行直观的控制,可将整个建筑的平面图输入系统中,并用各种不同的颜色来表示该区域当前的状态。

(9)日程计划安排功能。可设定每天不同时间段的照明场景状态。可将每天的场景调用情况记录到日志中,并可将其打印输出,方便管理。

9.3.6 典型实例

1. 松下全二线系统

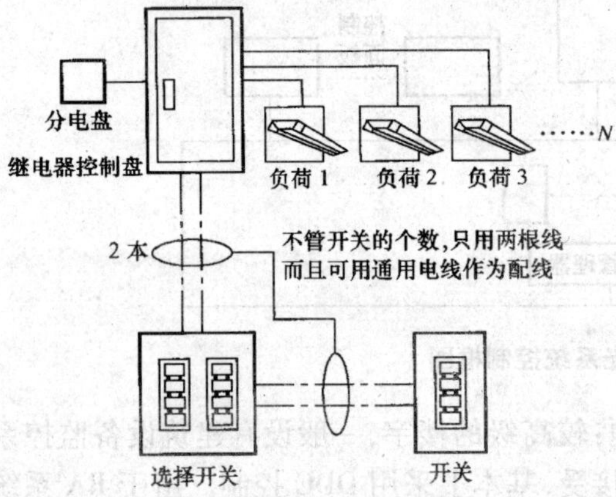

图 9-10 全二线系统示例

松下电工的全二线系统示例见图 9-10,其特点如下。

(1)照明开关仅用两根信号线连出网络,设计简单,施工便利快捷。用 2 根 24 V 信号线控制连接所有开关(每个传送单元最多可以控制 256 路),采用脉冲信号控制的多重传送方式,任何开关都只用两根电线连接,而且可用普通电线进行配线,设计、施工极为省力简便。

(2)使用无线地址设定器,可以简单地按数字键设定负载地址及功能。使用一台四功能的光地址式设定开关及无线地址设定器,可以方便地设定哪个开关控制哪个照明器具,并且可对着开关的表面按键操作,每个开关的对应负载的设定及控制功能的设定可在施工图作出后随意进行,不必根据负载不同变换不同开关。

(3)可在施工后设定控制范围,即使在竣工前被意外改变,也能灵活复原。在多重传送完全 2 线式控制系统中,可设定一个群组开关或状态开关来控制多个回路,控制范围的设定,只需进行设定开关的简单操作即可,并且可在施工后,由用户结合自己意愿进行。

(4)可与定时器、探测器等联动,自动实现照明开关状态的切换,达到高效的照明环境,谋求更进一步的节能。

2. 施耐德公司 C-Bus 照明系统

施耐德公司的 C-Bus 照明系统也是一种 2 总线系统,如图 9-11 所示。该系统具有开放性,可提供与建筑设备监控系统相连接的接口和软件协议。系统中各元件内均设有微处理器和存储单元,各元件间通过一对非屏蔽双绞线(UTP5)进行信息传递,完成对室内、外照明及相关设备的控制。

C-Bus 照明系统由输入、输出及系统三部分组成。输入部分的功能是将外界的控制信号转换为系统信号作为控制依据,它包括输入键、场景控制器、红外遥控器、照度传感器、红外线探测器、定时单元、辅助输入单元等;输出部分的任务是接收总线上的控制信号,控制相应的负荷回路,实现照明控制,它包括模拟输出单元、不同回路的继电器和调光器等;系统部分是指供电单元、系统网络、PC 机及其接口。在系统监测软件支持下,可对照明系统全面地进行实时监

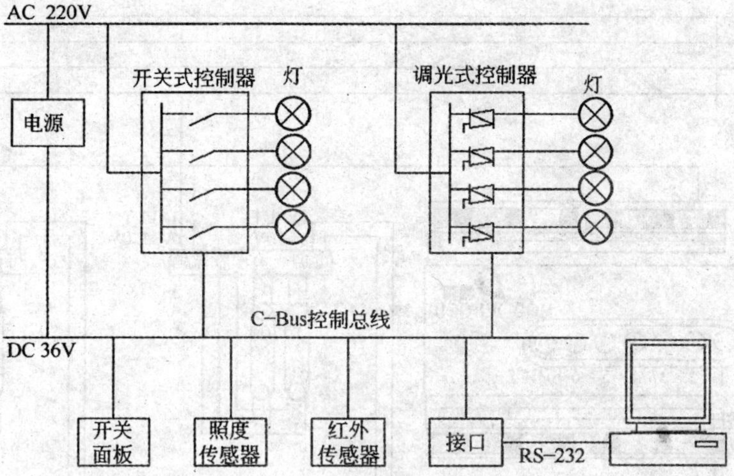

图9-11　C-Bus照明控制系统

测。

3. HDL-BUS 系统

HDL-BUS系统为广州河东电子公司生产的智能照明控制系统，不仅有上述功能，该系统采用开放性及高扩展性协议，能使照明系统与楼宇控制系统、消防系统、保安系统、舞台灯光系统等实现无缝连接。其接线示意图见图9-12～图9-14。

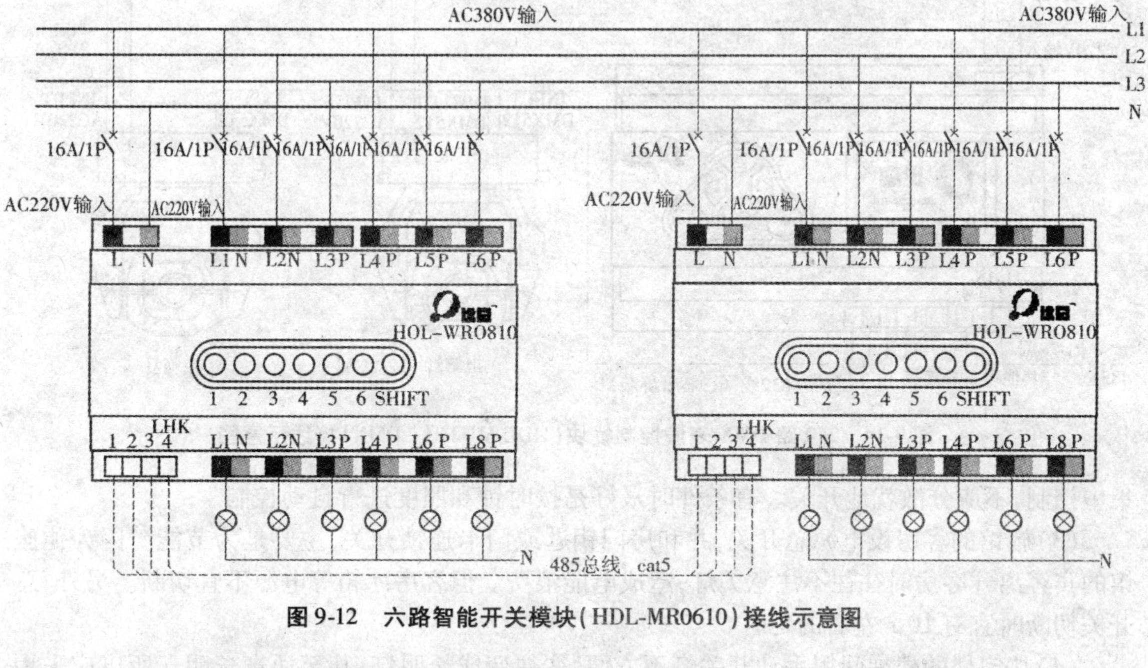

图9-12　六路智能开关模块（HDL-MR0610）接线示意图

9.3.7　规范中对照明节能控制的要求

（1）公共场所的照明，常常无人及时关灯，为了节电，宜有集中控制。按天然采光分组，是为了白天天然光良好时，可分别开关灯。

（2）体育场馆、候机（车）楼等公共建筑应由专门人员管理、控制开关灯，必要时的调光，应

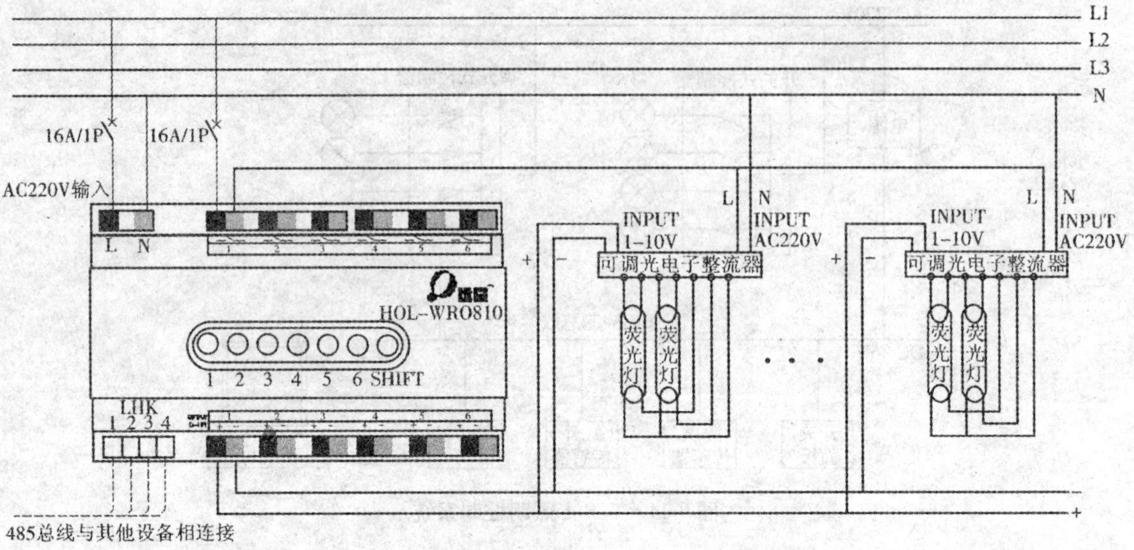

图 9-13 六路荧光灯调光模块(HDL-MRDA06)接线示意图

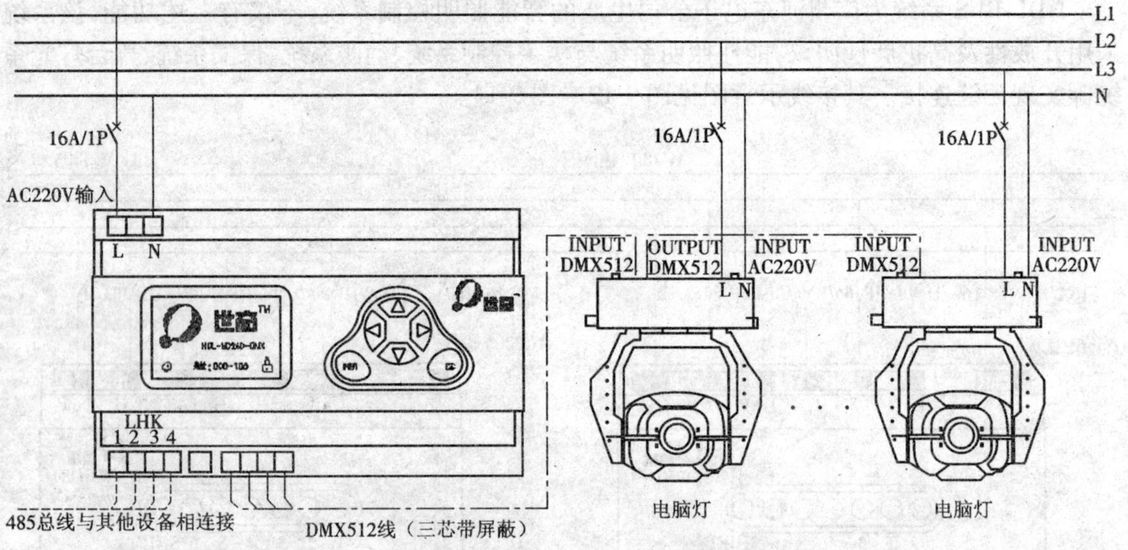

图 9-14 240 路 DMX 表演控制模块(HDL-MD240 - DMX)接线示意图

集中控制,不应分散就地开关。有条件时最好是按时钟和照度进行自动控制。

(3)旅馆的客房设电源总开关,并和房门钥匙或门卡连锁开关,主要是为节能。因为住旅馆的宾客离开客房时往往不注意关灯,造成电能浪费。但客房冰箱等电源不宜切断。另外,总开关切断时宜有 10 s 左右的延时。

(4)住宅楼的楼梯间用手动开关灯不方便,往往变成长明灯,甚至通宵长明。所以应采用声音结合光照自动控制开关,运行使用中有利节能。

(5)房间或场所内一个开关控制的灯数不宜太多,一般 2 ~4 个灯设 2 个开关,6 ~8 个灯设 2 ~4 个开关,以使个别人工作时,按需要点亮那部分灯。

(6)房间或场所装设有两列或多列灯具时,宜按下列方式分组控制:

①所控灯列与侧窗平行;

②生产场所按车间、工段或工序分组;

③电化教室、会议厅、多功能厅、报告厅等场所,按靠近或远离讲台分组。

控制灯列与窗平行,有利于利用天然光;按车间、工序分组控制,方便使用,可以关闭不需要的灯光;报告厅、会议厅等场所,是为了在使用投影仪等类设备时,关闭讲台和邻近区段的灯光。

(7)有条件的场所,宜采用下列控制方式:

①天然采光良好的场所,应根据天然光的照度变化控制电气照明的分区,并按该场所照度自动开关灯或调光;

②个人使用的办公室,采用人体感应或动静感应等方式自动开关灯;

③旅馆的门厅、电梯大堂和客房层走廊等场所,采用夜间定时降低照度的自动调光装置;

④大中型建筑,按具体条件采用集中或集散的、多功能或单一功能的自动控制系统。

对于一些高档次建筑和智能建筑或其中某些场所,有条件时,可采用调光、调压或其他自控措施,以节约电能。

(8)城市道路照明宜采用下列节能控制措施。

①道路照明应根据所在地区的地理位置和季节变化合理确定开关灯时间,并应根据天空亮度变化进行必要修正。宜采用光控和时控相结合的控制方式。

②道路照明采用集中遥控系统时,远动终端宜具有在通信中断的情况下自动开关路灯的控制功能和手动控制功能。

③道路照明开灯时的天然光照度水平宜为 15 lx;关灯时的天然光照度水平,快速路和主干路宜为 30 lx,次干路和支路宜为 20 lx。

(9)景观照明宜采取以下节能措施:

①景观照明应采取长寿命高光效光源和高效灯具,并宜采取点燃后适当降低电压以延长光源寿命的措施;

②景观照明应设置深夜减光控制方案。

9.4　照明节能计算

9.4.1　照明功率密度

照明功率密度(Lighting Power density, LPD)是指在一个满足现行照度标准的照明场所,照明灯具总的安装功率(含启动装置功率消耗)与该场所的面积之比,其计算公式为

$$LPD=\frac{\sum P}{S} \tag{9-1}$$

式中:LPD——该场所的照明功率密度,W/m^2;

$\sum P$——该场所不同灯具的安装功率之和,W;

S——该场所的总面积,m^2。

1. 居住建筑的照明功率密度

居住建筑每户照明功率密度值不宜大于表 9-14 的规定。当房间或场所的照度值高于或

低于本表规定的对应照度值时，其照明功率密度值应按比例提高或折减。

表 9-14 居住建筑每户照明功率密度值

房间或场所	照明功率密度/(W/m²)		对应照度值/lx
	现行值	目标值	
起居室	7	6	100
卧　室			75
餐　厅			150
厨　房			100
卫生间			100

2. 办公建筑的照明功率密度

办公建筑照明功率密度值不应大于表 9-15 的规定。当房间或场所的照度值高于或低于本表规定的对应照度值时，其照明功率密度值应按比例提高或折减。

表 9-15 办公建筑照明功率密度值

房间或场所	照明功率密度/(W/m²)		对应照度值/lx
	现行值	目标值	
普通办公室	11	9	300
高档办公室、设计室	18	15	500
会议室	11	9	300
营业厅	13	11	300
文件整理、复印、发行室	11	9	300
档案室	8	7	200

3. 商业建筑的照明功率密度

商业建筑照明功率密度值不应大于表 9-16 的规定。当房间或场所的照度值高于或低于本表规定的对应照度值时，其照明功率密度值应按比例提高或折减。

表 9-16 商业建筑照明功率密度值

房间或场所	照明功率密度/(W/m²)		对应照度值/lx
	现行值	目标值	
一般商店营业厅	12	10	300
高档商店营业厅	19	16	500
一般超市营业厅	13	11	300
高档超市营业厅	20	17	500

设有重点照明的商店营业厅，该楼层营业厅的照明功率密度值每平方米可增加 5 W。

4. 旅馆建筑的照明功率密度

旅馆建筑照明功率密度值不应大于表9-17的规定。当房间或场所的照度值高于或低于本表规定的对应照度值时，其照明功率密度值应按比例提高或折减。

表9-17 旅馆建筑照明功率密度值

房间或场所	照明功率密度/(W/m^2)		对应照度值/lx
	现行值	目标值	
客房	15	13	—
中餐厅	13	11	200
多功能厅	18	15	300
客房层走廊	5	4	50
门厅	15	13	300

5. 医院建筑的照明功率密度

医院建筑照明功率密度值不应大于表9-18的规定。当房间或场所的照度值高于或低于本表规定的对应照度值时，其照明功率密度值应按比例提高或折减。

表9-18 医院建筑照明功率密度值

房间或场所	照明功率密度/(W/m^2)		对应照度值/lx
	现行值	目标值	
治疗室、诊室	11	9	300
化验室	18	15	500
手术室	30	25	750
候诊室、挂号厅	8	7	200
病房	6	5	100
护士站	11	9	300
药房	20	17	500
重症监护室	11	9	300

6. 学校建筑的照明功率密度

学校建筑照明功率密度值不应大于表9-19的规定。当房间或场所的照度值高于或低于本表规定的对应照度值时，其照明功率密度值应按比例提高或折减。

表9-19 学校建筑照明功率密度值

房间或场所	照明功率密度/(W/m^2)		对应照度值/lx
	现行值	目标值	
教室、阅览室	11	9	300
实验室	11	9	300

续表

房间或场所	照明功率密度/(W/m²)		对应照度值/lx
	现行值	目标值	
美术教室	18	15	500
多媒体教室	11	9	300

7. 工业建筑的照明功率密度

工业建筑照明功率密度值不应大于表9-20的规定。当房间或场所的照度值高于或低于本表规定的对应照度值时,其照明功率密度值应按比例提高或折减。

表9-20 工业建筑照明功率密度值

房间或场所		照明功率密度/(W/m²)		对应照度值/lx
		现行值	目标值	
1 通用房间或场所				
试验室	一般	11	9	300
	精细	18	15	500
检验	一般	11	9	300
	精细	27	23	750
计量室、测量室		18	15	500
变、配电站	配电装置室	8	7	200
	变压器室	5	4	100
电源设备室、发电机室		8	7	200
控制室	一般控制室	11	9	300
	主控制室	18	15	500
电话站、网络中心、计算机站		18	15	500
动力站	风机房、空调机房	5	4	100
	泵房	5	4	100
	冷冻站	8	7	150
动力站	压缩空气站	8	7	150
	锅炉房、煤气站的操作层	6	5	100
仓库	大件库(如钢坯、钢材、大成品、气瓶)	3	3	50
	一般件库	5	4	100
	精细件库(如工具、小零件)	8	7	200
车辆加油站		6	5	100
2 机、电工业				
机械加工	粗加工	8	7	200
	一般加工(公差≥0.1 mm)	12	11	300
	精密加工(公差<0.1 mm)	19	17	500

续表

房间或场所		照明功率密度/(W/m²)		对应照度值/lx
		现行值	目标值	
机电、仪表装配	大　件	8	7	200
	一般件	12	11	300
	精　密	19	17	500
	特精密	27	24	750
电线、电缆制造		12	11	300
线圈绕制	大线圈	12	11	300
	中等线圈	19	17	500
	精细线圈	27	24	750
线圈浇注		12	11	300
焊接	一般	8	7	200
	精密	12	11	300
钣金		12	11	300
冲压、剪切		12	11	300
热处理		8	7	200
铸造	熔化、浇铸	9	8	200
	造型	13	12	300
精密铸造的制模、脱壳		19	17	500
锻工		9	8	200
电镀		13	12	300
喷漆	一般	15	14	300
	精细	25	23	500
酸洗、腐蚀、清洗		15	14	300
抛光	一般装饰性	13	12	300
	精细	20	15	500
复合材料加工、铺叠、装饰		19	17	500
机电修理	一般	8	7	200
	精密	12	11	300
3　电子工业				
电子元器件		20	18	500
电子零部件		20	18	500
电子材料		12	10	300
酸、碱、药液及粉配制		14	12	300

注：房间或场所的室形指数值等于或小于1时，本表的照明功率密度值可增加20%。

8. 机动车交通道路的照明功率密度

机动车交通道路的照明功率密度值不应大于表 9-21 的规定。

表 9-21 机动车交通道路的照明功率密度值

道路级别	车道数/条	照明功率密度值(*LPD*)/(W/m^2)	对应的照度值/lx
快速路主干道	≥6	1.05	30
	<6	1.25	
	≥6	0.7	20
	<6	0.85	
次干路	≥4	0.7	15
	<4	0.85	
	≥4	0.45	10
	<4	0.55	
支路	≥2	0.55	10
	<2	0.60	
	≥2	0.45	8
	<2	0.50	

注:1. 本表仅适用于高压钠灯,当采用金属卤化物灯时,应将表中对应的 *LPD* 值乘以 1.3。

2. 本表仅适用于设置连续照明的常规路段。

3. 设计计算照度高于标准时,*LPD* 值不得相应增加。

9. 设装饰性灯具场所

设装饰性灯具场所,可将实际采用的装饰性灯具总功率的 50% 计入照明功率密度值的计算。

有些场所为了加强装饰效果,安装了枝形花灯、壁灯、艺术吊灯等装饰性灯具,这种场所可以增加照明安装功率。增加的数值按实际采用的装饰性灯具总功率的 50% 计算 LPD 值,这是考虑到装饰性灯具的利用系数较低,所以假定它只有一半左右的光通量起到提高作业面照度的效果。设计应用举例如下。

某场所的面积为 100 m^2,照明灯具总安装功率为 2 000 W(含镇流器功耗),其中装饰性灯具的安装功率为 800 W,其他灯具安装功率为 1 200 W。按本条规定,装饰性灯具的安装功率按 50% 计入 *LPD* 值计算,则该场所实际 *LPD* 值应为

$$LPD = \frac{1\,200 + 800 \times 50\%}{100} = 16\ \text{W/m}^2$$

9.4.2 照明功率密度的计算实例

【例 9-1】 某实验室面积为 12×5 m^2,桌面高 0.8 m,灯具吊高 3.8 m,吸顶安装。拟采用 YG6—2 型双管 2×40 W 吸顶式荧光灯照明,灯具效率为 86%。假定墙面反射系数 P_q 为 0.6,顶棚反射系数 P_t 为 0.7,试计算桌面最低照度,并确定房间内的灯具数。

解:采用光通利用系数法计算

根据题意知:$h = 3.8 - 0.8 = 3$ m,$S = 12 \times 5 = 60$ m^2。查表 1-22,实验室平均照度值为

300 lx。

①确定室形系数

$$K_{RC}=\frac{5h(a+b)}{ab}=\frac{5\times3\times(12+5)}{12\times5}\approx4.25$$

②根据已知的 $P_t=0.7=70\%$,$P_q=0.6=60\%$ 和求得的 $K_{RC}=4.25$,查附录 5 中的 YG6—2 荧光灯的利用系数,采用插值法查取 K_u,步骤如下。

按 $K_{RC}=4.25$,$P_t=0.7=70\%$,$P_q=0.6=60\%$,查附录 5,先取 $K_{RC}=4$ 和 $K_{RC}=5$,$P_t=70\%$,$P_q=50\%$ 和 $P_q=70\%$ 时的 K_u 值,见表(a);然后在 $K_{RC}=4$ 和 $K_{RC}=5$ 之间插入 $K_{RC}=4.25$,得表(b);再在表(b)中 $P_q=50\%$ 和 $P_q=70\%$ 之间插入 $P_q=60\%$,得表(c),从而得到所要求的光通利用系数 $K_u=0.555$。

求取 K_u 的计算过程举例如下:

如当 $K_{RC}=4.25$,$P_t=70\%$ 时有 $K_u=0.62-\frac{(0.62-0.56)}{5-4}\times(4.25-4)=0.605$

当 $K_{RC}=4.25$,$P_t=60\%$ 时有 $K_u=0.605-\frac{(0.605-0.505)}{70-50}\times(70-60)=0.555$

表(a)

P_t/%		70	
P_q/%		70	50
		K_u	
K_{RC}	4	0.62	0.52
	5	0.56	0.46

表(b)

P_t/%		70	
P_q/%		70	50
		K_u	
K_{RC}	4.25	0.605	0.505

表(c)

P_t/%		70
P_q/%		60
		K_u
K_{RC}	4.25	0.555

③查附录 6,距高比 $L/h=1.22$,得 $Z=1.29$,则桌面最低照度

$$E_{min}=\frac{E_{av}}{Z}=\frac{300}{1.29}=232.6\ \text{lx}$$

④查表 1-28,得维护系数 $k=0.8$,则 $\sum\Phi=\frac{E_{av}S}{K_u k}=\frac{300\times60}{0.555\times0.8}=40\ 541\ \text{lm}$

由附录 5 知:$\Phi=2\times2\ 400=4\ 800$ lm,故房间内的灯具数

$$N=\frac{\sum\Phi}{\Phi}=\frac{40\ 541}{4\ 800}\approx 8.4\text{套}$$

可按8套或9套布置,如按9套布置时验算平均照度

$$E_{av}=\frac{N\Phi K_u k}{S}=\frac{9\times 4\ 800\times 0.555\times 0.8}{60}=319.7\ \text{lx}$$

稍大于平均照度推荐值,可以满足使用要求。但新照明标准规定:实验室在300 lx时,*LPD*(功率密度)$=11\text{W/m}^2$,$R_a>80$。

普通粉粗管荧光灯含镇流器的总安装功率为$(40+8)\times 9\times 2=864$ W,故*LPD*值为$\frac{864}{60}=14.4\ \text{W/m}^2$

折算到300 lx的*LPD*值为$13.5\ \text{W/m}^2$,大于$11\ \text{W/m}^2$,不符合现行规范。可见,普通粉粗管荧光灯(T12)在新标准要求下存在两个问题:一是*LPD*值高,二是R_a值小,故应采用新型光源T8三基色粉荧光灯(36 W)$R_a>80$,色温4 000 K,光通量3 250 lm。

重新计算

$$\Phi=2\times 3\ 250=6\ 500\ \text{lm},N=\frac{\Sigma\Phi}{\Phi}=\frac{42\ 162.2}{6\ 500}=6.5$$

现选6盏,$E_{av}=\frac{N\Phi K_u k}{S}=\frac{6\times 6\ 500\times 0.555\times 0.8}{60}=288.6$ lx,在照度误差允许范围之内。

含电感镇流器的总的安装功率为 $(36+8)\times 6\times 2=528$ W

$$LPD=\frac{528}{60}=8.8\ \text{W/m}^2$$

折算到300 lx的*LPD*值为:$9.15(\text{W/m}^2)$,小于$11\ \text{W/m}^2$,故选用T8型6盏灯具是合理的。

思考题

1. 什么是绿色照明?
2. 照明节能原则是什么?
3. 照明节能措施包括哪些内容?
4. 哪些光源是节能的电光源? 各有什么特点?
5. 何为混光照明,它有什么优点?
6. 高效节能灯具应具有哪些特征? 并简要说明。
7. 照明光源设计时,节能是首先要考虑的问题,请你根据周围的情况,说明如何选择节能光源和节能灯具。
8. 为什么说照明节能与照明设计有密切关系?
9. 照明节能效果如何评估?
10. 照明节能措施中的照明控制包括哪些要素?
11. 照明控制的方式有哪几种? 试比较各种控制方式的特点。并阐述什么是合理的照明控制。
12. 照明控制的主要目的是什么?
13.《建筑照明设计规范》和《城市道路设计标准》中对照明节能控制有什么要求?

第 10 章　照明测量简述

照明装置在工作面上或在所要求的位置上产生的照度或亮度水平，是照明设计的重要指标，并有国家标准予以规定，因此，对新建、改建或运行中的照明装置应进行照度或亮度测量。对照明进行测量可以达到以下目的：

(1)检验实测照明效果是否达到预期的设计目标；

(2)了解不同照明装置产生的效果并进行分析比较，取得设计经验；

(3)确定是否需要对照明装置进行改装或维护。

为使测量结果准确可靠并有可比性，测量仪器和测量方法都应遵守国家标准《室内照明测量方法》(GB 5700)和《室外照明测量方法》(GB/T 15240)及有关规定。

10.1　常用测量仪器

10.1.1　照度计

1. 照度计的构造

测量照度的仪器是照度计，或称勒克斯计。照度计通常是由硒光电池或硅光电池和微安表组成，见图 10-1。硒光电池是把光能直接转换成电能的光电元件。当光线射到硒光电池表面时，入射光透过金属薄膜 4 到达半导体硒层 2 和金属薄膜 4 的分界面上，在界面上产生光电效应。产生电位差的大小与光电池受光表面上的照度有一定的比例关系。这时如果接上外电路，就会有电流通过，电流值从以勒克斯为刻度的微安表上指示出来。光电流的大小取决于入射光的强弱和回路中的电阻。照度计有变挡装置，因此可以测高照度，也可以测低照度。

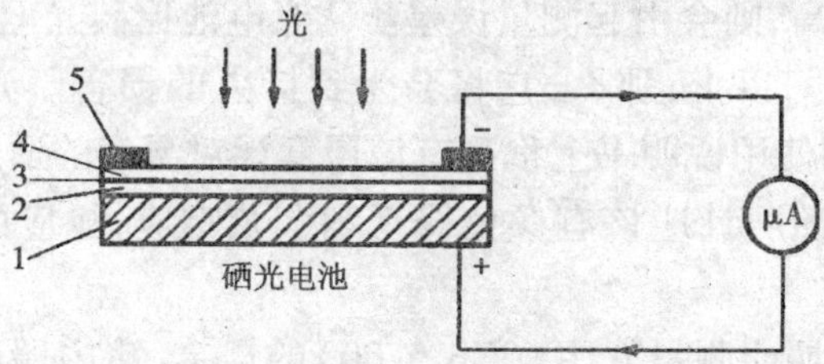

图 10-1　硒光电池照度计原理图

1—金属底板；2—硒层；3—分界面；4—金属薄膜；5—集电环

2. 照度计的技术要求

照度计的质量主要由以下四个因素决定。

(1)光谱响应。硒光电池或硅光电池的基本光谱响应不同于人的视觉系统的光谱响应。如果光电池不加修正而直接使用，在测量光谱能量分布不同的光源，特别是测量具有非连续光谱的气体放电灯产生的照度时，就会出现较大的误差。所以，为了获得精确的照度测量，必须把光电池的光谱响应修正到人的视觉系统的光谱响应[以 CIE“平均人眼”的光视效率 $V(\lambda)$

数据为标准]。这种修正可以是直接采用在光电池上加滤光片的方法,也可以间接采用在不同光源下校准光电池提供修正系数的方法。精密的照度计都是给光电池匹配一个合适颜色的玻璃滤光片构成颜色修正光电池。颜色修正光电池的光谱灵敏度与 $V(\lambda)$ 曲线的相符程度越好,照度计的精度就越高。具有颜色修正的光电池可以用于所有光源下的照度测量。光电池的相对光谱灵敏度曲线与 CIE$V(\lambda)$ 曲线的比较见图 10-2 所示。

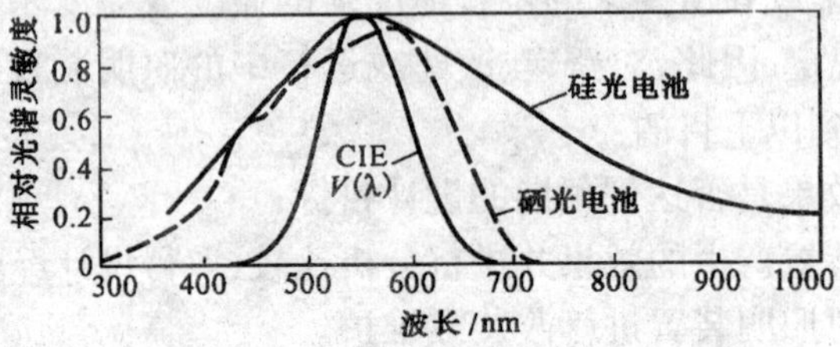

图 10-2　光电池的相对光谱灵敏度曲线与 CIE$V(\lambda)$ 曲线的比较

(2)余弦响应。照度计对光以不同的方向入射到光电池的响应叫做光的斜入射响应或余弦响应。具体地说,当光线以倾斜方向照射光电池时,光电流输出应符合余弦法则,即这时的照度应等于光线垂直入射时的法线照度与入射角余弦的乘积。但是,由于光电池表面的镜面反射作用以及固定光电池部件的遮挡,在光线入射角大时,会从光电池表面反射和遮挡掉一部分光线,从而使光电流小于上面所说的正确值。为了修正这一误差,通常在光电池上外加一个用均匀漫射材料制成的余弦校正器。

(3)响应的线性。在测量范围内,照度计的读数应与投射到光电池受光表面上的光通成正比,也就是说,照度计的示值应该与光电池受光面上的照度值成线性关系。照度计响应的线性度主要由光电池输出连接线路的电阻和受光量决定,照度越高,阻值越大,引起的非线性越严重。

(4)对温度的敏感性。照度计对温度改变的敏感性也受到光电池所连接的电路内阻的影响,如果内阻大而温度过高,则会引起测量误差。硒光电池比硅光电池对温度更敏感。如果将硒光电池连续曝光在 50 ℃以上,那么,它将会受到持久的损害。光电池应当在环境温度为 25 ℃左右使用,照度计的使用说明书上都列有该照度计对温度的适应范围。

总的来说,一个好的照度计应该有颜色修正和余弦响应,响应的线性不受环境温度的影响。

按照国家标准《室内照明测量方法》(GB 5700)的规定,室内照度测量宜采用精度为二级以上的照度计(指针式或数字式)。按照(GB/T 15240)《室外照明测量方法》的规定,室外照明的照度测量宜采用一级照度计,对于道路和广场照明的照度测量,应采用能读到 0.1 lx 的照度计。各级照度计的技术要求如表 10-1 所示。

表 10-1　各级照度计的技术要求

级别 技术要求	标准照度计	一级照度计	二级照度计	级别 技术要求	标准照度计	一级照度计	二级照度计
相对示值误差/%	≤±1.5	≤±4	≤±8	偏振依赖性/%	2	4	6

续表

技术要求＼级别	标准照度计	一级照度计	二级照度计	技术要求＼级别	标准照度计	一级照度计	二级照度计
方向性误差/%	≤3	≤4	≤6	$V(\lambda)$误差/%	≤3	≤5	≤8
红外响应误差/%	≤1	≤2	≤4	温度依赖性/(%/℃)	±0.2	±0.5	±1.0
紫外响应误差/%	≤0.5	≤1.5	≤2.5	指示值再现性/%	0.1	0.5	1
疲劳误差/%	-0.2	-0.5	-1	回零误差	0.1	0.3	0.5
非直线性误差/%	±0.3	±1	±2.5	读数不稳定时间/s	5	5	5
换档误差/%	±0.3	±1	±2	不受光照 30 min 内的零点飘移/%	满量程的±2	满量程的±1	满量程的±2

10.1.2　亮度计

亮度计是测光和测色的计量仪器，其工作原理是由视觉（或色觉）匹配的探测器、光学系统以及与亮度成比例的信号输出处理系统所组成。

按《室外照明测量方法》中的规定，亮度测量宜采用一级亮度计，当只要求测量平均亮度时，可采用积分亮度计；如果还要求得出亮度总均匀度和亮度纵向均匀度时，宜采用带望远镜的亮度计。对亮度计的计量性能要求见表 10-2 规定。

表 10-2　亮度计的计量性能要求

级别＼项目	示值误差	线性误差/%	换挡误差/%	疲劳特性/%	稳定度/%	测量距离特性/%	色校准系数变化量	视觉匹配误差/%
标　准	±2.5%(0.01)	±0.5	±0.5	±0.5	±1.0	±0.5	±0.01	3.5
一　级	±5%(0.02)	±1.0	±1.0	±1.0	±1.5	±1.0	±0.02	5.5
二　级	±10%(0.04)	±2.0	±2.0	±2.0	±2.5	±2.0	±0.04	8.0

注：括号中数据为绝对值。

10.2　不同场合的照度测量

10.2.1　室内一般照明的照度测量

1. 空房间或非工作房间

预先在测量场所划好正方形或近似正方形的网格并做好记号（一般室内或工作区网格边长为 2～4 m，对于小面积的房间，网格边长可取 1 m）。在每个网格中心工作面的高度上测量照度，为此，常用一个便携式支架将光电池支在固定的高度并保持水平位置进行测量。

整个区域的平均照度是将所有这些测量值平均后求得的，即

$$E_{av} = \frac{\sum E_i}{n} \tag{10-1}$$

式中：E_{av}——测量区域的平均照度/lx；

E_i——每个测点的照度值/lx；

n——测点数。

测点越多，得到的平均值越精确，不过也相应地增加了工作量。如果 E_{av} 的允许测量误差为10%，可用根据房间室形指数选择最少测点的办法以减少工作量。房间室形指数与最少测点数的关系列于表10-3。表中的数据，距高比直到1.5∶1都是成立的。当要求测量区域的平均照度 E_{av}，误差小于5%时，测点数必须增加；如果选择的点数正好和灯具数一致，则测点数就要比表10-3中给的稍多一些。

表10-3 房间室形指数与最少测点数的关系

室形指数 RI	最少测点数	室形指数 RI	最少测点数
<1	4	$2 \leqslant RI < 3$	16
$1 \leqslant RI < 2$	9	≥3	25

房间室形指数 RI 由下式求出：

$$RI = \frac{a \times b}{h(a + b)} \tag{10-2}$$

式中：RI——房间室形指数；

a、b——房间的长和宽，m；

h——灯具在工作面以上的高度，m。

当测点足够多时，可以画一张平面等照度曲线图，就能直观地了解照度的分布情况。平面等照度曲线图如图10-3所示。

2. 有家具设备的工作房间

在工作的房间内，应当在工作地段或作业区（例如书桌、工作台）测量照度。在这种情况下按照网格上的点选择测点时，应该考虑到通过这些测点对照度的测量，能够合理地评价每一个工作位置的平均照度。

在一些大面积照明场所，如工厂车间，灯具往往不能全部点燃，由于有设备，因此影响了布点，这时可以采用一个较为简便的近似方法，如图10-4所示。在大面积采用配光对称的同类型灯具时，照度分布也是对称的，而且非常近似。选择其中一个有代表性的小区域面积 $ABCD$，并划分成网格，在网格中心测量照度，并按式(10-1)计算出平均照度。

3. 有高大机器或高大货架的房间

在这种情况下测量平均照度往往意义不大，因此，只在经常有人进行活动的区域或地点测量照度。

4. 有局部照明的房间

当以局部照明补充一般照明时，要在人处在正常位置的条件下，测量工作地点的照度，不管是否有阴影投在光电池上。

测量时，光电池的感光面应处于工作面上，或是位于进行精细作业的操作面上（水平的、垂直的或倾斜的）。

5. 走廊、通道、楼梯间

测量走廊、通道、楼梯间等处的平均照度时，在这些场所的长方向中心线上按1～2 m的间

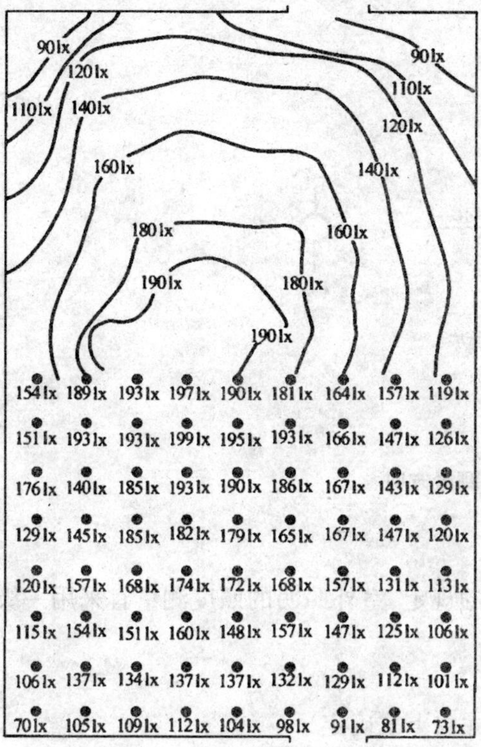

图 10-3　平面等照度曲线

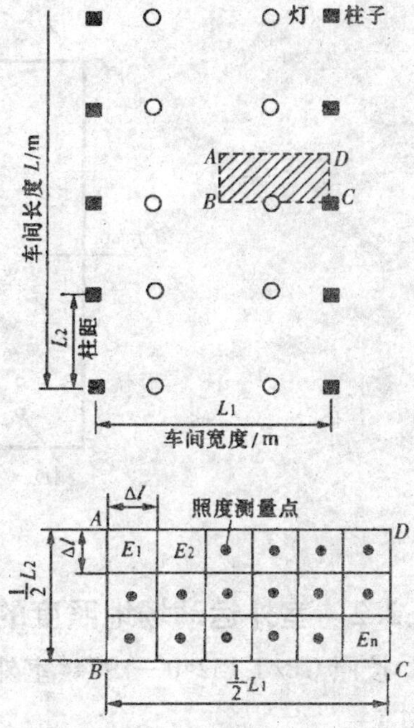

图 10-4　近似法测量平均照度 E

隔布置测点，测点高度规定为地面或离地不超过 15 cm 的水平面，用式(10-1)计算平均照度。

6. 室内运动场地

预先在运动场地边线内划好网格，网格的边长为 2 ~ 4 m，网格宜为正方形或近似正方形，测点在网格的中心。对于照明装置对称安装的场地，可测量其 1/2 或 1/4 运动场地。

(1)测量水平照度时，测量位置原则上在地平面上，测量垂直照度时，测量位置为距地面 1 m 高处的垂直面上。但为了方便，水平照度和垂直照度的计算与测量均可取距地面 1 m 高处的水平面或垂直面。因为当灯具安装高度在大于 10 m 时，在地面和在距地而 1 m 高的水平面上测得的水平照度之间差别是可以忽略的。

(2)测量垂直照度时，光电池受光面垂直于地面，并分别平行于场地四个边线方向 A、B、C、D 进行测量，如图 10-5 所示。

(3)平均照度的计算如下。

①平均水平照度的计算。在各点上测得了水平照度 E_h 后，平均水平照度 E_{ha} 按式(10-1)计算。

②平均垂直照度的计算。为了确定在 A 边方向上的平均垂直照度 E_{va}，将 A 方向上各点的垂直照度 $E_{vAi}(i=1,2,\cdots n)$ 相加再除以测点数 n，因此在 A 方向上的平均垂直照度

$$E_{vA}=(E_{vA1}+E_{vA2}+\cdots+E_{vAn})/n \qquad (10\text{-}3)$$

该方法同样适用于 B、C、D 方向。

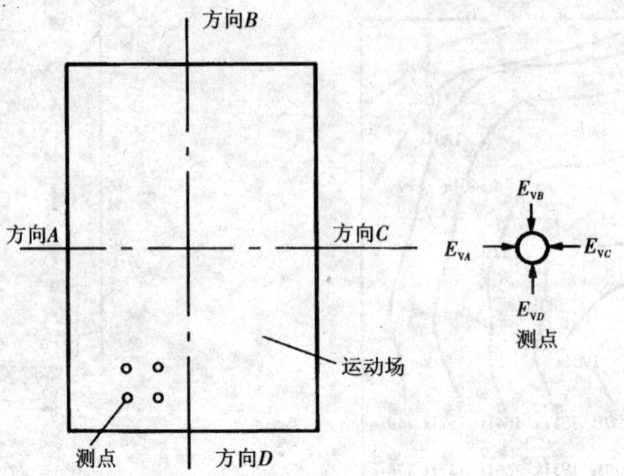

图 10-5 垂直照度测量方向

10.2.2 室外运动场地照度的测量

按照 GB/T 15240—1994《室外照明测量方法》的规定，室外照明的照度测量宜采用一级照度计。

1. 足球场

如果足球场的长度为 p，宽度为 q，网格边长尺寸由下式确定

$$\left.\begin{aligned}\Delta P &= \frac{P}{11}\\ \Delta q &= \frac{q}{7}\end{aligned}\right\}\qquad(10\text{-}4)$$

测量整个场地的照度时，将式(10-4)规定的网格扩展到场地边界，包括跑道在内，跑道以外的区域不予测量，见图 10-6 所示。

测量足球场的水平照度时，光电池放在地面上；测量垂直照度时光电池位于距地面 1 m 高处。然后用式(10-1)和式(10-3)计算平均水平照度和平均垂直照度。

2. 跑道区

对田径、速滑等跑道直线部分照度的测量，采用图 10-7 所示的网格，把整个跑道的宽度 g 划分成四条宽度为 Δq 相等的带，而横向则按形成近似的方形网格划分，在弯曲部分是把直线部分的网格扩展到弯曲部分，只在跑道的网格中心测量照度。另一种布点方法是弯曲部分纵向网格顺着曲线，而横向网格线则由适当的间距建立的径向线组成，这些网格近似地和跑道的直线部分的网格间距相同，如图 10-8 所示。

10.2.3 游泳池水面照度的测量

1. 测点布置

在游泳池的纵向，以泳道的边界线为测量网格的纵向边线，横向则按形成近似的正方形网格划分。测点在网格的中心。

2. 测量平面和测点高度

测量游泳池水面照度时应将光电池放在水面上或不高出水面 15 cm 的水平位置。通常的做法是，将光电池置于橡皮筏上并使受光面处于水平位置，测试人员在水中或在岸上控制橡皮

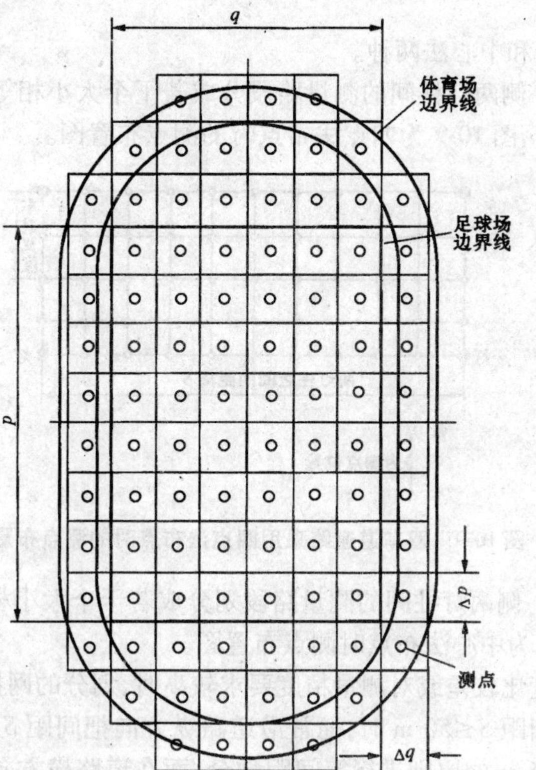

图 10-6　足球场和有跑道的体育场照度测点布置

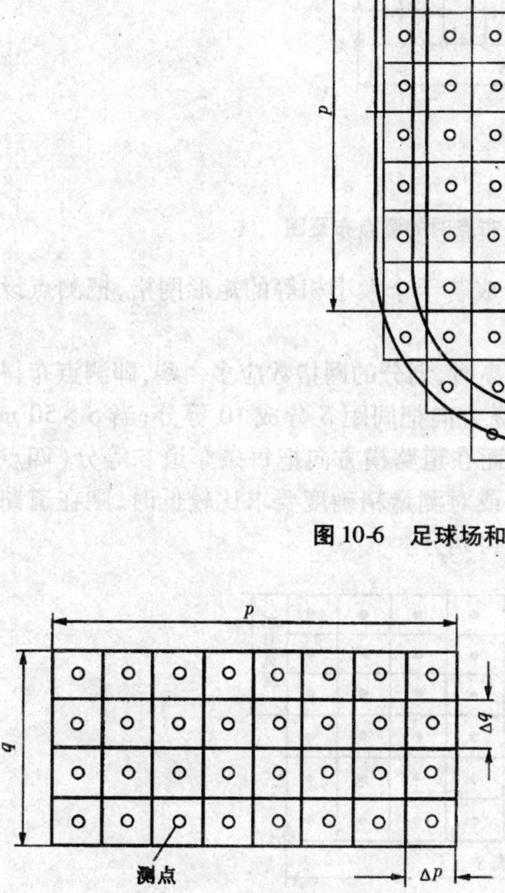

图 10-7　直跑道测点布置

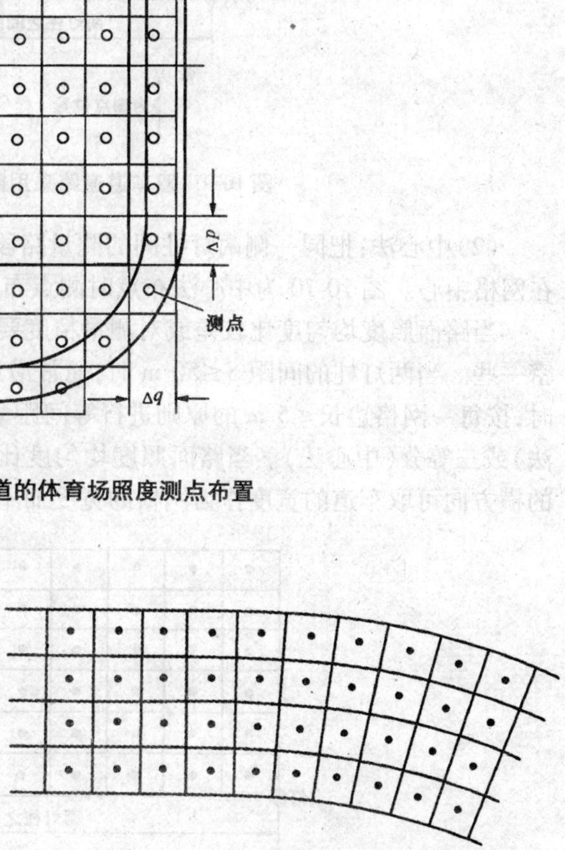

图 10-8　跑道弯曲部分测点布置

筏(光电池)位置。

10.2.4　道路照明的照度测量

1. 测量地段的选择和布点方法

1)测量地段的选择

选择测量地段时,应从灯具的间距、高度、悬挑、仰角等的安装规整性及光源的一致性等方面选择有代表性的路段。

照度测量的范围,在纵方向(沿道路走向)应包括同一侧的两个灯杆之间的区域;而在横方向,单侧布灯时应为整个路宽;双侧交错布灯、对称布灯或中心布灯时可为 1/2 路宽。

2)布点方法

布点方法有四点法和中心法两种。

(1)四点法:把同一侧两灯柱间的测量路段分成若干个大小相等的矩形网格,把测点设置在每个矩形网格的四角,图 10-9 为四点法布点时的测点布置图。

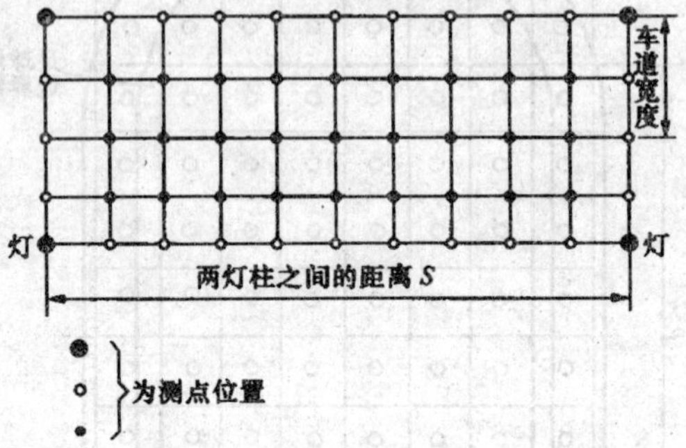

图 10-9 双车道道路采用四点法布点时的测点布置图

(2)中心法:把同一侧两灯柱间的测量路段划分成若干个大小相等的矩形网格,把测点设在网格中心。图 10-10 为中心法布点时测点布置图。

当路面照度均匀度比较差或对测量精度要求较高时,划分的网格数应多一些,即测点布得密一些。当两灯柱的间距 $S \leq 50$ m 时,通常沿道路纵方向把间距 S 分成 10 等分;当 $S > 50$ m 时,按每一网格边长 ≤5 m 的原则进行等间距划分,而在道路横方向把每条车道二等分(四点法)或三等分(中心法)。当路面照度均匀度比较好或对测量精确度要求比较低时,则在道路的横方向可取车道的宽度作为网格的宽度而不需要再划分。

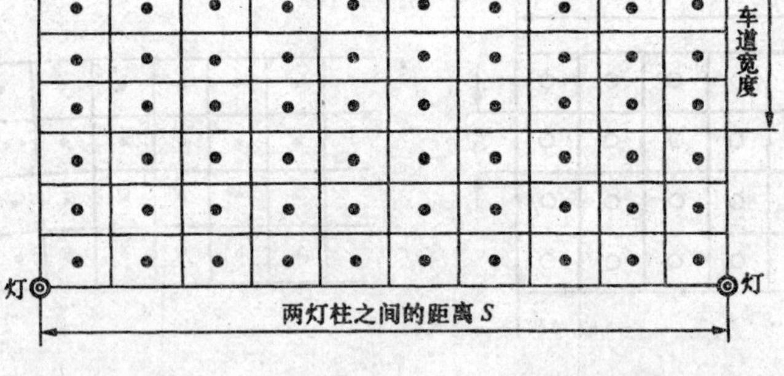

图 10-10 双车道道路采用中心法布点时的测点布置图

2. 道路平均水平照度及其均匀度的计算

1)平均水平照度的计算。

(1)按四点法布点的计算。若 M 为纵方向划分的网格数,N 为横方向划分的网格数,则 $M \cdot N$ 为总网格数。根据每个网格 4 个角上 4 个测点的照度平均值 E_{av} 可代表该网格的假定照度值,则 E_{av} 的计算式为

$$E_{av} = \frac{1}{4M \cdot N}\left(\sum E_{◎} + 2\sum E_{○} + 4\sum E_{●}\right) \quad (10\text{-}5)$$

式中:$E_{◎}$——图 10-9 中测量区 4 个角处测点的照度,lx;

$E_{\bigcirc}$——图 10-9 中除 4 个角处 4 条外边上测点的照度，lx；

$E_{\bullet}$——图 10-9 中测量区 4 个外边以内测点的照度，lx。

(2)按中心布点计算：按中心布点法测量照度时，路面平均照度按式(10-1)计算。

2)照度均匀度的计算

路面照度均匀度 U 是路面上最小照度 E_{min} 与平均照度 E_{av} 之比，即

$$U = \frac{E_{min}}{E_{av}} \tag{10-5}$$

E_{av} 按式(10-1)计算，E_{min} 在规则布点的测点上测得的照度中找出。

10.2.5　道路照明亮度测量

按照《室外照明测量方法》(GB/T 15240—1994)的规定，亮度测量宜采用一级亮度计。亮度测量的高度应距路面 1.5 m。

亮度计观测点的纵向位置，应距第一组灯 60 m，纵向测量长度为 100 m，见图 10-11。

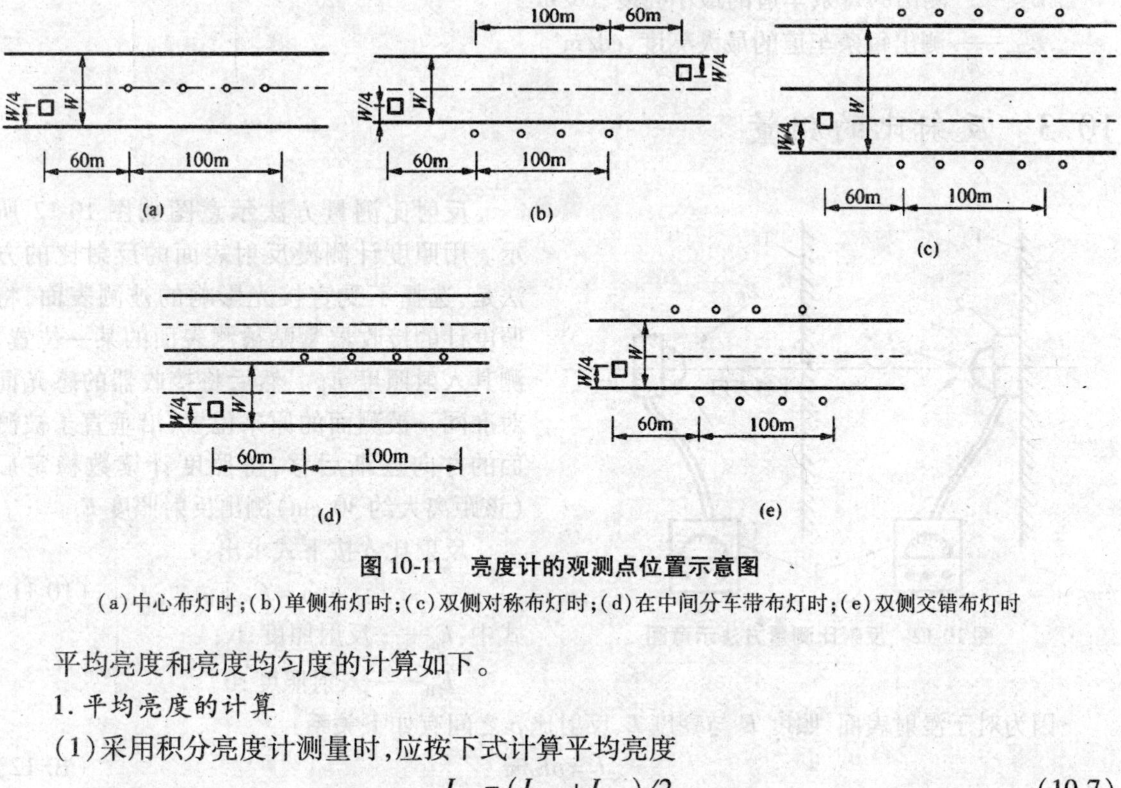

图 10-11　亮度计的观测点位置示意图

(a)中心布灯时；(b)单侧布灯时；(c)双侧对称布灯时；(d)在中间分车带布灯时；(e)双侧交错布灯时

平均亮度和亮度均匀度的计算如下。

1. 平均亮度的计算

(1)采用积分亮度计测量时，应按下式计算平均亮度

$$L_{av} = (L_{av1} + L_{av2})/2 \tag{10-7}$$

式中：L_{av}——平均亮度，cd/m²；

L_{av1}——从灯下开始测出的平均亮度，cd/m²；

L_{av2}——从两灯中间开始测出的平均亮度，cd/m²。

(2)采用亮度计逐点测量时，应按下式计算平均亮度

$$L_{av} = \sum_{i=1}^{i=n} L_i/n \tag{10-8}$$

式中：L_{av}——平均亮度，cd/m²；

L_i——各测点的亮度，cd/m²；

n——测点数。

2. 亮度总均匀度计算

$$U_0 = L_{min}/L_{av} \tag{10-9}$$

式中：U_0——亮度总均匀度；

L_{min}——从规定分布测点上测出的最小亮度，cd/m²；

L_{av}——按式(10-7)或式(10-8)算出的平均亮度，cd/m²。

3. 亮度纵向均匀度计算

将测出的各车道亮度纵向均匀度中的最小值作为路面的亮度纵向均匀度，各车道的亮度纵向均匀度应按下式计算：

$$U_1 = L'_{min}/L'_{max} \tag{10-10}$$

式中：U_1——亮度纵向均匀度；

L'_{min}——测出的每条车道的最小亮度，cd/m²；

L'_{max}——测出每条车道的最大亮度，cd/m²。

10.3 反射比的测量

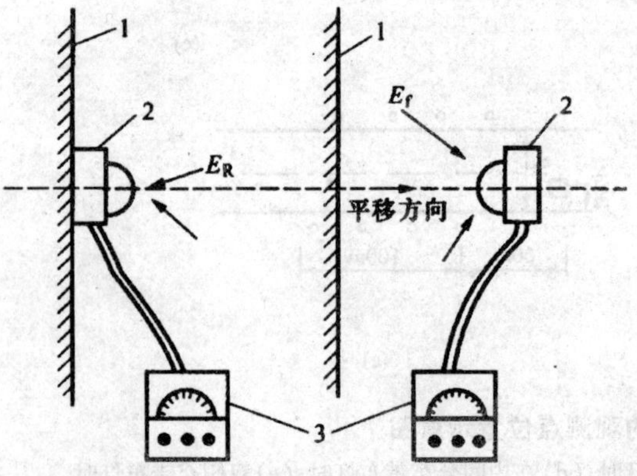

图 10-12 反射比测量方法示意图

反射比测量方法示意图如图 10-12 所示。用照度计测漫反射表面的反射比的方法是，选择不受直接光影响的被测表面，将照度计的接收器紧贴被测表面的某一位置，测其入射照度 E_R。然后将接收器的感光面对准同一被测面的原来位置，沿垂直于被测面的方向逐渐后移，待照度计读数稳定后（该距离大约 30 cm）测出反射照度 E_f。

反射比 ρ 按下式求出：

$$\rho = E_f/E_R \tag{10-11}$$

式中：E_f——反射照度，lx；

E_R——入射照度，lx。

因为对于漫射表面，照度 E 与亮度 L、反射比 ρ 之间有如下关系：

$$L = \rho E/\pi \tag{10-12}$$

所以，如果测出了表面的反射比 ρ，并知道了照度 E，即可求出该表面的亮度 L。

10.4 测量条件及测量方法

10.4.1 测量条件

(1)根据需要，点燃必要的光源，排除其他无关光源的影响。

(2)测量照度时应待光源的光输出稳定后进行测量。因此，测量开始前，若是白炽灯，需燃点 5 min；若是荧光灯，需燃点 15 min；若是高强气体放电灯，则需要燃点 30 min。对于新安装的照明系统，宜在燃点 100 h（气体放电灯）和 10 h（白炽灯）后再测量其照度。

10.4.2 测量方法

(1)测量时，照度计先用大量程挡，然后根据指示值的大小逐渐找到合适的挡数，原则上不允许指示值在最大量程 1/10 范围内读数。

(2)照度示值稳定后再读数。数字式照度计显示的读数，最后一位有时不稳定，应该记录出现次数较多的数字。

(3)测量人员宜着深色服装，防止测量人员、围观者的身影对接收器的影响。

(4)在测量中宜使电源电压保持稳定，在额定电压下测量；如果做不到，应测量电源电压，当与额定电压不符时，应按电压偏差对光量的变化予以修正。

(5)为提高测量的准确性，一个测点可取 2 ~ 3 次读数，然后取其平均值。

10.4.3 测量记录

测量结果应记入事先准备好的表格。

1. 一般建筑及室外运动场地照明的测量记录

一般建筑及室外运动场地应记录以下内容：

(1)测量场所名称；
(2)测量场所的平面图和剖面图；
(3)灯具布置的平面图和剖面图；
(4)标有尺寸的测点布置图；
(5)各测点的照度值；
(6)平均照度及照度均匀度计算结果；
(7)被测场所的污染程度；
(8)光源种类、功率、总灯数、总功率、每平方米的功率；
(9)灯具型式及安装高度；
(10)测量时电源电压；
(11)照度计型号、编号、检定日期；
(12)测点高度；
(13)测量日期、时间、测量人员姓名。

2. 道路照明测量记录

道路照明测量记录内容如下：

(1)测量日期、时间、气候条件；
(2)测量部位（包括城市、街道、路段名称）；
(3)光源和灯具的型号规格；
(4)灯具安装方式、间距、高度、仰角、悬挑长度；
(5)测量现场条件（包括环境条件、供电条件等）；
(6)光源和灯具的使用时间、最近一次清洗日期；
(7)标有尺寸的照度测点布置图；
(8)各测点的照度测量值；
(9)平均照度及照度均匀度计算结果。

附录1 各种类型的高压钠灯技术数据

附表 1-1 SON—I 型内触发高压钠灯

功率/W	额定电压/V	灯电流/A	光通量/lm	显色指数 R_a	色温/K	平均寿命/h	外形尺寸/(直径×长度,mm)	灯头型号
50		0.76	3 300				71×156	E27
70		0.98	5 600		1 900			
150	220	1.80	13 500	23		24 000	90×226	E40s
250		3.00	23 500		2 000			
400		4.45	47 000				122×290	

注:以上数据为飞利浦公司提供。

附表 1-2 SON—T 型高压钠灯

功率/W	额定电压/V	灯电流/A	光通量/lm	显色指数 R_a	色温/K	平均寿命/h	外形尺寸/(直径×长度,mm)	灯头型号
50		0.76	3 600				38×156	E27
70		0.98	6 000		1 900			
100		1.20	9 000			24 000	47×211	
150	220	1.80	15 000	23				
250		3.00	28 000				47×257	E40
400		4.60	48 000		2 000		47×283	
1 000		10.6	130 000			15 000	67×390	

注:以上数据为飞利浦公司提供。

附表 1-3 SON plus 型高光效高压钠灯

功率/W	额定电压/V	灯电流/A	光通量/lm	显色指数 R_a	色温/K	平均寿命/h	外形尺寸/(直径×长度,mm)	灯头型号
100		1.20	10 000				76×186	
150	220	1.80	16 000	23	2 000	32 000	91×226	E40
250		2.85	30 000					
400		4.50	54 000				122×290	

注:以上数据为飞利浦公司提供。

附表1-4　SON—T plus 型高光效高压钠灯

功率/W	额定电压/V	灯电流/A	光通量/lm	显色指数 R_a	色温/K	平均寿命/h	外形尺寸/(直径×长度,mm)	灯头型号
70	220	1.00	6 600	23	2 000	32 000	38×156	E27
100		1.20	10 700				47×211	E40
150		1.80	17 500					
250		3.00	33 200				47×257	
400		4.50	56 500					
600		5.80	90 000				47×283	

注:以上数据为飞利浦公司提供。

附表1-5　NAV®—T 系列管形高压钠灯

功率/W	额定电压/V	初始光通量/lm	色温/K	外形尺寸/(直径×长度,mm)	灯头型号
70	220	5 900	2 000	37×156	E27
150		14 500		46×211	E40
250		27 000		46×257	
400		48 000		46×285	
1 000		130 000		65×355	

注:(1)以上数据为欧司朗公司提供。

(2)该系列管形高压钠灯需配触发器。

附表1-6　NAV®—T/I 系列管形高压钠灯

功率/W	额定电压/V	初始光通量/lm	色温/K	外形尺寸/(直径×长度,mm)	寿命/h	灯头型号
150	220	15 250	2 000	46×211		E40
250		27 000		46×257		
392		49 000		46×285		

注:(1)以上数据为欧司朗公司提供。

(2)该系列管形高压钠灯为内触发式。

附表1-7　NAV®—E 系列泡形高压钠灯

功率/W	额定电压/V	初始光通量/lm	色温/K	外形尺寸/(直径×长度,mm)	寿命/h	灯头型号
50	220	3 500	2 000	70×156		E27
70		5 600		70×156		
150		14 000		90×227		E40
250		25 000		90×227		
400		47 000		120×285		
1 000		120 000		165×370		

注:(1)以上数据为欧司朗公司提供。

(2)该系列泡形高压钠灯需配触发器。

附表 1-8 NAV®—E/I 系列泡形高压钠灯

功率/W	额定电压/V	初始光通量/lm	色温/K	外形尺寸/(直径×长度,mm)	寿命/h	灯头型号
50	220	3500	2 000	70×156		E27
70		5600		70×156		
150		15000		90×227		E40
250		27000		90×227		
400		48000		120×285		

注:(1)以上数据为欧司朗公司提供。

(2)该系列泡形高压钠灯为内触发式。

附表 1-9 NAV—E® plug—in 系列泡形高压钠灯

功率/W	额定电压/V	初始光通量/lm	色温/K	外形尺寸/(直径×长度,mm)	寿命/h	灯头型号
110	220	8 000	2 000	75×170		E40
210		18 000		90×227		
350		34 000		120×285		

注:(1)以上数据为欧司朗公司提供。

(2)该系列泡形高压钠灯为内触发式。

附表 1-10 NAV® SUPER 系列管形高压钠灯

功率/W	额定电压/V	初始光通量/lm	色温/K	外形尺寸/(直径×长度,mm)	寿命/h	灯头型号
100	220	10 000	2 000	37.5×156		E27
100		10 000		46×209		E40
150		17 200		46×211		
250		33 000		46×257		
400		55 000		46×285		

注:(1)以上数据为欧司朗公司提供。

(2)该系列管形高光效高压钠灯需配触发器。

附表 1-11 NAV®—TT 系列双内管高压钠灯

功率/W	额定电压/V	初始光通量/lm	色温/K	外形尺寸/(直径×长度,mm)	寿命/h	灯头型号
150	220	14 500	2 000	46×211		E40
250		27 000		46×257		
400		48 000		46×285		

注:(1)以上数据为欧司朗公司提供。

(2)双内管结构,寿命为单内管高压钠灯的两倍,因此能大大延长灯管更换周期,节省更换费用。

附表 1-12　中显色性高压钠灯技术参数

功率/W	电流/A	光通量/lm 额定值	光通量/lm 平均值	平均寿命/h	2 000 h 光通维持率/%	外形尺寸/mm 最大玻壳直径×最大总长度	玻壳形式	启动方式
150	1.8	6 600	9 500	9 000	80	48×211	透明玻壳——管形	外启动
150		10 100	9 200			91×227	漫射涂粉玻壳——椭球形	
250	2.95	20 000	18 000	12 000		48×260	透明玻壳——管形	外启动
250		19 400	17 400			91×227	漫射涂粉玻壳——椭球形	
400	4.5	30 000	27 000	12 000		48×292	透明玻壳——管形	外启动
400	1 4.5	29 100	26 200	12 000		122×292	漫射涂粉玻壳——椭球形	

注:(1)相关色温为 2 170 K,一般显色指数不小于 60。
(2)启动试验电压:198 V,最大启动时间 5 s.
(3)摘自《电光源实用手册》,中国物资出版社,2005 年。

附表 1-13　SDW—T 型高显色高压钠灯

功率/W	额定电压/V	灯电流/A	光通量/lm	显色指数 R_a	色温/K	平均寿命/h	外形尺寸/(直径×长度,mm)	灯头型号
35	220	0.48	1 300	83	2 500	24 000	32×149	PG12－1
50		0.76	2 300					
100		1.31	5 000					

注:以上数据为飞利浦公司高显色钠灯数据。

附表 1-14　高显色性高压钠灯技术参数

功率/W	电流/A	光通量/lm 额定值	光通量/lm 平均值	平均寿命/h	2 000 h 光通维持率/%	外形尺寸/mm 最大玻壳直径×最大总长度	玻壳形式	启动方式
150	1.9	6 600	6 000	8 000	70	102×250	漫射涂粉或透明玻壳——椭球形	内启动
250	3.1	13 000	12 000	8 000				
400	4.9	22 000	20 000	8 000		122×290		

注:(1)相关色温为 2 500 K,一般显色指数为 85。
(2)启动试验电压:198 V,最大启动时间 60 s。
(3)摘自《电光源实用手册》,中国物资出版社,2005 年。

附录 2 各种光源镇流器的技术数据

附表 2-1 T8 及 T5 管形荧光灯用电子镇流器技术数据

型号	配光源功率/W	电源电压/V	启动电流/A	工作电流/A	总输入功率/W	功率因数	温升/℃	外形尺寸/($L\times W\times H$,mm)	总谐波含量/%
PAK—ED136	36	220	0.17	0.150	36	>0.95	25	185×42×24	<25
PAK—ED130	30	220	0.14	0.125	30	>0.95	25	185×42×24	<25
PAK—ED118	18	220	0.09	0.083	20	>0.95	25	185×42×24	<25
PAK—EZ128	28	220	0.14	0.127	28	>0.95	25	247×20×18	<25
PAK—EZ121	21	220	0.11	0.095	21	>0.95	25	247×20×18	<25
PAK—EZ114	14	220	0.07	0.064	14	>0.95	25	247×20×18	<25

附表 2-2 T8 管形荧光灯用电子镇流器技术数据

型号	配光源功率/W	电源电压/V	输入电流/A	总输入功率/W	功率因数	外形尺寸/($L\times W\times H$,mm)	总谐波含量/%
HF—P 118 TLD EII	1×18	220	0.09	19	>0.96	265×30×28	<10
HF—P 218 TLD EII	2×18	220	0.19	37	>0.96	265×30×28	<10
HF—P 3/418 TLD EII	3×18	220	0.25	54	>0.96	265×39×28	<10
HF—P 4/418 TLD EII	4×18	220	0.33	70	>0.96	265×39×28	<10
HF—P 136 TLD EII	1×36	220	0.16	37	>0.96	265×30×28	<10
HF—P 236 TLD EII	2×36	220	0.31	70	>0.96	265×30×28	<10
HF—P158 TLD EII	1×58	220	0.24	56	>0.96	265×30×28	<10
HF—P258 TLD EII	2×58	220	0.48	107	>0.96	265×30×28	<10

注:表中为飞利浦公司产品数据。

附表 2-3 T8 管形荧光灯用电子镇流器技术数据

型号	配光源功率/W	电源电压/V	输入电流/A	总输入功率/W	功率因数	外形尺寸/($L\times W\times H$,mm)	总谐波含量/%
EB—E 118 TLD	1×18	220	0.1	19	>0.95	150×40×28	<20
EB—E 218 TLD	2×18	220	0.19	38	>0.95	210×40×30	<20
EB—E 136TLD	1×36	220	0.19	37	>0.95	150×40×28	<20
E5B—E 236 TLD	2×36	220	0.34	72	>0.95	210×40×30	<20
EB—S 118 TLD	1×18	220	0.09	20	>0.95	270×39×28	<15
EB—S 218 TLD	2×18	220	0.18	37	>0.95	270×39×28	<15
EB—S 318TLD	3×18	220	0.27	62	>0.95	270×39×28	<15
EB—S 418 TLD	4×18	220	0.33	75	>0.95	270×39×28	<15
EB—S 136 TLD	1×36	220	0.18	37	>0.95	270×39×28	<15

续表

型号	配光源功率/W	电源电压/V	输入电流/A	总输入功率/W	功率因数	外形尺寸/(L×W×H,mm)	总谐波含量/%
EB—S 236 TLD	2×36	220	0.32	73	>0.95	270×39×28	<15
EB—S 336TLD	3×36	220	0.48	108	>0.95	270×39×28	<15
EB—S 158 TLD	1×58	220	0.26	56	>0.95	270×39×28	<15
EB—S 258 TLD	2×58	220	0.49	112	>0.95	270×39×28	<15

注:(1)表中为飞利浦公司产品数据。

(2)该公司的EB—ETLD系列为经济型电子镇流器,EB—STLD系列为标准型电子镇流器。

附表2-4　T8管形荧光灯用兼容型电子镇流器技术数据

型号	配光源功率/W	电源电压/V	输入电流/A	总输入功率/W	功率因数	外形尺寸/(L×W×H,mm)	总谐波含量/%
ESX36222HK—5E NH(FZ36235945)	2×18	220	0.18	38	0.98	350×31×26	<10
ESX36222HK—5E NH(FZ36235945)	2×36*	220	0.32	70	0.98	350×31×26	<10

注:(1)表中为松下公司产品数据。

(2)*可用于2根不大于36 W的灯管。

附表2-5　T8管形荧光灯用智能型电子镇流器技术数据

型号	配光源功率/W	电源电压/V	输入电流/A	总输入功率/W	功率因数	外形尺寸/(L×W×H,mm)	总谐波含量/%
HEX32HF122HK—1	1×32	220	0.21	46	0.98	350×42×25	10
HESX32HF122HK—1	2×32	220	0.41	90	0.98	350×31×26	10

注:(1)表中为松下公司产品数据。

(2)配套使用松下公司YZ32/e—Hf型光源可达到104 lm/W的高光效,此产品可以兼用普通T8直管。

附表2-6　T8管形荧光灯用经济型电子镇流器技术数据

型号	配光源功率/W	电源电压/V	输入电流/A	总输入功率/W	功率因数	外形尺寸/(L×W×H,mm)	总谐波含量/%
EX18122HK—3ENH	1×18	220	0.09	18	0.95	250×31×26	<28
EX36122HK—5ENH	1×36	220	0.17	35	0.95	250×31×26	<28
ESX18222HK—4ENH	1×18	220	0.09	19	0.98	264×31×29	<15
ESX36222HK—6ENH	1×36	220	0.17	36	0.98	264×31×29	<15
ESX18322HK—2ENH	2×18	220	0.17	36	0.98	264×31×29	<15
ESX36322HK—1ENH	2×36	220	0.32	72	0.98	280×38×29	<15

注:表中为松下公司产品数据

附表2-7　T8管形荧光灯用标准型电子镇流器技术数据

型号	配光源功率/W	电源电压/V	输入电流/A	总输入功率/W	功率因数	外形尺寸/(L×W×H,mm)	总谐波含量/%
EX18122HK—1ENH	1×18	220	0.086	19	0.97	350×31×26	<9
EX36122HK—4ENH	1×36	220	0.17	37	0.96	350×31×26	<17

续表

型号	配光源功率/W	电源电压/V	输入电流/A	总输入功率/W	功率因数	外形尺寸/($L \times W \times H$,mm)	总谐波含量/%
ESX18222HK—1ENH	2×18	220	0.165	36	0.98	350×31×26	<17
ESX36222HK—4ENH	2×36	220	0.34	73	0.95	350×31×26	<10
ESX18322HK—1ENH	3×18	220	0.25	54	0.98	350×37×26	<16
ESX36322HK—4ENH	3×36	220	0.46	99	0.98	350×37×26	<20

注:表中为松下公司产品数据

附表 2-8 T8 管形荧光灯用电子镇流器技术数据

型号	配光源功率/W	电源电压/V	输入电流/A	总输入功率/W	功率因数	外形尺寸/($L \times W \times H$,mm)	总谐波含量/%
QTP1×18	1×18	220	0.09	19	0.97	360×30×30	<10
QTP1×36	1×36	220	0.16	35	0.96	360×30×30	<10
QTP1×58	1×58	220	0.25	55	0.98	360×30×30	<10
QTP2×18	2×18	220	0.17	38	0.97	423×30×30	<10
QTP2×36	2×36	220	0.31	70	0.98	423×30×30	<10
QTP2×58	2×58	220	0.49	110	0.98	423×30×30	<10
QTP3×18	3×18	220	0.26	61	0.99	423×40×30	<10
QTP4×18	4×18	220	0.32	73	0.99	423×40×30	<10
HF1×18	1×18	220	0.09	20	0.95	360×30×30	<10
HF1×36	1×36	220	0.17	37	0.97	360×30×30	<10
HF1×58	1×58	220	0.25	56	0.98	360×30×30	<10
HF2×18	2×18	220	0.17	36	0.97	423×30×30	<10
HF2×36	2×36	220	0.31	71	0.99	423×30×30	<10
HF2×58	2×58	220	0.48	114	0.99	423×30×30	<10

注:(1)表中为欧司朗公司产品数据。

(2)HF系列为调光电子镇流器。

附表 2-9 T5 直管荧光灯电子镇流器技术数据

型号	配光源功率/W	电源电压/V	输入电流/A	总输入功率/W	功率因数	外形尺寸/($L \times W \times H$,mm)	总谐波含量/%
QT—FH 1×14	1×14	220	0.08	16	0.97	360×30×30	<10
QT—FH 1×21	1×21	220	0.11	24	0.97	360×30×30	<10
QT—FH 1×28	1×28	220	0.14	31	0.98	360×30×30	<10
QT—FH 2×14	2×14	220	0.16	31	0.97	360×40×30	<10
QT—FH 2×21	2×21	220	0.22	46	0.97	360×40×30	<10
QT—FH 2×28	2×28	220	0.28	61	0.98	360×30×30	<10
QT—FH3×14	3×14	220	0.22	48	0.99	423×40×30	<10
QT—FH 4×14	4×14	220	0.29	65	0.99	423×40×30	<10
EZ—T5 3×14	3×14	220	0.21	49	0.97	360×37×32	<20

续表

型号	配光源功率/W	电源电压/V	输入电流/A	总输入功率/W	功率因数	外形尺寸/(L×W×H,mm)	总谐波含量/%
EZ—T5 1×28	1×28	220	0.14	32	0.97	358×30×30	<20
EZ—T52×28	2×28	220	0.28	64	0.97	358×30×30	<20
EZ—T52×28	3×28	220	0.40	92	0.97	360×37×32	<20

注：表中为欧司朗公司产品数据。

附表 2-10　T5 直管荧光灯兼容型电子镇流器技术数据

型号	配光源功率/W	电源电压/V	输入电流/A	总输入功率/W	功率因数	外形尺寸/(L×M×H,mm)	总谐波含量量/%
EX28122/24HK—1	1×14	220	0.08	17	0.98	359×31×26	<12
	1×21	220	0.11	24	0.98	359×31×26	<12
	1×28	220	0.15	32	0.98	359×31×26	<12
PEX28222HK—1	2×14	220	0.16	34	0.98	359×31×26	<11
	2×21	220	0.22	48	0.98	359×31×26	<11
	2×28	220	0.30	64	0.98	359×31×26	<11

注：(1)表中为松下公司产品数据。
(2)可用于不大于配光源功率值。

附表 2-11　T5 直管荧光灯电子镇流器技术数据

型号	配光源功率/W	电源电压/V	输入电流/A	总输入功率/W	功率因数	外形尺寸/(L×M×H,mm)	总谐波含量/%
EB—E114TL5	1×14	220	0.08	17	>0.95	187×22×22	<20
EB—E214TL5	2×14	220	0.11	33	>0.95	276×30×28.5	<20
EB—E121TL5	1×21	220	0.15	24	>0.95	187×22×22	<20
EB—E128TL5	1×28	220	0.17	33	>0.95	211×30×28.5	<20
EB—E228TL5	2×28	220	0.24	63	>0.95	276×30×28.5	<20
EB—S114TL10	1×14	220	0.26	17.5	>0.95	280×25.2×22	<15
EB—S114TL11	2×14	220	0.08	33.3	>0.95	359×30.2×22	<15
EB—S114TL12	3×14	220	0.15	48	>0.95	424×30.2×28	<15
EB—S114TL13	4×14	220	0.15	63	>0.95	424×30.2×28	<15
EB—S114TL14	1×21	220	0.28	23.5	>0.95	280×25.2×22	<15
EB—S114TL15	2×21	220	0.33	46	>0.95	359×30.2×22	<15
EB—S114TL16	1×28	220	0.47	32	>0.95	280×25.2×22	<15
EB—S114TL17	2×28	220	0.50	64	>0.95	359×30.2×22	<15
EB—S114TL18	1×35	220	0.22	39	>0.95	280×25.2×22	<15
EB—S114TL19	2×35	220	0.28	78	>0.95	359×30.2×22	<15

注：(1)表中为飞利浦公司产品数据。
(2)该公司的 EB—E 系列为经济型电子镇流器，EB—S 系列为标准型电子镇流器。

附表 2-12　紧凑型荧光灯电子镇流器技术数据

型　号	配光源(型号)及功率(W)	电源电压(V)	输入电流(A)	总输入功率(W)	功率因数	外形尺寸($L\times M\times H$,mm)	总谐波含量(%)
QT—ECO1×4—16	(DD/E)1×10	220	0.08	11.5	0.6	80×40×22	
QT—ECO1×4—16	(DS/E)1×11	220	0.09	13	0.6	80×40×22	
QT—ECO1×4—16	(DD/E,T/E)1×13	220	0.10	14	0.6	80×40×22	
QT—ECO1×18—24	(DD/E,T/E)1×18	220	0.14	19	0.6	80×40×22	
QT—ECO1×18—24	(DL)1×28	220	0.13	18	0.6	80×40×22	
QT—ECO1×18—24	(DL)1×24	220	0.16	22.5	0.6	80×40×22	
QT—ECO(T/E)2×18	(DD/E,T/E)2×18	220	0.18	36	0.95	150×41×28	<15
QT—ECO(T/E)2×26	(DD/E,T/E)3×26	220	0.25	52	0.95	150×41×28	<15
QT—M1×26—42	(DT×E)1×32	220	0.15	35	0.97	103×67×31	<10
QT—M1×26—42	(DT×E)1×42	220	0.20	46	0.97	103×67×31	<10
QT—M1×26—42	(DL)2×18	220	0.09	18	0.97	103×67×31	<10
QT—M1×26—42	(DL)1×24	220	0.12	26	0.97	103×67×31	<10
QT—M1×26—42	(DL)2×36	220	0.15	35	0.97	103×67×31	<10
QT—M1×26—42	(DL)1×40	220	0.19	44	0.97	103×67×31	<10
QT—M2×26—32	(DD/E,T/E)2×26	220	0.23	54	0.97	123×79×33	<10
QT—M2×26—32	(DT/E)2×32	220	0.30	70	0.97	123×79×33	<10
QT—M2×26—32	(DL)2×18	220	0.16	35	0.97	123×79×33	<10
QT—M2×26—32	(DL)2×24	220	0.23	54	0.97	123×79×33	<10
QT—M2×26—32	(DL)2×36	220	0.30	70	0.97	123×79×33	<10
QT—T/E1×70	(DT/E)1×70	220	0.35	77	0.97	123×79×33	<10
QT—T/E2×42—57	(DT/E)2×42	220	0.41	94	0.98	158×102×38	<10
QT—T/E2×42—57	(DT/E)2×57	220	0.60	130	0.98	158×102×38	<10
EZ—T/E1×13	(DD/E,T/E)1×13	220	0.08	16	0.9	103×67×31	<20
EZ—T/E1×18	(DD/E,T/E)1×18	220	0.10	19	0.9	103×67×31	<20
EZ—T/E1×26	(DD/E,T/E)1×26	220	0.13	27	0.97	103×67×31	<20
EZ—T/E2×13	(DD/E,T/E)2×13	220	0.14	31	0.97	123×79×33	<20
EZ—T/E2×18	(DD/E,T/E)2×18	220	0.17	37	0.97	123×79×33	<20
EZ—T/E2×26	(DD/E,T/E)2×26	220	0.24	54	0.97	123×79×33	<20
QT DALT—T/E1×18 DIM	(DD/E,T/E)1×18	220	0.10	20	0.98	123×79×33	<20
QTDALT—T/E1×26—42 DIM	(DD/E,T/E)1×26	220	0.14	28	0.98	123×79×33	<10
QTDALT—T/E1×26—42 DIM	(DT/E)1×32	220	0.16	36	0.98	123×79×33	<10
QTDALT—T/E1×26—42 DIM	(DT/E)1×42	220	0.22	46	0.98	123×79×33	<10
QT DALT—T/E2×18 DIM	(DD/E,T/E)2×18	220	0.17	37	0.98	158×102×38	<10
QTDALT—T/E2×26—42 DIM	(DT/E)2×32	220	0.32	72	0.98	158×102×38	<10
QTDALT—T/E2×26—42 DIM	(DT/E)2×18	220	0.40	91	0.98	158×102×38	<10

续表

型 号	配光源(型号)及功率(W)	电源电压(V)	输入电流(A)	总输入功率(W)	功率因数	外形尺寸($L \times M \times H$,mm)	总谐波含量(%)
QTP1×18	1×18	220	0.09	19	0.97	360×30×30	<10
QTP1×36	1×18	220	0.16	35	0.97	360×30×30	<10
QTP2×18	2×18	220	0.17	38	0.97	423×30×33	<10
QTP2×36	2×36	220	0.31	70	0.98	423×30×33	<10
QTP2×58	2×58	220	0.49	116	0.98	423×30×33	<10
QTP3×18	3×18	220	0.26	51	0.99	423×40×33	<10
QTP4×18	4×18	220	0.51	73	0.99	423×40×33	<10

注:表中为欧司朗公司产品数据。

附表 2-13 紧凑型荧光灯电子镇流器技术数据

型 号	配光源(型号)功率/W	电源电压/V	工作电流/A	总输入功率/W	功率因数	外形尺寸/($L \times M \times H$,mm)
EB—S114	(PLS)11	220	0.1	14	0.64	80×70×22
EB—S114	(TL)13	220	0.11	15	0.62	80×70×22
EB—S114	(PLC)13	220	0.11	14.6	0.6	80×70×22
EB—S118	(PLC)18	220	0.14	18.2	0.6	80×70×22
EB—S118	(PLT)18	220	0.14	19.4	0.63	80×70×22
EB—S124	(PLL)18	220	0.14	20.2	0.66	80×70×22
EB—S124	(PLL)24	220	0.12	16.4	0.62	80×70×22

注:表中为飞利浦公司产品数据。

附表 2-14 紧凑型(3U)荧光灯兼容型电子镇流器技术数据

型号	配光源功率/W	电源电压/V	输入电流/A	总输入功率/W	功率因数	外形尺寸/($L \times M \times H$,mm)	总谐波含量/%
NKB421905C	1×26	220	0.135	28	0.97	187×22×22	<19
NKB421905C	2×32	220	0.165	35	0.97	276×30×28.5	<19
NKB421905C	1×42	220	0.220	48	0.97	187×22×22	<19

注:(1)表中为松下公司产品数据。

(2)可用于不大于配光源功率值。

附表 2-15 管形、环形荧光灯用经济型节能电感镇流器技术数据

型 号	配光源功率/W	电源电压/V	输入电流/A	总输入功率/W	功率因数	温升/℃	外形尺寸/($L \times M \times H$,mm)	配用电容量/μF
GXC20122MB—4	1×18	220	0.370	26	0.33	65	150×39×29	4.5
GXC20122MB—4	1×22	220	0.400	31	0.35	65	150×39×29	4.5
GXC20122MB—3	1×30	220	0.365	36	0.45	65	150×39×29	4.5
GXC20122MB—4	1×32	220	0.450	40	0.45	65	150×39×29	4.5
GXC20122MB—4	1×36	220	0.430	44	0.50	65	150×39×29	4.5

续表

型　号	配光源功率/W	电源电压/V	输入电流/A	总输入功率/W	功率因数	温升/℃	外形尺寸/($L\times M\times H$,mm)	配用电容量/μF
GXC20122MB—4	2×18	220	0.390	46	0.50	65	150×39×29	4.5

注:(1)表中为松下公司产品数据。

(2)配用电容量为按功率因数大于0.85计算。

附表2-16　管形、环形荧光灯用过热保护型节能电感镇流器技术数据

型　号	配光源功率/W	电源电压/V	输入电流/A	总输入功率/W	功率因数	温升/℃	外形尺寸/($L\times M\times H$,mm)	配用电容量(μF)
GXC20122MB—3	1×18	220	0.355	26	0.34	60	120×48×33	4.5
GXC22122MB—3	1×22	220	0.370	31	0.37	60	120×48×35.5	4.5
GXC30122MB—1	1×30	220	0.350	37	0.48	60	120×48×33	4.5
GXC32122MB—3	1×32	220	0.420	40	0.43	60	120×48×35.5	4.5
GXC40122MB—3	1×36	220	0.400	43	0.49	60	120×48×35.5	4.5
GXC40122MB—3	2×18	220	0.395	45	0.52	60	120×48×35.5	4.5

注:(1)表中为松下公司产品数据。

(2)配用电容量为按功率因数大于0.85计算。

附表2-17　管形、环形荧光灯用一般型节能电感镇流器技术数据

型　号	配光源功率/W	电源电压/V	输入电流/A	总输入功率/W	功率因数	温升/℃	外形尺寸/($L\times M\times H$,mm)	配用电容量/μF
GXC20122MB—3	1×18	220	0.370	26	0.32	60	150×41×31	4.5
GXC22122MB—3	1×22	220	0.400	29	0.45	60	150×41×31	4.5
GXC30122MB—1	1×30	220	0.350	36	0.47	60	150×41×31	4.5
GXC32122MB—3	1×32	220	0.425	39	0.52	60	150×41×31	4.5
GXC40122MB—3	1×36	220	0.420	44	0.50	60	150×41×31	4.5
GXC40122MB—3	2×18	220	0.390	46	0.53	60	150×41×31	4.5

注:(1)表中为松下公司产品数据。

(2)配用电容量为按功率因数大于0.85计算。

附表2-18　紧凑型荧光灯用一般型节能电感镇流器技术数据

型　号	配光源功率/W	电源电压/V	输入电流/A	总输入功率/W	功率因数	温升/℃	外形尺寸/($L\times M\times H$,mm)	配用电容量/μF
GXC13122MB—2	1×10	220	0.190	15.5	0.38	65	85×41×31	2.4
GXC13122MB—2	1×13	220	0.165	17.5	0.50	65	85×41×31	2.0
GXC18122MB—2	1×18	220	0.220	23.0	0.50	60	85×41×31	2.3
GXC20122MB—1	1×26	220	0.315	31.5	0.45	60	150×41×31	4.5

注:(1)表中为松下公司产品数据。

(2)配用电容量为按功率因数大于0.85计算。

附表2-19 紧凑型荧光灯过热保护型节能电感镇流器技术数据

型 号	配光源功率/W	电源电压/V	输入电流/A	总输入功率/W	功率因数	温升/℃	外形尺寸/($L\times M\times H$,mm)	配用电容量/μF
GXC9122MB—1	1×5	220	0.190	11.5	0.28	55	88×46×32.5	2.5
GXC9122MB—1	1×7	220	0.180	12.5	0.32	55	88×46×32.5	2.4
GXC9122MB—1	1×9	220	0.170	13.5	0.36	55	88×46×32.5	2.3
GXC13122MB—1	1×10	220	0.190	15.5	0.37	55	88×46×32.5	2.4
GXC9122MB—1	1×11	220	0.150	15.0	0.45	55	88×46×32.5	1.7
GXC13122MB—1	1×13	220	0.165	17.0	0.47	55	88×46×32.5	2.0
GXC13122MB—1	2×9	220	0.130	16.5	0.58	55	88×46×32.5	1.3
GXC13122MB—1	2×7	220	0.160	17.5	0.50	55	88×46×32.5	1.7
GXC13122MB—1	2×5	220	0.180	16.5	0.42	55	88×46×32.5	2.2
GXC13122MB—1	1×26	220	0.300	32.0	0.48	60	120×48×33	3.5

注:(1)表中为松下公司产品数据。

(2)配用电容量为按功率因数大于0.85计算。

附表2-20 卤素灯电子镇流器技术数据

型 号	配光源功率/W	电源电压/V	输入电流/A	总输入功率/W	功率因数	外形尺寸/($L\times M\times H$,mm)	总谐波含量/%
HTM70	70	220	0.27	74	0.99	108×52×33	<10
HTM105	105	220	0.42	111	0.99	108×52×33	<10
HTM150	150	220	0.57	157	0.99	153×54×36	<10

注:表中为欧司朗公司产品数据。

附表2-21 陶瓷卤/石英金属卤化物灯电子镇流器技术数据

型 号	配光源功率/W	电源电压/V	输入电流/A	总输入功率/W	功率因数	外形尺寸/($L\times M\times H$,mm)	总谐波含量/%
PTi35	35	220	0.19	43	0.95	110×75×30	<15
PTi70	70	220	0.35	80	0.95	110×75×30	<15
PTU150	150	220	0.75	163	0.95	163×88×39	<15

注:表中为欧司朗公司产品数据。

附表2-22 陶瓷金属卤化物灯电子镇流器技术数据

型 号	配光源功率/W	电源电压/V	输入电流/A	总输入功率/W	功率因数	外形尺寸/($L\times M\times H$,mm)
EH—S 035/S	1×35	220~240	0.21	42	>0.95	110×75×32
EH—S 2×035/S	2×35	220~240	0.38	85	>0.95	135×75×32
EH—S 070/S	1×70	220~240	0.34	78.5	>0.95	110×75×32
EH—S 035/I	1×35	220~240	0.21	42	>0.95	150×79.5×32
EH—S 2×035/I	2×35	220~240	0.38	85	>0.95	175×79.5×32
EH—S 070/I	1×70	220~240	0.34	78.5	>0.95	150×79.5×32

续表

型　号	配光源功率/W	电源电压/V	输入电流/A	总输入功率/W	功率因数	外形尺寸/($L \times M \times H$, mm)
EH—S 035/P	1×35	220～240	0.21	42	>0.95	109×72.5×28
EH—S 2×035/P	2×35	220～240	0.38	85	>0.95	134×72.5×28
EH—S 070/P	1×70	220～240	0.34	78.5	>0.95	109×72.5×28
EH—P 150MH/CDM	1×150	220～240	0.76	163	>0.95	184×90×38

注:表中为飞利浦公司产品数据。

附录 3　各种灯具的光度参数

附表 3-1　TBS 168/236 M2 型嵌入式高效格栅灯具光度参数

灯具外形图

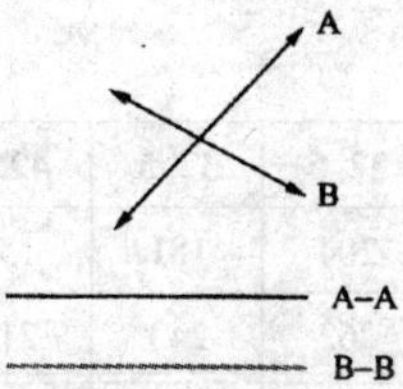

配光曲线 cd/1000 lm

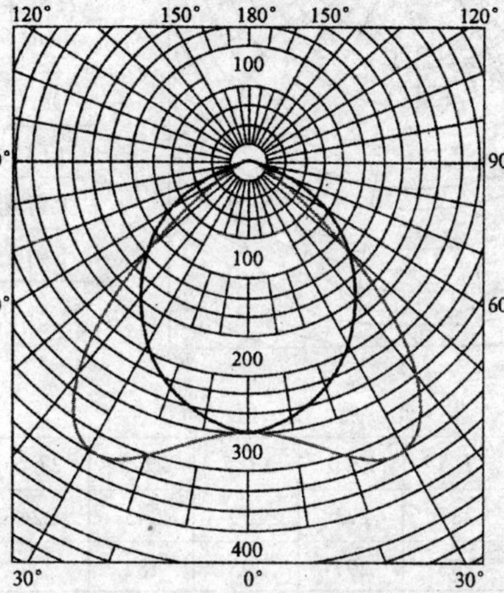

型　号		TBS 168/236 M2
生产厂		飞利浦公司
外形尺寸/mm	长 L_1	1 197
	宽 W	297
	高 H	94
光　源		TB－2×36 W
灯具效率		72.5%
上射光通比		0
下射光通比		72.5%

发 光 强 度 值

θ/(°)		0	5	10	15	20	25	30	35	40	45
I_θ/cd	B－B	278	280	290	306	323	339	344	328	288	214
	A－A	278	277	269	259	248	234	218	200	181	160
θ/(°)		50	55	60	65	70	75	80	85	90	
I_θ/cd	B－B	131	57	23	10	5	2	1	0	0	
	A－A	138	114	90	66	44	28	16	7	1	

利 用 系 数 表

有效顶棚反射比/%	80		70				50		30		0
墙反射比/%	50	50	50	50	50	30	30	10	30	10	0
地面反射比/%	30	10	30	20	10	10	10	10	10	10	0
室形系数 RI											
0.60	0.40	0.38	0.39	0.38	0.37	0.32	0.32	0.29	0.32	0.29	0.28
0.80	0.48	0.45	0.47	0.46	0.44	0.40	0.39	0.36	0.39	0.36	0.34
1.00	0.54	0.50	0.53	0.52	0.50	0.45	0.45	0.42	0.44	0.42	0.40
1.25	0.61	0.55	0.59	0.57	0.55	0.51	0.50	0.47	0.49	0.47	0.45
1.50	0.65	0.59	0.64	0.61	0.58	0.55	0.54	0.51	0.53	0.51	0.49
2.00	0.72	0.64	0.70	0.67	0.63	0.60	0.59	0.57	0.59	0.57	0.55
2.50	0.76	0.67	0.74	0.70	0.66	0.64	0.63	0.61	0.62	0.60	0.59
3.00	0.79	0.69	0.77	0.72	0.68	0.66	0.65	0.63	0.64	0.63	0.61
4.00	0.82	0.71	0.80	0.75	0.71	0.69	0.68	0.66	0.66	0.65	0.64
5.00	0.85	0.73	0.82	0.77	0.72	0.70	0.69	0.68	0.68	0.67	0.65

附表 3-2　TBS 278/414 M2 型嵌入式高效格栅灯具光度参数

灯具外形图

配光曲线 cd/1000 lm

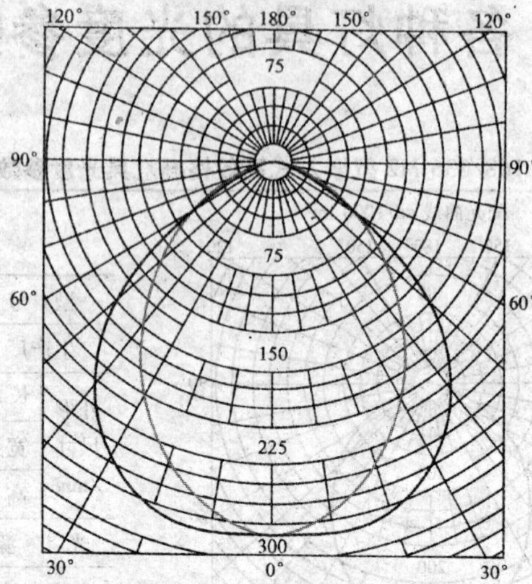

型　号		TBS 278/414 M2
生产厂		飞利浦公司
外形尺寸/mm	长 L_1	597
	宽 W	597
	高 H	52
光　源		TB－4×14 W
灯具效率		71.1%
上射光通比		0
下射光通比		71.1%

发 光 强 度 值

θ/(°)		0	2.5	7.5	12.5	17.5	22.5	27.5	32.5	37.5	42.5
I_θ/cd	B－B	294	294	285	273	259	243	224	204	181	158
	A－A	294	293	295	297	295	287	277	262	243	219
θ/(°)		47.5	52.5	57.5	62.5	67.5	72.5	77.5	82.5	87.5	90
I_θ/cd	B－B	134	109	85	62	42	29	20	10	3	1
	A－A	191	150	98	53	31	20	12	7	3	1

利 用 系 数 表

有效顶棚反射比/%	80		70				50		30		0
墙反射比/%	50	50	50	50	50	30	30	10	30	10	0
地面反射比/%	30	10	30	20	10	10	10	10	10	10	0
室形系数 *RI*											
0.60	0.37	0.35	0.36	0.35	0.35	0.30	0.30	0.27	0.29	0.27	0.25
0.80	0.44	0.42	0.44	0.42	0.41	0.37	0.36	0.33	0.36	0.33	0.32
1.00	0.50	0.47	0.49	0.48	0.46	0.42	0.41	0.38	0.41	0.38	0.37
1.25	0.56	0.51	0.55	0.53	0.51	0.47	0.46	0.43	0.46	0.43	0.42
1.50	0.60	0.55	0.59	0.57	0.54	0.51	0.50	0.47	0.49	0.47	0.45
2.00	0.67	0.60	0.65	0.62	0.59	0.56	0.55	0.53	0.54	0.52	0.51
2.50	0.71	0.63	0.69	0.65	0.62	0.59	0.58	0.56	0.57	0.56	0.54
3.00	0.74	0.65	0.72	0.68	0.64	0.62	0.61	0.59	0.60	0.58	0.57
4.00	0.77	0.67	0.75	0.70	0.66	0.64	0.63	0.62	0.62	0.61	0.59
5.00	0.79	0.68	0.77	0.72	0.67	0.66	0.65	0.64	0.64	0.63	0.61

附表 3-3　FBH 058/218 型嵌入式筒灯光度参数

灯具外形图

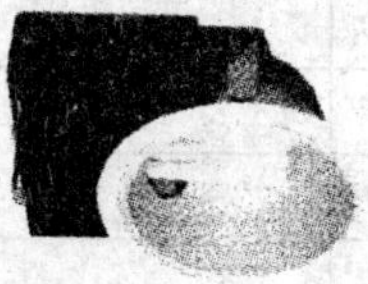

——— A–A

········ B–B

配光曲线 cd/1000 lm

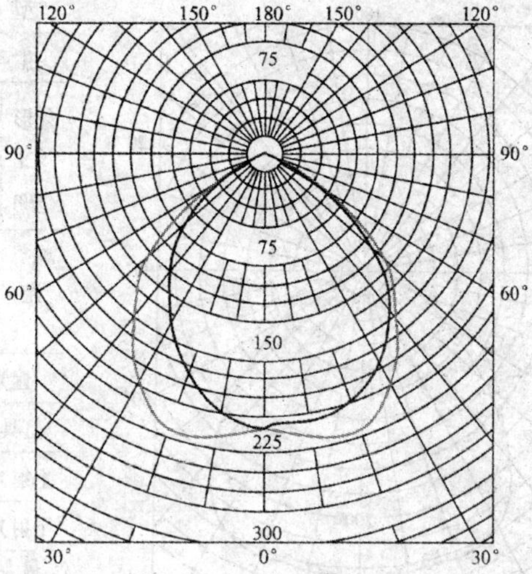

型　号		FBH 058/218
生产厂		飞利浦公司
外形尺寸/mm	ϕ	190
	长 L_1	97
光　源		紧凑型荧火灯 2×18 W
灯具效率		61.2%
上射光通比		0.6%
下射光通比		60.7%

发光强度值

θ/(°)		0	6	12	18	24	30	36	42	48	54	60	66	72	78	84	90
I_θ/cd	B－B	220	225	232	235	228	211	188	162	141	100	51	17	7	3	1	0
	A－A(90°)	220	216	216	212	204	191	176	155	125	86	49	20	7	3	1	1
	A－A(270°)	22	215	206	192	175	155	136	119	97	67	35	16	8	4	2	0

θ/(°)		96	102	108	114	120	126	132	138	144	150	156	162	168	174	180
I_θ/cd	B－B	0	0	0	0	0	0	0	0	0	0	0	0	0	0	0
	A－A(90°)	1	1	1	0	0	0	0	0	0	0	0	0	0	0	0
	A－A(270°)	0	0	0	1	1	1	1	1	1	0	0	0	0	0	0

利　用　系　数　表

有效顶棚反射比/%	80		70				50		30		0
墙反射比/%	50	50	50	50	50	30	30	10	30	10	0
地面反射比/%	30	10	30	20	10	10	10	10	10	10	0
室形系数 *RI*											
0.60	0.28	0.27	0.28	0.27	0.27	0.23	0.23	0.21	0.23	0.21	0.20
0.80	0.34	0.32	0.34	0.33	0.32	0.29	0.28	0.26	0.28	0.26	0.25
1.00	0.39	0.36	0.38	0.37	0.36	0.33	0.32	0.30	0.32	0.30	0.29
1.25	0.43	0.40	0.43	0.41	0.39	0.37	0.36	0.34	0.36	0.34	0.33
1.50	0.47	0.42	0.46	0.44	0.42	0.39	0.39	0.37	0.38	0.37	0.35
2.00	0.51	0.46	0.50	0.47	0.45	0.43	0.42	0.41	0.42	0.40	0.39
2.50	0.54	0.48	0.53	0.50	0.47	0.45	0.45	0.43	0.44	0.43	0.42
3.00	0.56	0.49	0.55	0.51	0.49	0.47	0.46	0.45	0.45	0.44	0.43
4.00	0.58	0.51	0.57	0.53	0.50	0.49	0.48	0.47	0.47	0.46	0.45
5.00	0.60	0.51	0.58	0.54	0.51	0.50	0.49	0.48	0.48	0.47	0.46

附表 3-4 嵌入式线型荧光灯具光度参数

灯具外形图

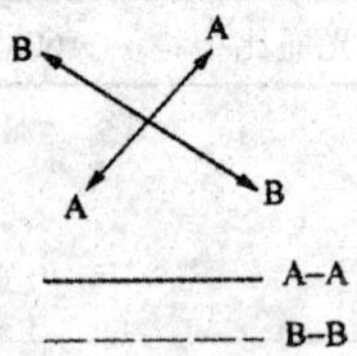

配光曲线 cd/1000 lm

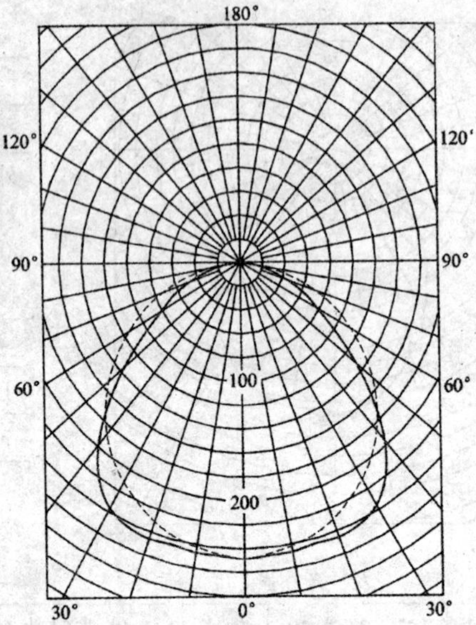

型 号		FAC41610PH
生产厂		松下公司
外形尺寸/mm	长 L_1	1 250
	宽 W	115
	高 H	103
光 源		松下高效荧火灯 e—Hf—1×45 W(T8)
遮光角		30°
灯具效率		72%
上射光通比		0
下射光通比		72%
最大允许距离比 L/h		A－A 1.36 B－B 1.41

发 光 强 度 值

θ/(°)		0	5	10	15	20	25	30	35	40	45	50	55	60	65	70	75	80	85	90
I_θ/cd	C0°, C180°	248.0	246.1	245.8	243.6	244.9	242.6	235.8	220.9	197.3	166.4	134.5	104.1	79.9	64.9	47.2	31.5	19.4	8.3	0.4
	C90°, C270°	248.0	244.7	241.0	236.5	229.6	220.4	210.5	199.3	185.7	169.8	152.5	133.2	113.3	94.6	73.0	50.4	28.8	9.2	0.6

利 用 系 数 表

有效顶棚反射比/%	80				70				50				30				0
墙反射比/%	70	50	30	10	70	50	30	10	70	50	30	10	70	50	30	10	0
地面反射比/%	10				10				10				10				0
室形系数 RI																	
0.6	0.41	0.33	0.27	0.23	0.41	0.32	0.27	0.23	0.39	0.32	0.27	0.23	0.37	0.31	0.26	0.23	0.22
0.8	0.49	0.41	0.35	0.31	0.48	0.40	0.35	0.31	0.46	0.39	0.35	0.31	0.44	0.39	0.34	0.31	0.30
1.0	0.54	0.46	0.41	0.37	0.53	0.46	0.41	0.37	0.51	0.45	0.40	0.37	0.49	0.44	0.40	0.36	0.35
1.25	0.58	0.52	0.47	0.43	0.57	0.51	0.46	0.42	0.55	0.50	0.45	0.42	0.53	0.48	0.45	0.42	0.40
1.5	0.61	0.55	0.50	0.47	0.60	0.54	0.50	0.46	0.58	0.53	0.49	0.46	0.56	0.52	0.48	0.46	0.44
2.0	0.65	0.60	0.56	0.53	0.64	0.59	0.56	0.52	0.62	0.58	0.55	0.52	0.60	0.57	0.54	0.51	0.50
2.5	0.68	0.63	0.60	0.57	0.66	0.63	0.59	0.56	0.64	0.61	0.58	0.56	0.62	0.60	0.57	0.55	0.53
3.0	0.69	0.66	0.62	0.60	0.68	0.65	0.62	0.59	0.66	0.63	0.61	0.58	0.64	0.62	0.60	0.58	0.56
4.0	0.71	0.69	0.66	0.64	0.70	0.68	0.65	0.63	0.68	0.66	0.64	0.62	0.67	0.65	0.63	0.61	0.59
5.0	0.73	0.70	0.68	0.66	0.72	0.70	0.67	0.66	0.70	0.68	0.66	0.65	0.68	0.66	0.65	0.64	0.62
7.0	0.74	0.72	0.71	0.69	0.73	0.72	0.70	0.69	0.71	0.70	0.69	0.67	0.70	0.68	0.67	0.66	0.64
10.0	0.75	0.74	0.73	0.72	0.74	0.73	0.72	0.71	0.73	0.72	0.71	0.70	0.71	0.70	0.69	0.68	0.66

附表3-5　嵌入式方型荧光灯具(白色格栅式)光度参数

灯具外形图

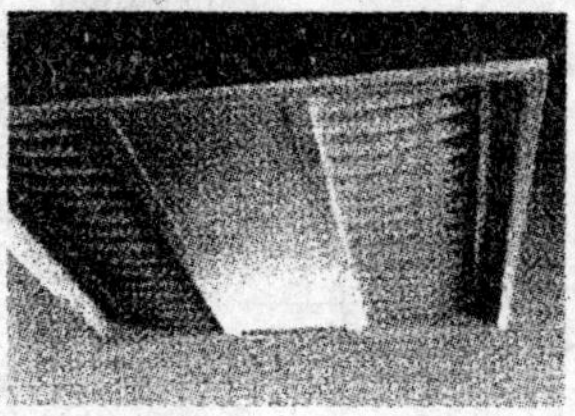

配光曲线 cd/1000 lm

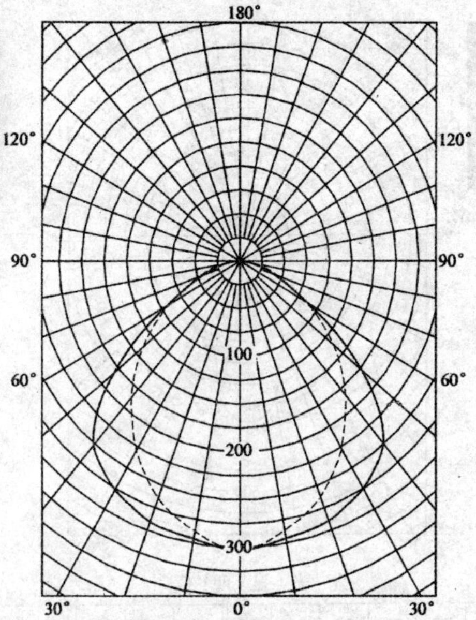

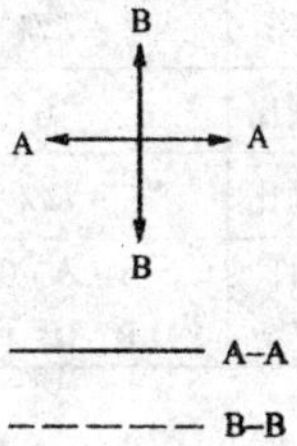

型　号		FAC22620PH
生产厂		松下公司
外形尺寸/mm	长 L_1	600
	宽 W	600
	高 H	—
光　源		松下高效荧火灯 e—Hf—2×32 W(T8)
灯具效率		74%
上射光通比		0
下射光通比		74%
最大允许距离比 L/h		A-A　1.38 B-B　1.16

发 光 强 度 值

θ/(°)		0	5	10	15	20	25	30	35	40	45	50	55	60	65	70	75	80	85	90
I_θ/cd	C0°,C180°	298.0	294.9	293.2	288.4	284.0	273.4	263.9	253.6	240.1	214.8	175.6	130.7	89.2	62.2	43.3	26.8	16.0	6.9	0.9
	C90°,C270°	298.0	292.8	285.6	274.0	260.8	241.8	223.8	204.1	182.6	159.1	133.8	108.5	83.9	61.4	44.1	30.4	18.7	8.3	0.8

利 用 系 数 表

有效顶棚反射比/%	80				70				50				30				0
墙反射比/%	70	50	30	10	70	50	30	10	70	50	30	10	70	50	30	10	0
地面反射比/%	10				10				10				10				0
室形系数 RI																	
0.6	0.44	0.36	0.30	0.27	0.44	0.35	0.30	0.27	0.42	0.35	0.30	0.26	0.40	0.34	0.30	0.26	0.25
0.8	0.52	0.44	0.39	0.35	0.51	0.44	0.39	0.35	0.49	0.43	0.38	0.35	0.48	0.42	0.38	0.35	0.33
1.0	0.57	0.50	0.45	0.41	0.56	0.49	0.45	0.41	0.54	0.48	0.44	0.41	0.56	0.47	0.43	0.40	0.39
1.25	0.62	0.55	0.50	0.47	0.60	0.55	0.50	0.46	0.58	0.53	0.49	0.46	0.56	0.52	0.49	0.46	0.44
1.5	0.64	0.59	0.54	0.51	0.63	0.58	0.54	0.50	0.61	0.57	0.53	0.50	0.59	0.55	0.52	0.50	0.48
2.0	0.68	0.64	0.60	0.56	0.67	0.63	0.59	0.56	0.65	0.61	0.58	0.56	0.63	0.60	0.57	0.55	0.53
2.5	0.71	0.67	0.63	0.60	0.70	0.66	0.63	0.60	0.68	0.64	0.62	0.59	0.66	0.63	0.61	0.59	0.57
3.0	0.72	0.69	0.66	0.63	0.71	0.68	0.65	0.63	0.69	0.66	0.64	0.62	0.67	0.65	0.63	0.61	0.59
4.0	0.74	0.72	0.69	0.67	0.73	0.71	0.69	0.66	0.71	0.69	0.67	0.66	0.69	0.68	0.66	0.65	0.63
5.0	0.76	0.73	0.71	0.69	0.75	0.72	0.71	0.69	0.73	0.71	0.69	0.68	0.71	0.69	0.68	0.67	0.65
7.0	0.77	0.75	0.74	0.72	0.76	0.74	0.73	0.72	0.74	0.73	0.72	0.70	0.72	0.71	0.70	0.69	0.67
10.0	0.78	0.77	0.76	0.75	0.77	0.76	0.75	0.74	0.75	0.74	0.73	0.73	0.74	0.73	0.72	0.71	0.69

附表 3-6　吸顶式高效直下控照型荧光灯具光度参数

灯具外形图

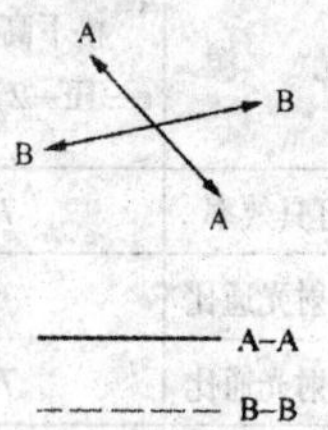

配光曲线 cd/1000 lm

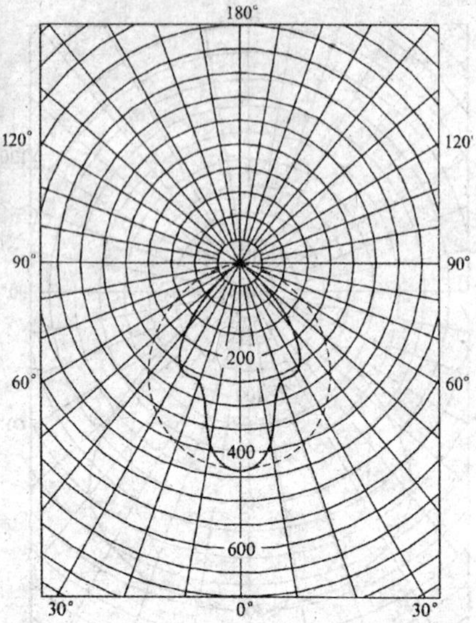

型　号		FAC41260PH
生产厂		松下公司
外形尺寸/mm	长 L_1	600
	宽 W	600
	高 H	—
光　源		松下高效荧火灯 e—Hf—1×45 W
灯具效率		72%
上射光通比		0
下射光通比		72%
最大允许距离比 L/h		A－A　0.78 B－B　1.34

发 光 强 度 值

θ/(°)		0	5	10	15	20	25	30	35	40	45	50	55	60	65	70	75	80	85	90
I_θ/cd	C0°, C180°	435.1	424.0	385.4	301.0	263.9	261.6	256.4	229.3	181.3	125.2	65.7	31.9	14.3	0.6	0.6	0.2	0.1	0.1	0.1
	C90°, C270°	435.1	428.6	424.9	416.6	402.7	385.1	363.1	337.8	309.7	277.1	241.2	204.6	165.6	128.3	92.6	57.8	29.2	7.4	0.3

利 用 系 数 表

有效顶棚反射比/%	80				70				50				30				0
墙反射比/%	70	50	30	10	70	50	30	10	70	50	30	10	70	50	30	10	0
地面反射比/%	10				10				10				10				0
室形系数 RI																	
0.6	0.47	0.40	0.35	0.31	0.46	0.39	0.35	0.31	0.45	0.38	0.34	0.31	0.43	0.38	0.34	0.31	0.30
0.8	0.54	0.48	0.43	0.40	0.53	0.47	0.43	0.40	0.52	0.46	0.42	0.39	0.50	0.45	0.42	0.39	0.38
1.0	0.59	0.53	0.49	0.45	0.58	0.52	0.48	0.45	0.56	0.51	0.48	0.45	0.55	0.50	0.47	0.45	0.43
1.25	0.63	0.57	0.54	0.50	0.62	0.57	0.53	0.50	0.60	0.56	0.53	0.50	0.58	0.55	0.52	0.50	0.48
1.5	0.65	0.61	0.57	0.54	0.64	0.60	0.57	0.54	0.62	0.59	0.56	0.53	0.61	0.58	0.55	0.53	0.51
2.0	0.69	0.65	0.62	0.59	0.68	0.64	0.61	0.59	0.66	0.63	0.60	0.58	0.64	0.62	0.59	0.58	0.56
2.5	0.70	0.67	0.65	0.62	0.70	0.67	0.64	0.62	0.68	0.65	0.63	0.61	0.66	0.64	0.62	0.61	0.59
3.0	0.72	0.69	0.67	0.65	0.71	0.68	0.66	0.64	0.69	0.67	0.65	0.63	0.67	0.66	0.64	0.63	0.61
4.0	0.73	0.71	0.69	0.68	0.72	0.71	0.69	0.67	0.71	0.69	0.68	0.66	0.69	0.68	0.66	0.65	0.64
5.0	0.74	0.73	0.71	0.70	0.73	0.72	0.70	0.69	0.72	0.70	0.69	0.68	0.70	0.69	0.68	0.67	0.65
7.0	0.75	0.74	0.73	0.72	0.75	0.73	0.72	0.71	0.73	0.72	0.71	0.70	0.71	0.60	0.70	0.69	0.67
10.0	0.76	0.75	0.74	0.74	0.75	0.75	0.74	0.73	0.74	0.73	0.72	0.72	0.72	0.71	0.71	0.70	0.68

附表 3-7　嵌入式消光格栅荧光灯具光度参数

灯具外形图

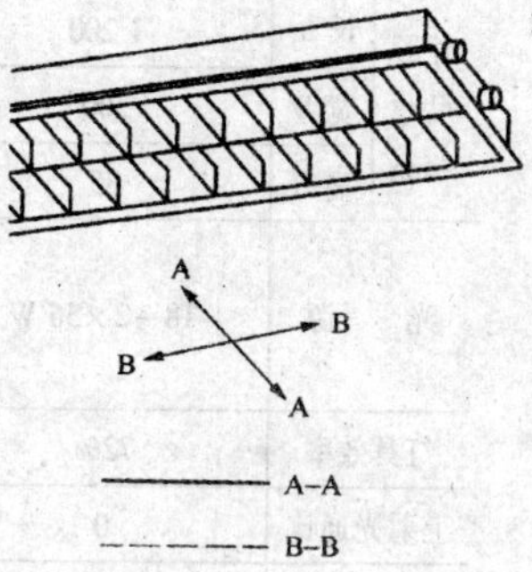

配光曲线 cd/1000 lm

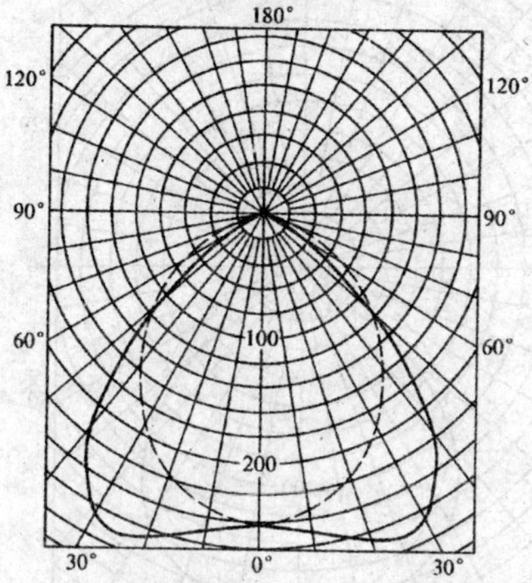

型　号		FAC42761ENH
生产厂		松下公司
外形尺寸/mm	长 L_1	600
	宽 W	600
	高 H	—
光　源		T8 - 2 × 36 W
灯具效率		58%
上射光通比		0
下射光通比		58%
最大允许距离比 L/h		A - A　1.52 B - B　1.25

发 光 强 度 值

θ/(°)		0	5	10	15	20	25	30	35	40	45	50	55	60	65	70	75	80	85	90
I_θ/cd	C0°, C180°	236.5	238.8	244.4	252.7	260.7	267.8	263.5	241.8	213.0	160.4	107.3	57.7	28.0	16.4	11.6	7.8	4.2	1.5	0.4
	C90°, C270°	236.5	234.1	227.8	219.8	210.1	199.2	185.3	166.7	150.8	131.3	112.1	91.4	71.4	51.0	31.4	18.2	10.9	5.0	0.5

利 用 系 数 表

有效顶棚反射比/%	80				70				50				30				0
墙反射比/%	70	50	30	10	70	50	30	10	70	50	30	10	70	50	30	10	0
地面反射比/%	10				10				10				10				0
室形系数 RI																	
0.6	0.36	0.30	0.25	0.23	0.35	0.29	0.25	0.23	0.34	0.29	0.25	0.23	0.33	0.28	0.25	0.22	0.21
0.8	0.42	0.36	0.33	0.30	0.41	0.36	0.32	0.30	0.40	0.35	0.32	0.29	0.39	0.35	0.32	0.29	0.28
1.0	0.46	0.41	0.37	0.34	0.45	0.41	0.37	0.34	0.44	0.40	0.37	0.34	0.42	0.39	0.36	0.34	0.33
1.25	0.49	0.45	0.41	0.39	0.49	0.44	0.41	0.39	0.47	0.43	0.41	0.38	0.46	0.43	0.40	0.38	0.37
1.5	0.51	0.47	0.44	0.42	0.51	0.47	0.44	0.42	0.49	0.46	0.43	0.41	0.48	0.45	0.43	0.41	0.40
2.0	0.54	0.51	0.48	0.46	0.53	0.50	0.48	0.46	0.52	0.49	0.47	0.45	0.51	0.48	0.47	0.45	0.44
2.5	0.56	0.53	0.51	0.49	0.55	0.53	0.50	0.49	0.54	0.51	0.50	0.48	0.52	0.50	0.49	0.47	0.46
3.0	0.57	0.55	0.53	0.51	0.56	0.54	0.52	0.51	0.55	0.53	0.51	0.50	0.53	0.52	0.50	0.49	0.48
4.0	0.58	0.57	0.55	0.53	0.58	0.56	0.54	0.53	0.56	0.55	0.53	0.52	0.55	0.54	0.53	0.52	0.50
5.0	0.59	0.58	0.56	0.55	0.59	0.57	0.56	0.55	0.57	0.56	0.55	0.54	0.56	0.55	0.54	0.53	0.52
7.0	0.60	0.59	0.58	0.57	0.59	0.58	0.58	0.57	0.58	0.57	0.56	0.56	0.57	0.56	0.55	0.55	0.53
10.0	0.61	0.60	0.59	0.59	0.60	0.59	0.59	0.58	0.59	0.58	0.58	0.57	0.58	0.57	0.57	0.56	0.54

附表 3-8 嵌入式白色钢板格栅荧光灯具光度参数

灯具外形图

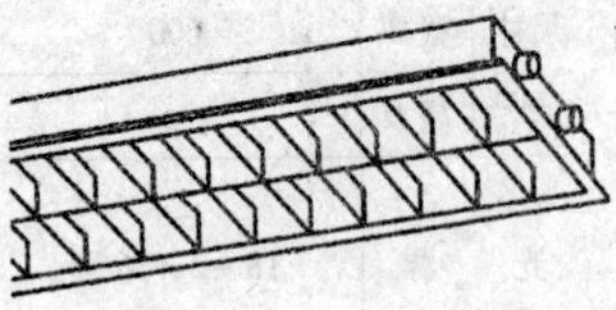

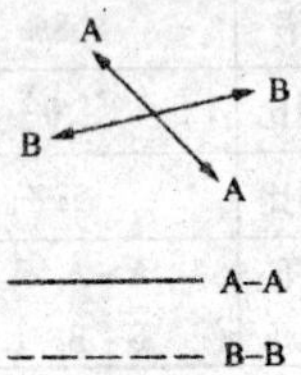

配光曲线 cd/1000 lm

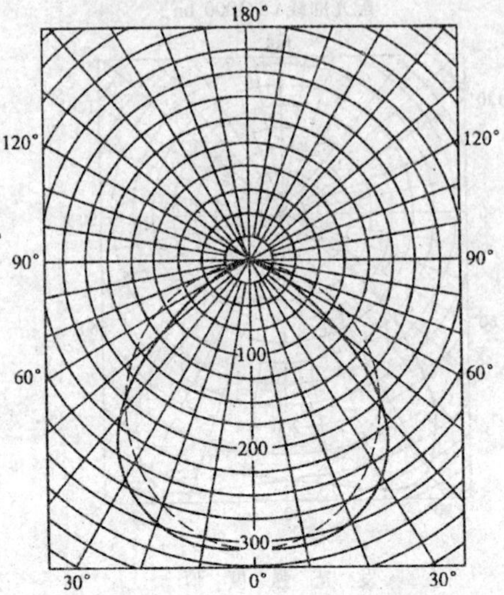

型 号		FAC42651P
生产厂		松下公司
外形尺寸/mm	长 L_1	1 200
	宽 W	300
	高 H	85
光 源		T8 − 2 × 36 W
灯具效率		72%
上射光通比		0
下射光通比		72%
最大允许距离比 L/h		A − A 1.29 B − B 1.28

发 光 强 度 值

θ/(°)		0	5	10	15	20	25	30	35	40	45	50	55	60	65	70	75	80	85
I_θ/cd	C0°, C180°	306.9	309.0	309.7	304.2	298.7	284.5	268.2	246.4	215.5	170.5	121.3	77.4	49.2	34.1	24.3	15.8	9.1	4.1
	C90°, C270°	306.9	306.3	300.4	289.0	277.5	261.4	245.3	228.0	208.0	186.2	162.3	139.4	113.7	86.4	59.0	33.1	18.0	8.4

利 用 系 数 表

有效顶棚反射比/%	80				70				50				30				0
墙反射比/%	70	50	30	10	70	50	30	10	70	50	30	10	70	50	30	10	0
地面反射比/%	10				10				10				10				0
室形系数 RI																	
0.6	0.44	0.36	0.31	0.28	0.43	0.36	0.31	0.27	0.42	0.35	0.31	0.27	0.40	0.34	0.30	0.27	0.26
0.8	0.52	0.44	0.39	0.36	0.51	0.44	0.39	0.36	0.49	0.43	0.39	0.36	0.47	0.42	0.38	0.35	0.34
1.0	0.56	0.50	0.45	0.41	0.55	0.49	0.45	0.41	0.54	0.48	0.44	0.41	0.52	0.47	0.44	0.41	0.39
1.25	0.61	0.55	0.50	0.47	0.59	0.54	0.50	0.47	0.58	0.53	0.49	0.46	0.56	0.52	0.49	0.46	0.44
1.5	0.63	0.58	0.54	0.51	0.62	0.57	0.53	0.50	0.60	0.56	0.53	0.50	0.58	0.55	0.52	0.50	0.48
2.0	0.67	0.62	0.59	0.56	0.66	0.62	0.58	0.56	0.64	0.60	0.58	0.55	0.62	0.59	0.57	0.55	0.53
2.5	0.69	0.65	0.62	0.60	0.68	0.65	0.62	0.59	0.66	0.63	0.61	0.59	0.64	0.62	0.60	0.58	0.56
3.0	0.70	0.67	0.65	0.62	0.69	0.67	0.64	0.62	0.68	0.65	0.63	0.61	0.66	0.64	0.62	0.60	0.58
4.0	0.72	0.70	0.68	0.66	0.71	0.69	0.67	0.65	0.69	0.68	0.66	0.64	0.68	0.66	0.65	0.63	0.61
5.0	0.73	0.71	0.70	0.68	0.72	0.71	0.69	0.67	0.71	0.69	0.68	0.66	0.69	0.68	0.66	0.65	0.63
7.0	0.75	0.73	0.72	0.70	0.74	0.72	0.71	0.70	0.72	0.71	0.70	0.69	0.70	0.69	0.68	0.68	0.66
10.0	0.76	0.75	0.73	0.73	0.75	0.74	0.73	0.72	0.73	0.72	0.71	0.71	0.71	0.71	0.70	0.69	0.67

附表 3-9 嵌入式下开放式荧光灯具光度参数

灯具外形图

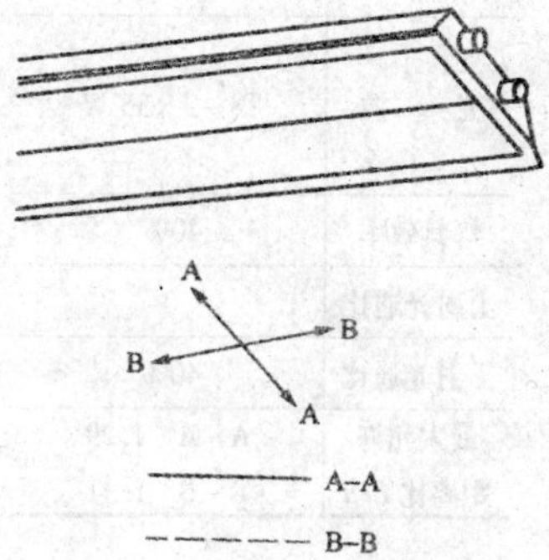

配光曲线 cd/1000 lm

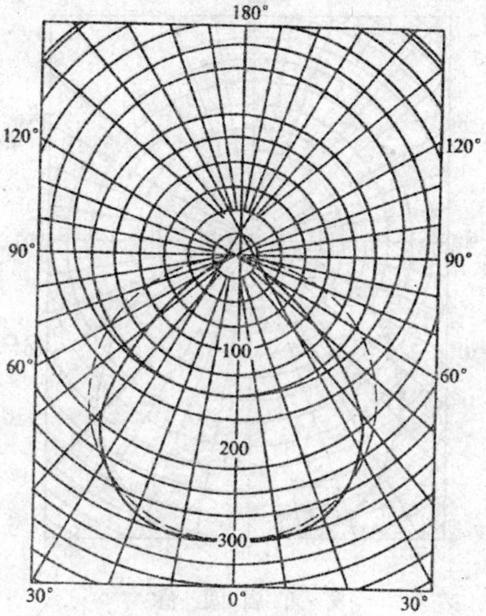

型号		FAC42601P
生产厂		松下公司
外形尺寸/mm	长 L_1	1 200
	宽 W	300
	高 H	85
光源		T8 – 2 × 36 W
灯具效率		76%
上射光通比		0
下射光通比		76%
最大允许距离比 L/h		A – A 1.29 B – B 1.37

发光强度值

θ/(°)		0	5	10	15	20	25	30	35	40	45	50	55	60	65	70	75	80	85
I_θ/cd	C0°, C180°	299.2	301.3	301.8	296.8	291.8	278.2	262.4	241.6	211.0	166.7	117.6	73.4	44.7	30.2	21.3	13.8	8.1	3.7
	C90°, C270°	299.2	299.7	297.4	290.9	284.3	273.5	262.4	249.4	233.6	215.5	194.8	175.0	151.5	125.8	97.9	69.4	39.8	12.6

利用系数表

有效顶棚反射比/%	80				70				50				30				0
墙反射比/%	70	50	30	10	70	50	30	10	70	50	30	10	70	50	30	10	0
地面反射比/%	10				10				10				10				0
室形系数 RI																	
0.6	0.46	0.37	0.32	0.28	0.45	0.37	0.32	0.28	0.43	0.36	0.31	0.28	0.42	0.35	0.31	0.28	0.26
0.8	0.54	0.46	0.41	0.37	0.53	0.46	0.40	0.37	0.51	0.45	0.40	0.36	0.49	0.44	0.39	0.36	0.35
1.0	0.59	0.52	0.47	0.43	0.58	0.51	0.46	0.43	0.56	0.50	0.46	0.42	0.54	0.49	0.45	0.42	0.41
1.25	0.64	0.57	0.52	0.49	0.63	0.57	0.52	0.48	0.61	0.55	0.51	0.48	0.59	0.54	0.51	0.48	0.46
1.5	0.67	0.61	0.56	0.53	0.66	0.60	0.56	0.53	0.63	0.59	0.55	0.52	0.61	0.58	0.54	0.52	0.50
2.0	0.71	0.66	0.62	0.59	0.69	0.65	0.62	0.58	0.67	0.64	0.61	0.58	0.65	0.62	0.60	0.57	0.56
2.5	0.73	0.69	0.66	0.63	0.72	0.68	0.65	0.62	0.70	0.67	0.64	0.62	0.68	0.65	0.63	0.61	0.59
3.0	0.75	0.71	0.68	0.66	0.74	0.70	0.68	0.65	0.71	0.69	0.66	0.64	0.70	0.67	0.65	0.63	0.62
4.0	0.77	0.74	0.72	0.69	0.76	0.73	0.71	0.69	0.74	0.72	0.70	0.68	0.72	0.70	0.68	0.67	0.65
5.0	0.78	0.76	0.74	0.72	0.77	0.75	0.73	0.71	0.75	0.73	0.72	0.70	0.73	0.72	0.70	0.69	0.67
7.0	0.79	0.78	0.76	0.75	0.78	0.77	0.75	0.74	0.76	0.75	0.74	0.73	0.75	0.73	0.73	0.72	0.69
10.0	0.80	0.79	0.78	0.77	0.79	0.78	0.77	0.76	0.77	0.77	0.76	0.75	0.76	0.75	0.74	0.74	0.71

附表 3-10　嵌入式乳白面板荧光灯具光度参数

灯具外形图

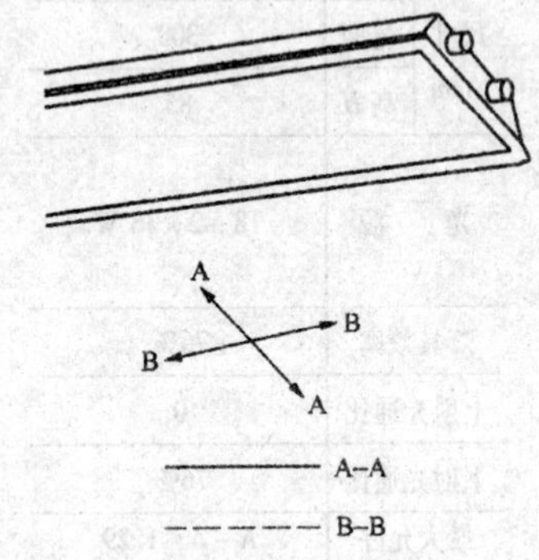

配光曲线 cd/1000 lm

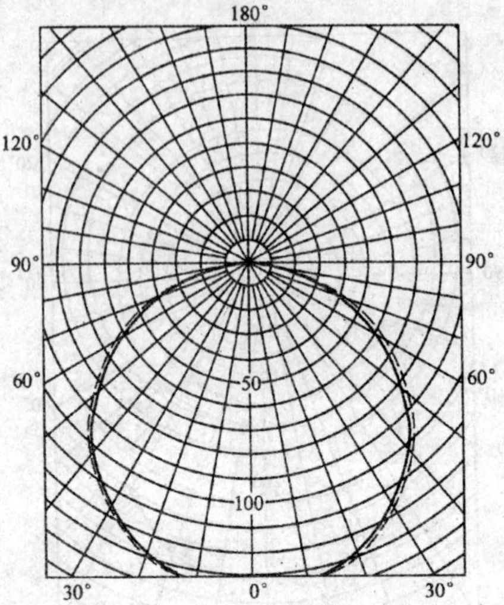

型　号		FAC42801P
生产厂		松下公司
外形尺寸/mm	长 L_1	1 200
	宽 W	300
	高 H	85
光　源		T8 – 2 × 36 W
灯具效率		40%
上射光通比		0
下射光通比		40%
最大允许距离比 L/h		A – A　1. 29 B – B　1. 37

发 光 强 度 值

θ/(°)		0	5	10	15	20	25	30	35	40	45	50	55	60	65	70	75	80	85	90
I_θ/cd	C0°, C180°	137. 9	136. 7	134. 0	132. 3	128. 1	122. 9	115. 7	109. 9	103. 1	94. 0	82. 2	73. 3	61. 1	49. 7	37. 6	25. 8	15. 0	5. 5	0. 3
	C90°, C270°	137. 9	136. 7	134. 6	132. 9	128. 9	123. 9	116. 8	111. 4	105. 1	96. 1	84. 4	75. 6	63. 1	51. 4	39. 2	27. 0	15. 6	5. 1	0. 3

利 用 系 数 表

有效顶棚反射比/%	80				70				50				30				0
墙反射比/%	70	50	30	10	70	50	30	10	70	50	30	10	70	50	30	10	0
地面反射比/%	10				10				10				10				0
室形系数 RI																	
0. 6	0. 23	0. 18	0. 15	0. 12	0. 22	0. 17	0. 14	0. 12	0. 21	0. 17	0. 14	0. 12	0. 20	0. 17	0. 14	0. 12	0. 12
0. 8	0. 27	0. 22	0. 19	0. 17	0. 26	0. 22	0. 19	0. 17	0. 25	0. 21	0. 19	0. 17	0. 24	0. 21	0. 18	0. 16	0. 16
1. 0	0. 29	0. 25	0. 22	0. 20	0. 29	0. 25	0. 22	0. 20	0. 28	0. 24	0. 22	0. 20	0. 27	0. 24	0. 21	0. 19	0. 19
1. 25	0. 32	0. 28	0. 25	0. 23	0. 31	0. 28	0. 25	0. 23	0. 30	0. 27	0. 24	0. 23	0. 29	0. 26	0. 24	0. 22	0. 21
1. 5	0. 33	0. 30	0. 27	0. 25	0. 33	0. 30	0. 27	0. 25	0. 32	0. 29	0. 27	0. 25	0. 30	0. 28	0. 26	0. 25	0. 24
2. 0	0. 36	0. 33	0. 30	0. 29	0. 35	0. 32	0. 30	0. 28	0. 34	0. 32	0. 30	0. 28	0. 33	0. 31	0. 29	0. 28	0. 27
2. 5	0. 37	0. 35	0. 33	0. 31	0. 36	0. 34	0. 32	0. 31	0. 35	0. 33	0. 32	0. 30	0. 34	0. 33	0. 31	0. 30	0. 29
3. 0	0. 38	0. 36	0. 34	0. 33	0. 37	0. 36	0. 34	0. 32	0. 36	0. 35	0. 33	0. 32	0. 35	0. 34	0. 33	0. 31	0. 30
4. 0	0. 39	0. 38	0. 36	0. 35	0. 39	0. 37	0. 36	0. 35	0. 38	0. 36	0. 35	0. 34	0. 37	0. 35	0. 34	0. 34	0. 32
5. 0	0. 40	0. 39	0. 37	0. 36	0. 39	0. 38	0. 37	0. 36	0. 38	0. 37	0. 36	0. 35	0. 37	0. 36	0. 36	0. 35	0. 34
7. 0	0. 41	0. 40	0. 39	0. 38	0. 40	0. 39	0. 39	0. 38	0. 39	0. 39	0. 38	0. 37	0. 38	0. 38	0. 37	0. 36	0. 35
10. 0	0. 42	0. 41	0. 40	0. 39	0. 41	0. 40	0. 40	0. 39	0. 40	0. 39	0. 39	0. 38	0. 39	0. 39	0. 38	0. 38	0. 37

附表 3-11　高天棚照明灯具光度参数

灯具外形图

配光曲线 cd/1000 lm

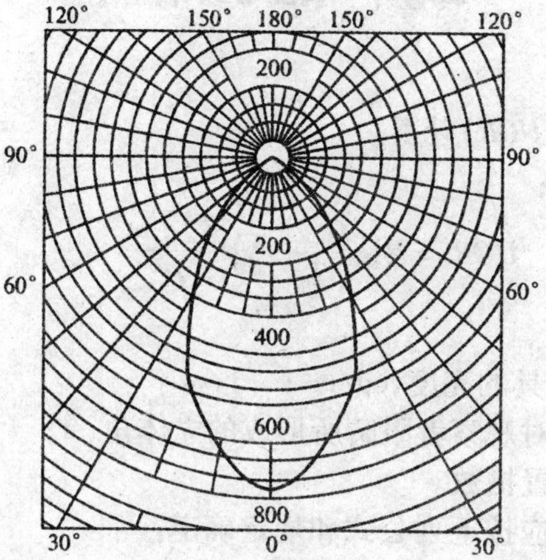

灯具型号		MDK900400 AL(W)
生产厂		飞利浦公司
外形尺寸/mm	φ	424
	高 H	600
光源		金属卤化物灯 400W
灯具效率		75.3%
上射光通比		0%
下射光通比		75.3%

发光强度值

θ/(°)	0	2.5	5	7.5	10	12.5	15	17.5	20	22.5	25	27.5	30
I_θ/cd	741	730	689	658	626	597	572	538	495	444	393	346	
θ/(°)	32.5	35	37.5	40	42.5	45	47.5	50	52.5	55	57.5	60	62.5
I_θ/cd	306	268	230	193	158	126	99	77	57	39	25	16	10
θ/(°)	65	67.5	70	72.5	75	77.5	80	82.5	85	87.5	90		
I_θ/cd	7	5	4	4	3	3	2	2	2	1	0		

利用系数表

有效顶棚反射比/%	80	80	70	70	70	70	50	50	30	30	0
墙反射比/%	50	50	50	50	50	30	30	10	30	10	0
地面反射比/%	30	10	0	20	10	10	10	10	10	10	0
室形指数 *RI*											
0.60	0.54	0.52	0.54	0.53	0.51	0.48	0.48	0.45	0.47	0.45	0.44
0.80	0.61	0.57	0.60	0.58	0.57	0.53	0.53	0.51	0.53	0.50	0.49
1.00	0.67	0.62	0.66	0.63	0.61	0.58	0.58	0.55	0.57	0.55	0.54
1.25	0.72	0.66	0.70	0.68	0.65	0.62	0.61	0.59	0.61	0.59	0.58
1.50	0.75	0.68	0.74	0.71	0.68	0.65	0.64	0.62	0.64	0.62	0.61
2.00	0.81	0.72	0.79	0.75	0.71	0.69	0.69	0.67	0.68	0.66	0.65
2.50	0.84	0.74	0.82	0.78	0.74	0.72	0.71	0.70	0.70	0.69	0.68
3.00	0.87	0.76	0.85	0.80	0.75	0.74	0.73	0.72	0.72	0.71	0.70
4.00	0.90	0.78	0.87	0.82	0.77	0.6	0.5	0.74	0.74	0.73	0.71
5.00	0.92	0.79	0.89	0.93	0.78	0.77	0.76	0.75	0.75	0.74	0.72

附录 4　统一眩光值(UGR)

1. 照明场所的统一眩光值(UGR)计算

(1) UGR 应按(4-1)式计算:

$$UGR = 8\lg \frac{0.25}{L_b} \sum \frac{L_a^2 \cdot \omega}{P^2} \tag{4-1}$$

式中:L_b—背景亮度,cd/m^2;

L_a——观察者方向每个灯具的亮度,cd/m^2;

ω——每个灯具发光部分对观察者眼睛所形成的立体角,sr;

P——每个单独灯具的位置指数。

(2)式(4-1)式中的各参数应按下列公式和规定确定:

①背景亮度 L_b 应按(4-2)式确定:

$$L_b = \frac{E_i}{\pi} \tag{4-2}$$

式中:E_i——观察者眼睛方向的间接照度,lx。

此计算一般由计算机完成。

②灯具亮度 L_a 应按(4-3)式确定:

$$L_a = \frac{I_a}{A \cdot \cos \alpha} \tag{4-3}$$

式中:I_a——观察者眼睛方向的灯具发光强度,cd;

$A \cdot \cos \alpha$——灯具在观察者眼睛方向的投影面积,m^2;

α——灯具表面法线与观察者眼睛方向所夹的角度,°。

③立体角 ω 应按(4-4)式确定:

$$\omega = \frac{A_P}{r^2} \tag{4-4}$$

式中:A_P——灯具发光部件在观察者眼睛方向的表观面积,m^2;

r——灯具发光部件中心到观察者眼睛之间的距离,m。

④古斯位置指数 P 应按附图 4-1 生成的 H/R 和 T/R 的比值由附表 4-1 确定。

2. 统一眩光值(UGR)的应用条件

(1) UGR 适用于简单的立方体形房间的一般照明装置设计,不适用于采用间接照明和发光天棚的房间。

(2)适用于灯具发光部分对眼睛所形成的立体角为 $0.1\ sr > \omega > 0.000\ 3\ sr$ 的情况。

(3)同一类灯具为均匀等间距布置。

(4)灯具为双对称配光。

(5)坐姿观测者眼睛的高度通常取 1.2 m,站姿观测者眼睛的高度通常取 1.5 m。

(6)观测位置一般在纵向和横向两面墙的中点,视线水平朝前观测。

(7)房间表面为大约高出地面 0.75 m 的工作面、灯具安装表面以及此两个表面之间的墙面。

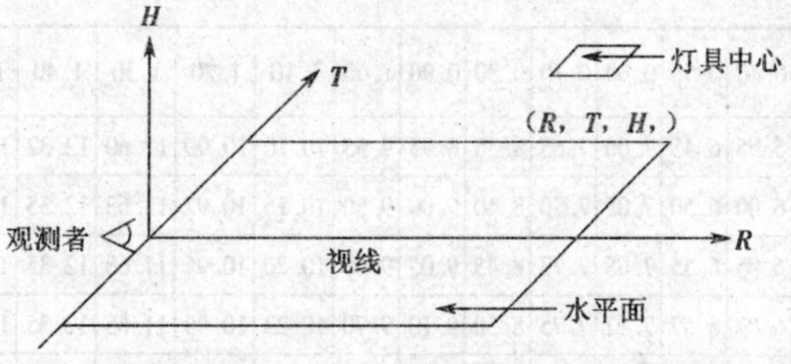

附图 4-1　以观察者位置为原点的位置指数坐标

系统(R,T,H),对灯具中心生成 H/R 和 T/R 的比值

附表 4-1　位置指数表

T/R \ H/R	0.00	0.10	0.20	0.30	0.40	0.50	0.60	0.70	0.80	0.90	1.00	1.10	1.20	1.30	1.40	1.50	1.60	1.70	1.80	1.90
0.00	1.00	1.26	1.53	1.90	2.35	2.86	3.50	4.20	5.00	6.00	7.00	8.10	9.25	10.35	11.70	13.15	14.70	16.20	–	–
0.10	1.05	1.22	1.45	1.80	2.20	2.75	3.40	4.10	4.80	5.80	6.8	8.00	9.10	10.30	11.60	13.00	14.60	16.10	–	–
0.20	1.12	1.30	1.50	1.80	2.20	2.66	3.18	3.88	4.60	5.50	6.50	7.60	8.75	9.85	11.20	12.70	14.00	15.70	–	–
0.30	1.22	1.38	1.60	1.87	2.25	2.70	3.25	3.90	4.60	5.45	6.45	7.40	8.40	9.50	10.85	12.10	13.70	15.00	–	–
0.40	1.32	1.47	1.70	1.96	2.35	2.80	3.30	3.90	4.60	5.40	6.40	7.30	8.30	9.40	10.60	1.90	13.20	14.60	16.00	–
0.50	1.43	1.60	1.82	2.10	2.48	2.91	3.40	3.98	4.70	5.50	6.40	7.30	8.30	9.40	10.50	11.75	13.00	14.40	15.70	–
0.60	1.55	1.72	1.98	2.30	2.65	3.10	3.60	4.10	4.80	5.50	6.40	7.35	8.40	9.40	10.50	11.70	13.00	14.10	15.40	–
0.70	1.70	1.88	2.12	2.48	2.87	3.30	3.78	4.30	4.88	5.60	6.50	7.40	8.50	9.50	10.50	11.70	12.85	14.00	15.20	–
0.80	1.82	2.00	2.32	2.70	3.08	3.50	3.92	4.50	5.10	5.75	6.60	7.50	8.60	9.50	10.60	11.75	12.80	14.00	15.10	–
0.90	1.95	2.20	2.54	2.90	3.30	3.70	4.20	4.75	5.30	6.00	6.75	7.70	8.70	9.65	10.75	11.80	12.90	14.00	15.00	16.00
1.00	2.11	2.40	2.75	3.10	3.50	3.91	4.40	5.00	5.60	6.20	7.00	7.90	8.80	9.75	10.80	11.90	12.95	14.00	15.00	16.00
1.10	2.30	2.55	2.92	3.30	3.72	4.20	4.70	5.25	5.80	6.55	7.20	8.15	9.00	9.90	10.95	12.00	13.00	14.00	15.00	16.00
1.20	2.40	2.75	3.12	3.50	3.90	4.35	4.85	5.50	6.05	6.70	7.50	8.30	9.20	10.00	11.02	12.10	13.10	14.00	15.00	16.00
1.30	2.55	2.90	3.30	3.70	4.20	4.65	5.20	5.70	6.30	7.00	7.70	8.55	9.35	10.20	11.20	12.25	13.20	14.00	15.00	16.00
1.40	2.70	3.10	3.50	3.90	4.35	4.85	5.35	5.85	6.50	7.25	8.00	8.70	9.50	10.40	11.40	12.40	13.25	14.05	15.00	16.00
1.50	2.85	3.15	3.65	4.10	4.55	5.00	5.50	6.20	6.80	7.50	8.20	8.85	9.70	10.55	11.50	12.50	13.30	14.05	15.02	16.00
1.60	2.95	3.40	3.80	4.25	4.75	5.20	5.75	6.30	7.00	7.65	8.40	9.00	9.80	10.80	11.75	12.60	13.40	14.20	15.10	16.00
1.70	3.10	3.55	4.00	4.50	4.90	5.40	5.95	6.50	7.20	7.80	8.50	9.20	10.00	10.85	11.85	12.75	13.45	14.20	15.10	16.00
1.80	3.25	3.70	4.20	4.65	5.10	5.60	6.10	6.75	7.40	8.00	8.65	9.35	10.10	11.00	11.90	12.80	13.50	14.20	15.10	16.00
1.90	3.43	3.86	4.30	4.75	5.20	5.70	6.30	6.90	7.50	8.17	8.80	9.50	10.20	11.00	12.00	12.82	13.55	14.20	15.10	16.00
2.00	3.50	4.00	4.50	4.90	5.35	5.80	6.40	7.10	7.70	8.30	8.90	9.60	10.40	11.10	12.00	12.85	13.60	14.30	15.10	16.00
2.10	3.60	4.17	4.65	5.05	5.50	6.00	6.60	7.20	7.82	8.45	9.00	9.75	10.50	11.20	12.10	12.90	13.70	14.35	15.10	16.00
2.20	3.75	4.25	4.72	5.20	5.60	6.10	6.70	7.35	8.00	8.55	9.15	9.85	10.60	11.30	12.10	12.90	13.70	14.40	15.15	16.00
2.30	3.85	4.35	4.80	5.25	5.70	6.22	6.80	7.40	8.10	8.65	9.30	9.90	10.70	11.40	12.20	12.95	13.70	14.40	15.20	16.00
2.40	3.95	4.40	4.90	5.35	5.80	6.30	6.90	7.50	8.20	8.80	9.40	10.00	10.80	11.50	12.25	13.00	13.75	14.45	15.20	16.00
2.50	4.00	4.50	4.95	5.40	5.85	6.40	6.95	7.55	8.25	8.85	9.50	10.05	10.85	11.55	12.30	13.00	13.80	14.50	15.25	16.00

续表

T/R \ H/R	0.00	0.10	0.20	0.30	0.40	0.50	0.60	0.70	0.80	0.90	1.00	1.10	1.20	1.30	1.40	1.50	1.60	1.70	1.80	1.90
2.60	4.07	4.55	5.05	5.47	5.95	6.45	7.00	7.65	8.35	8.95	9.55	10.10	10.90	11.60	12.32	13.00	13.80	14.50	15.25	16.00
2.70	4.10	4.60	5.10	5.53	6.00	6.50	7.05	7.70	8.40	9.00	9.60	10.16	10.92	11.63	12.35	13.00	13.80	14.50	15.25	16.00
2.80	4.15	4.62	5.15	5.56	6.05	6.55	7.08	7.73	8.45	9.05	9.65	10.20	10.95	11.65	12.35	13.00	13.80	14.50	15.25	16.00
2.90	4.20	4.65	5.17	5.60	6.07	6.57	7.12	7.75	8.50	9.10	9.70	10.23	10.95	11.65	12.35	13.00	13.80	14.50	15.25	16.00
3.00	4.22	4.67	5.20	5.65	6.12	6.60	7.15	7.80	8.55	9.12	9.70	10.23	10.95	11.65	12.35	13.00	13.80	14.50	15.25	16.00

附录 5　部分灯具的利用系数表($P_d = 20\%$)

$P_t\%$	70				50				30				0
$P_q\%$	70	50	30	10	70	50	30	10	70	50	30	10	0
K_{RC}	简式荧光灯 YG2—1，$\eta = 88\%$，1×40 W，2 400 lm												
1	0.93	0.89	0.86	0.83	0.89	0.85	0.83	0.80	0.85	0.82	0.80	0.78	0.73
2	0.85	0.79	0.73	0.69	0.81	0.75	0.71	0.67	0.77	0.73	0.69	0.65	0.62
3	0.78	0.70	0.63	0.58	0.74	0.67	0.61	0.57	0.70	0.65	0.60	0.56	0.53
4	0.71	0.61	0.54	0.49	0.67	0.59	0.53	0.48	0.64	0.57	0.52	0.47	0.45
5	0.65	0.55	0.47	0.42	0.62	0.53	0.46	0.41	0.59	0.51	0.45	0.41	0.39
6	0.60	0.49	0.42	0.36	0.57	0.48	0.51	0.36	0.54	0.46	0.40	0.36	0.34
7	0.55	0.44	0.37	0.32	0.52	0.43	0.36	0.31	0.50	0.42	0.36	0.31	0.29
8	0.51	0.40	0.33	0.27	0.48	0.39	0.32	0.27	0.46	0.37	0.32	0.27	0.25
9	0.47	0.36	0.29	0.24	0.45	0.35	0.29	0.24	0.43	0.34	0.28	0.24	0.22
10	0.33	0.32	0.25	0.20	0.41	0.31	0.24	0.20	0.39	0.30	0.24	0.20	0.18
K_{RC}	吸顶荧灯 YG6—2，$\eta = 86\%$，2×40 W，2×2 400 lm												
1	0.82	0.78	0.74	0.70	0.73	0.70	0.67	0.64	0.65	0.68	0.60	0.58	0.49
2	0.74	0.67	0.62	0.57	0.66	0.61	0.56	0.52	0.59	0.54	0.51	0.48	0.40
3	0.68	0.59	0.53	0.47	0.60	0.53	0.48	0.44	0.53	0.48	0.44	0.40	0.34
4	0.62	0.52	0.45	0.40	0.55	0.47	0.41	0.37	0.49	0.43	0.38	0.34	0.28
5	0.56	0.46	0.39	0.34	0.50	0.42	0.36	0.31	0.45	0.38	0.33	0.29	0.24
6	0.52	0.42	0.35	0.29	0.46	0.38	0.32	0.27	0.41	0.34	0.29	0.25	0.21
7	0.48	0.37	0.30	0.25	0.43	0.34	0.28	0.24	0.38	0.31	0.26	0.22	0.18
8	0.44	0.34	0.27	0.22	0.40	0.31	0.25	0.21	0.35	0.28	0.23	0.19	0.16
9	0.41	0.31	0.24	0.19	0.37	0.28	0.22	0.18	0.33	0.26	0.21	0.17	0.14
10	0.38	0.27	0.21	0.16	0.34	0.25	0.19	0.15	0.30	0.22	0.18	0.14	0.11

附录6 部分灯具的最小照度系数 Z 值表

灯具名称	灯具型号	光源种类及容量(W)	距离比(L:h)				(L:h)/Z 的最大允许值
			0.6	0.8	1.0	1.2	
			Z 值				
配照型灯具	$GC1-\frac{A}{B}-1$	B150	1.30	1.32	1.33		1.25/1.33
		G125		1.34	1.33	1.32	1.41/1.29
广照型灯具	$GC3-\frac{A}{B}-2$	G125	1.28	1.30			0.98/1.32
		B200、150	1.30	1.33			1.02/1.33
深照型灯具	$GC5-\frac{A}{B}-3$	B300		1.34	1.33	1.30	1.40/1.29
		G250		1.35	1.34	1.32	1.45/1.32
	$GC5-\frac{A}{B}-4$	B300、500		1.33	1.34	1.32	1.40/1.31
		G400	1.29	1.34	1.35		1.23/1.32
简式荧光灯具	YG1－1	1×40	1.34	1.34	1.31		1.22/1.29
	YG2－1			1.35	1.33	1.28	1.28/1.28
	YG2－2	2×40		1.35	1.33	1.29	1.28/1.29
吸顶荧光灯具	YG6－2	2×40	1.34	1.36	1.33		1.22/1.29
	YG6－3	3×40		1.35	1.32	1.30	1.26/1.30
嵌入式荧光灯具	YG15－2	2×40	1.34	1.34	1.31	1.30	
	YG15－3	3×40	1.37	1.33			1.05/1.30
房间较矮 反射条件较好		灯排数≤3	1.15～1.2				
		灯排数>3	1.10				

附录7　路面亮度系数和简化亮度系数表

7.1　亮度系数(q)为路面上某点的亮度和该点的水平照度之比(即 $q=L/E$)。它除了与路面材料有关外,还取决于观察者和光源相对于路面所考察的那一点的位置,即 $q=q(\beta,\gamma)$。其中 β 为光的入射平面和观察平面之间的角度,γ 为入射光线的垂直角(附图7-1)。

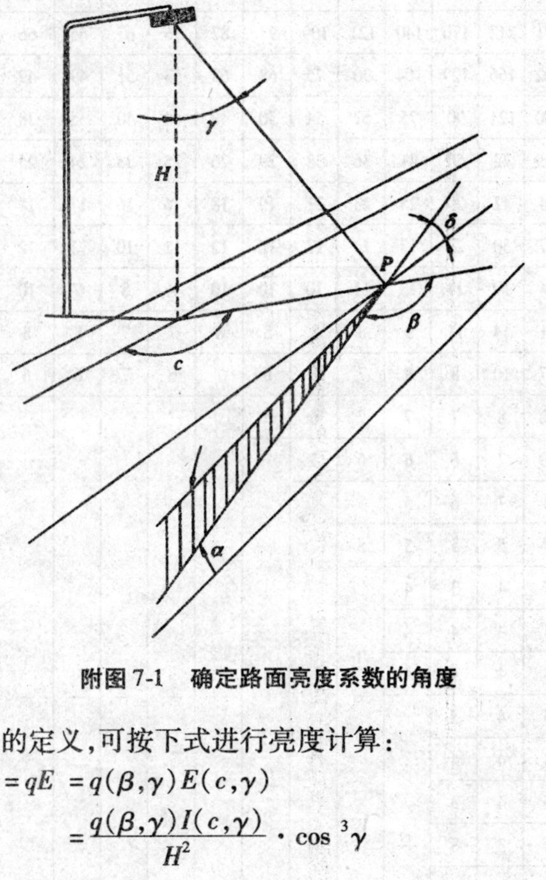

附图7-1　确定路面亮度系数的角度

7.2　根据亮度系数的定义,可按下式进行亮度计算:

$$L=qE=q(\beta,\gamma)E(c,\gamma)$$
$$=\frac{q(\beta,\gamma)I(c,\gamma)}{H^2}\cdot\cos^3\gamma$$
$$=\gamma(\beta,\gamma)=\frac{I(c,\gamma)}{H^2} \tag{7-1}$$
$$r(\beta,\gamma)=q(\beta,\gamma)\cos^3\gamma$$

式中:$r(\beta,\gamma)$——简化亮度系数;

$I(c,\gamma)$——灯具指向 c,γ 所确定的方向上的光强。

简化亮度系数按附表7-1和附表7-2取值。附表7-1适用于沥青路面,附表7-2适用于水泥混凝土路面。

附录表 7-1　沥青路面的简化亮度系数(r)

tan γ \ β/(°)	0	2	5	10	15	20	25	30	35	40	45	60	75	90	105	120	135	150	165	180
0	329	329	329	329	329	329	329	329	329	329	329	329	329	329	329	329	329	329	329	329
0.25	362	358	371	364	371	369	362	357	351	349	348	340	328	312	299	294	298	288	292	281
0.5	379	368	375	373	367	359	350	340	328	317	306	280	266	249	237	237	231	231	227	235
0.75	380	375	378	365	351	334	315	295	275	256	239	218	198	178	175	176	176	169	175	176
1	372	375	372	354	315	277	243	221	205	192	181	152	134	130	125	124	125	129	128	128
1.25	375	373	352	318	265	221	189	166	150	136	125	107	91	93	91	91	88	94	97	97
1.5	354	352	336	271	213	170	140	121	109	97	87	76	67	65	66	66	67	68	71	71
1.75	333	327	302	222	166	129	104	90	75	68	63	53	51	49	49	47	52	51	53	54
2	318	310	266	180	121	90	75	62	54	50	48	40	40	38	38	38	41	41	43	45
2.5	268	262	205	119	72	50	41	36	33	29	26	25	23	24	25	24	26	27	29	28
3	227	217	147	74	42	29	25	23	21	19	18	16	16	17	18	17	19	21	21	23
3.5	194	168	106	47	30	22	17	14	13	12	12	11	10	11	12	13	15	14	15	14
4	168	136	76	34	19	14	13	11	10	10	10	8	8	9	10	9	11	12	11	13
4.5	141	111	54	21	14	11	9	8	8	8	8	7	7	8	8	8	8	10	10	11
5	126	90	43	17	10	8	8	7	6	6	7	6	7	6	6	7	8	8	8	9
5.5	107	79	32	12	8	7	7	7	6	5										
6	94	65	26	10	7	6	6	6	5											
6.5	86	56	21	8	7	6	5	5												
7	78	50	17	7	5	5	5	5												
7.5	70	41	14	7	4	3	4													
8	63	37	11	5	4	4	4													
8.5	60	37	10	5	4	4	4				—	—	—	—	—	—	—	—	—	—
9	56	32	9	5	4	3				—										
9.5	53	28	9	4	4	4		—												
10	52	27	7	5	4	3														
10.5	45	23	7	4	3	3	—													
11	43	22	7	3	3	3														
11.5	44	22	7	3	3	—														
12	42	20	7	4	3															

注:(1)平均亮度系数 $Q_0=0.07$。

(2)表中 r 值已扩大 1 000 倍,实际使用时应乘以 10^{-3}。

附录表7-2　水凝混凝土路面的简化亮度系数(r)

$\tan\gamma$ \ $\beta/(°)$	0	2	5	10	15	20	25	30	35	40	45	60	75	90	105	120	135	150	165	180
0	770	770	770	770	770	770	770	770	770	770	770	770	770	770	770	770	770	770	770	770
0.25	710	708	703	710	712	710	708	708	707	704	702	708	698	702	704	714	708	724	719	723
0.5	586	582	587	581	581	576	570	567	564	556	548	541	531	544	546	562	566	587	581	589
0.75	468	467	465	455	457	445	430	420	410	399	390	383	373	384	391	412	419	437	438	445
1	378	372	373	363	347	331	314	299	285	273	263	260	250	265	278	295	305	318	323	329
1.25	308	304	305	285	270	244	218	203	193	185	179	173	173	183	194	207	224	237	238	245
1.5	258	254	251	229	203	178	157	143	134	128	124	120	120	132	140	155	163	177	179	184
1.75	217	214	205	182	153	129	110	100	95	90	87	84	88	98	103	116	123	134	137	138
2	188	183	174	142	116	95	80	73	69	64	62	64	64	72	78	88	95	105	108	109
2.5	145	136	121	90	66	53	46	41	39	37	36	36	39	44	50	55	60	66	69	71
3	118	108	87	57	41	32	28	26	25	23	22	23	25	28	31	37	41	45	47	51
3.5	97	87	64	39	26	20	18	17	16	15	15	16	17	19	23	27	30	33	35	37
4	80	69	50	29	17	14	13	12	11	11	11	11	13	15	17	19	22	26	27	29
4.5	70	58	37	21	13	10	9	8	8	8	8	9	10	12	14	16	17	20	21	22
5	60	51	29	15	9	7	7	6	5	6	6	7	7	9	10	12	14	17	17	18
5.5	52	41	23	12	7	6	6	6	5	4										
6	48	36	19	8	6	5	5	5	5											
6.5	44	32	17	7	6	5	5	5												
7	41	26	14	6	5	4	4	4												
7.5	37	26	12	6	4	3	3													
8	34	23	11	5	4	3	3													
8.5	32	21	9	5	4	3	3				—	—	—	—	—	—	—	—	—	—
9	29	19	8	4	3	3				—										
9.5	27	17	7	4	3	3		—	—											
10	26	16	6	3	3	3														
10.5	25	16	6	3	2	1	—													
11	23	15	6	3	2	1														
11.5	22	14	6	3	2	—														
12	21	14	5	3	2															

注:(1)平均亮度系数 $Q_0=0.10$。

(2)表中 r 值已扩大1 000倍,实际使用时应乘以 10^{-3}。

附录 8　道路照明维护系数

道路照明的维护系数为光源的光衰系数和灯具因污染的光衰系数的乘积。根据目前我国常用道路照明光源和灯具的品质及环境状况，以每年对灯具进行一次擦拭为前提，维护系数可按附表 8-1 确定。

附表 8-1　道路照明的维护系数

灯具防护等级	维护系数
>IP54	0.70
≤IP54	0.65

参 考 文 献

[1] GB 50034—2004. 建筑照明设计标准. 北京:中国建筑工业出版社,2004.
[2] 《建筑照明设计标准》编制组. 建筑照明设计标准培训讲座. 北京:中国建筑工业出版社,2005.
[3] CJJ 45—2006. 城市道路照明设计标准. 北京:中国建筑工业出版社,2007.
[4] 陈一才. 建筑环境灯光工程设计手册. 北京:中国建筑工业出版社,2001.
[5] 北京照明学会照明设计专业委员会. 照明设计手册. 2 版. 北京:中国电力出版社,2006.
[6] 俞丽华. 电气照明. 4 版. 上海:同济大学出版社,2004.
[7] JGJ 16—2008. 民用建筑电气设计规范. 北京:中国建筑工业出版社,2008.
[8] 范同顺. 建筑配电与照明. 北京:高等教育出版社,2004.
[9] 李恭慰. 建筑照明设计手册. 北京:中国建筑工业出版社,2004.
[10] 赵德申. 建筑电气照明技术. 北京:机械工业出版社,2003.
[11] 国家经贸委/UNDP/GEF 中国绿色照明工程项目办公室,中国建筑科学研究院. 绿色照明工程实施手册. 北京:中国建筑工业出版社,2003.
[12] 刘震,佘伯山. 室内配线与照明. 北京:中国电力出版社,2004.
[13] 王晓东. 电气照明技术. 北京:机械工业出版社,2004.
[14] JGJ/T 163—2008. 城市夜景照明设计规范. 北京:中国建筑工业出版社,2008.
[15] 徐云,刘付平,张凯洪等. 节能照明系统工程设计. 北京:中国电力出版社,2009.
[16] 李文华. 室内照明设计. 北京:中国水利水电出版社,2007.
[17] 盖里 · 斯蒂芬(Gary Steffy). 建筑照明设计. 2 版. 荣浩磊,李丽,杜江涛,译. 北京:机械工业出版社,2009.